ULRICH SCHLIEWEN

PRAXISHANDBUCH AQUARIUM

ULRICH SCHLIEWEN

PRAXISHANDBUCH AQUARIUM

Inhalt

Fischbiologie leicht gemacht

Lebenselixier Wasser und Technik

Dekorieren, schön bepflanzen

Pflanzen im Aquarium 94

Einrichtung, Pflege, Gesundheit

Einrichtung und Pflege 110

Gesund ernähren und richtig füttern 120

Krankheiten erkennen 126

Fischzucht, Nanos, Meerwasser

Vermehrung und Zucht 136

Zwerge im Mini-Aquarium 144

Quickfinder: Wissen von A bis Z

Anhang

Vorwort

»In jedem Geschöpf der Natur lebt das Wunderbare.« Aristoteles

Liebe Leserinnen, liebe Leser,

die geheimnisvolle Welt unter Wasser fasziniert viele Menschen. Wenn Sie sich der Aquaristik aus vollem Herzen widmen, wird es Ihnen gelingen, einen unglaublich fantastischen Mini-Lebensraum entstehen zu lassen. Geht es Fischen, Pflanzen und anderen Lebewesen im Aquarium gut, gewähren sie uns erstaunliche Einblicke in ihre Lebensweise und ihr Verhalten, und Sie können dann zum »waschechten« Naturforscher avancieren. Manche Arten haben beispielsweise das Geheimnis ihrer Fortpflanzung oder ihres Soziallebens noch immer nicht gelüftet. Bei anderen Arten wurden diese Rätsel zuerst durch Beobachtungen von Aquarianern gelöst. Es stehen also noch allerhand Herausforderungen für uns Aquarianer an.
Um jedoch die »Wasserwelt Aquarium« zu Hause nicht nur für kurze Zeit, sondern langfristig in all ihren Facetten zu erleben, brauchen Sie einige Grundkenntnisse über die natürlichen Lebensräume der Aquarienbewohner, die Technik und das richtige Aquarienwasser. Ein guter Überblick zur Artenfülle der Süßwasser-Aquarientiere, die angeboten werden, erleichtert Ihnen die Auswahl Ihrer Wunschpfleglinge. Darüber hinaus erhalten Sie eine Einführung in die Hohe Schule der Aquaristik. Dazu zählen die erfolgreiche Zucht von Aquarienfischen, die artgerechte Pflege von Zwergtieren in Minibecken (Nanos) und der problemlose Einstieg in die Meerwasseraquaristik.
Schon als 7-jähriger Junge begeisterte mich das Halten und Pflegen von Fischen. Später machte ich als Ichthyologe mein Hobby zum Beruf. Heute teile ich die Faszination der Aquaristik mit meinen Kindern. Ich bin immer wieder erstaunt, wie leicht man das Interesse von Kindern entfachen kann und welchen Nutzen sie aus diesen Erfahrungen für ihr späteres Leben ziehen.
Als Kind besaß ich ein Aquarientaschenbuch mit einigen wenigen Fotos. Später bekam ich noch ein Zierfischbestimmungsbuch geschenkt, das mir den Einblick in die Vielfalt der Fische und Wasserpflanzen vermittelte. Diese beiden Bücher wurden damals zu meiner persönlichen »Aquarienbibel«.
Ich wünsche mir, dass dieses Praxishandbuch AQUARIUM für Sie ebenso nützlich und faszinierend ist.

Ulrich Schliewen

FISCHBIOLOGIE LEICHT GEMACHT

Fischarten, Krebse und Pflanzen haben sich ihrer Umwelt in Körperbau, Färbung und Verhalten gut angepasst. Auch im Aquarium entfalten sie die ganze Palette ihrer Verhaltensweisen, wenn man sie artgerecht pflegt. In diesem Kapitel erfahren Sie, wie die natürliche Umwelt der Aquarientiere aussieht und mit welchen »Tricks« sie ihr Leben meistern. Lesen Sie auch den Beitrag zum Natur- und Artenschutz, denn viele Aquarientiere stammen aus gefährdeten Gebieten.

Die Vielfalt der Fischarten

Zurzeit sind der Wissenschaft mehr als 37.500 Fischarten bekannt. Körperbau und Verhalten spiegeln die unterschiedlichen Lebensweisen wider.

NAMEN SIND SCHALL UND RAUCH. Tiere und Pflanzen werden seit etwa 250 Jahren mit einem zweiteiligen wissenschaftlichen Artnamen belegt. Obwohl mit den Regeln der sogenannten Taxonomischen Nomenklatur die Benennung eindeutig sein soll, ändern sich die lateinischen Tiernamen immer wieder. Glücklicherweise ändern sich die Fischarten selbst trotz der ständig wechselnden Benennungen nicht. Nach welchen Regeln die Vielfalt der Fischarten geordnet wird, wie sie annähernd richtig benannt werden und wie ihr Körperbau und ihr Verhalten in Grundzügen aussieht, erfahren Sie ausführlich auf den nächsten Seiten.

Die richtigen Tier- und Pflanzennamen

Alle Tier- und Pflanzenarten werden mit einem zweiteiligen wissenschaftlichen (meist lateinischen) Namen benannt, der immer kursiv geschrieben wird. Der erste ist der Gattungsname, der zweite der Artname. So gehört z. B. der Blaue Neon ebenso wie der Rote Neon in die Gattung *Paracheirodon*. Der Blaue Neon trägt jedoch den Artnamen *simulans*, der Rote Neon hingegen den Artnamen *axelrodi*.
Die Einordnung der einzelnen Arten in die richtige Gattung erfolgt nach ihrer stammesgeschichtlichen Verwandtschaft. Dazu vergleicht man Merkmale wie etwa das Vorhandensein eines blauen Neonstreifens bei allen Arten und ermittelt aufgrund der Analyse der Merkmale die Verwandtschaft. Dabei entstehen leider auch manchmal Fehler, die die Wissenschaftler nur dann entdecken, wenn sie zusätzlich andere Merkmale vergleichen oder auch neue Arten mit in die Analyse einbeziehen.
Die Wissenschaftler korrigieren dann die richtige Gattungszuordnung. So hieß beispielsweise der Rote Neon früher *Cheirodon axelrodi*, jetzt dagegen wird er unter *Paracheirodon axelrodi* geführt. Das ist normaler wissenschaftlicher Fortschritt, der sich nicht ändern lässt, auch wenn es natürlich immer wieder bedeutet, dass man umlernen muss.
Leider bieten auch die populären Artnamen keine Sicherheit vor ungenauer Benennung, denn oft haben sich auch mehrere Populärnamen für die gleiche Fischart eingebürgert, oder ein Name umfasst gleich mehrere verschiedene, oft ähnliche Arten.

Eine Wissenschaft für sich

Warum sich die Artnamen von Aquarienfischen überhaupt ändern, hängt auch damit zusammen, dass viele Fischarten sowohl von Aquarianern als auch von Wissenschaftlern immer wieder falsch bestimmt werden.
Zu jeder wissenschaftlich beschriebenen Tierart gibt es in der Regel ein einziges, in einem Forschungsmuseum als Präparat hinterlegtes Exemplar, mit dem die zu bestimmende Art verglichen werden muss, um herauszufinden, ob z. B. ein importierter Fisch zu einer beschriebenen Art gehört oder eine unbeschriebene Art ist. Aus verschiedenen Gründen kommt es hierbei recht oft zu falschen Schlüssen. Häufig wird eine neu importierte Art vorschnell als eine Art bestimmt, obwohl sie mit dem Belegexemplar nicht artlich übereinstimmt. Dann wird diese Fischart zunächst beispielsweise in Aquarienbüchern so bezeichnet. Wenn aber die genaue Bestimmung erfolgt ist, muss natürlich dann der Name entsprechend korrigiert werden.
So wurde beispielsweise jahrzehntelang der beliebte Blaue Antennenwels (▷ Seite 190) als *Ancistrus dolichopterus* bezeichnet. Seitdem aber ein Vergleich mit dem Belegexemplar für diese Art vorgenommen wurde, ist klar, dass der Artname für eine andere Art, nämlich den Schlafanzugwels (▷ Seite 190), zutrifft und der Blaue Antennenwels eine wissenschaftlich noch unbeschriebene Art ist.
Der Blaue Antennenwels muss deshalb korrekterweise als *Ancistrus species* (Abkürzung »sp.«) bezeichnet werden – und diese Benennung gilt so lange, bis ein Wissenschaftler eine korrekte Artbeschreibung vornimmt und damit dem Blauen Antennenwels einen wissenschaftlichen Artnamen geben kann.

INFO

Viele populäre Artnamen

Besonders Aquarienfische, die seit langer Zeit in der Aquaristik etabliert sind, tragen oft mehr als einen populären Artnamen. Wie auch bei den lateinischen Artnamen hilft hier nur: anhand von Bildern genau vergleichen, welche Art gemeint ist, und die Pflegebedingungen in der Folge entsprechend ausrichten.

Körperbau und Sinne

»Stumm wie der Fisch im Wasser«, sagt der Volksmund. Wie viele andere Scheinwahrheiten über Fische stimmt diese Aussage nicht. Gezielte Untersuchungen haben gezeigt, dass fast alle Fischarten sehr wohl Laute von sich geben, die sie auch zur Kommunikation einsetzen. Auch sind manche Fische alles andere als dumm, selbst wenn Fische allgemein nicht gerade als intelligent gelten. Zu welchen außergewöhnlichen Leistungen die Tiere aufgrund ihres Körperbaus und ihres Verhaltens fähig sind, erfahren Sie auf den nächsten Seiten.

Körperbau

● **Die Körperform:** Sie ist vor allem darauf ausgerichtet, den Fisch im Wasser zu stabilisieren. Je nachdem, wo der Fisch lebt und von welcher Strömung er umgeben ist, variiert sie. Die klassische Fischform ist seitlich abgeplattet und leicht hochrückig. Sie zeichnet viele Fische des Freiwassers aus, die nicht mit einer zu starken Strömung zurechtkommen müssen (z. B. Küssende Guramis, ▷ Seite 223). Besonders hochrückige Fische wie etwa Skalare (▷ Seite 232) stammen oft aus Stillwassergebieten. Freischwimmende Fische, die gelegentlich schnell schwimmen (Jäger) oder die sich in schneller fließenden Gewässerabschnitten aufhalten, haben einen kompakten, eher drehrunden Körperquerschnitt (z. B. Zebrabärblinge, ▷ Seite 167). Bodenfische wie viele Welse (▷ ab Seite 190) sind meist bauchseitig abgeflacht und wenig hochrückig. Schließlich sind Fische, die direkt unter der Wasseroberfläche leben, um z. B. Insekten zu erhaschen, oben stark abgeflacht, wie beispielsweise Ringelhechtlinge (▷ Seite 202). Viele passen nicht ins Schema, weil sie anders spezialisiert sind, wie beispielsweise Rochen und Kugelfische (▷ Seite 160 und 244).

● **Die Beflossung:** Die ▶ FLOSSEN (Seite 263) dienen der Fortbewegung und Stabilisierung des Fischkörpers. Man unterscheidet dabei Rücken-, Schwanz- und Afterflosse sowie die paarigen Bauch- und Brustflossen. Bei manchen Fischen fehlen einige Flossen, andere haben mehrere Rückenflossen oder eine zusätzliche kleine Flosse zwischen Kiemen und Schwanzflosse, die Fettflosse. Bis auf letztere werden Flossen von knöchernen Flossenstrahlen gestützt.

● **Die Maulstellung:** Fische mit oberständigem Maul fressen meist Insekten von der Wasseroberfläche, z. B. Hechtlinge. Und Arten mit spitz zulaufendem, röhrenförmigem Maul holen kleine Lebewesen aus Vertiefungen oder zwischen Pflanzen hervor, z. B. Süßwassernadeln. Weit vorstülpbare, meist endständige Mäuler dienen zum Einsaugen von Plankton oder von ganzen Fischen. Unterständige Mäuler, die manchmal sogar zu einem Saugmaul umgewandelt sind, dienen der Nahrungsaufnahme, z. B. der Aufnahme eines Substrats.

● **Die Kiemen:** Sie liegen unter den Kiemendeckeln und scheinen oft rötlich durch. Die Kiemen sind stark durchblutet und dienen der Atmung, indem sie den Sauerstoff dem Wasser entnehmen, das bei den Atmungsbewegungen der Kiemendeckel vorbeiströmt. Fische aus sehr sauerstoffarmen Gewässern, beispielsweise viele Labyrinthfische, haben zusätzliche ▶ ATMUNGSORGANE (Seite 259).

INFO

Geschlechtsunterscheidung

Bei vielen Arten ist die Unterscheidung einfach: Die Männchen sind extrem bunt, die Weibchen grau und farblos. Manche größere Arten sind nur durch die Genitalpapille zu unterscheiden, der Öffnung für Eier bzw. Sperma. Bei Weibchen ist diese im Vergleich eher breit, bei Männchen spitz zulaufend. Bei vielen Fischarten haben die Männchen längere Flossen als die Weibchen. Die Weibchen wiederum sind in der Regel etwas fülliger als die Männchen.

- **Die Schwimmblase:** Sie befindet sich im Bauchraum, ist mit Gas gefüllt und hält den Fisch in der Schwebe. Bodenlebende Fische haben oft keine funktionierende Schwimmblase, weil sie sie nicht brauchen.
- **Die Haut:** Sie dient der Atmung, dem Schutz vor Verletzungen und der Abschirmung vor Krankheitskeimen. Die in die Haut eingebetteten Schuppen stabilisieren die Schwimmbewegungen des Fisches, aber nicht alle Fische haben Schuppen. Manche sind »nackt«, andere besitzen einen Knochenpanzer. Die Farbzellen in der Haut geben den Fischen ihre charakteristische Färbung, die sie oft auch ändern können.

Die Sinnesorgane

Die Sinnesorgane der Fische sind nur zum Teil die gleichen wie beim Menschen. So haben Fische mit dem Seitenlinienorgan einen ▶ FERNTASTSINN (Seite 262), mit dem sie Druckwellen im Wasser, z. B. von Beutetieren oder näher kommenden Feinden, feststellen können. Geruchs- und Geschmackssinn befinden sich nicht nur im oder am Maul, sondern auch an Sinnesfäden, die tasten und schmecken können (z. B. den Barteln der Welse). Die meisten Fische sehen gut (auch Farben) und können gut hören. Sie lassen sich sogar auf Töne »dressieren«.

Durchschnittlicher Fischkörper (Genetzter Prachtbuntbarsch). Unterschiedliche Maulformen je nach Lebensweise (links). Blick in die wichtigsten inneren Organe (rechts).

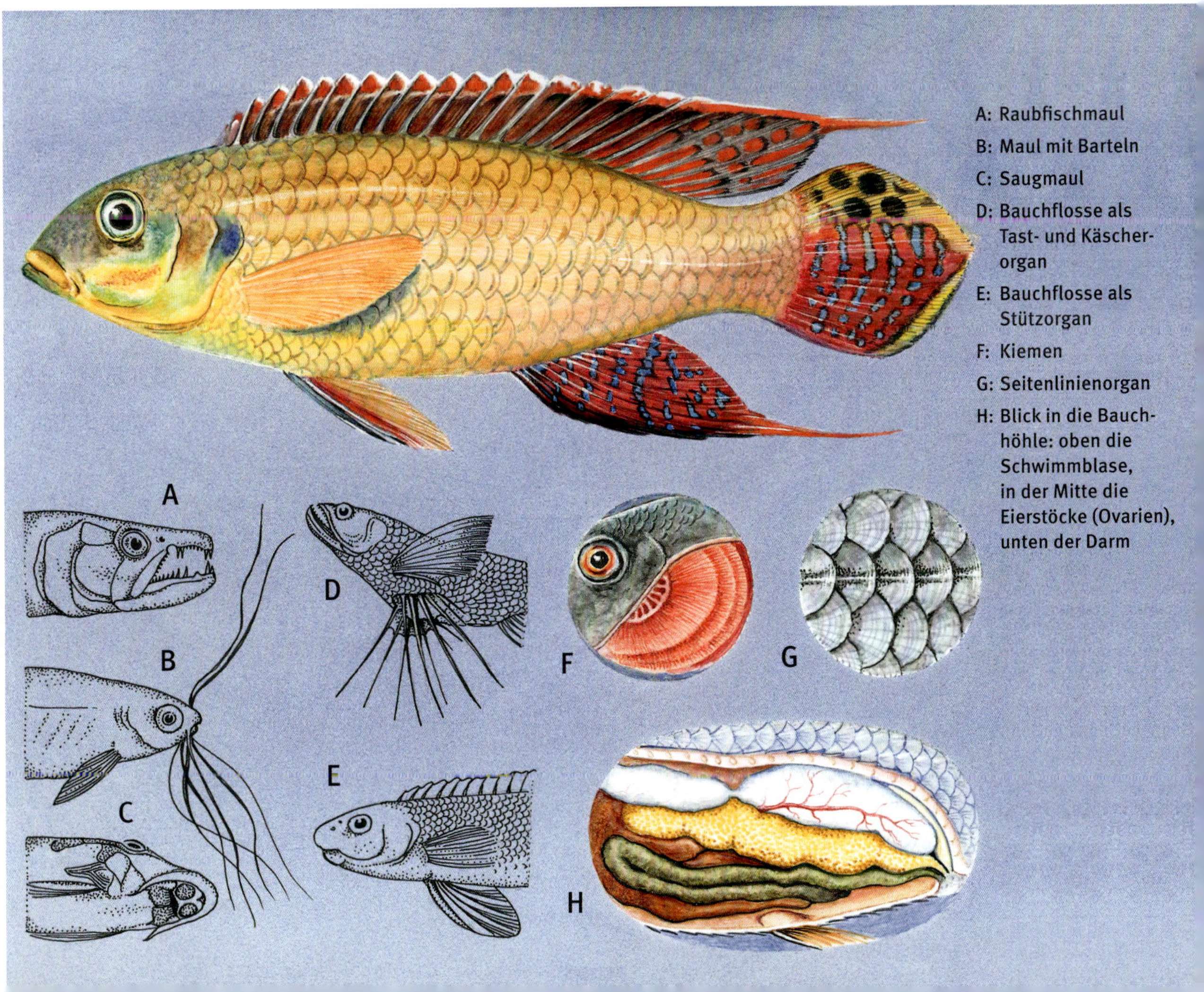

Interessante Verhaltensweisen

Fische können unerwartet intelligent im Einsatz ihrer Sinne sein. Sie bedienen sich dabei eines Repertoires an Verständigungsmöglichkeiten und Verhaltensweisen, von denen ich auf den folgenden Seiten einige exemplarisch vorstellen werde.

Schwarmverhalten

Das Schwarmverhalten ist wohl das bekannteste Verhalten der Fische. Viele Individuen schließen sich zu einem Schwarm zusammen und ziehen als Gruppe umher. Schwärme dienen dazu, sich gegen Räuber zu schützen, weil es für Raubfische dann schwierig wird, einen einzelnen Fisch zu fixieren und gezielt anzugreifen – zu groß ist die verwirrende Wirkung vieler Fischleiber.
Etliche Aquarienfische sind aber keine echten Schwarmfische, sondern zählen eher zu den Gruppenfischen. Sie schließen sich nur in Gefahrensituationen zu einem Schwarm zusammen, verteilen sich aber sonst so locker, dass noch Artgenossen in der Nähe sind.

Revier- oder Territorialverhalten

Das Revier- oder Territorialverhalten ist in der Aquaristik besonders von Buntbarschen bekannt. Es gibt aber auch viele andere Revierbildner, die entweder ständig Nahrungsreviere oder nur zur Fortpflanzung Balz- und Brutreviere verteidigen. Beispielsweise werden brutpflegende Buntbarsch-Pärchen extrem aggressiv, wenn potenzielle Feinde ihrer Jungen in deren Schutzbereich eindringen. Die Eindringlinge werden mit Vehemenz verfolgt und verjagt. Relativ kleine Balzreviere verteidigen die Männchen vor allem solcher Arten, deren Weibchen die Hauptlast der Fortpflanzung tragen (Brutpflege oder anstrengende »Produktion« von ▶ NÄHREIERN, Seite 267). Nahrungsreviere verteidigen viele Arten gegenüber Artgenossen oder auch andersartigen Tieren, um eine Nahrungsquelle für sich allein zu haben. Ein gutes Beispiel dafür ist der Feuerschwanz (▷ Seite 165). Er kann ein ganzes Aquarium unter Kontrolle halten und warnt möglicherweise andere Fische schon im Vorfeld mit seiner kontrastreichen Rot-Schwarz-Färbung vor seiner Aggressivität.
Übrigens machen viele Fische auch mit Lautäußerungen, die für uns kaum oder gar nicht hörbar sind, auf ihr Revier und ihre Verteidigungsbereitschaft aufmerksam.

Kampfverhalten

Das Kampfverhalten von Fischen kann im Aquarium problematisch sein, denn viele kämpfen bis zum Tod. Die Ursache für solch drastische Folgen der Aggressivität ist der begrenzte Lebensraum eines Aquariums. Auch in der Natur gehört das Kämpfen zu den normalen Umgangsformen fast aller Fischarten – allerdings nicht der tödlich endende Beschädigungskampf, sondern die zu einem Ritual abgemilderte aggressive Auseinandersetzung, mit der die meisten Kämpfe unter Tieren ausgetragen werden.
Bevor es zu einer anstrengenden und kräftezehrenden Auseinandersetzung kommt, testen die Kontrahenten ihre gegenseitige Wirkung. Auf diese Weise finden sie heraus, ob sich ein solches »Kräftemessen« überhaupt lohnt. Mit »angeberisch« wirkenden Bewegungen, bei denen die Flossen gespannt und die Kiemenhäute abgespreizt werden, imponieren die beiden Kampfhähne so lange, bis einer schließlich die Flucht ergreift, ohne dass es zum Beschädigungskampf gekommen ist.
Allerdings ist im begrenzten Aquarium die Flucht für den Unterlegenen nicht immer weit genug möglich, sodass der Überlegene stets wieder aufs Neue angreift. Werden die Kontrahenten dann nicht umgehend getrennt, wird der Unterlegene mit hoher Wahrscheinlichkeit getötet, oder er stirbt schließlich an Dauerstress.

Das Fortpflanzungsverhalten

Die verschiedenen Fischarten pflanzen sich auf erstaunlich vielfältige Weise fort. Jede Art hat ihr eigenes Balz-, Ablaich- und Brutpflegeverhalten entwickelt. Viele dieser Verhaltensweisen lassen sich im Aquarium beobachten, besonders

Forschung & Praxis

Verhalten und seine Auswirkung

→ ***Viele Fische benutzen andere Fische als »Feinddetektoren«. Schwimmen z. B. Schwarmfische unbekümmert im freien Wasser umher, wissen auch die anderen Arten, dass kein hungriger Räuber in der Nähe sein kann. Erscheint dagegen ein Feind, verschwinden die Schwarmfische sofort. Wird einer von ihnen erbeutet, senden manche sogar »Schreckstoffe« aus, die den Artgenossen die Gefahr signalisieren.***

Gar nicht so selten verstecken sich neu eingesetzte Fische im Aquarium und kommen auch nach einer normalen Gewöhnungszeit nicht aus ihrem Versteck. Während der Fütterung schnappen sie verschreckt nach Futter, um sich dann sofort wieder zurückzuziehen. Falls es möglich ist, setzen Sie einen Schwarm Freiwasserfische dazu. In den meisten Fällen ändert sich das Verhalten schlagartig – die scheuen Fische erkennen die Gefahrlosigkeit anhand der freischwimmenden Fische und kommen hervor, weil sie sich sicher fühlen.

→ ***Alle Tiere und Pflanzen richten sich in ihrem Tagesablauf und Fortpflanzungsrhythmus sowohl nach äußeren Signalen, z. B. dem Tageslicht, als auch nach ihrer »inneren Uhr«. Die Einstellung dieser inneren Uhr geschieht langsam über sogenannte Zeitgeber wie die jahreszeitlich unterschiedliche Tagesdauer oder die Wasserverhältnisse. Fehlt eine Rhythmik, kann es sein, dass nachtaktive Fische nicht zur Futtersuche herauskommen oder z. B. viele Welsarten nicht in Fortpflanzungsstimmung kommen.***

Eine Zeitschaltuhr sorgt für einen geregelten Tagesablauf. Viele Fische kann man aber auch zum Laichen stimulieren, indem man sie z. B. durch häufige Wasserwechsel mit kühlerem und mineralarmem Wasser in »Regenzeitstimmung« bringt. Für die Fische sind die sich ändernden Wasserverhältnisse ein Signal.

→ ***In kleinen Gruppen von nur wenigen, zur innerartlichen Aggression neigenden Fischen kommt es schnell zu einer individuellen Hackordnung. Die jeweils Schwächsten leiden stark darunter und sterben schließlich an Stress. Der dominante Fisch terrorisiert dann die wenigen anderen Tiere, weil nur diese als »Ventile« dienen können. In der Natur würden die Unterlegenen natürlich flüchten, im Aquarium geht das leider nicht.***

Oft ist es sinnvoll, darauf zu setzen, dass die Aggressionen sich auf viele verteilen. Pflegen Sie statt nur drei oder vier Fischen besser eine größere Anzahl – dann natürlich in einem entsprechend großen Becken. Die wunderschönen Malawi-Buntbarsche der Art *Chindongo saulosi* lassen sich beispielsweise nur so gut halten. Auch wenn die hohe Dichte nicht immer den natürlichen Bedingungen entspricht, ist dies sicher eine tierschutzgerechte Möglichkeit, die Fische in Aquarien zu pflegen, denn sie fühlen sich offensichtlich nicht eingeengt und pflanzen sich auch fort.

Am liebsten mit Rhythmus: Wie viele Welse ist der Rüsselzahnwels *(Leporacanthicus galaxias)* besonders abends und nachts aktiv. Sorgen Sie deshalb durch den Einsatz einer Zeitschaltuhr für geregelte Tages- und Nachtzeiten.

Die »mobile« Brutpflege der Goldsaumbuntbarsche: Sie legen das Gelege auf einem transportablen Substrat ab, um es bei Gefahr in Sicherheit bringen zu können.

brutpflegende Arten pflanzen sich sogar ohne besonderes Zutun im Haltungsbecken fort.
Zwei Voraussetzungen müssen im Aquarium und in der Natur gegeben sein, bevor es zur erfolgreichen Fortpflanzung kommen kann: Erstens müssen die Fische generell in Fortpflanzungsstimmung kommen, und zweitens brauchen die meisten Fische einen Partner, um sich fortzupflanzen. Häufig buhlen die Männchen mit prachtvoller Färbung und aufwendigem Balzverhalten um die Gunst der unscheinbaren Weibchen. Während der Balz werden die Männchen vieler Arten territorial, die Balzreviere sind aber oft recht klein. So kann es im Aquarium in dieser Phase zu Problemen kommen.

Die meisten Fische legen Eier, aus denen unfertige Fischlarven schlüpfen, die wenig Ähnlichkeit mit ihren Eltern aufweisen. Die Larven haben zunächst einen großen Dottersack, von dem sie sich anfangs ernähren. Bei den Eierlegern unterscheidet man

- die ▶ FREILAICHER (Seite 263), die ihre Eier in das Wasser abgeben – wobei die Eier entweder zu Boden sinken, im Wasser schweben oder an der Oberfläche treiben,
- die ▶ SUBSTRATLAICHER (Seite 272), die ihre Eier auf einem Substrat ablegen,
- die ▶ MAULBRÜTER (Seite 267), die ihre Eier meist sofort nach dem Ablaichen ins Maul nehmen, um sie dort zu erbrüten,

- die ▶ HAFTLAICHER (Seite 264), die ihre Eier an einem Substrat befestigen, und
- die ▶ BODENLAICHER (Seite 259), die ihre Eier in der obersten Schicht des Bodengrundes ablegen oder sie in einigen Zentimetern Tiefe deponieren.

Die Eier der Freilaicher sind meist wesentlich kleiner, dafür aber zahlreicher als die der Haft- und Bodenlaicher. Entsprechend kleiner sind auch die Fischlarven, die ihrerseits nach dem Aufzehren des Dottervorrats nur kleinstes Futter fressen können. Die Maulbrüter produzieren aufgrund der langen Brutpflege sehr große Eier mit entsprechend viel Dottervorrat für die Larven. Die Jungfische schlüpfen dann meist im Maul der Eltern und wachsen auch in deren Maulhöhle heran. Durch diese Verhaltensweise sichern die Eltern das Überleben ihres Nachwuchses.
Nicht alle Fische legen Eier, manche haben das Lebendgebären »erfunden«. Zu diesen Arten gehören einige der beliebtesten Aquarienfische wie z. B. die Guppys und Platys, aber auch manche Halbschnabelhechte.

Brutpflege

Zu den schönsten und spannendsten Erlebnissen, die man im Aquarium beobachten kann, gehört die oft aufopfernde Brutpflege einiger Fischarten. Bei manchen kümmert sich nur einer der Partner um die Nachkommen, z. B. bei Grundeln oder manchen Cichliden. Bei anderen beteiligen sich beide Partner an der Aufzucht der Nachkommenschaft, allerdings oft mit unterschiedlicher Aufgabenverteilung. Zu dieser Gruppe gehören die meisten substratbrütenden Buntbarsche wie die Schmetterlingsbuntbarsche. Während der Brutpflege sind die Mehrzahl der Arten – bis auf viele Maulbrüter – territorial, denn das Überleben der Jungfische in der Natur ist nur gewährleistet, wenn sie sich in einer Art Sicherheitszone befinden, in der sie ausreichend Nahrung finden, ohne zu stark von Fressfeinden bedroht zu sein. Diese Sicherheitszone ist das Brutrevier, das mit hohem Einsatz und Risiko gegen zum Teil wesentlich größere Fische verteidigt wird. Deshalb kann es spätestens mit dem Schlupf der Larven Probleme bei der vorher gut funktionierenden Vergesellschaftung mit anderen Arten geben.

WAS TUN, WENN ...

... die Fische aggressiv sind?

Seit sich bei meinen Buntbarschen ein Paar zusammengetan hat, verteidigt es fast eine ganze Hälfte des Aquariums. Alle anderen Fische müssen sich in die andere Hälfte zurückziehen. Das Paar führt seit ein paar Tagen Jungfische und verteidigt sie aufopfernd. Seitdem hat sich der Spielraum für die Mitbewohner im Aquarium noch weiter reduziert.

URSACHE: **Die Buntbarsche haben ein für das Aquarium zu großes Brutrevier gegründet, um ihre Eier vor Fressfeinden sicher abzulegen. Seit die Larven geschlüpft sind und nun frei im Wasser schwimmen, hat sich natürlich das Revier weiter vergrößert.**

LÖSUNG: **Sie müssen entweder die anderen Fische aus dem Aquarium fangen und separat setzen oder die Jungfische entfernen und separat aufziehen. Letzteres ist allerdings nur eine kurzfristige Lösung, denn wenn die Eltern erneut in Fortpflanzungsstimmung kommen, wird sich das Problem wiederholen.**

Lebensräume und ihre Bewohner

Die schönsten Aquarien sind solche, die dem natürlichen Lebensraum ihrer tropischen Bewohner in ästhetischer Weise nachempfunden sind.

JEDES LEBEWESEN IST ANGEPASST. Es hat sich im Lauf der Evolution so auf bestimmte Umweltbedingungen spezialisiert, dass es oft nur unter diesen seine artspezifische Lebensart voll entfalten kann. So können beispielsweise Fische aus kalkreichen Karstgewässern mit hoher Wahrscheinlichkeit nicht im mineralarmen, sauren Schwarzwasser überleben und umgekehrt. Die erfolgreiche Pflege eines Aquariums mit all seinen Bewohnern hängt daher entscheidend davon ab, inwieweit es einen vollwertigen Ersatzlebensraum schaffen kann. Machen Sie sich deshalb ein Bild vom natürlichen Lebensraum Ihrer Pfleglinge.

Merkmale natürlicher Gewässer

Bäche, Flüsse, Seen, Tümpel und Sümpfe oder Mangrovengewässer sind Lebensräume, aus denen unsere Aquarientiere und Wasserpflanzen stammen. Doch was macht eigentlich die Gewässer so unterschiedlich, dass viele Fische zwar in dem einen, nicht aber im danebenliegenden vorkommen?
Die chemischen Wasserwerte, vor allem Säuregehalt, Wasserhärte und organische Belastung, sind je nach Gewässer unterschiedlich und beeinflussen das körperliche Wohlbefinden der Tiere maßgeblich. Dass Gewässer unterschiedliche Wasserwerte aufweisen, liegt meist am Mineralgehalt der Böden, mit denen das Wasser in Berührung kommt.
In Urgesteinsgegenden (z. B. Granit) oder in Regionen mit verwitterten ausgewaschenen Böden (z. B. Quarzsande) ist das Wasser oft extrem mineralarm und sauer, weil auch kleine Säuremengen, z. B. von verrottendem Pflanzenmaterial, das Wasser ansäuern können. Gewässer, die durch kalkhaltige Böden fließen, sind dagegen meist hart und alkalisch, weil ihr Wasser die noch im Boden enthaltenen Mineralstoffe auswäscht (▶ Wasser und Technik, ab Seite 38).
Die Transparenz des Wassers bestimmt das Leben der Fische ebenfalls. Trübe Gewässer bieten vielen Fischen, die auf Sicht jagen, keine Ernährungsmöglichkeiten. Hier kommen Arten mit Barteln, besonders ausgeprägtem ▶ FERNTASTSINN (Seite 262) oder ▶ ELEKTRISCHEN ORGANEN (Seite 262) zum Zug.
Die Nahrungsverfügbarkeit sorgt dafür, ob ein Lebensraum viele oder wenige Fische versorgen kann. Nährstoffarme Seen, z. B. Schwarzwasserseen, weisen zwar meist hohe Artenzahlen, aber wenig »Masse« an Fischen auf. Wahrscheinlich finden sich hier deshalb besonders viele Zwergarten. Schnellwüchsige Arten mit hohem Nahrungsbedarf haben in der Regel keine Chance.
Jahreszeitliche Schwankungen durch den Wechsel von Regenzeit und Trockenzeit in den Tropen beeinflussen Wasserwerte, Temperatur und Nahrungsverfügbarkeit sowie viele andere Parameter. Deshalb ist es leicht zu verstehen, dass sich viele Fische auch unter den scheinbar immer gleichen Tropenbedingungen immer nur zu bestimmten Jahreszeiten fortpflanzen. Sie tun es nämlich dann, wenn die Bedingungen für die Brut auch optimal sind.

Klar-, Weiß- und Schwarzwasser

Es haben sich drei unterschiedliche Begriffe zur Charakterisierung der Wassereigenschaften eingebürgert.
- **Klarwasser** ist oft mineralarmes, farbloses und glasklar durchsichtiges Wasser, z. B. in vielen Regenwaldbächen.
- **Weißwasser** ist durch feine Sedimentpartikel eingetrübtes Wasser, so wie es aus vielen erdgeschichtlich jungen Gebirgszügen kommt.
- **Schwarzwasser** ist mineralarmes, aber klares Wasser, das orangebraun gefärbt ist. Die Farbe entsteht beispielsweise durch Huminstoffe, die sich bilden, wenn Falllaub und auch anderes Pflanzengewebe nur unvollständig abgebaut werden (▶ HUMINSÄUREN, Seite 264).

Ein typischer Schwarzwasserbach: Im Sonnenlicht wirkt das Wasser colafarben. Die fantastische Färbung kommt durch gelöste organische Stoffe zustande. Schwarzwasser ist ein extremer Lebensraum: stark sauer und sehr mineralarm.

Regenwaldbäche

Der wahrscheinlich wichtigste Lebensraum, aus dem tropische Aquarienfische exportiert werden, sind kleine und größere Regenwaldbäche Afrikas, Lateinamerikas und Südostasiens. Das liegt daran, dass Fische aus diesen klaren, kleinen Urwaldbächen zu den buntesten Exemplaren überhaupt gehören, weil sie mit ihren reflektierenden ▶ LEUCHTFARBEN (Seite 266) das wenige Licht nutzen, das das Kronendach des Urwaldes durchlässt. Für Aquarianer sind sie deshalb besonders attraktive Pfleglinge.

Artenvielfalt

Je nach Waldtyp und Gelände leben Fische, Garnelen und Krebse entweder in schnell fließenden, steinigen und kiesigen Bächen oder in langsam fließenden mit sandigem und schlammigem Untergrund. Die kleinsten Regenwaldbäche weisen manchmal einen Wasserstand von nur wenigen Zentimetern auf, größere Bäche können in tiefen Mulden (Gumpen) über zwei Meter tief werden. Die flachen Gewässerbereiche dieser schattigen und kühlen Biotope sind fast nur kleinen bis sehr kleinen Fischarten vorbehalten. Diese besiedeln nicht nur Stillwasserbereiche, sondern auch die schneller strömenden Freiwasserzonen, weil hier kaum Gefahr von großen Raubfischen droht. Die wenigen Räuber halten sich in den tieferen Gumpen auf.
In solchen Lebensräumen flitzen direkt unter der Wasseroberfläche kleine Schwarmfische wie Zebrabärblinge und Leuchtaugenfische umher, um in der Strömung vom Uferbewuchs heruntergefallene Insekten zu erbeuten. Andere Fischarten wiederum, z. B. viele der sehr bunten Killifische (▷ Seite 200), stehen ruhig in direkter Ufernähe unter der Wasseroberfläche und lauern dort Insekten auf.
Nachtaktive Arten finden im Schutz langer, wogender Wasserpflanzenblätter auch in stark strömenden Bächen Stillwasserzonen, die ihnen tagsüber als Schlafplatz dienen. Echte Wasserpflanzen gibt es allerdings nur dort, wo eine Lücke im Kronendach des Urwaldes genügend Licht durchlässt. Sonst wachsen hier vor allem halbaquatische Pflanzen wie Farne und Speerblätter (▷ Seite 106).
Der Bodengrund kleiner Bäche ist – je nach Fließgeschwindigkeit des Wassers – mit Sand, Kies oder Kieselsteinen bedeckt. Im Sand gründeln Welse und Barben nach Nahrung, während die Wildform der beliebten Platys auf den Kieselsteinen nach Algen zupft. Flossensauger nutzen ihre zu einer Art Saugglocke umgeformten Flossen, um sich auch in einer starken Strömung auf glatten Kieselsteinen vorzutasten und aus dem Algenbewuchs mit dem Maul kleine Nahrungstiere herauszufiltern.

Jahreszeiten

Auch die mit etwa 21 bis 24 °C meist kühlen Regenwaldbäche sind von den Jahreszeiten betroffen. In der Trockenzeit fällt wenig Regen, der Bachlauf kann zu einer Kette von klaren Tümpeln zusammenschmelzen.
In der Regenzeit dagegen tritt der Bach besonders im flachen Tiefland über die Ufer und überschwemmt weite Teile des Waldbodens. In dieser Zeit müssen sich die Fische wie im Schlaraffen-

INFO

Die Nahrung kommt von außen

Regenwaldbäche führen wenig Wasser, sind meist nährstoffarm und oft sauer. Dieses Wasser produziert selbst kaum Nahrung (Plankton, Algen). Die Nahrung beziehen die Fische und anderen Wassertiere von außen. Vom Falllaub der Bäume ernähren sich Pilze und Bakterien, die ihrerseits Garnelen und Insektenlarven als Nahrung dienen. Die Fische jagen diese Kleintiere und ernähren sich zusätzlich von Insekten, die ins Wasser fallen.

land vorkommen, denn Insekten und ihre Larven werden in Unmengen als Nahrung zugänglich, und in frisch überschwemmten Tümpeln »boomt« das Plankton. Beliebte Aquarienfische aus Regenwaldbächen und Bachsümpfen sind:

- **Aus Afrika:** Killifische der Gattungen *Aphyosemion* und *Fundulopanchax*, kleine Barben (z. B. *Enteromius jae*) und die Schmetterlingsbarbe (*Enteromius hulstaerti*) sowie Prachtbuntbarsche der Gattung *Pelvicachromis*.
- **Aus Südamerika:** Zwergbuntbarsche *(Apistogramma)*, Neonfische (*Paracheirodon*) und Ziersalmler *(Nannostomus)*.
- **Aus Südostasien:** Bärblinge der Gattung *Danio* und ihre Verwandten, kleinere Barben z. B. die Bitterlingsbarbe, und kleine Schmerlen *(Nemacheilus)*.
- **Aus Australien und Neuguinea:** Die Gabelschwanz-Blauaugen *(Pseudomugil furcatus)*, Diamant-Zwergregenbogenfische (*Melanotaenia praecox*) und Pastellgrundeln (*Tateurndina ocellicauda*).

Regenwaldbach-Aquarien sind eher lang gestreckt. Sie zeichnen sich vor allem durch eine »schummrige« Beleuchtung und eine leichte Strömung aus. Die typischen Regenwald-Effekte können Sie durch raffinierte Licht- und Schattenspiele verstärken, indem Sie beispielsweise punktförmige Lichtquellen im Becken einsetzen (Aquarien-LED-Strahler).

Dieser südostasiatische Regenwaldbach beherbergt sicher 20 Arten, z. B. Bärblinge und Schmerlen. In einem vergleichbaren europäischen Bach leben nur zwei bis drei Arten.

Großer tropischer Fluss

Große tropische Flüsse weisen die größte Artenvielfalt aller Fließgewässer auf. Der Grund dafür sind die verschiedenen Kleinlebensräume, die hier im Gegensatz zu kleinen Bächen oder Tümpeln zu finden sind. Fast jeder Fluss hat nicht nur eine Flachwasserregion mit Steinen oder Sand, sondern auch tiefe und schnell strömende Bereiche sowie schlammige, sandige, felsige, sauerstoffarme und sauerstoffreiche Zonen.

Spezialisten für jeden Bereich

Die Uferzonen größerer Fließgewässer bieten Lebensräume, in denen Kleinfische Schutz vor Fressfeinden, Bereiche mit geringer Strömung und einen reich gedeckten Tisch vorfinden.
In Buchten, abgetrennten Flussarmen oder in Zonen, die in der Regenzeit überschwemmt sind, bedeckt vor allem im Urwald eine oft bis zu einem halben Meter dicke Falllaubschicht den Gewässergrund.
Der Hauptfluss selbst ist fast immer Lebensraum größerer Fische. Sie jagen über den weiten Sand- und Kiesflächen unter der Wasseroberfläche nach Fischen oder Insekten, die je nach Jahreszeit in großen Mengen auf die Wasseroberfläche fallen. Tagsüber eingegrabene Sandbewohner dagegen verlassen erst in der Dunkelheit ihren Schutzbereich und gehen auf Beutejagd nach ebenfalls nachtaktiven Insektenlarven oder schlafenden Fischen.
In Felsbereichen oder zwischen großen Holzanschwemmungen ins Wasser gefallener Bäume findet sich eine unglaubliche Vielzahl kleiner Lebensraumspezialisten. Für jeden Untergrund, jede Tageszeit und jede Strömungsgeschwindigkeit scheint es eine andere Fischart zu geben, die mit den besonderen Standortbedingungen gut zurechtkommt.
In den Felszonen reißender Stromschnellen leben oft nur dort vorkommende Arten mit Saugmaul oder solche, die geschickt das Lückensystem der Steine ausnützen, um nicht in die Strömung zu geraten. Hier können diese Fischarten in Ruhe und frei von Konkurrenten nach ihrer Nahrung suchen.

Im Folgenden habe ich einige Beispiele von Fischarten aus großen Flüssen für Sie zusammengestellt.

- **Aus Afrika:** Buckelkopfbuntbarsche der Gattung *Steatocranus*, Zebra-Geradsalmler (*Distichodus*) oder Fiederbartwelse, z. B. der wunderschöne *Synodontis angelicus*.
- **Aus Lateinamerika:** Großsalmler, wie beispielsweise Scheibensalmler oder auch Piranhas, Erdfresser aus den Buntbarschgattungen *Geophagus* und *Satanoperca* oder Engelswelse *(Pimelodus pictus)*.
- **Aus Südostasien:** Haibarben (*Balantiocheilos melanopterus*) und andere Großbarben, Prachtschmerlen *(Chromobotia)* und Fransenlipper *(Epalzeorhynchus)*.

Der Natur nachempfunden

Aquarien mit dem Charakter eines großen tropischen Flusses müssen natürlich auch eine entsprechende Größe haben. Es sollte zumindest einige Beckenbereiche mit größeren Sand- oder Kiesflächen geben.
Eingestreut finden sich größere Felsen, die so in den Bodengrund eingelassen sind, dass sie möglichst natürlich in der Strömung liegen und für Stromschnellenbewohner auch ein Lückensystem aufweisen, in das sie sich jederzeit zurückziehen können.
Die »Uferbereiche« gestalten Sie am besten mit großen Holzwurzeln, beispielsweise mit Mangroven- oder Savannenholz (▷ Tabelle, Seite 91). Sie müssen nicht gewässert werden und geben kaum Farbstoffe an das Wasser ab. Die Holzteile arrangieren Sie so, als wären sie von der Strömung verdriftet worden. Oder Sie lassen sie vom »Ufer« in das Wasser hineinragen. So wirken sie wie unterspülte Wurzeln von noch lebenden Bäumen am Uferrand. Außerdem schaffen Sie mit den Wurzeln Unterstände.
Eine starke Strömung, die man mithilfe einer Strömungspumpe (▷ Wasserbefördernde Pumpen, Seite 78) erzeugen kann, schafft das echte Flussambiente und fördert die Vitalität und Lebendigkeit der Fische.

Forschung & Praxis

Von der Natur lernen

Untersuchungen bei Fließgewässern haben gezeigt, dass Totholz eine der wichtigsten Lebensgrundlagen für die meisten Fischarten ist. Es schafft Schutzräume für Jungfische, Unterstände für Lauerräuber, Ansitzplätze für Arten, die nach Futterpartikeln schnappen, sowie Ablaichplätze und Schlafhöhlen.

Ein naturnahes Aquarium für tropische Fische kommt deshalb ohne den Einsatz von Totholz in den meisten Fällen nicht aus. Der Zoofachhandel bietet eine Vielzahl von Holzarten (▷ Tabelle, Seite 91). Manche färben und verändern das Wasser chemisch, andere nicht. Eine mit Vorsicht zu genießende Alternative bietet selbst gesammeltes Holz aus Flüssen. Dieses sollte man tatsächlich nur dann verwenden, wenn man auch *Ancistrus*-Harnischwelse oder holzfressende *Panaque*-Harnischwelse im Becken pflegt, die die schnell verrottende Weichholzoberfläche einfach wegraspeln.

Wie wichtig Huminstoffe (▷ Seite 47) für die Gesundheit der Aquarientiere sind, ist noch nicht komplett geklärt. Sicher ist, dass zumindest einige der Bestandteile, die das Wasser ansäuern und färben, zum Wohlbefinden beitragen und die Widerstandskraft nicht nur von Weichwasserfischen, sondern wahrscheinlich auch von Krebstieren erhöhen.

Für Huminstoffe sorgen Sie durch Holz im Aquarium oder durch das vorsichtige Einbringen von Buchen- und Eichenlaub (▷ Seite 91). Zu viele Huminstoffe können allerdings die Wasserwerte in Richtung sauer und weich verändern. Die Hartwasserfische reagieren manchmal empfindlich darauf, mögen aber dennoch einen maßvollen Einsatz. Inzwischen gibt es auch flüssige Huminstoffpräparate zu kaufen. Gefällt Ihnen der Gelbstich nicht, können Sie ihn vorsichtig durch Aktivkohlefilterung reduzieren.

Die Temperatur des Aquarienwassers wird als Pflegefaktor oft unterschätzt. Sie ist wichtiger, als viele denken, denn der Stoffwechsel der wechselwarmen Fische und Krebse – die selbst keine konstante Körpertemperatur haben – hängt direkt von der Wassertemperatur ab, die sie umgibt. Man weiß heute, dass zu hohe Wassertemperaturen zu einer frühen Vergreisung »kühler« Fischarten führen. Interessanterweise scheint die Temperatur auch einen Einfluss auf das Geschlechterverhältnis der Nachkommen mancher Arten zu haben, sodass es bei zu hohen Temperaturen z. B. zu einem Männchen-Überschuss kommen kann.

Achten Sie sowohl bei der Auswahl als auch bei der Vergesellschaftung der Aquarienbewohner unbedingt auch auf die richtigen Wassertemperaturen im Aquarium. Besonders Regenwaldfische kümmern nämlich bei zu hohen Temperaturen. Die richtige Pflegetemperatur kann also für manche Fischarten durchaus wichtiger sein als die chemischen Wasserwerte (▷ Wasser und Technik, ab Seite 36).

Vielfalt der Lebensräume: Als großer tropischer Fluss weist der Ogowe im zentralafrikanischen Gabun steinige und sandige, schnell fließende und tiefe Stillwasserbereiche auf – jeder Lebensraumabschnitt beherbergt unterschiedliche Fischarten.

Savannengewässer, Tümpel und Sumpf

Im Gegensatz zu Fließgewässern oder großen Seen kommen kleine Tümpel, Flachseen der Savannen oder Sümpfe nur durch Wellen in Bewegung. Deshalb ist die herausragendste Eigenschaft solcher Gewässer die Ruhe und Stille, die sie ausstrahlen. Genauso scheinen sich auch die darin lebenden Fische zu verhalten, denn es gibt in diesen Gewässern kaum hektisch herumschwimmende Arten.

Ruhige Gewässer

Wenn es die Wasserqualität und die Lichtverhältnisse zulassen, wachsen in den meisten stillen Gewässerbereichen dichte Bestände zarter und feinfiedriger Wasserpflanzen. In größeren Gewässern wurzeln Wasserpflanzen häufig im Uferbereich. Kleine Tümpel, Gräben und ganze Sümpfe können aber auch vollständig mit Pflanzen zugewachsen sein. Seerosen sind Charakterpflanzen eher nährstoffreicher Gewässer und bieten Oberflächenfischen Schutz.
Bei einer Wasserqualität, die keinen oder kaum Pflanzenwuchs zulässt (Schwarzwasser), erfüllen die Landpflanzen, die ins Wasser hängen, die gleiche Funktion wie die ufernahen Wasserpflanzen-Dickichte. Schwarmfische, wie z. B. verschiedene Salmler, erbeuten am Rand der Wasserpflanzen-Dickichte in langsam fließendem Wasser kleine Futterpartikel. Bei Gefahr haben sie die Möglichkeit, sich schnell zurückzuziehen. In solchen Gewässern leben besonders viele Minifische, z. B. *Boraras*-Arten, die für Nano-Aquarien geeignet sind (▷ Seite 144). Auf der Suche nach den kleinen Futtertieren, die reichlich zwischen den feinfiedrigen Pflanzen zu finden sind, bewegen sich eher einzelgängerisch veranlagte Arten, z. B. manche Süßwassernadeln, mit langsamen Bewegungen umher. Mit einem Saugmaul ausgestattete kleine Welse dagegen weiden an breitblättrigen Pflanzen Algen und darauf siedelnde Kleintiere ab. Unter der Oberfläche oft sumpfiger, sauerstoffarmer Gewässer bauen Kampffische oder Fadenfische ihre Schaumnester. Im Schutze der Pflanzen gründeln kleine Panzerwelse oder schlangenförmige Dornaugen im feinen, weichen Bodengrund, der sich im Wurzelbereich der Pflanzen abgelagert hat, nach Nahrung wie Würmer oder Insektenlarven.

Schwarzwassersümpfe

Ein Spezialfall an Stillgewässern sind die Schwarzwassersümpfe mit ihrem kaum wahrnehmbaren Wasserfluss. Kristallklares, im Sonnenlicht cola-orangefarben leuchtendes Wasser durchzieht die Bodenregion der sogenannten Torfsümpfe Südostasiens und Fluss-Sumpfgebiete in Zentralafrika und Amazonien. Besonders in der Trockenzeit geht der Wasserspiegel fast bis unter die Falllaubschicht. Die Fische überdauern die Trockenzeit zwischen den Blättern in Wasserkammern. In diesen Gewässern leben kleine Rote Kampffische, in größeren, mehr durchflossenen Schwarzwassersümpfen eine ganze Reihe anderer spezialisierter Schwarzwasserfische, die oft besonders empfindlich, aber auch besonders schön sind. Die Prachtguramis oder die kleinsten Süßwasserfische der Welt (*Paedocypris*) gehören in diese Kategorie.

INFO

Schwarzwasserbecken für Spezialisten

Extreme Schwarzwasserfische brauchen besondere Wasserwerte. Der saure pH-Wert und fast nicht vorhandene gelöste Salze sorgen dafür, dass Schwarzwasser sehr keimarm ist und die Fische besondere Anpassungen in ihrem Stoffwechsel haben. Unter normalen Wasserbedingungen sind sie krankheitsanfällig. Deshalb pflegt man solche Fische ohne messbare Härte bei pH-Werten unter 6 (Wassertyp 1).

Trockensavannen

Einen sehr faszinierenden Lebensraum stellen die Trockensavannen Ostafrikas und des nordöstlichen sowie südlichen Südamerikas dar. Hier findet man Fische in Gewässern, die nur wenige Monate im Jahr existieren. Bodenlaichende, meist grellbunt gefärbte Killifische aus den Gattungen *Hypsolebias*, *Nothobranchius* oder *Austrolebias* schlüpfen aus Eiern, die viele Monate im Boden gelegen haben, nachdem sie von den Elterntieren im weichen Bodenschlamm der Savannentümpel in wenigen Zentimetern Tiefe abgelaicht wurden. Wenn die tropische Sonne den Savannentümpel austrocknet, sterben die Elterntiere, aber ihre Nachkommenschaft überdauert im Boden. Sobald die ersten Regen fallen, schlüpfen die Larven und beginnen so viel zu fressen, dass sie innerhalb weniger Wochen oder Monate geschlechtsreif sind. Es ist Eile geboten, denn ihr Tümpel wird bald wieder trockenfallen. In manchen solcher Tümpel kommen sogar mehrere Arten vor – eine groß werdende räuberische und eine oder mehrere kleinere. Es entsteht daher für eine kurze Zeit ein komplexes Mini-Ökosystem. Kein Wunder also, dass viele dieser Fische in sehr kleinen Artbecken gehalten werden können – ein Männchen mit zwei bis drei Weibchen.

Krautige Vielfalt: Im Überschwemmungsbereich des brasilianischen Pantanals, dem größten Sumpfgebiet der Erde, leben viele kleine Fischarten, darunter beliebte Aquarienfische wie die Schrägschwimmer.

Stillwasser-Aquarien

Viele beliebte Aquarienfischarten stammen aus krautigen Stillgewässern, und sie sind oft besonders klein.

- **Aus Afrika:** Zwergfische wie *Neolebias powelli* sowie die winzigen *Congopanchax*-Arten oder Orange Buschfische *(Microctenopoma ansorgei)* stammen aus krautigen, meist leicht fließenden Gewässern.
- **Aus Südamerika:** Von hier werden viele kleine Salmler, z. B. die Feuersalmler (*Hyphessobrycon amandae*), exportiert.
- **Aus Südostasien:** Die winzigen Zwergbärblinge (*Boraras brigittae*), die Prachtguramis aus der Gattung *Parosphromenus* oder auch Schokoguramis sind Bewohner der Schwarzwassersümpfe mit mehr oder weniger fließendem Wasser. Viele andere Labyrinthfische, wie z. B. Fadenfische, stammen aus krautigen Gewässern.

Stillwasserbecken richtet man mit einem nur leicht blubbernden luftbetriebenen Innenfilter, mit vielen feinfiedrigen Pflanzen und mit einer Schwimmpflanzendecke ein. Es sollte dabei aber immer etwas freier Schwimmraum für die Fische bleiben. Als Bodengrund eignet sich am besten eine feine Schicht Sand, wenn man ansonsten freiflutende oder auch auf Holz aufgebundene Pflanzen, beispielsweise Javafarn oder Zwergspeerblatt, verwendet.
Manche Fische benötigen kleine Verstecke, um sich zu schützen oder um ihre Eier abzulegen. Positionieren Sie unbehandelte kleine Bambusröhrenstücke schwimmend in der Nähe der Frontscheibe oder auch beschwert am Boden, sodass Sie sie trotzdem einsehen können.

Mündungsgebiete und Mangroven

Viele küstennahe Gewässer sind leicht salzhaltig, weil sich das Süßwasser der Bäche und Flüsse mit dem Salzwasser des Meeres in einem mehr oder weniger großen Bereich vermischt, also zu Brackwasser wird.
Zu diesen Gewässern zählen die Mündungsgebiete (sogenannte Ästuare) großer und kleiner Flüsse, die sich vor dem Zusammenfließen mit dem Meer oft zu großen Deltas auffächern. In diesen aufgestauten Zwischenzonen von Süß- und Meerwasser boomt das Leben im Wasser, weil der Nährstoffreichtum hier sehr groß ist. Die Vermischungszone ist in den meisten Fällen kein festgelegter Biotopabschnitt, sondern wechselt durch die unterschiedlichen Wassermengen der Flüsse in Regen- und Trockenzeit und durch die Gezeiten immer wieder. Mündungsbereiche der großen Flüsse können so entweder fast reines Süßwasser oder fast reines Meerwasser enthalten. Diese Prozesse können jahreszeitlich, aber auch täglich ablaufen.
Die ständigen Änderungen des Salzgehaltes verlangen den Brackwassertieren physiologische Höchstleistungen ab. In reinem Meerwasser müssen die Tiere darauf achten, dass sie nicht Körperwasser über Haut und Kiemen an das Meerwasser abgeben, im Süßwasser dagegen müssen sie sich gegen das Eindringen von zu viel Wasser wappnen. Bei ständigem Wechsel des Salzgehaltes sind deshalb viele Tierarten nicht in der Lage, auf Dauer zu überleben. Hochangepasste Brackwassertiere vertragen allerdings ohne Probleme ein langsames Umsetzen von Süßwasser in Salzwasser und umgekehrt. Nicht angepasste Fische würden dagegen in diesen Gewässern sehr schnell sterben.

Wald im Brackwasser: Die Stelzwurzeln der Mangrovenbäume werden von einer Vielzahl an Kleinstlebewesen besiedelt. Diese dienen als Nahrungsgrundlage für viele Fisch- und Krebsarten, die im Brackwasser ihr Zuhause haben.

Mangroven prägen das Bild

Brackwasser-Lebensräume zeichnen sich einerseits durch das Wechselspiel von Salz- und Süßwasser aus, andererseits aber auch durch drastische Wasserstandsänderungen aufgrund der Gezeiten. Die Flüsse lagern viel Schlick und Schlamm in den Mündungsgebieten ab, sodass bei Niedrigwasser große flache Schlickflächen trockenfallen.
Die an diese Umstände angepassten Bäume, die Mangroven, bilden ausgedehnte Wälder in solchen Überschwemmungsgebieten. Die Mangrovenwälder sind unglaublich nährstoffreich und deshalb ein dicht besiedelter Lebensraum. Übrigens sind die Mangroven die »Kinderstube« für sehr viele Meeresfische und sollten deshalb geschützt und nicht abgeholzt werden. Die Schlammspringer, viele Grundeln, aber auch Argusfische, Schützenfische und Silberflossenblätter stammen aus diesen Biotopen.
Einige wenige Brackwasser-Fischarten werden für die Aquaristik importiert. Doch leider sterben diese Fische oft schnell, weil sie meistens wie Süßwasserfische gepflegt werden.

Mangroven-Aquarien

Es lohnt sich, speziell ein Aquarium mit Brackwasserfischen einzurichten, denn mehr als bei vielen anderen Aquarientypen kann man hier einen echten Biotop-Charakter imitieren. Besonders Mangroven-Becken mit großem Land- und Wasserteil üben einen ganz speziellen Reiz aus. Es gibt kaum ein faszinierenderes Aquarium als ein Brackwasserbecken, in dem im Wasserteil grün leuchtende Kugelfische und Schützenfische schwimmen, im Flachwasserteil Schlammspringer umherhüpfen und im Landteil leuchtend rote Krabben mit ihrem urzeitlichen Aussehen beeindrucken. Solche Aquarien sollten immer einen wirklich großen Landteil (etwa ein Drittel der Beckengrundfläche), einen flachen Wasserteil (ein weiteres Drittel) und eine etwas tiefere Beckenregion (das restliche Drittel) aufweisen. Natürlich ist das salzhaltige Brackwasser genau das richtige Element für diese Aquarienbewohner (▷ Brack- und Meerwasser, Seite 56). Ein echter Vorteil von Brackwasser-Aquarien ist, dass die Filterung mit der sehr effektiven Eiweißabschäumung unterstützt werden kann (▷ Seite 151). Wurzelholz und Sand bilden die wichtigsten Einrichtungsgegenstände. Pflanzen wachsen normalerweise in diesem Aquarienwasser kaum, bei niedrigen Salzkonzentrationen des Brackwassers kann man es aber mit dem asiatischen Wasserkelch (*Cryptocoryne ciliata*) versuchen – eine der wenigen echten Brackwasserpflanzen. Bemühungen, tatsächlich Mangrovenbäumchen zu pflanzen, können zwar gelingen, doch die meisten Mangroven-Arten werden für durchschnittliche Heimaquarien deutlich zu groß. Wer trotzdem sein Glück versuchen will, muss für eine sehr starke Beleuchtung (am besten mit Power-LED-Lampen) und für einen tiefen Bodengrund sorgen.
Übrigens: Auch die sich ständig ändernden Wasserstände der Gezeiten lassen sich in einem Aquarium mit Landteil imitieren – das ist allerdings sehr aufwendig. Man braucht dazu auf alle Fälle ausgelagerte Wasserreservoirs sowie Pumpen, die mithilfe einer Zeitschaltuhr (aus dem Zoofachhandel) so gesteuert werden, dass sie das Wasser im 6-Stunden-Rhythmus in das Aquarienbecken hinein- oder wieder herauspumpen. Für Bastler bietet das Internet Bauanleitungen.

TEST

Aquaristik – das richtige Hobby?

Fische und andere Wasserbewohner fühlen sich nur in einem Aquarium wohl, das beste Haltungsbedingungen bietet. Haben Sie die richtige Einstellung für die Pflege eines Aquariums?

		JA	NEIN
1	Informieren Sie sich vor der Anschaffung von Fischen und anderen Wasserbewohnern über deren Pflegeansprüche?	☐	☐
2	Sind Sie bereit, etwa alle zwei Wochen ein Drittel des Aquarienwassers zu wechseln?	☐	☐
3	Kontrollieren Sie täglich die Aquarientechnik und die Vitalität der Tiere?	☐	☐
4	Kennen Sie andere Aquarianer oder Zoofachhändler, die Ratschläge geben können?	☐	☐
5	Können Sie sich auch an einem Aquarium mit wenigen Bewohnern erfreuen?	☐	☐
6	Haben Sie eine zuverlässige Urlaubsvertretung?	☐	☐
7	Tolerieren Ihre Mitbewohner das permanente Hantieren mit Wasser in der Wohnung?	☐	☐
8	Sind Sie bereit, relativ viel Zeit, Arbeit und Geld in Ihr Hobby zu investieren?	☐	☐

AUFLÖSUNG: Wenn Sie alle Fragen mit »Ja« beantworten können, sind das die besten Voraussetzungen für die verantwortungsvolle Ausübung des Hobbys Aquaristik. Bei jedem »Nein« sollten Sie überprüfen, ob sich der Grund dafür nicht ändern lässt.

Tanganjika- und Malawi-See

Die beiden großen und sehr tiefen Seen des sogenannten Ostafrikanischen Grabenbruchs beherbergen jeweils Hunderte Buntbarscharten, die nur dort vorkommen. Der Tanganjika- und der Malawi-See sind typisch für viele große und tiefe Grabenseen weltweit.

Der Tanganjika-See

Der Tanganjika-See ist einer der ältesten Seen der Erde. Fast alle Tier- und Pflanzenarten, die darin leben, existieren nur dort, sind also endemisch. Die aquaristisch wichtigsten Biotope sind die lichtdurchflutete Felszone des Flachwassers und des tieferen Wassers, die Sandzone und die Freiwasserzone.

Die Felszone im Flachwasser weist viele runde Kiesel auf, die von spezialisierten Algenfressern wie den *Tropheus*-Arten abgeweidet werden. Die tiefer liegenden Felsbiotope werden von vielen substratbrütenden Buntbarschen, z. B. *Neolamprologus*- oder *Julidochromis*- Arten, bewohnt. Diese Arten fressen kleine Krebse und Insektenlarven. In der Übergangszone zum Sand finden sich die großen Fadenmaulbrüter (*Opthalmotilapia*) und kleine paarbildende, ebenfalls maulbrütende *Xenotilapia*-Arten. Erst in der Sandzone selbst liegen die berühmten Schneckenfriedhöfe. Das sind Ansammlungen leerer Schneckenhäuser, die von verschiedenen spezialisierten Schneckencichliden als »Haus« benutzt werden. In der Sandzone leben aber auch frei umherschwimmende Sandcichliden. Sogar im Freiwasser befinden sich Cichliden, die sich von kleinen Planktonkrebschen ernähren.

Der Malawi-See

Der Malawi-See ist ebenfalls von vielen Hundert Cichlidenarten – allerdings nicht den gleichen wie im Tanganjika-See – bevölkert. Dennoch sind die Lebensräume ziemlich ähnlich, da es sich auch um einen Grabensee handelt. Viele Hundert Meter tief sind diese mehrere Hundert Kilometer langen, aber nur wenige Dutzend Kilometer breiten Seen. Der wichtigste Lebensraum im Malawi-See ist die Felszone. Die Nutzung aller Lebensräume ist ähnlich wie im Tanganjika-See, allerdings mit einem gravierenden Unterschied: Im Malawi-See gibt es keine ▶ SUBSTRATLAICHER (Seite 272), die Felshöhlen zur Eiablage und Jungenaufzucht benötigen. Alle Arten – bis auf eine – sind ▶ MAULBRÜTER (Seite 267).

Die Arten der Seen

Die Fischgesellschaften dieser beiden Seen unterscheiden sich durch ihre Artenvielfalt von fast allen anderen Seen dieser Erde, die meist weniger als 50 Arten beherbergen. Deshalb sind die ostafrikanischen Seen zu einem wahren Eldorado für Evolutionsbiologen geworden. Die meisten Forschenden möchten verstehen, wie sich in der Abgeschlossenheit dieser Seen so viele Arten entwickeln und auf ökologische Nischen hin spezialisieren konnten. In der Tat ist der Zusammenhang zwischen Lebensraum und Lebensweise der zahlreichen Fisch-, Krebs- und Schneckenarten in diesen Seen offensichtlich, weil viele Arten lebensraumtypisch spezialisiertes Verhalten zeigen, das oft sehr auffällig ist. Die meisten dieser Verhaltensweisen lassen sich übrigens auch im Aquarium beobachten – nicht umsonst sind diese Cichliden so beliebt.

Große Seen in Aquarien

Über beliebte Malawi- und Tanganjika-See-Buntbarsche informieren Sie die Seiten 240 bis 243. Die Aquarien, die sich an der Natur orientieren, sollten nur als Felsen- oder nur als Sandbecken (mit ein paar Felsen) eingerichtet werden. Das hat folgenden Grund: Sandcichliden sind in der Regel wesentlich weniger ruppig und oft sogar recht empfindlich gegenüber den meist aggressiven Felsbewohnern, die ihren »Steingarten« und damit ihre Nahrungsgrundlage verteidigen.

Die typischeren ostafrikanischen Seen-Aquarien sind meist Felszonen-Aquarien. Auf einer Styroporplatte werden fast bis zur Wasseroberfläche Steine aufgeschichtet. Die Unterlage ist nötig, damit die Bodenscheibe nicht durch punktuelle

Belastungen brechen kann. Wichtig ist auch, dass die Steine besonders für Malawi-Buntbarsche so geschichtet sind, dass genügend freie Durchschwimmmöglichkeiten entstehen. So werden unterlegene Fische nicht in die Enge getrieben, und der Steinaufbau bleibt gut durchströmt und »durchlüftet«. Bei ausreichend starker Wasserbewegung durch Filterpumpe und Bewegung der Fische entstehen keine »Gammelecken«. Höhlenbrüter (▶ VERSTECKBRÜTER, Seite 272) aus dem Tanganjika-See hingegen mögen eher nach fast allen Seiten abgeschlossene Höhlen, wahrscheinlich weil sie dann besser ihre Brut verteidigen können. Ein guter Besatz für größere Felsbecken besteht – in Anlehnung an den Malawi-See – aus Gruppen mehrerer »Mbuna«-Arten, die sich aus verschiedenen Gattungen zusammensetzen: *Chindongo*, *Maylandia*, *Melanochromis* und *Labidochromis*.
Felsbeckenbesatz für ein Tanganjika-See-Becken kann aus *Neolamprologus*- und *Julidochromis*-Arten bestehen oder aus *Tropheus* (die das Futter der anderen nicht vertragen).
Sand- und Freiwassercichliden pflegt man am besten in Becken mit einer reinen Sandschicht von 5 bis 7 cm Dicke und einzelnen größeren Felsen. Die Felsen dienen den Fischen als Sichtbarrieren, aber auch als Zentren für Balzreviere, z. B. für Kärpflingscichliden *(Cyprichromis)*, die die Freiwasserzonen bewohnen.

Typische Unterwasserszene im Tanganjika-See: Hier leben zum Beispiel hochsoziale Buntbarsche wie der abgebildete *Neolamprologus cf. gracilis*. Auch im Aquarium lässt sich deren Verhalten beobachten.

Die Natur richtig schützen

Der Bedarf der Aquarianer an Wildfängen bedingt natürlich auch ein hohes Verantwortungsgefühl gegenüber den Aquarienbewohnern.

AQUARISTIK VERBRAUCHT NATUR. An diesem Satz kann niemand zweifeln, denn Aquarianer befinden sich im Spannungsfeld von Tier- und Naturschutz und dem Trieb, Lebendiges zu spüren und mehr über die Vielfalt des Lebens zu erfahren. Deshalb sollte jeder Aquarianer die wichtigsten Einwände gegen sein Hobby kennen.

Die Argumente von Natur- und Tierschützern beruhen auf zwei leider nicht zu leugnenden Tatsachen: Ein Großteil der Aquarienfische wird nicht artgerecht gehalten, und bei einem Teil der Ex- und Importeure von Wildfängen sind optimale Transporte und Zwischenhälterungsbedingungen nicht immer gewährleistet.

Vor der Anschaffung bedenken

Leider haben diejenigen nicht selten recht, die behaupten, dass viele Aquarianer ihre Tiere nicht artgerecht pflegen. Das bedeutet jedoch nicht, dass man generell Fische und Wirbellose in Aquarien nicht artgerecht pflegen könnte. Vielmehr verfügen etliche Halter nicht über genügend Wissen, um auf die Bedürfnisse der Aquarienbewohner entsprechend einzugehen, oder sie sind schlichtweg nachlässig. Deshalb meine dringende Empfehlung:

- Informieren Sie sich vor dem Kauf von Tieren und Pflanzen genau über Herkunft, Pflege- und Vergesellschaftungsbedingungen. Denn nicht alle Tiere können aufgrund ihrer Bedürfnisse gemeinsam in einem Aquarium gepflegt werden.
- Nutzen Sie gute Fachliteratur und das Wissen Ihres Zoofachhändlers. Suchen Sie zum Erfahrungsaustausch gleichgesinnte Aquarianer. Gute Möglichkeiten dazu bieten beispielsweise Aquarienvereine sowie Internetplattformen (▷ Adressen, Seite 284).
- Kaufen Sie Fische im spezialisierten Zoofachhandel mit kompeteten Fachverkäufern. Diese sind oft selbst Aquarianer und entsprechend motiviert, Sie umfassend zu beraten. Ein guter Zoofachhändler wird Ihnen beispielsweise keine Skalare für ein 60-l-Becken und keine Rochen für ein Becken, das 150 cm lang ist, verkaufen. Er wird Sie vielmehr nach der Größe Ihres Aquariums und nach dem bereits vorhandenen Besatz fragen, bevor er Ihnen gezielt bestimmte Fische zur Vergesellschaftung anbietet.
- Kaufen Sie keine Aquarientiere im Billigangebot. Um qualitativ hochwertige Fische garantieren zu können, wird jeder verantwortungsvolle Zoofachhändler selbst schon Billigangebote meiden, denn die niedrigen Kosten für die Fische werden erst durch unzureichende Bedingungen bei Transport und Hälterung wirtschaftlich.
- Vielfach wird behauptet, dass Aquarianer aufgrund der Wildfänge zur Ausrottung seltener Fischarten beitragen. Gegen diesen Einwand spricht jedoch allein schon die Tatsache, dass bisher noch keine Süßwasserfischart bekannt geworden ist, die durch die Aquaristik in ihrem Bestand bedroht ist.

Das soll nicht heißen, dass die Entnahme wild lebender Tiere überall und jederzeit problemlos ist. Doch besonders bei den Fischen sind nicht die Wildfänge schuld daran, dass eine Art von der Ausrottung bedroht ist. Diese ist vielmehr in der Vernichtung ihres Lebensraums begründet. Palmölplantagen haben inzwischen großflächig die Sumpfregenwälder Südostasiens zerstört, Soja- und Rinderfarmen rauben immer mehr Regenwald in Südamerika.

Wildfänge im Naturschutzprogramm

Die Nutzung von natürlichen Ressourcen aus ökologisch intakten Regionen muss nicht unbedingt schädlich sein. Tatsächlich ist es nämlich so, dass die Entnahme mancher Zierfischarten aus der Natur dem Naturschutz sogar helfen kann. Ein gutes Beispiel dafür ist der Rote Neon (*Paracheirodon axelrodi*), der hauptsächlich als Wildfang in unseren Aquarien landet.
Die einheimischen Fänger können Neons nur aus intakten Regenwaldgebieten entnehmen. Und weil Neons in der ganzen Welt als Aquarienfische überaus begehrt sind, werden auch Anstrengungen unternommen, den natürlichen Lebensraum dieser Fische zu erhalten. Die Fänger wiederum erhalten einen anständigen Lohn für ihre Arbeit und können so ihre Familien ernähren. Für alle Seiten ein vernünftiges Arrangement!

Ein ernster Appell

Die wichtigste Maßnahme, um die Einwände gegen das Hobby Aquaristik zu entkräften, ist auf alle Fälle, verantwortungsbewusst zu handeln. Es gilt nicht nur alle gesetzlichen und ethischen Maßstäbe, die beim Umgang mit Lebewesen angelegt werden, zu erfüllen, sondern diese gleichzeitig auch als Mindestanforderungen anzusehen. Wenn Sie Ihr Herz an die Aquaristik verloren haben, dann sollten Sie natürlich auch nach bestem Wissen und Gewissen dafür sorgen, dass es den Lebewesen in Ihrem Aquarium besonders gut geht.

Fragen & Antworten

Fragen zum Artenschutz

Ich habe einen kleinen Rochen erstanden. Mir wurde auf meine Nachfrage gesagt, dass er nicht größer als 30 cm wird und dass er auf Dauer in einem Aquarium mit den Maßen 150 x 60 x 60 cm gut zu halten ist. Nun habe ich erfahren, dass es sich bei meinem Rochen um Potamotrygon motoro handelt, der bei artgerechter Haltung mindestens die doppelte Größe erreicht und nur in riesigen Aquarien richtig zu pflegen ist. Habe ich das Recht, diesen Fisch einfach zurückzugeben, weil ich im Vorfeld falsch informiert wurde?

Ja und nein. Der Käufer eines kleinen Rochens, der erst später zu der Erkenntnis gekommen ist, dass das Tier auch wachsen kann, wird kaum entsprechende Gewährleistungsansprüche beim Verkäufer durchsetzen können. Die Beweislast über eine mögliche Falschaufklärung hat nämlich der Käufer. Im Übrigen hat auch der Käufer selbst eigene Informationspflichten, die er vor dem Kauf so weit wie möglich ausschöpfen muss. Wenn Sie sich kein größeres Aquarium anschaffen möchten, geben Sie das Tier am besten an einen erfahrenen Rochenhalter ab, solange es noch klein ist.

Zwergblaubarsche *(Dario dario)* benötigen für ihr Wohlbefinden unbedingt kleines Lebendfutter. Wer es selbst aus einem Teich herausfangen will, muss den Eigentümer um Erlaubnis bitten.

Ich möchte mir ein Großaquarium für einen asiatischen Arowana zulegen. Nun habe ich gelesen, dass der Handel mit diesen Fischen nach dem Washingtoner Artenschutzabkommen beschränkt ist. Mache ich mich strafbar, wenn ich in Deutschland einen solchen Fisch kaufe, halte und möglicherweise züchte?

Es gibt in der tropischen Süßwasseraquaristik nur wenige Fischarten, die von internationalen Naturschutzorganisationen als so gefährdet eingestuft werden, dass sie gar nicht oder nur in sehr beschränktem Umfang gehandelt werden dürfen. Wenn Sie eine entsprechende Fischart in Deutschland legalerweise mit Artenschutzpapieren (CITES-Papiere) erwerben, machen Sie sich nicht strafbar. Das gilt auch für den erwähnten asiatischen Arowana. Wenn es sich um vom Aussterben bedrohte Tiere handelt, die zu wissenschaftlichen Zwecken mit Zustimmung des Bundesamtes für Naturschutz in die Europäische Union eingeführt worden sind, ist es unter Umständen notwendig, dass man dem Bundesamt einen individuellen Zuchtbericht vorlegen muss. Genauere Informationen, welche Arten unter diese Regelung fallen, finden Sie im Internet unter www.cites.org.

Ich habe einen nicht eingezäunten Weiher ohne Fischbesatz ausfindig gemacht, der zu jeder Jahreszeit gute Lebendfutter-Bestände aufweist. Darf ich dort einfach zum »Tümpeln« gehen, oder muss ich rechtliche Vorschriften berücksichtigen?

Nicht alle im Wasser lebenden Tiere fallen in Deutschland unter das Fischereirecht, insbesondere solche Tiere nicht, die im privaten Gartenteich gehalten werden. Unter die landesrechtlichen Fischereigesetze fallen nur bestimmte fließende und stehende Gewässer. Da diese Gewässer aber auch Eigentum einer Person oder

Der Export von Süßwasserrochen aus der Gattung *Potamotrygon* ist in manchen südamerikanischen Ländern limitiert.

z. B. einer Kommune sind, ist es nicht rechtmäßig, dass man sich aus einem solchen Gewässer einfach beispielsweise Wasserflöhe holt. Hierzu ist die Zustimmung des Gewässereigentümers erforderlich.

→ *Ich sehe immer wieder Zuchtformen von Fischen, die gar nicht richtig schwimmen können, wie etwa besonders langflossige Schleierkampffische oder sogenannte Papageiencichliden. Ist denn diese Zucht nicht Tierquälerei?*

Der Unterschied zwischen nicht tierquälerischer Zucht und sogenannter ▶ QUALZUCHT (Seite 271) ist nicht leicht festzulegen. Deshalb kann man hier leider keine eindeutige Aussage treffen. Handeln Sie einfach nach Ihrem Gefühl, und im Zweifelsfall verzichten Sie besser auf die Pflege solcher Fische.

→ *In meiner Mietwohnung dürfen keine Haustiere gehalten werden. Muss ich auch auf die Pflege von Fischen verzichten?*

Nach der Rechtsprechung des Bundesgerichtshofes darf der Vermieter dem Mieter das Aufstellen eines normalen Aquariums nicht untersagen. Man geht hierbei davon aus, dass von einem solchen Aquarium weder Belästigungen noch schädliche Auswirkungen auf die Mietsache ausgehen. Sofern aber die Fischhaltung zu einer Zierfischzucht mit mehreren Aquarien führt, ist der zulässige Mietgebrauch überschritten. Eine Zierfischzucht mit Dutzenden von Aquarien muss der Vermieter nicht dulden. Vorsicht ist bei der Gebäudestatik geboten. Denken Sie an eine entsprechende Haftpflichtversicherung.

→ *Mir wurden fluoreszierende Fische angeboten, von denen ich hörte, dass es sich um gentechnisch veränderte Fische handelt. Dürfen diese Fische überhaupt gehandelt werden?*

Der Handel oder die Einfuhr von gentechnisch veränderten Fischen ist verboten. Solche Angebote sind illegal.

→ *Ich habe gehört, dass es für einige Fische in ihren Heimatländern Exportbeschränkungen gibt, z. B. für Zebrawelse in Brasilien. Wie kann ich sicher sein, dass die mir angebotenen Tiere tatsächlich in Einklang mit den Landesgesetzen gehandelt wurden?*

Werden die Zebrawelse *(Hypancistrus zebra)* hier in Deutschland von einem Züchter oder im Zoofachgeschäft angeboten, müssen Sie sich beim Kauf unbedingt einen schriftlichen Herkunftsnachweis (oder eine CITES-Bescheinigung, sofern vorhanden) ausstellen lassen. Dieser muss das Nachzuchtdatum, die Elterntiere und die Adresse des Züchters oder Händlers belegen. Wer diese Art als Wildfang oder deutsche Nachzucht erwirbt, muss das unverzüglich und unaufgefordert bei der unteren Naturschutzbehörde (meist Landratsamt oder Stadtverwaltung) melden.

Schöne Zuchtform des Schleierkampffisches. Ob das Tier die langen Flossen als negativ empfindet, wissen wir nicht.

LEBENSELIXIER WASSER UND TECHNIK

Wie der Blick in einen Seerosentümpel, in einen klaren Bach oder durch die spiegelglatte Meeresoberfläche kann auch der Blick in ein Aquarium faszinierend sein. Das Wasser ist nicht nur Lebenselixier, sondern auch Träger aller Stoffe, die das Leben im Wasser für Tiere und Pflanzen bestimmen. In der Natur wirken in jedem Gewässer Selbstreinigungskräfte, die das biologische Gleichgewicht unterstützen. In diesem Kapitel erfahren Sie, wie Wasser »funktioniert« und mit welcher Technik Sie die natürlichen Selbstreinigungskräfte aktivieren.

Wasser und seine Eigenschaften

Für Fische ist das Wasser, was für uns die Luft zum Atmen ist. Deshalb ist es wichtig, sich mit dem Lebenselixier Wasser intensiv auseinanderzusetzen.

DIE OPTIMALE WASSERQUALITÄT ist der Schlüssel zur erfolgreichen Aquaristik. Unbelastetes Wasser mit der richtigen Temperatur und den richtigen chemischen Eigenschaften lässt Fische, Krebstiere und Pflanzen gedeihen, schlechte Wassereigenschaften aber machen sie krank. Obwohl das Leitungswasser die Grundlage für jedes Aquarienwasser darstellt, ist es in vielen Fällen nicht direkt im Aquarium einsetzbar, sondern muss entsprechend aufbereitet werden. Im laufenden Betrieb des Aquariums muss die Wasserqualität aufrechterhalten werden, sonst verwandelt sich das anfangs gute und klare Aquarienwasser in Jauche.

Wasser im Aquarium – mehr als H_2O

Man muss sich darüber im Klaren sein, dass Wasser ein komplexes System abbildet. Das heißt: Wasser besteht nicht aus einzelnen Stoffen, die man entfernen oder hinzufügen kann, ohne dass andere Stoffe davon betroffen sind. Chemisch reines Wasser, das nur aus dem Stoff H_2O besteht, wäre als Milieu im Aquarium ungeeignet, es wäre sogar tödlich für alle Lebewesen. Wasser wird erst durch zusätzliche im Wasser gelöste Bestandteile zum Lebenselixier, weil alle Lebewesen bestimmte Stoffe aus dem Wasser entnehmen und andere dafür an das Wasser abgeben müssen. Mit anderen Worten: Ihr Stoffwechsel ist von den einzelnen Wasserbestandteilen und ihrer Wirkung beispielsweise auf den Fischkörper abhängig.
Die Zusammensetzung der verschiedenen Wasserbestandteile kann sich in der Natur sehr stark unterscheiden. Am auffälligsten ist der Unterschied zwischen dem stark salzhaltigen Meerwasser – einer komplexen Lösung aus Dutzenden verschiedener Stoffe – und dem scheinbar salzfreien Süßwasser mit nur wenigen gelösten Stoffen. Aber auch Süßwasser kann sehr unterschiedliche chemische Zusammensetzungen aufweisen, die sich manchmal sichtbar zeigen, beispielsweise beim Schwarzwasser (▷ Seite 21). Die chemische Zusammensetzung ist in der Regel nur durch die Messung der Wasserwerte genau zu ermitteln. Obwohl auch in jedem Süßwasser viele verschiedene Stoffe vorkommen, haben jedoch nur wenige von ihnen größere aquaristische Bedeutung.

Die Bestandteile des Wassers

Die verschiedenen Bestandteile des Wassers lassen sich nach ihrer aquaristischen Bedeutung folgendermaßen zusammenfassen.

- **Salze** sind aus mehreren Elementen zusammengesetzte Stoffe, die sich im Wasser lösen und dabei in mehr oder weniger nützliche Einzelbestandteile, sogenannte Ionen, zerfallen. Ionen sind z. B. für die Wasserhärte, aber auch für den elektrischen Leitwert des Aquarienwassers zuständig (▷ Seite 40/41).
- **Säuren und Basen** sind Stoffe, die besondere Ionen, nämlich Wasserstoff(H^+)- und Hydroxid-(OH^-)-Ionen bilden. Sie sind deshalb wichtig, weil sie den pH-Wert des Wassers beeinflussen (▷ Seite 42/43).
- **Organische Abfallprodukte** sind Stoffe, die im Stoffwechsel der Lebewesen entstehen, von ihnen ausgeschieden werden und das Aquarienwasser belasten. Ab einer bestimmten Konzentration müssen diese Stoffe aus dem Wasser entfernt werden. Sie bestehen in Teilen aus Stickstoff (N), aber auch aus Phosphor (P) und können unter bestimmten Voraussetzungen von Bakterien und Pflanzen zu unschädlichen Stoffen »verstoffwechselt« werden (▷ Seite 44/45).
- **Gase** wie Sauerstoff (O_2) und Kohlendioxid (CO_2) sind für den Stoffwechsel von Wasserlebewesen bedeutsame Luftbestandteile, die sich im Wasser lösen können. Sie müssen in gelöster Form im Aquarienwasser zur Verfügung stehen, wenn Tiere und Pflanzen auch gut gedeihen sollen (▷ Seite 46/47).
- **Spurenelemente** im Wasser wie Kalium (K) und Strontium (Sr) sind nicht in hohen Konzentrationen nötig, müssen aber dennoch – besonders in Meerwasseraquarien – in geringen Mengen vorhanden sein bzw. regelmäßig zugeführt werden (▷ Seite 48/49).

INFO

Temperatur und Strömung

Viele Arten kränkeln bei langfristig leicht zu niedrigen oder zu hohen Temperaturen. Andere benötigen als Stimulanz für die Fortpflanzung kurze Temperaturstürze. Strömungsliebende Fische verfetten in ruhigem Wasser, während beispielsweise viele Sumpffische in stärkerer Strömung gestresst sind.

Wasserhärte, Salzgehalt und Leitwert

Der Gehalt an bestimmten Ionen, also der im Wasser durch Lösung entstehenden Produkte von Salzen, beeinflusst die Aquarientauglichkeit des Wassers erheblich. Hier spielen die absolute Menge und vor allem die Art und Konzentration sowie die Zusammensetzung der ▶ IONEN (Seite 264) im Wasser eine Rolle.

Die Wasserhärte

Der Gehalt an härtebildenden Ionen, die die sogenannte ▶ Wasserhärte (Seite 273) ausmachen, wird in »Grad deutscher Härte« (°dH) angegeben. Die Wasserhärte ist ein Maß für den Gehalt an Kalzium- und Magnesium-Ionen im Wasser. Je nachdem, ob der »Gegenspieler« von ▶ KALZIUM (Seite 265) bzw. ▶ MAGNESIUM (Seite 267) ein sogenanntes Karbonat-Ion oder ein anderes Ion ist, unterscheidet man die Wasserhärte nach Karbonathärte (KH, ▶ KARBONATE, Seite 264) bzw. ▶ NICHTKARBONATHÄRTE (NKH, Seite 268). Die Summe ergibt die ▶ GESAMTHÄRTE (GH, Seite 263). Es gilt also deshalb: °dKH + °dNKH = °dGH. Die Karbonathärte ist aquaristisch wesentlich bedeutsamer als die Nichtkarbonathärte. Dies liegt daran, dass Karbonat-Ionen in einem Wechselspiel mit Kohlendioxid stehen und der Karbonatgehalt mitbestimmt, ob genügend Kohlendioxid als Dünger für die Pflanzen zur Verfügung steht. Diese wechselseitige Beeinflussung von ▶ KOHLENDIOXID (Seite 265) und Karbonathärte spielt eine wichtige Rolle bei der Kohlendioxiddüngung für Pflanzen, aber auch bei der Regulierung des Säuregehaltes (▶ pH-WERT, Seite 270) mit Kohlendioxid. Folgende Angaben zur Wasserhärte haben sich in der Aquaristik etabliert:

- **Sehr weiches Wasser:** °dGH kleiner 3
- **Weiches Wasser:** °dGH 3 bis 7
- **Mittelhartes Wasser:** °dGH 7 bis 14
- **Hartes Wasser:** °dGH 14 bis 21
- **Sehr hartes Wasser:** °dGH größer 21

Verschiedene Fischarten unterscheiden sich in ihrer Toleranz gegenüber unterschiedlichen Wasserhärten: Viele Arten lassen sich in hartem bis sehr hartem Wasser halten und züchten, einige lassen sich zwar gut dort halten, aber nicht züchten. Die anspruchsvollsten Fischarten (oft Schwarzwasserfische) kann man nur in weichem oder sehr weichem Wasser halten und züchten. Über die Gründe für die unterschiedlichen Toleranzen ist wenig bekannt, oft spielt aber der Kalziumgehalt eine größere Rolle als der Karbonatgehalt.

Salzgehalt von Meerwasser und Brackwasser

Während in einem Liter Süßwasser meist nur geringe Mengen gelöster Salze enthalten sind, sind es im Wasser der meisten Meere fast genau 34,72 g/l. Die aus vielen verschiedenen Salzen bestehenden Meersalzmischungen für die Aquaristik enthalten als Hauptbestandteil Kochsalz (NaCl), aber auch viele andere Bestandteile, die für ein erfolgreiches Meerwasseraquarium nötig sind. Der Salzgehalt wird meist über das Gesamtgewicht (»spezifisches Gewicht«) von einem Liter Meerwasser angegeben. Wegen der hohen Salzkonzentration wiegt (bei gleicher Temperatur) ein Liter Meerwasser mit 1,022 kg deutlich mehr als ein Liter Süßwasser mit 1,000 kg. Das spezifische Gewicht von Brackwasser liegt in der Aquarienpraxis um die 1,01 kg pro Liter. Je nach Art des Messgerätes muss man bei der Salzgehaltmessung den ermittelten Wert mithilfe einer Korrekturtabelle korrigieren (Gebrauchsanweisung des jeweiligen Messgerätes beachten). Durch den hohen Salzgehalt des Meerwassers bilden sich leicht feine Gasblasen. Dies macht man sich mit einer speziellen Filtertechnik, der Abschäumung, zunutze (▷ Seite 151). Wegen des geringen Salzgehaltes bilden sich im Süßwasser zu wenig feine Blasen. Deshalb funktioniert die Technik dort nur eingeschränkt.

Der elektrische Leitwert

Die elektrische Leitfähigkeit einer wässrigen Lösung von Salzen kann man zur Bestimmung des Gesamtsalzgehaltes im Wasser nutzen (▶ LEITWERT, Seite 266). Salze zerfallen im Was-

Hornkraut *(Ceratophyllum demersum)*: Diese Hartwasserpflanze bietet Jungfischen Schutz, entzieht aber durch starkes Wachstum dem Wasser Nährstoffe.

Grasartiger Wasserschlauch *(Utricularia graminifolia)*: Er ist ein neuer Stern am Himmel der Wasserpflanzen. Aufgebunden auf Steine, wachsen die separat gesetzten »Pflanzenflecken« schnell zu einem dichten Polster zusammen.

Brasilianischer Wassernabel *(Hydrocotyle leucocephala)*: Die genügsame, dekorative Stängelpflanze gedeiht sowohl im Boden verwurzelt als auch frei flutend.

ser teilweise zu den elektrisch geladenen Ionenteilchen. Legt man im Wasser elektrische Spannung an, beginnen die geladenen Ionen im elektrischen Feld zu wandern. Die Wanderung von elektrisch geladenen Teilchen im elektrischen Feld nennt man Strom. Es fließt also bei angelegter Spannung wegen der Salz-Ionen elektrischer Strom. Dessen Stärke können Sie mit sogenannten Leitwertmessern bestimmen. Es gilt: Je mehr Ladungsträger vorhanden sind, desto mehr Strom fließt. Deshalb ist es möglich, von der gemessenen Stromstärke auf den Gesamtgehalt an Ladungsträgern im Wasser zu schließen. Das heißt: Der gesamte Salzgehalt kann über die elektrische Leitfähigkeit des Wassers gemessen werden. Die niedrige Leitfähigkeit des Süßwassers wird in Mikrosiemens/cm (µS/cm) angegeben und die höhere des Meerwassers in Millisiemens/cm (mS/cm). Die Leitfähigkeit sagt zwar nichts über die Art der Salz-Ionen im Wasser aus, kennen Sie aber die ungefähre Zusammensetzung Ihres Wassers, können Sie über die Veränderungen des Leitwerts feststellen, ob es zu einer Anreicherung von Salzen, beispielsweise durch unerwünschte Stoffwechselprodukte, kommt. Da im Süßwasser die härtebildenden Salze den Hauptteil der Ionen ausmachen, kann man durch die grobe Formel 1 °dGH = 30 bis 35 Mikrosiemens/cm ungefähr auf die Gesamthärte im Leitungswasser schließen.

Auch der Leitwert im Wasser ist temperaturabhängig. Deshalb sollten Sie unbedingt temperaturkompensierende Messgeräte nutzen, damit die bei verschiedenen Temperaturen gemessenen Werte vergleichbar sind. Typische Leitwerte (bei 25 °C) sind:

- **Umkehrosmosewasser:** 0,1 bis 30 µS/cm
- **Süßwasser:** 10 bis 600 µS/cm
- **Brackwasser:** 10 bis 25 mS/cm
- **Meerwasser:** 50 bis 55 mS/cm

Wasser als Säure oder Base

Wichtige Eigenschaften des Wassers werden durch den Gehalt von Säuren und Basen bestimmt. Der Säuregehalt wird durch den pH-Wert angegeben, der aussagt, wie viele Säure-Ionen sich im Wasser befinden. Das sind besondere Ionen, nämlich Wasserstoff-Ionen, die mit ihren Gegenspielern, den basischen Ionen (auch Hydroxid-Ionen), im Gleichgewicht stehen.
Liegt der ▶ pH-WERT (Seite 270) im sauren Bereich, dann sind mehr Säure-Ionen im Wasser enthalten. Liegt der pH-Wert dagegen im basischen Bereich, gibt es mehr Hydroxid-Ionen im Wasser. Bei gleichen Anteilen ist der pH-Wert im neutralen Bereich.

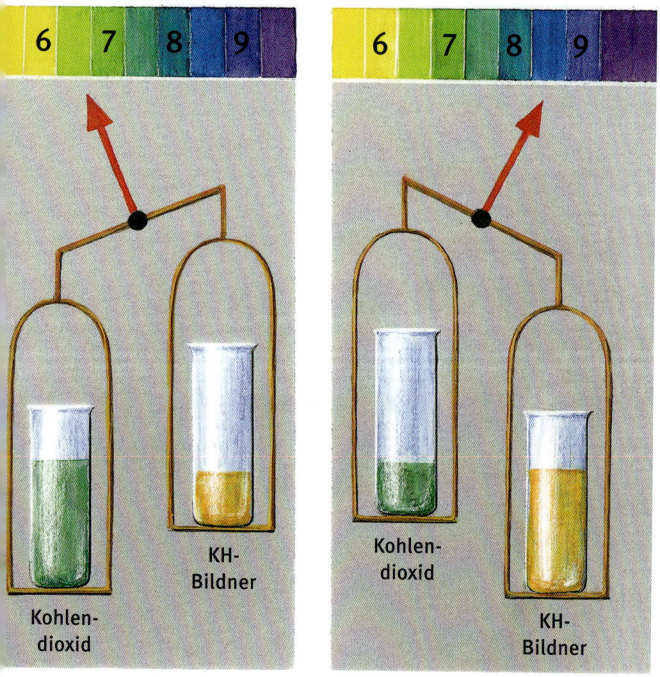

Karbonathärtebildner (KH-Bildner) und gelöstes Kohlendioxid im Wasser: Je höher die Karbonathärte, desto mehr Kohlendioxid ist nötig, um den pH-Wert mit Kohlendioxidzugabe zu senken – und umgekehrt.

Der pH-Wert wird zwischen 0 und 14 angegeben:
- **Saures Wasser:** pH 0–6,9
- **Neutrales Wasser:** pH 7
- **Basisches (alkalisches) Wasser:** pH 7,1–14

Reinstwasser (z. B. destilliertes Wasser) ist neutral (pH 7), die Zugabe von Säurebildnern oder basisch reagierenden Stoffen verändert den pH-Wert auf unter bzw. über 7.
In den Biotopen unserer Pfleglinge schwankt der pH-Wert nicht zwischen 0 und 14, denn diese Extremwerte wären für alle höheren Lebewesen tödlich. Das wird verständlich, wenn man weiß, dass jede Änderung des pH-Wertes um einen Zähler nach unten bzw. nach oben eine Verzehnfachung des Säuregehalts bzw. der basischen Ionen bedeutet. Folgende Werte sind aquaristisch relevant:
Meerwasser: um pH 8,2, Grenzwerte 7,8 bis 8,5;
Brackwasser: um pH 8, kann sehr variieren;
Süßwasser: 4,5 bis 9, je nach Lebensraum (▷ Seite 21) unterschiedliche Grenzwerte.

Wie verändert sich der pH-Wert?

Der pH-Wert allein gibt keine Auskunft darüber, welche Säure oder Base bzw. welche Stoffe für den jeweils gemessenen pH-Wert verantwortlich sind. Um das zu verstehen, sollte man die wichtigsten Säure- und Härtebildner und ihr Zusammenspiel kennen. Es sind:
- **Kohlensäure,** die entsteht, wenn sich das Kohlendioxid im Wasser löst. Kohlendioxid gelangt über die Luft, die Kohlendioxid enthält, ins Wasser. Ebenso über Wasserlebewesen, die dem Wasser Sauerstoff zur Atmung entnehmen und als Stoffwechselprodukt Kohlendioxid ins Wasser abgeben.
- **Huminsäuren,** die beim Kontakt von bestimmtem pflanzlichem Material (Torf, Blätter, Rinde, Zäpfchen) ins Wasser gelangen und das Wasser oft gelblich färben.

Basisch reagierende Stoffe sind:
- **Karbonate,** die dadurch entstehen, dass das Wasser durch Gesteinsschichten (z. B. Kalkgestein) fließt und karbonathärtebildende Salze löst (▷ Seite 39/40). Leitungswasser reagiert

meist alkalisch, weil es recht karbonathaltig ist. Wasser aus Urgesteinsgegenden (z. B. Granit, Schiefer) ist dagegen meist sauer, weil keine Karbonate ins Wasser gelangen.

Wie sich Karbonathärte, Kohlendioxid und pH-Wert gegenseitig beeinflussen

In Süß-, Brack- und Meerwasser beeinflussen sich Karbonatgehalt und im Wasser gelöste Kohlensäurebestandteile (aus gelöstem Kohlendioxid) gegenseitig. Das bedeutet, dass sich der eine Wert (z. B. Karbonathärte) nicht ändern lässt, ohne dass sich auch der Gehalt an Kohlensäurebestandteilen und der pH-Wert ändern. Die chemischen Reaktionen sind recht kompliziert zu verstehen (▶ KALK-KOHLENSÄURE-GLEICHGEWICHT, Seite 264). Es ergeben sich jedoch einige Zusammenhänge, die sich leicht verständlich erklären lassen (▷ Zeichnung, links). Überlegen Sie also, ob bei hoher Karbonathärte (über 12 °dKH) eine CO_2-Düngung sinnvoll ist oder ob es nicht einfacher ist, die Karbonathärte zu senken und gar nicht oder mit weniger CO_2 zu düngen. Möchten Sie den pH-Wert durch Zugabe von Kohlendioxid senken, lohnt sich das nur bei geringen Karbonathärten (▷ Seite 54). Sonst ist es besser, diese zu senken. Wasser ohne Karbonathärte (unter 1 °dKH) kann durch geringe Mengen Säure bereits (eventuell gefährlich) stark angesäuert werden, weil es durch fehlende Karbonate schlecht gegen pH-Sprünge »gepuffert« ist. Auch extrem weiches Wasser sollte mindestens eine Karbonathärte von 0,5 °dKH aufweisen. Wie Sie bei Bedarf den richtigen Kohlendioxidgehalt mit Kohlendioxiddüngung im Aquarienwasser einstellen, erfahren Sie auf Seite 76.
Das Gleichgewicht zwischen Karbonathärte, Kohlensäure und pH-Wert ist übrigens nicht nur für die CO_2-Versorgung der Pflanzen von Bedeutung, sondern für alle Tiere, die größere Mengen »Kalk« in ihre Körpersubstanz einbauen, wie z. B. Krebstiere in ihren Panzer. In besonders karbonatarmem Wasser müssen sie sich regelrecht mit ihrem Stoffwechsel anstrengen, um genügend Kalk aus dem Wasser zu ziehen. Zwar bekommen sie bis zu einem gewissen Grad Karbonate aus der Nahrung, aber auch das ist physiologisch anstrengend und zehrt die Tiere aus. Deswegen vertragen die meisten Schnecken und Krebse oft nur schlecht die Haltung in sehr karbonatarmem und saurem Wasser, und Arten aus besonders kalkreichen Lebensräumen können sich an diese Bedingungen oft gar nicht anpassen.

WAS TUN, WENN …

… der pH-Wert zu hoch ist und die Pflanzen weiße Kalkränder haben?

Der pH-Wert des Aquarienwassers liegt meistens über 8. Die Pflanzen wachsen trotz starker Beleuchtung schlecht. Es bilden sich weiße Kalkränder an den Blättern.

URSACHE: Die Karbonathärte ist zu hoch, weil sich zu viele gelöste Karbonate im Wasser befinden. Deshalb leiden die Pflanzen an einem Mangel des wichtigen Düngers Kohlendioxid. Die Gegenspieler des Kohlendioxids im Wasser, bestimmte Karbonate, binden das Kohlendioxid und entziehen es damit den Pflanzen. Ist nun zu wenig Kohlendioxid im Wasser vorhanden, können sich einige Pflanzen an dem Kohlendioxid, das auch im Karbonat gebunden ist, »bedienen«. Dabei steigt aber gleichzeitig der pH-Wert. Weil fast immer gelöster Kalk im Wasser vorhanden ist, verwandelt sich das Karbonat in fast unlöslichen Kalkstein. Er sitzt an den Blättern fest und schadet insgesamt dem Stoffwechsel der Pflanzen.

LÖSUNG: Es gibt zwei Möglichkeiten, wenn Sie auf einen guten Pflanzenwuchs Wert legen. Entweder Sie senken die Karbonathärte durch »Verschneiden« des Aquarienwassers mit Umkehrosmosewasser (▷ Seite 54). Oder Sie düngen stark mit Kohlendioxid. Das lohnt sich aber nur, wenn die Karbonathärte nicht über etwa 12 °dKH liegt.

Organische Abfallprodukte

Jedes Aquarium ist ein fast vollständig in sich abgeschlossener Miniaturlebensraum, der nur über Fütterung, Wasserwechsel sowie Zu- und Abfuhr von Gasen (vor allem Sauerstoff und Kohlendioxid) mit der Umgebung in Verbindung steht. Deswegen bleiben beispielsweise Futterpartikel im Stoffkreislauf des Aquariums erhalten: Entweder werden sie in die Körpermasse der wachsenden Tiere und Pflanzen eingebaut, oder es entstehen daraus unsichtbare, aber schädliche ▶ ORGANISCHE ABFALLPRODUKTE (Seite 270). Diese bestehen in Teilen aus Stickstoff (N), aber auch Phosphor (P) und werden natürlicherweise von Bakterien und Pflanzen zu unschädlichen Stoffen »verstoffwechselt«, ohne das Wasser zu belasten. Auch im Aquarium – vor allem im Filter, aber auch im Bodengrund – kann ein Teil dieser Abfallprodukte mithilfe nützlicher Bakterien weiterverarbeitet werden (▶ NITRIFIKATION, Seite 268). Je nach Stärke der Fütterung, Tierbesatz und Art der Filterung reichern sich dennoch schädliche Stoffe (Nitrat und Phosphat) im Aquarienwasser an und müssen durch Teilwasserwechsel und/oder besondere Filtermaßnahmen entfernt werden. Ein Anzeichen für zunehmende organische Wasserbelastung kann ein gelblicher Farbstich sein, der nach einem Teilwasserwechsel wieder verschwunden ist.

TIPP

Belastung kontrollieren

Gelöster Schmutz ist unsichtbar. Deshalb die Wasserwerte von Ammonium/Ammoniak, Nitrit, Nitrat und eventuell Phosphat wöchentlich zusammen mit dem pH-Wert kontrollieren und schädlichen Schmutz so »sichtbar« machen (▷ Seite 55). Ammonium bzw. Ammoniak und Nitrit dürfen nicht nachweisbar sein.

Der Stickstoffkreislauf

Hauptverursacher der organischen Belastung im Aquarium sind die mit der Fütterung eingebrachten Eiweißstoffe, die nach anfänglichem Zerfall zunächst als das giftige ▶ AMMONIAK (Seite 258) oder als das weniger giftige ▶ AMMONIUM (Seite 258) vorliegen. Obwohl hohe Ammoniumwerte wenig schädlich sind, können sie dennoch katastrophale Fischsterben auslösen. Das liegt daran, dass Ammonium nur bei pH-Werten unter 7 existiert, sich aber bei pH-Verschiebungen über 7 (z. B. nach einem Wasserwechsel) schlagartig in das hochgiftige Ammoniak umwandelt. Die Fische reagieren mit heftiger Atmung, leiden dabei aber eben nicht an Sauerstoffmangel, sondern an einer Ammoniakvergiftung.

Dass es nicht nach jeder Fütterung zu einer Vergiftung kommt, hat in einem eingefahrenen Aquarium folgenden Grund: Bakterien, die im Filter und Bodengrund vorhandenen sind, wandeln alles entstehende Ammonium bzw. Ammoniak augenblicklich weiter um. Dabei entsteht zwar als Zwischenprodukt das ebenfalls hochgiftige ▶ NITRIT (Seite 269). Dieses wird aber sofort durch andere Bakterien in das nur in hohen Konzentrationen giftige ▶ NITRAT (Seite 268) umgewandelt.

Die bakteriellen Abbauvorgänge in Bodengrund und Filter funktionieren im Aquarium nur dann, wenn sich genügend große Bakterienmengen aufgebaut haben. Das ist in frisch eingerichteten Becken nicht der Fall. Die wenigen natürlicherweise vorhandenen Bakterien müssen sich erst vermehren. Deshalb muss nach der Neueinrichtung und vor dem ersten Tierbesatz jedes Aquarium erst »eingefahren« werden (▷ Seite 111).

Damit sich das Nitrat nicht doch zu giftigen Konzentrationen anhäuft, wird es durch regelmäßigen Teilwasserwechsel entfernt (▷ Seite 117).

Auch starker Pflanzenwuchs oder spezielle ▶ NITRATFILTER (Seite 268) können helfen, den Nitratgehalt niedrig zu halten, ersetzen aber auf keinen Fall den Teilwasserwechsel. Nur in Aquarien mit hoher und feinkörniger Bodengrundschicht (mindestens 8 bis 10 cm) und guter Strö-

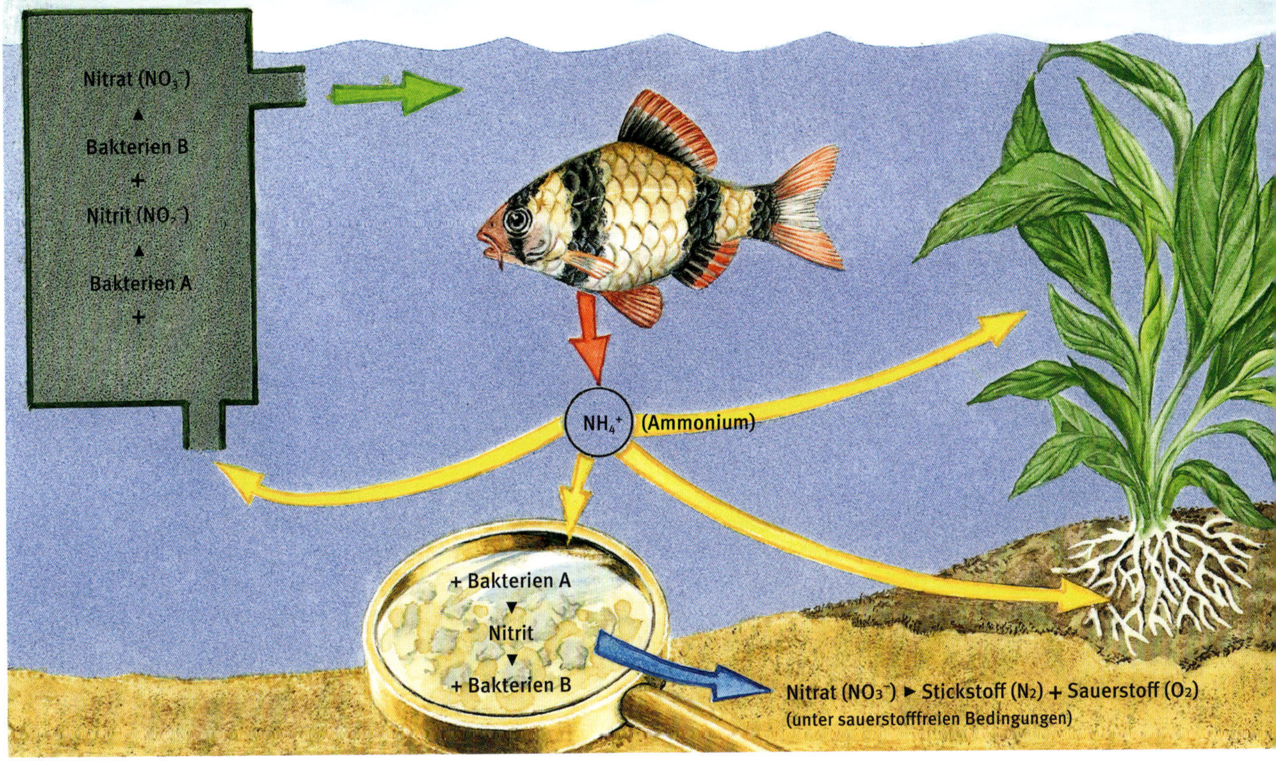

Abbauleistung der Filterbakterien: Stickstoffhaltige Abfallprodukte im Aquarium werden im ersten Schritt zu Nitrit, im zweiten zu Nitrat verarbeitet.

mung über dem Bodengrund kann genügend Nitratabbau mithilfe einer anderen Filterbakterienart in tieferen sauerstofffreien Zonen des Bodengrundes erfolgen (► DENITRIFIKATION, Seite 260). In der Meerwasseraquaristik wird durch den Einsatz von Eiweißabschäumern (▷ Seite 151) schon vor der Zersetzung überschüssiger Nahrungs- oder Tierkörperreste ein Großteil der stickstoffhaltigen Abfälle aus dem Aquarienwasser entfernt.

Phosphate im Aquarium

Durch den Zerfall von Eiweißstoffen aufgrund der Bakterien entstehen neben den Stickstoffverbindungen auch ► PHOSPHATE (Seite 270), die in höheren Konzentrationen den Algenwuchs fördern. Obwohl die Folgen hoher Phosphatkonzentrationen im Aquarium noch nicht genau erforscht sind, ist klar, dass sie immer unter 1 mg/l liegen sollten, besser sogar bei 0,1 bis 0,3 mg/l. Allerdings brauchen Pflanzen geringe Phosphatmengen als Nährstoff. Durch die tägliche Fütterung der Fische gelangen jedoch genügend Phosphate ins Aquarium, sodass die Entsorgung und nicht die Zufuhr das Problem darstellt. Unter Aquarienbedingungen werden Phosphate bakteriell nicht effektiv abgebaut, sodass schnell hohe Konzentrationen erreicht werden. Abhilfe schaffen Teilwasserwechsel und, besonders bei starkem Algenwuchs, phosphatreduzierende Filtermaterialien (▷ Seite 73) oder Wasserzusätze. Natürlich sind nicht nur Phosphate und Stickstoffverbindungen organische Abfallverbindungen, sondern es entstehen auch viele andere Produkte, die sich im Wasser ansammeln. Diese sind auf Dauer meist nicht schädlich, verursachen aber z. B. den vorher erwähnten Gelbstich.

Sauerstoff und Kohlendioxid

Die Gase Sauerstoff (O_2) und Kohlendioxid (CO_2) sind für den Stoffwechsel von Wasserlebewesen bedeutsame Luftbestandteile. Sie müssen im Aquarium unbedingt zur Verfügung stehen, wenn Tiere und Pflanzen auch gut gedeihen sollen.

Sauerstoff

Tiere, Pflanzen und auch die meisten nützlichen Bakterien benötigen ▶ SAUERSTOFF (Seite 272) zum Atmen. Wasserlebewesen nehmen den Sauerstoff allerdings nicht wie Landtiere über die Lungen als Gas auf, sondern in gelöster Form direkt aus dem Wasser. Wie viele andere Gase löst sich auch Luftsauerstoff im Wasser, wenn genügend Kontaktoberfläche zwischen Wasser und Luft besteht. Deshalb benötigen flache Aquarien mit einer großen Wasseroberfläche eine geringere Sauerstoffzufuhr als hohe Becken mit kleiner Oberfläche.
Der zweite wichtige Faktor für die Sauerstoffversorgung ist die Wassertemperatur. Je höher die Temperatur ist, desto weniger Sauerstoff löst sich im Wasser. Viele scheinbar temperaturempfindliche Arten leiden im Sommer, aber nicht weil die Temperaturen hoch sind, sondern weil sich bei gleicher Belüftung weniger Sauerstoff im Wasser löst. Erhöht man das Sauerstoffangebot bei gleichbleibend hoher Temperatur, erholen sie sich meist schnell.
Der Sauerstoffbedarf im begrenzten Lebensraum eines Aquariums hängt einerseits vom Besatz, andererseits von der Bepflanzung und der organischen Belastung ab. Viele Tiere im Aquarium verbrauchen viel Sauerstoff direkt durch ihre Atmung, aber auch indirekt durch ihre Stoffwechselprodukte. Größere Mengen Kot und Urin »füttern« dann Millionen von Bakterien in Bodengrund und Filter, die bei der Verarbeitung der Stoffwechselprodukte sehr große Mengen Sauerstoff verbrauchen. Aus diesem Grund ist der Auslauf eines Aquarienfilters oft fast sauerstofffrei. Die Pflanzen tragen zur Sauerstoffsituation auf zwei gegenläufige Arten bei: Besonders in dicht bepflanzten Aquarien mit starker Beleuchtung produzieren sie tagsüber wesentlich mehr Sauerstoff, als sie selber veratmen. Nachts dagegen, wenn keine Photosynthese und damit auch keine Sauerstoffproduktion stattfindet, atmen die Pflanzen nur, ohne weiter Sauerstoff zu produzieren.
An der ruhigen Atmung der Fische erkennt man leicht, ob genügend Sauerstoff vorhanden ist oder ob Sauerstoff zugeführt werden muss. Direkte Sauerstoffmessungen sind aufwendig und unnötig. Falls nötig, spült man Luftsauerstoff durch Belüftung über Ausströmersteine, durch Bewegung der Wasseroberfläche oder mithilfe von Diffusoren in das Aquarienwasser ein. Alternativ bieten sich Oxydatoren an (▷ Seite 74), die stromlos und auf chemischem Weg das Aquarienwasser mit Sauerstoff versorgen und gleichzeitig beim Abbau schädlicher Stoffwechselprodukte helfen.

Kohlendioxid

Der wichtige Pflanzennährstoff ▶ KOHLENDIOXID (Seite 265) löst sich in Abhängigkeit von Karbonathärte und pH-Wert gut im Wasser, lässt sich aber durch starke Belüftung auch leicht wieder austreiben. Deshalb sollte in CO_2-gedüngten Aquarien nicht mit Ausströmersteinen oder Diffusoren belüftet werden (▷ Seite 74). In diesem Fall würde sonst das Kohlendioxid, das eventuell über eine Kohlendioxiddüngung eingebracht wurde, wieder ausgetrieben werden.
Im Gegensatz zu Pflanzen benötigen Tiere kein Kohlendioxid für ihr Wohlbefinden. Sie können aber andererseits durch zu starke Kohlendioxiddüngung geschädigt werden. Durch ein Übermaß an Kohlendioxid im Wasser lassen sich Fische sogar betäuben. Diese Methode wurde früher verwendet, um Fische einigermaßen schonend aus großen, strukturreich eingerichteten Aquarien herauszufangen. Heute ist dies untersagt, denn es würde sich um einen genehmigungspflichtigen Tierversuch an Wirbeltieren handeln, und außerdem wäre eine Dosierung schwer einzuschätzen. Lassen Sie also die Finger davon. Mehr zu den Grenzwerten und zur Kohlendioxiddüngung lesen Sie auf Seite 74 bis 76.

Forschung & Praxis

Wasser und Fische

Viele Fischarten, besonders solche aus Schwarzwassergebieten, scheinen sehr niedrige pH-Werte zu benötigen, um sich wohlzufühlen und fortzupflanzen. In Versuchen hat sich aber gezeigt, dass es möglicherweise nicht die niedrigen pH-Werte sind, die das Wohlbefinden dieser Wasserspezialisten ausmachen, sondern Huminstoffe, die im Schwarzwasser in erstaunlich hohen Konzentrationen vorliegen können, den pH-Wert senken und das Wasser gelblich bis colafarben färben.

Huminstoffe sind schwache Säuren (▶ HUMINSÄUREN, Seite 264). Sie können Schleimhaut, Abwehrkräfte und Verdauung der Fische positiv beeinflussen. Pflegen Sie Schwarzwasser- oder auch Weichwasserfischarten, die ständig kränkeln oder nicht recht ans Futter gehen wollen, geben Sie Huminstoffe in das Aquarienwasser. Dies erfolgt durch Torffilterung (▷ Seite 72), durch Torfextrakte aus dem Zoofachhandel oder auch durch Zugabe von getrocknetem Buchenlaub (▷ Seite 91). Das Aquarienwasser färbt sich dadurch gelblich, entspricht aber den natürlichen Bedingungen. Mit der Zugabe der Huminstoffe kann sich aber auch der pH-Wert ändern. Gehen Sie vorsichtig mit der Zugabe von Huminstoffen um und messen Sie den pH-Wert während der Anwendung in kurzen Abständen.

Wildfänge, häufig Schwarzwasserarten, sind oft infektionsanfällig. Sie erkranken meist schlagartig wenige Tage nach dem Kauf. Auch in gut gepflegten Aquarien liegt die Anzahl der Bakterien und anderen Keime um ein Vielfaches höher als in den meisten natürlichen Gewässern. Vor allem Wildfänge haben sich noch nicht auf die höhere Belastung eingestellt.

Unterstützen Sie die weniger resistenten Fische durch das Herstellen einer keimarmen Umgebung: häufiger Teilwasserwechsel, exzellente Filterung und eventuell UV-Filterung. Auch die Zugabe von Seemandelbaumblättern senkt die Keimzahl und tut vielen Weichwasserfischen gut, ohne dass der pH-Wert gesenkt werden muss.

Als Jungtiere sind Fische, Pflanzen und Krebstiere in Bezug auf die Wasserqualität und das Futter anspruchsvoller als erwachsene Tiere. Obwohl die Basiswasserwerte stimmen, wachsen sie nicht optimal und neigen sogar zu Missbildungen, obwohl das Wasser sehr gut gepflegt ist und Keimarmut herrscht. Aufzuchtversuche an Fisch- und Krebslarven haben gezeigt, dass das Fehlen bestimmter Spurenelemente im Wasser und in der Nahrung (vor allem ungesättigte Fettsäuren) für diese Mangelerscheinungen verantwortlich sein kann.

Beugen Sie Mangelerscheinungen vor, indem Sie Spurenelementmischungen ins Aquarienwasser geben und hochwertige Futtermittel, beispielsweise schockgefrostetes Süßwasserplankton oder mit Fettsäuren angereicherte Futtermischungen, verwenden.

Der wunderschön gezeichnete Flossensauger *(Sewellia lineolata)* aus reißenden, sauberen und sehr sauerstoffreichen Bächen Vietnams braucht im Aquarium eine ausgezeichnete Wasserqualität, um sich ausgesprochen wohlzufühlen.

Spurenelemente

Spurenelemente sind im Wasser nur in sehr geringen Mengen vorhanden – daher auch ihr Name. Tiere und Pflanzen sind an die niedrigen Konzentrationen gewöhnt. Manche der vielen Spurenelemente sind in niedrigen Konzentrationen unbedingt nötig. Welche Spurenelemente welche Tiere und Pflanzen essenziell brauchen, ist aber unterschiedlich. Über Leitungswasser und Fütterung stehen in der Regel bereits folgende Spurenelemente ausreichend zur Verfügung: ▶ KALIUM (K, Seite 264), Kupfer (Cu), Mangan (Mn) und ▶ NATRIUM (Na, Seite 268). Süßwasserkrebse decken ihren Bedarf wahrscheinlich aus sich zersetzendem Pflanzenmaterial wie Falllaubblättern. Wichtiger sind Eisen und Jod.

- **Eisen (Fe):** Für die Tiere ist ▶ EISEN (Seite 261) normalerweise immer ausreichend vorhanden, weil es über das Futter aufgenommen wird. Für Wasserpflanzen ist die Versorgung dagegen nicht so einfach. Einerseits haben Pflanzen einen wesentlich höheren Eisenbedarf als Tiere, weil es für die Herstellung des Blattgrüns (Chlorophyll) gebraucht wird. Andererseits liegt es im Wasser nur in schwer löslichen Verbindungen vor, die über die Blätter kaum aufgenommen werden können. Eisen ist deshalb in vielen Aquarien der wichtigste Faktor für üppiges Pflanzenwachstum. Eine kontinuierliche Eisendüngung ist essenziell für Pflanzenaquarien, für reine Fischaquarien aber nicht notwendig. Die speziellen Aquarienpflanzendünger basieren auf Eisenverbindungen, die zumindest einige Zeit im Wasser für die Pflanzen verfügbar bleiben.
- **Jod (I):** Es hat vielfältige Wirkung im tierischen Organismus. Unter anderem ist es wichtig für die Schilddrüsenfunktion. Ein Mangel löst bei Fischen Kropfbildung aus. Krebstiere benötigen Jod für die erfolgreiche Häutung und Panzerbildung. Auch wünschenswerte Meeresalgen (Kalkrot-, Braunalgen) und bestimmte Blumentiere lagern Jod in ihr Gewebe ein. Dieses Spurenelement ist besonders in alkalischem Hartwasser oder im Meerwasser nicht gut für Tiere verfügbar und sollte bei Mangelanzeichen (Kropfbildung) mehr oder weniger regelmäßig nachdosiert werden, z. B. mit Lugol'scher Lösung.

Extrem salzarmes Wasser (z. B. unverschnitten direkt aus der Umkehrosmoseanlage) wird manchmal für die Haltung und Zucht besonders anspruchsvoller Schwarzwasserfische eingesetzt. Diesem vollentsalzten Wasser fehlen dann nicht nur die unerwünschten Kalkbildner, sondern auch alle anderen Elemente. Für die notwendige Aufwertung werden Spurenelementmischungen (als Lösungen) im Handel angeboten. Sie helfen, schwer diagnostizierbare Mangelerscheinungen bei Weichwasserfischen zu verhindern (▷ Seite 47).

In modernen Meerwasseraquarien, in denen nicht nur Fische, sondern eine Vielzahl von Tieren und Pflanzen (Krebstiere, Schnecken, Blumentiere, Korallen, Algen) gepflegt werden, tritt relativ schnell ein Mangel an bestimmten Spurenelementen auf. Der Wasserwechsel im Meerwasseraquarium erfolgt nicht so massiv wie in Süßwasserbecken. Viele riff- und skelettbildende Wirbellose entnehmen neben Kalkbildnern größere Mengen Spurenlemente aus dem Wasser. Und die Eiweißabschäumung schäumt nicht nur Proteine ab, sondern auch für die Riffbildung wichtige Verbindungen. Wegen dieser Faktoren spielt die Nachdosierung von weiteren Elementen wie Kalzium, Magnesium und Strontium in der Riffaquaristik eine bedeutende Rolle. Details zur Bedeutung und zur Anwendung erfahren Sie aus der weiterführenden Literatur (▷ Seite 284).

- **Huminstoffe:** Besonders in Gewässern mit wenig gelösten Salzen und niedrigem pH-Wert (z. B. Moore, Waldbäche) zersetzt sich vor allem totes Pflanzenmaterial nicht immer vollständig. Bei dieser unvollständigen Zersetzung organischer Stoffe entstehen komplizierte chemische Verbindungen, die sogenannten Huminstoffe (▶ HUMINSÄUREN, Seite 264). Viele dieser Stoffe färben das Wasser gelblich bis colafarben und verleihen ihm den typischen Moor- bzw. Schwarzwassercharakter. Huminstoffe wirken meist als schwache Säuren und treten auf vielfältige Weise mit Fischen, Pflanzen und anderen Stoffen in Wechselwirkung. Heute weiß man, dass viele Huminstoffe gesundheitsfördernd für Fische sein können.

WICHTIGES ZUM AQUARIENWASSER

Hier finden Sie Informationen zu den wichtigsten Zusammenhängen im Aquarienwasser. Eine zweite Tabelle zum Thema Wasserverständnis habe ich für Sie auf Seite 55 zusammengestellt.

WASSERWERTE	ERKLÄRUNG	INFOS AUF DEN SEITEN
Leitwert	▶ Aus der kontinuierlichen Messung des Leitwertes lässt sich die Anreicherung von organischen Stoffwechselprodukten ersehen.	40, 53, 266
Wasserhärte	▶ Die Wasserhärte setzt sich aus der aquarienchemisch wichtigen Karbonathärte (KH) und der Nichtkarbonathärte (NKH) zur Gesamthärte (GH) zusammen. ▶ Misst man GH größer KH, gilt KH = GH. ▶ Je höher die Karbonathärte, desto schlechter lässt sich das Wasser ansäuern. ▶ Je niedriger die Karbonathärte, desto vorsichtiger muss man bei der Ansäuerung des Wassers verfahren und desto besser muss die Wasserpflege sein.	40, 56, 263, 265, 268, 273
pH-Wert	▶ Der pH-Wert kann sich sprunghaft ändern und muss deshalb bei gezielter Änderung kontinuierlich überprüft werden.	42, 56, 270
Kohlendioxid	▶ Aus dem pH-Wert und der Karbonathärte(KH) kann man den aktuellen Gehalt an Kohlendioxid im Wasser berechnen (▷ Tabelle: Kohlendioxid-Gehalt ermitteln, Seite 75). ▶ Je höher die Karbonathärte, desto mehr Kohlendioxid braucht man zur erfolgreichen Kohlendioxiddüngung. ▶ Kohlendioxid löst sich leicht im Wasser, wird aber durch Belüftung auch leicht wieder ausgetrieben (Sprudelflascheneffekt).	46, 74, 75, 265
Organische Abfallprodukte	▶ Ammonium/Ammoniak, Nitrit und Nitrat entstehen aus Futterresten und Stoffwechselprodukten der Lebewesen im Aquarium und werden durch Bakterientätigkeit jeweils umgewandelt. ▶ Das relativ ungiftige Ammonium existiert nur bei pH-Werten, die unter 7 liegen, wandelt sich aber bei pH-Wert-Erhöhung über 7 (wie z. B. nach einem Wasserwechsel) in hochgiftiges Ammoniak um. ▶ Phosphate reichern sich im Aquarium an und können zu Algenproblemen führen.	44, 111, 270
Spurenelemente	▶ Spurenelemente sind in vollentsalztem Wasser nicht ausreichend vorhanden und müssen durch Spurenelementmischungen wieder zugefügt werden.	48
Sauerstoff	▶ Je höher die Temperatur ist, desto geringer ist der Sauerstoffgehalt im Aquarium. ▶ Je höher die organische Belastung ist, desto geringer ist der Sauerstoffgehalt.	46, 74
Huminstoffe	▶ Huminstoffe sind schwache Säuren mit vielen nützlichen Eigenschaften. ▶ Huminstoffe können sich auch positiv auf die Gesundheit der Fische auswirken.	43, 47, 59, 264

Fragen & Antworten

Fragen zum Aquarienwasser

→ *Kann der Nitratgehalt schon im Leitungswasser zu hoch sein? Was muss ich dann tun?*

Das kann durchaus sein. Nitrat entsteht meist als vorläufiges Endprodukt beim Abbau von organischen Abfallprodukten im Aquarium und wird normalerweise durch Teilwasserwechsel mit nitratfreiem Leitungswasser oder Umkehrosmosewasser entfernt. Das ist aber nicht möglich, wenn es schon im Leitungswasser in hohen Mengen (über 50 mg/l) vorhanden ist. Dann hilft nur die Aufbereitung des Leitungswassers über Umkehrosmose oder über Filter, die effektiv Nitrat entfernen (▶ NITRATFILTER, Seite 268).

→ *Ich kann den Phosphatgehalt des Wassers nicht reduzieren. Was soll ich hier machen?*

Phosphate reichern sich im Aquarienwasser vor allem durch Überfütterung an und werden durch die gängigen Filter auch nicht entfernt. Hohe Phosphatwerte fördern das Algenwachstum und können durch Teilwasserwechsel, vor allem aber über Filterung, Zeolith oder Phosphatadsorber (▷ Seite 73) aus dem Wasser entfernt werden. Etwas Phosphat ist aber für das Gedeihen der Pflanzen wichtig. Lässt dagegen das Pflanzenwachstum nach, sollte die Intensität einer Phosphatfilterung reduziert werden.

Rote Nashorngarnelen sind – wie die meisten Garnelenarten – anfällig für Schadstoffe im Wasser. Die regelmäßigen Häutungen werden durch chemische Belastung stark beeinträchtigt.

→ *Meine Fische leiden scheinbar an Sauerstoffmangel. Sie »hängen« unter der Wasseroberfläche und »japsen«. Was soll ich tun?*

Entfernen Sie sofort alle eventuell vorhandenen »Gammelecken« (Futterreste, tote Fische) und führen Sie einen massiven Teilwasserwechsel (etwa die Hälfte bis zwei Drittel des Netto-Beckenvolumens) durch. Belüften Sie das Wasser stark oder setzen Sie einen Oxydator ein. Hat sich das Phänomen kurz nach einem Wasserwechsel ergeben, liegt wahrscheinlich nicht Sauerstoffmangel, sondern eine Ammoniakvergiftung vor. Vermutlich lag vor dem Wasserwechsel der pH-Wert unter 7, und es war viel relativ ungiftiges Ammonium im Wasser.
Mit dem Wasserwechsel hat sich der pH-Wert auf deutlich über 7 erhöht. Das hat zur Umwandlung des Ammoniums in das schon in geringen Mengen giftige Ammoniak geführt (▷ Seite 44). Senken Sie in diesem Fall den pH-Wert schrittweise mit sogenannten pH-Minus-Produkten bei gleichzeitiger pH-Messung auf unter 7. Sorgen Sie anschließend durch verbesserte Filterung (Zeolith) und Abstellen der Ursachen (Überfütterung, tote Fische) dafür, dass es nicht mehr zu einer Anreicherung von Ammonium kommt.

→ *Muss ich Angst vor pH-Stürzen bei karbonatarmem Wasser haben?*

Drastische Abstürze des pH-Wertes treten in karbonatarmem, d. h. »ungepuffertem« Aquarienwasser dann auf, wenn durch organische Abbauprozesse Säurebildner entstehen oder wenn diese gezielt zugefügt werden (Erlenzäpfchen, Eichenextrakt, pH-Minus-Produkte). Diese Säuren können dann ihre Säurewirkung ungehemmt entfalten, wenn keine puffernde Karbonathärte oder andere puffernde Substanzen im

Die Ausprägung der hohen Rückenflosse bei *Apistogramma*-Zwergbuntbarschen (hier *A. trifasciata)* hängt von den Wasserwerten ab.

Aquarienwasser sind. Deshalb sind bei karbonatarmem Wasser (▷ »Einheitswasser«, Seite 54) der Wasserwechsel und die Wasserpflege besonders wichtig. Außerdem sollten ansäuernde Substanzen nur sehr vorsichtig dosiert ins Wasser gegeben werden. Zu bedenken ist, dass die ansäuernde Wirkung dieser Substanzen nicht allmählich ansteigend ist, sondern sprunghaft erfolgen kann. Mit anderen Worten: Ab einem bestimmten Schwellenwert erfolgt eine drastische pH-Senkung, auch wenn bei vorsichtiger Zugabe/Filterung von/mit Säurebildnern vorher fast keine pH-Senkung zu messen war. Deshalb muss jede gezielte Senkung des pH-Wertes besonders vorsichtig gehandhabt werden, auch wenn sich die Werte anfänglich kaum ändern. Findet die Ansäuerung im Aquarium statt, muss der pH-Wert kontinuierlich gemessen werden. Einem Säuresturz können Sie mit karbonathaltigem Leitungswasser entgegenwirken.

→ *Kann ich Regenwasser als Quelle für weiches Wasser im Aquarium nutzbar machen?*

Ja – allerdings mit den Einschränkungen, dass es nur nach einem längeren Regen aufgefangen werden, nicht über Kupferdächer oder (mineralisch) beschichtete Ziegel gelaufen sein, abgestanden sein und vor der Verwendung über Aktivkohle gefiltert werden soll. Regenwasser aus Regionen mit hoher Luftverschmutzung ist meist ungeeignet. Aufschluss gibt eine Leitwertmessung: Liegt die elektrische Leitfähigkeit über 50 µS/cm, ist erhöhte Vorsicht geboten. Besonders geeignet ist Regenwasser nach länger anhaltenden Regenperioden, weil viele Schadstoffe bereits aus der Luft ausgewaschen sind.

→ *Ich habe den Verdacht, dass unser Leitungswasser chemisch belastet und nicht als Aquarienwasser geeignet ist. Was ist vertretbar?*

Ist das Wasser pestizidhaltig und nicht für die Zubereitung von Säuglingsnahrung empfohlen, sollten Sie es auch im Aquarium nicht verwenden. Bereiten Sie das Leitungswasser auf, indem Sie es über eine Umkehrosmose oder Aktivkohle filtern und so schädliche Pestizide entfernen. Wird das Leitungswasser gechlort (»Hallenbadgeruch«), darf es auf keinen Fall benutzt werden, weil schon geringe Mengen ▶ CHLOR (Seite 260) schädlich sind. Warten Sie mit einem Wasserwechsel, bis das Leitungswasser nicht mehr gechlort wird. Verwenden Sie beim nächsten Wasserwechsel hochwertige Wasseraufbereitungsmittel, die Restchlormengen binden. Diese Mittel sind auch nützlich, wenn aus der Rohrleitung Metall-Ionen von Kupfer, Zink oder Blei in das Aquarienwasser kommen.

Karbonatarmes Wasser ist für viele Schnecken reines Gift – sie gehen ein, weil ihnen der Kalk zum Aufbau der Schneckenschale fehlt.

Das richtige Aquarienwasser

Die regelmäßige Kontrolle der wichtigsten Wasserwerte und die Aufbereitung des Aquarienwassers gehören zur normalen aquaristischen Praxis.

MIT AUSNAHME DER TEMPERATUR muss allerdings nicht jeder Wasserwert permanent überprüft werden. Welche Wasserwerte wie oft gemessen werden sollten und mit welchen Methoden die Messungen durchgeführt werden, hängt von den Ansprüchen der Fische und der Qualität des Ausgangswassers ab. Die kommunalen Behörden geben Ihnen Auskunft über die Werte des Leitungswassers. Decken sich die Daten mit den Pflegeansprüchen Ihrer Fische und Pflanzen, brauchen Sie nur durch regelmäßigen Teilwasserwechsel für den Export von Abfallprodukten und für die Zufuhr von Pflanzennährstoffen zu sorgen.

Wasserwerte messen und aufbereiten

Nicht alle Wasserwerte werden auf die gleiche Art gemessen. Für einige Werte gibt es unterschiedliche Messverfahren.

Chemische Tests

- **Tröpfchentests:** Dabei werden einer genau definierten Menge Aquarienwasser tröpfchenweise Testflüssigkeiten (Indikatoren) zugegeben. Den Messwert ermittelt man dann anhand der Tröpfchenmenge, die bis zu einem Farbumschlag nötig ist. Oder man vergleicht die Farbe des mit Indikator versetzten Aquarienwassers mit einer Farbskala, die dem Test beigelegt ist, und kann so den Wert ermitteln. Hochwertige Tröpfchentests sind für den Einsatz in der Aquaristik ausreichend genau und gut haltbar.
- **Stäbchentests:** Hier verfärben sich durch zeitlich definiertes Eintauchen von Teststäbchen in das Wasser Testfelder. Intensität und/oder Farbton geben im Vergleich mit einer Farbskala Aufschluss über die Wasserwerte. Diese Tests sind ohne die Kombination mit einer Smartphone-Auswerte-App (▷ unten) recht ungenau.
- **Wasserwerte-App:** Es gibt noch eine weitere Option, die Wasserwerte zu messen, nämlich mithilfe einer App. Man kann die wichtigsten Wasserwerte (Wasserhärte, organische Belastung, Säuregehalt) einfach und gut mit Teststreifen-Schnelltests bestimmen und dann in Verbindung mit einem Smartphone mit integrierter Kamera über eine spezielle App auch sehr genau ablesen und auswerten (▷ Foto, Seite 59).

Elektronische Wassermessung

Bei dieser Methode wird eine Messsonde (Elektrode) in das Testwasser getaucht. Die Messwerte können dann auf einer digitalen Anzeige abgelesen werden. Die Elektroden müssen mit Eichflüssigkeiten regelmäßig neu eingestellt (kalibriert) werden. Denn die Messwerte stimmen nur bei sorgfältiger Pflege und Kalibrierung der Geräte (außer bei Temperaturmessung). Die Anschaffung lohnt sich vor allem bei häufiger oder permanenter Messung. Nicht alle Messwerte können elektronisch ermittelt werden. Der Leitwert und das ▶ REDOXPOTENZIAL (Seite 271) sind dagegen ausschließlich elektronisch zu ermitteln. Die elektronische pH-Wert-Ermittlung ist besonders bei Wasser mit niedriger Leitfähigkeit (unter 50 µS/cm) nur dann genau, wenn die Elektrode mehrere Minuten eingetaucht bleibt und der angezeigte Messwert nicht mehr schwankt. pH-Messelektroden müssen etwa alle zwei Jahre erneuert werden.

Messung des Salzgehaltes

Den Salzgehalt von Brack- und Meerwasser kann man über die spezifische Dichte des Meerwassers messen (▷ Seite 40). Sie führt dazu, dass gleiche Gegenstände in salzhaltigem Wasser leichter aufschwimmen als in salzarmem. Kostengünstige Messinstrumente, die diesen Effekt ausnutzen, sind die sogenannten Ärometer (Schwimmspindeln mit einer Skala) oder auch Densitometer. Präziser misst man den Salzgehalt über die spezifische Lichtbrechung (Refraktion), indem man wenige Wassertropfen in ein sogenanntes Refraktometer füllt und den Salzgehalt direkt auf einer Skala abliest.
Schließlich gibt es auch spezielle Leitwert-Messgeräte für die Meerwasseraquaristik, die aus dem elektrischen Leitwert indirekt den Salzgehalt ermitteln und digital ablesbar machen.
Alle Methoden müssen für die richtige Ermittlung des Salzgehaltes die Temperatur berücksichtigen. Refraktometer und Leitwertmessung können das bereits halb- bzw. vollautomatisch, für Ärometer und Densitometer muss man mithilfe einer Tabelle den richtigen temperaturkompensierten Wert ermitteln.
Hinweis: Alle Testflüssigkeiten und -stäbchen sowie die Kalibrierungsflüssigkeiten für elektronische Testgeräte sollten kühl und trocken gelagert werden, Stäbchen in gut verschlossenen Behältern. Sie dürfen keinesfalls für Kinder zugänglich sein. Die Anwendung und Entsorgung erfolgt strikt nach den Anweisungen des Herstellers. Bei Hautkontakt die Testflüssigkeiten sofort mit viel Wasser abspülen.

Wasser aufbereiten

Die Ansprüche der Fische, sonstigen Tiere und Pflanzen decken sich nicht immer mit der Leitungswasserqualität. Hat man sich über die Bedürfnisse der Pfleglinge informiert und stellt durch eigene Messungen fest, dass das Leitungswasser nicht oder nur annähernd geeignet ist, gibt es verschiedene Möglichkeiten, das Wasser aufzubereiten.

Weichwasser für viele »Zwecke«

Für fast alle tropischen Süßwassertiere und Süßwasserpflanzen, die nicht aus ausgesprochenen Hartwassergebieten stammen (Mittelamerika und die ostafrikanischen Seen), ergeben sich in karbonatarmem Wasser mit einer Karbonathärte von 0,5 bis 1 °dKH optimale Lebensbedingungen. Solche Wasserbedingungen finden sich in den meisten Herkunftsgebieten der beliebtesten Aquarienfische und -pflanzen.
Der Pionier der praktischen Aquarienchemie, Guido Hückstedt, hat das Wasser mit den oben angegebenen Werten als »Einheitswasser« bezeichnet, weil es für fast alle Süßwasserfische geeignet ist und der Anteil der Nichtkarbonathärte niedrig liegt. Natürlich müssen für ein gutes Pflanzenwachstum und die Gesundheit der Fische Spurenelemente und Wasserpflanzendünger zusätzlich vorhanden sein, die am besten mit dem regelmäßigen Teilwasserwechsel eingebracht werden. Ist das Leitungswasser zu karbonathaltig und alkalisch, lässt es sich durch Vermischen (»Verschneiden«) mit natürlichem und salzarmem, mit entkarbonisiertem oder vollentsalztem Wasser aufbereiten. Umgekehrt kann man zu salzarmes Wasser (für Hartwasserfische) aufsalzen (▷ Seite 56). Salzarmes Wasser erhalten Sie auf verschiedene Weise:

- **Umkehrosmoseanlage:** Der gängigste Weg bei größerem Bedarf ist der Einsatz einer Umkehrosmoseanlage (▷ Foto, Seite 58). Sie entfernt nicht nur Karbonathärtebildner, sondern auch andere Salze und Schadstoffe (wie z. B. Insektizide) aus dem Leitungswasser. Die Anlage besteht aus drei Einheiten, die das Leitungswasser nach Anschluss an einen Wasserhahn nacheinander durchfließt. In der ersten Einheit wird es von schädlichem Chlor und Grobschmutz, in der Hauptsäule von Härtebildnern und schließlich in einer dritten Stufe durch einen Vollentsalzer (siehe unten) von Reststoffen befreit. So bleibt auf der einen Seite Restwasser mit Härtebildnern zurück, und auf der anderen Seite sammelt sich fast vollentsalztes Wasser. Das Umkehrosmosewasser wird in gesonderten Behältern gesammelt. Das Restwasser ist nicht schädlich und kann beispielsweise zum Blumengießen verwendet werden. Leider entsteht bei der gängigen Umkehrosmose etwa drei- bis viermal mehr Restwasser als Reinwasser (z. B. für 100 l Reinwasser etwa 400 l Leitungswasser).
- **Salzarmes Regen-/Quellwasser:** Die Alternative bietet salzarmes Regen- oder auch weiches Quellwasser. Regenwasser sollte nur nach längerem Regen gesammelt werden. Lassen Sie es gut abstehen und filtern Sie es vor dem Einsatz über Aktivkohle. Es darf nicht über Kupferdächer oder schadstoffhaltige Ziegeldächer geflossen sein oder aus Regionen mit starker Luftverschmutzung stammen. Sowohl Regen- als auch Quellwasser sammelt man am besten in Kunststoffkanistern. Ohne eine geeignete nahe gelegene »Quelle« wird die Beschaffung größerer Mengen schwierig.
- **Ionenaustauscherharze:** Auch Ionenaustauscherharze, die Salz-Ionen aus durchfließendem Wasser entnehmen und gegen andere austauschen, können zur Enthärtung verwendet werden. Die Harze müssen aber nach ihrer Erschöpfung mit Chemikalien regeneriert werden. Mischbett-Austauscher (Vollentsalzer) entfernen fast alle Ionen. Die erschöpften Harzpatronen der Geräte müssen dann von spezialisierten Firmen regeneriert werden. Der Einsatz von Patronen lohnt sich vor allem bei mittlerem Wasserbedarf in Ballungsräumen und bei Leitungswasser ohne allzu hohe Härtegrade. Mischbett-Vollentsalzung hat den Vorteil, dass die Patronen direkt an den Wasserhahn angeschlossen werden können, kein Restwasser entsteht und das Weichwasser sofort in ausreichender Menge zur Verfügung steht.

Der Einsatz von stark sauren Kationenaustauschern zur Entfernung der Karbonathärte lohnt sich seit der Einführung von Umkehrosmoseanlagen (▷ Foto, Seite 58) nur bei sehr großem Wasserbedarf in Gegenden mit hohem Karbonatgehalt im Leitungswasser.

WASSERWERTE UND IHRE MESSUNG

Hier erfahren Sie, welche Wasserwerte (Messziele) in welchen Einheiten angegeben werden und welche Normalwerte für die meisten Süßwasseraquarien anzustreben sind. Die Grenzwerte dürfen für die einzelnen Arten keinesfalls überschritten werden (▷ Porträts ab Seite 156).

MESSZIEL	EINHEIT	NORMALWERTE	GRENZWERTE	T	S	E	P	MESSINTERVALL	DAUERTEST
Temperatur (T)	°C	22 – 28	18 – 32				●	kontinuierlich	ja
pH-Wert (pH)	–	6 – 8	4,5 – 9	●	●	●		1x / Woche	ja
Leitfähigkeit (Lw)	µS/cm	100 – 600	k. A.			●		1x / Woche	ja
Ammonium (NH_4^+)	mg/l	0 – 0,02	0,5	●	●			ggf. täglich	nein
Ammoniak (NH_3)	mg/l	0	0,02					ggf. täglich	nein
Nitrit (NO_2^-)	mg/l	0 – 0,1	0,2	●	●			ggf. täglich	nein
Nitrat (NO^{3-})	mg/l	0 – 25	100	●	●			1x / Woche	nein
Karbonathärte (KH)	°dKH	0 – 12	k. A.	●	●			gelegentlich	nein
Gesamthärte (GH)	°dGH	2 – 14	k. A.	●	●			gelegentlich	nein
Kohlendioxid (CO_2)	mg/l			Bei Bedarf aus °dKH und pH-Wert zu errechnen (▷ Tabelle, Seite 75) – Dauertest über pH-Wert oder elektronisch					
- Pflanzen		10 – 30	5 – 10						
- Fische		k. A.	60						
Phosphat (PO_4^{3-})	mg/l	0,02 – 0,2	0,5					1x / Woche	nein
- Pflanzen									
Eisen ($Fe^{2+/3+}$)	mg/l	0,01 – 0,1	max. 0,2	●				1x / Woche	nein
- Pflanzen									
Wasserstoffperoxid (H_2O_2)	mg/l	0 – 5	10 mg/l	●	●			bei Bedarf	nein
Jod (I)	mg/l	k. A.	k. A.	●				bei Bedarf	nein
Kupfer (Cu_2^+)	mg/l	k. A.	0,03	Messung für den Laien zu ungenau					

Hinweise zur Benutzung der Tabelle:
Die Messung wird nach folgenden Methoden vorgenommen:
T = Tröpfchentest, S = Stäbchentest, E = Elektronische Messung, P = Physikalische Messung.
Dauertest: Die Angabe in dieser Spalte gibt darüber Aufschluss, ob eine kontinuierliche Messung Vorteile bringt, weil man über die Veränderungen Rückschlüsse über die Vorgänge im Aquarium ziehen kann.
k. A.: »Keine Angabe« heißt, dass es entweder aquaristisch nicht sinnvoll ist, verallgemeinernde Grenzwerte anzugeben, oder dass nicht bekannt ist, ob allgemeine Grenzwerte bestehen.

Mischungsverhältnisse berechnen

Da Umkehrosmosewasser fast völlig frei von Härtebildnern und Spurenelementen ist, muss es vor der Verwendung mit Leitungswasser gemischt oder aufgesalzen werden.
Das richtige Mischungsverhältnis können Sie mit der »Kreuzregel« berechnen, wenn Sie die Werte des Leitungswassers kennen.

- **Schritt 1:** Der Härtegrad des vollentsalzten Wassers (0 °dKH) minus dem gewünschten Härtegrad ergibt die Anteile des Leitungswassers (ohne Minuszeichen).
- **Schritt 2:** Der Härtegrad des Leitungswassers minus dem gewünschten Härtegrad ergibt die Anteile vollentsalzten Wassers.

Beispiel: Sie möchten aus Leitungswasser von 12 °dKH und vollentsalztem Wasser (0 °dKH) »Einheitswasser« von 0,5 °dKH herstellen. Nach Anwendung der Regel müssen Sie 11,5 Teile vollentsalztes Wasser mit 0,5 Teilen Leitungswasser mischen.

Aufsalzen von vollentsalztem Wasser

Die Karbonathärte (▶ KARBONATE, Seite 265) erhöht man durch Zugabe von Natriumhydrogenkarbonat aus der Apotheke, die ▶ NICHTKARBONATHÄRTE (Seite 268) – oft auch Sulfathärte genannt – wird durch Zugabe von Kalziumsulfat in gut löslicher Form erhöht. Um 100 l Wasser um 1 °dH Nichtkarbonathärte zu erhöhen, benötigt man etwa 3,1 g Kalziumsulfat. Um 100 l um 1 °dH Karbonathärte zu erhöhen, benötigt man etwa 3,0 g Natriumhydrogenkarbonat. Beide Salze vor Zugabe zum vollentsalzten Wasser in einem Glas vorlösen. Alternativ vertreibt der Fachhandel Aufsalzprodukte. Zusätzlich zur Aufsalzung mit Härtebildnern kann man vollentsalztes Wasser mit einer Spurenelementlösung versetzen.

Herstellung: Brack- und Meerwasser

Meerwasser besteht neben dem dominierenden Kochsalz (= Natriumchlorid, NaCl) aus einer Vielzahl von Elementen, die in einem ausgewogenen Verhältnis zueinander stehen müssen. Zur Herstellung verwendet man nicht etwa Kochsalz, sondern hochwertige Aquaristik-Meersalzmischungen.
Als Grundlage für die Herstellung von Brackwasser nimmt man Leitungswasser, für Meerwasser verwendet man am besten Umkehrosmosewasser. Leitungswasser enthält oft Stoffe (Silikate und Phosphate), die im Meerwasser unerfreuliches Algenwachstum begünstigen können. Geben Sie das Meersalz nach Herstellerangaben in einen Behälter mit einer definierten Menge Wasser (z. B. in eine Regentonne). Frisch angesetztes Brack- oder Meerwasser muss mindestens 48 Stunden belüftet oder mit einer Strömungspumpe umgewälzt werden. Erst nach dieser »Reifung« wirkt das Wasser nicht aggressiv auf Lebewesen (▷ Salzgehalt messen, Seite 40).

Ansäuern des Aquarienwassers

Saures Aquarienwasser mit pH-Werten zwischen 6 und 7 scheint für die Haltung, vor allem aber für die Zucht vieler Fische vorteilhaft zu sein.
Ob das gesteigerte Wohlbefinden wirklich am niedrigen pH-Wert liegt oder an positiven Begleiterscheinungen der pH-Wert-Senkung, ist nicht klar (▷ Seite 47). Aquarienwasser anzusäuern gelingt auf verschiedene Art, wobei die »puffernde« Wirkung der Karbonathärte immer berücksichtigt werden muss. Je höher diese ist, desto schwieriger ist Wasser anzusäuern, weil die Karbonathärte zunächst einmal Säure bindet. Die zugegebene Säure wirkt erst dann pH-senkend, wenn das Säurebindungsvermögen der Karbonathärte erschöpft ist.
Deshalb ist es oft einfacher, die Karbonathärte zu senken und danach mit weniger Säurezusatz auch den pH-Wert zu senken (falls er dann nicht schon gesenkt ist). Die Ansäuerung funktioniert auf natürliche Art über Zugabe von ▶ HUMINSÄUREN (Seite 264) oder über »Filterung« mit Torf, Torfgranulat oder Erlenzäpfchen (▷ Seite 58). Torf bzw. Torfgranulat wirkt auch als Ionenaustauscher, der selektiv die Karbonathärte aus dem Wasser entfernt und dafür das Wasser ansäuert, aber auch gelblich anfärbt. Andererseits enthält Torf positiv wirkende Huminstoffe, die viele Weichwasserfische für ihr Wohlbefinden besonders schätzen. Worauf die wohltuende Wirkung von Seemandelbaumblättern, Wasnussblättern oder anderen Huminstoff-Trägern beruht,

Oben: Erlenzäpfchen säuern effektiv das Wasser an. Die Wirkung ist stark – die Gebrauchsanweisung bitte genau befolgen und nur begleitet von pH-Messungen zur Senkung des pH-Wertes einsetzen.
Unten: Torfgranulat besteht aus komprimierten Torfbestandteilen. Als Filtermaterial dient es der Zufuhr von Huminstoffen und der Ansäuerung in Weichwasserbecken.

Oben: Austauscherharze tauschen unerwünschte Wasserbestandteile (z. B. Härtebildner) gegen andere Bestandteile (z. B. Säurebildner) aus. Sie werden z. B. in Bypass-Filtern eingesetzt.
Unten: Seemandelbaumblätter senken die Keimzahlen direkt im Aquarium und auch im Transportbeutel. Besonders Weichwasserfische sind dadurch vitaler.

ist Gegenstand intensiver Forschung. Viele Wirkstoffe aus diesen und anderen Pflanzen vermindern z. B. nachweislich Stress, stärken das Immunsystem und tragen so zum Wohlbefinden vieler Aquarientiere bei. Es lohnt sich deshalb auch, nach Naturpräparaten zu suchen. Inzwischen gibt es sogar eigene Internetshops, die Naturmittel für die Aquaristik anbieten. Eine Ansäuerung ist auch über die Kohlendioxiddüngung möglich (▷ Seite 74). Schließlich kann die Ansäuerung auch über die beiden anorganischen Säuren Salzsäure und Phosphatsäure geschehen (beides ist in pH-senkenden Wasserzusätzen aus dem Zoofachhandel enthalten), was aber nur Aquarianern mit Erfahrung im Umgang mit Chemikalien zu empfehlen ist und außerdem zur Erhöhung des Salzgehaltes, messbar über eine Erhöhung des Leitwertes, führt.

Fragen & Antworten

Fragen zum Aquarienwasser

➔ *Tut karbonatarmes Wasser, also Weichwasser, auch den Pflanzen im Aquarium gut?*

Wie Sie aus der Tabelle auf Seite 75 entnehmen können, weist ein solches Wasser in fast allen Fällen ausreichend Kohlendioxid für gutes Pflanzenwachstum auf. Im Bedarfsfall genügen also nur geringe Mengen CO_2 bzw. Torffilterung, um ausreichend Kohlendioxid für die Pflanzen zur Verfügung zu stellen bzw. den pH-Wert zu senken (▷ Ansäuerung des Aquarienwassers, Seite 56).

➔ *Was ist Torf, und wie wirkt sich Torf eigentlich im Aquarienwasser aus?*

Torf entsteht in Mooren durch die unvollständige Zersetzung von pflanzlichem Material unter Luftabschluss. In der Aquaristik kommen vor allem sogenannte Weißtorfe aus Hochmooren zur Verwendung, die zu einem großen Teil aus holzartigen Fasern und verschiedenen Huminsäuren bestehen. Torf steht in der Aquaristik als Torffaser, als Granulat (▷ Foto, Seite 57) oder auch als Extrakt zur Verfügung. Torffilterung über Fasern oder Granulat bewirkt durch Ionenaustausch eine Verringerung der Karbonathärte und eine Ansäuerung des Wassers. Alle drei Produkte enthalten mehr oder weniger viele gesundheitsfördernde Huminstoffe, deren Wirkung sich vor allem in karbonatarmem Weichwasser entfalten kann. Auch stimulierende hormonähnliche Wirkung auf Fische wird Torf nachgesagt. Weil Torf ein Naturprodukt ist, muss die jeweilige Charge aber auf ihre Wirkung getestet werden (▷ Torffilterung, Seite 72).

Umkehrosmoseanlagen bereiten Leitungswasser zu entmineralisiertem und weitgehend schadstofffreiem Wasser auf. Sie sind kostengünstig und effektiv, um Weichwasser herzustellen.

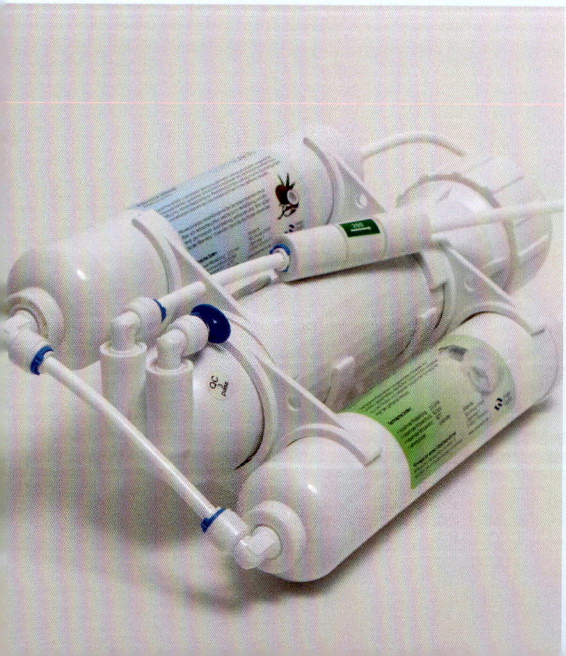

➔ *Kann ich zur Ansäuerung von Aquarienwasser auch Salz- oder andere Säuren verwenden?*

Ja. Viele Flüssigkeiten, die den pH-Wert oder die Karbonathärte senken (inklusive mancher »Eichenextrakte«), bestehen aus einer Mischung anorganischer Säuren, zu denen auch die Salzsäure gehört. Verwendet man diese Produkte oder gleich direkt verdünnte Salzsäure, so führt das aber gleichzeitig zu einer Erhöhung des Gesamtsalzgehaltes im Wasser. Die Zusammensetzung des Aquarienwassers ändert sich nicht nur in Bezug auf den pH-Wert. Das kann man an erhöhten Leitfähigkeiten feststellen. Außerdem muss man sehr vorsichtig dosieren, um keine pH-Stürze zu produzieren, die schädlich auf Fische und Pflanzen wirken. Ich empfehle die Anwendung solcher Produkte nur in Notfällen, beispielsweise bei Ammoniakvergiftung, um den pH-Wert möglichst schnell unter 7 senken zu können. Hierbei sind allerdings Kenntnisse über Inhaltsstoffe und ihre Wirkungen, also chemische Vorkenntnisse, nötig.

➔ *Kann ich mein Aquarienwasser auch mit Erlenzäpfchen ansäuern?*

Erlenzäpfchen (▷ Foto, Seite 57) sind die Fruchtstände der Schwarzerlen (*Alnus glutinosa*), die in Gewässernähe wachsen. Sie eignen sich hervorragend zur pH-Senkung in weichem Wasser, müssen aber wegen ihrer manchmal starken

Elektronische Messgeräte, hier ein pH-Meter, zeigen sehr exakte Werte an. Wichtig ist aber, dass sie regelmäßig kalibriert werden.

Wirkung (wie alle pH-senkenden Mittel) sehr vorsichtig eingesetzt werden. Man gibt – je nach geschätztem Bedarf – einige wenige bis zu einer Handvoll Erlenzäpfchen in vollentsalztes Wasser oder Regenwasser und stellt so einen dunkelbraunen Sud her. Als Anhaltspunkt kann dienen, dass man pro 100 l Wasser – je nach Ausgangswasser und Zielvorstellung – 3 bis 15 Zäpfchen benötigt. Den Extrakt gibt man im besetzten Aquarium über Tage und unter pH-Messung so lange zu, bis der gewünschte Wert erreicht ist. Die Methode eignet sich vor allem für relativ weiches Wasser, weil man sonst zu viele Zäpfchen benötigt, die das Wasser fast schwarz färben. Erlenzäpfchen wirken nicht nur ansäuernd, sondern auch keimhemmend.

➜ *Was sind Seemandelbaumblätter, und welche Wirkung haben sie im Aquarienwasser?*

Als Seemandelbaumblätter (▷ Foto, Seite 57) werden getrocknete Blätter des weltweit in den Tropen verbreiteten Baumes *Terminalia catappa* vertrieben. Die Blätter geben Humin- und Gerbstoffe ab, die antibakteriell wirken und auch in der Humanmedizin als Naturheilmittel eingesetzt werden. In Südostasien werden sie schon lange bei der Fischzucht und beim Fischtransport verwendet, weil sie günstige Wasserbedingungen schaffen und einer Laichverpilzung vorbeugen. Je nach Größe der rotbraunen getrockneten Blätter legt man 1 bis 3 direkt ins Aquarium. Viele schwierig zu haltende und zu züchtende Fischarten reagieren ausgesprochen positiv auf die Zugabe dieser Blätter, die den pH-Wert nur geringfügig senken.

➜ *Gibt es das ideale Aquarienwasser für fast alle Einsatzbereiche im Süßwasser?*

Leider nein, dennoch hat sich herauskristallisiert, dass für die meisten tropischen Fische und Pflanzen, die ja aus Weichwassergebieten stammen, folgende Wasserwerte ideal sind: eine Karbonathärte von 0,5 bis 3, eine Gesamthärte von 2 bis 6, ein pH-Wert um 6,5.

➜ *Kann ich auch destilliertes Wasser in meinem Aquarium verwenden?*

Prinzipiell ja, wenn es entsprechend aufbereitet wird (▷ Seite 56). Doch bereitet die Beschaffung größerer Mengen meist Probleme.

➜ *In der Wasserchemie finden auch für die Aquaristik viele chemische Formeln Erwähnung. Muss ich diese Formeln alle genau verstehen, um ein guter Aquarianer zu sein?*

Nein, das ist nicht unbedingt nötig. Aber es hilft, wenn man aus den Formeln die Zusammensetzung der Stoffe ablesen kann. Im Quickfinder ab Seite 256 sind noch einmal die wichtigsten Stoffe mit ihren Formeln aufgeführt, wie beispielsweise alle wichtigen organischen Abfallprodukte.

Früher waren Wassermessstäbchen recht ungenau. Heute sind sie aber sehr genau, wenn sie mithilfe einer Smartphone-App ausgewertet werden.

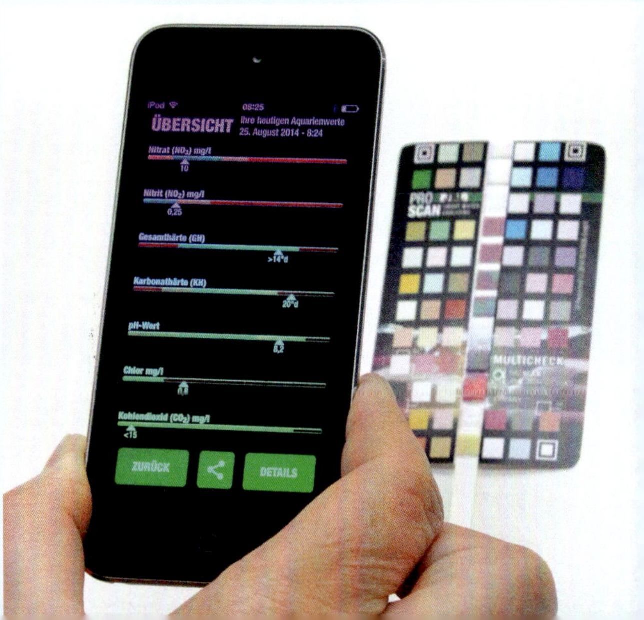

Technik muss im Aquarium sein

Hinter jedem noch so natürlich aussehenden Aquarium verbirgt sich mehr oder weniger viel Technik. Diese ermöglicht erst den Ablauf natürlicher Vorgänge.

OHNE TECHNIK FUNKTIONIERT NICHTS. Auch wenn jedes Aquarium mehr oder weniger ein Stück Natur nachahmt, unterscheidet sich der »Mini-Lebensraum Aquarium« doch von den natürlichen Biotopen. Im Aquarium ist die Fischdichte normalerweise wesentlich größer als in der Natur. Hier bleibt der Stoffkreislauf in sich abgeschlossen. Er ist nicht mit der natürlichen Umwelt vernetzt. Was in der Heimat der Aquarientiere und -pflanzen natürlicherweise abläuft, müssen im Aquarium technische Hilfsmittel ausgleichen. Im folgenden Kapitel erfahren Sie, welche technischen Hilfsmittel im Aquarium sinnvoll sind und wie Sie diese richtig einsetzen.

Aquarien für jeden Geschmack

Die wichtigsten technischen Geräte im Aquarium sind Filter, Heizung und Beleuchtung. Diese elektrischen Geräte werden mit Wechselstrom aus der Steckdose betrieben. Das klingt im ersten Moment banal, kann aber im Zusammenhang mit der Aquaristik eine tödliche Gefahr in sich bergen. Bei Strom in Verbindung mit Wasser kann es leicht zu tödlichen Stromschlägen kommen. Denn selbst in technisch hochmodernen Aquarien sind elektrische Pannen nicht völlig ausgeschlossen.

Sicherheitsregeln

Die folgenden Grundregeln beim Hantieren am und im Aquarium sollten Sie sich unbedingt einprägen.

- Betreiben Sie kein Aquarium ohne FI-Schutzschalter (▷ unten) und verwenden Sie nur moderne und sichere Geräte.
- Schalten Sie, bevor Sie mit den Wartungsarbeiten im Aquarium beginnen, immer die Stromzufuhr zu allen Geräten ab.
- Sorgen Sie bitte unbedingt dafür, dass Kinder nicht ohne Weiteres in das Aquarium hineingreifen können.

Fehlerstrom-Schutzschalter

Fehlerstrom-Schutzschalter (kurz: FI-Schalter) können dafür sorgen, dass undichte Stellen an stromführenden Teilen von Aquariengeräten nicht zur tödlichen Falle werden, wenn man in das Aquarium greift und so mit seinem Körper selbst zu einem Stromleiter wird. FI-Schalter stellen fest, ob der gesamte Strom, der über die Geräte fließt, auch wieder in das Netz zurückfließt oder ob er als Fehlerstrom aus dem Netz abfließt. Wenn Sie in das Aquarium greifen und mit Fehlstrom, der aus einem beschädigten Kabel fließt, in Berührung kommen, schaltet der FI-Schalter sofort die Stromzufuhr zu allen angeschlossenen Geräten ab. FI-Schutzschalter sind in Deutschland seit 2018 verplichtend für alle Steckdosen- und Beleuchtungsstromkreise in Neubauten. In älteren Gebäuden sollten alle Steckdosenleisten einen integrierten Schutzschalter aufweisen. Wichtig: Die Funktionsfähigkeit des Schutzschalters sollte zweimal jährlich durch Drücken der Testtaste überprüft werden. Der Fachhandel bietet auch spezielle Schutzschalter, sogenannte DI-Schalter, an, die bei Stromausfall alle Geräte abschalten, damit sie nicht wieder unkontrolliert anlaufen. Wenn Sie in Gebieten mit häufigen Stromausfällen wohnen, sollten Sie DI-Schalter meiden, damit z. B. Topffilter nicht zu lange außer Betrieb sind, falls Sie nicht vor Ort sind.

Ein Aquarium nach Maß

Der Zoofachhandel bietet mit Silikon geklebte Glasaquarien in vielen verschiedenen Normmaßen an. Auf Bestellung werden sogar Sondermaße geliefert. Aquarien können auch ganz oder teilweise aus anderen Materialien gefertigt werden, z. B. Acrylglas oder Beton mit eingesetzten Scheiben. Diese Sonderanfertigungen werden aber fast nur in Schauaquarien verwendet und deshalb in diesem Buch auch nicht weiter beschrieben.

- **Silikongeklebte Glasaquarien:** Obwohl sie auf den ersten Blick einen zerbrechlichen und wenig stabilen Eindruck machen, sind die mit speziellem Aquariensilikon geklebten Glasaquarien bei sachgemäßer Verarbeitung und Behandlung sehr stabil und auf Jahrzehnte dicht. Verklebt wird heutzutage Flächenrand an Stirnseite (»stoßverklebt«). Außer für Aquascape-Aquarien wird zumeist schwarzes Silikon verwendet, weil dieses über die Jahre gesehen weniger leicht von Algen an schlecht verklebten Stellen unterwachsen wird. In jedem Fall sollten Sie für die Verklebung auf eine Garantie von mindestens drei Jahren achten. Schlecht verarbeitete Silikonnähte sind nämlich die häufigste Ursache dafür, dass Aquarien undicht werden – mit manchmal katastrophalen Folgen.

Auch in Glasqualität und -stärke bestehen Unterschiede: Günstigere Becken haben zwar immer ausreichend dickes Glas, bewegen sich aber eher am unteren Limit der Bruchsicherheit.

Deshalb sollten Sie sich vor allem bei Sondermaßen lieber für die etwas teurere Variante mit stärkerem Glas entscheiden.
Die eingeklebten Glasstege (Deckscheibenauflagen) dienen in der Form von Querstreben bei großen und langen Becken als zusätzliche Versteifung. Sie sollten so eingeklebt sein, dass für Filterzuläufe und -abläufe sowie für Kabel Aussparungen an den Ecken bleiben.
Günstigere Becken haben oft einen Grün- oder Blaustich, während farbloses Weißglas wesentlich teurer ist. Dieser Unterschied ist jedoch lediglich ein Gesichtspunkt der Ästhetik, nicht aber der Funktion. Weißglas ist sogar oft weniger kratzfest als farbiges.

Bauformen und Sondermaße

Durch neue Produktionstechniken ist es möglich geworden, gebogene Frontscheiben oder – bei kleineren Becken – unverklebte runde Ecken herzustellen. Diese neueren Möglichkeiten ergänzen die schon länger übliche »Panoramaform« mit abgeschrägten Ecken an der Sichtseite oder Sechs- bzw. Achteckformen.
Genau wie bei Becken mit geneigten Frontscheiben, die eine bessere Einsehbarkeit ermöglichen sollen, handelt es sich bei all diesen Varianten um rein ästhetische Formveränderungen, die für die Aquarienbewohner keinerlei Vor- oder Nachteile haben. Im Gegensatz dazu wirken sich un-

Großaquarien faszinieren vor allem durch ihre sensationelle Tiefenwirkung. Boesemans-Regenbogenfische schwimmen in diesem hier wie in der Natur um ein Wurzelholz herum.

terschiedlich proportionierte rechteckige Formen oft günstig auf die Lebewesen im Aquarium aus. Neben den rechteckigen Formen sind noch viele andere realisierbar, z. B. trapezförmige Becken oder über Eck geklebte mehrschenkelige Aquarien. Sonderformen bieten nicht nur vielfältige Möglichkeiten, den vorhandenen Raum im Zimmer optimal mit einem oder mehreren Aquarien zu gestalten, sondern können auch bestimmte Lebensraumaspekte im Aquarium betonen. Lange, schmale und flache Becken kommen z. B. dem Lebensraumtypus »Bach« näher und lassen sich gut mit einer durchgehenden Strömung versehen. Hohe und tiefe Becken bieten sich für die Einrichtung mit Wurzelholz und hochwachsenden Pflanzen an, beispielsweise für strömungsarme Skalarbecken. Flache Becken mit großer Bodenfläche schaffen mehr Lebensraum für Bodenfische wie etwa sandbewohnende Welse oder Rochen.

Hinweis: Achten Sie aber bei der Bestellung von Sondermaßen darauf, dass die Becken von erfahrenen Aquarienbauern gebaut werden, die die vorgeschlagene Planung fachgerecht umsetzen.

Aquarien aufstellen

Größere Aquarien mit Wasser haben ein Gewicht von mehreren Hundert Kilogramm. Ein Liter Wasser wiegt etwa ein Kilogramm, dazu kommen das Eigengewicht des Beckens sowie Sand und Steine für die Einrichtung. Die Formel für die Berechnung des Aquarien-Volumens lautet: (Länge x Breite x Höhe in cm) : 1000 = Literzahl. Beispiel für ein 120 cm langes, 60 cm tiefes und 60 cm hohes Becken: 120 x 60 x 60 : 1000 = 432 Liter. Sicherheitshalber zählt man noch ein Drittel dazu, um das Maximalgewicht abzuschätzen. Ein Becken mit den angegebenen Maßen kann also ca. 600 kg wiegen.

Wegen des hohen Eigengewichts müssen große und kleine Becken stabil und »wackelfest« stehen. Für kleine Aquarien bis etwa 60 cm reicht dazu fast jeder Tisch oder Schrank. Größere sollten Unterschrankkonstruktionen besitzen, wie etwa aus Vierkant-Metallprofilen oder -hölzern. Diese werden für die Normmaße im Aquarienhandel angeboten. Mit Fachkenntnis können sie auch selbst gebaut werden. Richten Sie die Unterkonstruktion vor dem Aufstellen des Beckens mit einer Wasserwaage gerade aus. Bei größeren Becken, ab etwa 500 kg, sollten Sie einen Statiker zurate ziehen, der Ihnen sagen kann, wo man solche »Gewichtsriesen« aufstellen darf (▷ Seite 35). Wenn Sie ein länger nicht benutztes Becken wieder aufstellen, sollten Sie prüfen, ob es noch dicht ist, indem Sie es an einem geeigneten Platz auf eine Styroporunterlage stellen und mit Wasser füllen.

Unterlage und Deckscheiben

Kleinste Unebenheiten, z. B. durch Sandkörner, können die Bodenscheibe des Aquariums zum Platzen bringen. Deshalb muss eine Unterlage unter die Bodenscheibe gelegt werden. Diese erhalten Sie entweder im Zoofachhandel, oder Sie verwenden dünnes Styropor (1 cm dick) bzw. ein Stück Isomatte.

Deckscheiben sind für alle geheizten Aquarien ohne Abdeckleuchten nötig, um die Verdunstung des Wassers im Griff zu behalten und um zu verhindern, dass die Fische herausspringen. Leider werden Deckscheiben meistens nicht mitgeliefert, sondern müssen entweder im Zoofachhandel oder beim Glaser bestellt werden. Achten Sie auf geschliffene Kanten sowie eine optimale Passform und Teilung. Die Aussparungen für Filterzuläufe und -abläufe müssen eng ausfallen, um auch kleinsten Fischen keine Ausbruchmöglichkeit zu bieten. Eine abdeckbare Lochbohrung oder ausgesparte Ecke im vorderen Bereich dient als Futterluke. Um bei Reinigungs- und Wartungsarbeiten in großen Becken nicht riesige Platten heben zu müssen, sollte man die Deckscheiben in Abstimmung mit den Auflagen und Querstreben mehrfach teilen.

Aquarien können auch ohne Deckscheiben betrieben werden, denn ein frei von oben einsehbares Aquarium kann eine Augenweide sein, bietet sich aber vor allem für ungeheizte Aquarien an, weil dann die Verdunstung nicht so stark ist. Man muss allerdings das Herausspringen und krabbeln von Fischen und Krebsen verhindern, z. B. indem man einen rund um das Aquarium laufenden Glasstreifen von etwa 5 cm Breite einklebt, da die meisten Aquarientiere entlang der Seitenscheiben aus dem Aquarium springen oder krabbeln. Diese Methode gilt nicht für »Ausbruchskünstler« wie z. B. Schlangenkopffische.

Die richtige Beleuchtung

Aquarien werden meist mit dicht schließenden Abdeckleuchten, in die unterschiedliche Leuchtmittel eingebaut sind, ins »rechte Licht« gesetzt. Alternativ können Hänge- oder Aufsteckleuchten montiert werden. Dann ist aber immer eine (lichtschluckende) Deckscheibe nötig. Natürlich muss jede Aquarienbeleuchtung den Sicherheitsanforderungen entsprechen, die sich aus der gefährlichen Verbindung von Wasser und Strom ergeben, und unterschiedliche Bedürfnisse von Pflanzen, Tieren und Menschen erfüllen.

Licht und Beleuchtungseigenschaften

- **Die Lichtfarbe** ergibt sich aus dem Spektrum kurz- und langwelliger Lichtwellen und wird in »Kelvin« (K) angegeben. Weißes Licht besteht aus einer unterschiedlichen Mischung von Wellenlängen. Farbiges Licht setzt sich aus einer reduzierten Auswahl und einer unterschiedlichen Mischung von Wellenlängen zusammen. In der Natur ändert sich die Lichtzusammensetzung je nach Jahres- und Tageszeit, Witterung und Umgebung, weil unterschiedliche Anteile des weißen Sonnenlichts durch Luft, Wolken, Luftfeuchtigkeit und Abschattung herausgefiltert werden. Im Wasser werden zusätzliche Anteile des Spektrums herausgefiltert. Pflanzen haben besondere Ansprüche, weil sie zur Photosynthese das Licht bestimmter Wellenlängen brauchen.
- **Die Beleuchtungsstärke** gibt an, wie viel Licht auf eine bestimmte Fläche trifft. Sie wird in »Lux« angegeben. In der Natur rangiert die Beleuchtungsstärke zwischen wenigen Lux am Urwaldboden bis zu über 100.000 Lux in voller Mittagssonne. Natürlich verändert sich die Beleuchtungsstärke im Tageslauf. Pflanzen und Tiere sind an bestimmte Beleuchtungsstärken angepasst: Starklichtpflanzen wachsen bei schwachem Licht nicht gut, während Schwachlichtpflanzen und Tiere sich bei starker Beleuchtung unwohl fühlen und sogar »Sonnenbrand« bekommen können. Im Aquarium wird die Beleuchtungsstärke durch Anzahl und Art der Leuchtmittel, aber auch durch die Einrichtung festgelegt, die bestimmte Areale beschattet.
- **Die Farbwiedergabe (Ra)** gibt an, wie farbecht angestrahlte Objekte im Vergleich zum Sonnenlicht (das einen Wert von 100 Ra hat) aussehen. Um natürlich auszusehen, sollten Aquarienleuchten mindestens einen Wert von 80 Ra aufweisen.
- **Die Lebensdauer** kann sehr unterschiedlich sein. Nach mehreren Tausend Stunden Brenn-

LED-Lichtleisten sind, in die Abdeckung eingebaut oder als Aufsteckleuchten, die gängige Beleuchtung.

LEDs realisieren sehr gut Lichtstimmungen. Hier ein Meerwasserbecken mit relativ »kaltem« Mondlicht.

dauer verändern sich Lichtfarbe und Beleuchtungsstärke, sodass man besonders Leuchtmittel älterer Bauart (v. a. Leuchtstoffröhren und HQI-Brenner) nach ein bis zwei Jahren austauschen muss. LED-Leuchten halten viel länger, bei nachlassender Qualität sind aber meist Leuchten sowie Leuchtmittel auszutauschen.

Geeignete Leuchtmittel

- **LED-Leuchten** (▶ LEUCHTDIODEN, Seite 266) sind heute die Leuchtmittel der Wahl – entgegen mancher Annahmen auch für große und tiefe Aquarien. Im Vergleich zu anderen Leuchtmitteln sind sie energieeffizienter und langlebiger. Durch die Möglichkeit, LEDs mit unterschiedlichen Lichtfarben in einer Lampe zu integrieren, lassen sich fast alle Lichtfarben und -intensitäten realisieren. Mit elektronischen Steuergeräten können sogar im tages- und jahreszeitlichen Verlauf unterschiedliche Lichtstimmungen und Beleuchtungsstärken programmiert werden, die z. B. Mondlicht oder zeitweilige Bewölkung simulieren – ganz wie in der Natur. Ein »Nachteil« ist die noch nicht abgeschlossene technische Entwicklung. Ständig kommen lichtstärkere und energieeffizientere LEDs auf den Markt. Klare Regeln für die Bestückung der Aquarien mit LEDs kann man kaum geben. Setzen Sie beim Kauf grundsätzlich auf Qualität, denn es gibt erhebliche Unterschiede in Bezug auf die einzelnen verbauten LED-Typen und die Bauart der Leuchten. LED-Aquarienleuchten sollten eigens für diesen Zweck gefertigt sein, denn nur so ist gewährleistet, dass sie ausreichend wasserdicht und gekühlt sind und dass die richtige LED-Zusammensetzung für aquaristische Anforderungen verbaut wurde. Kaufen Sie auch lieber etwas stärkere LED-Lampen – mit Dimmfunktion, um sie gegebenenfalls bei starkem Algenwachstum herunterzuregeln. LEDs, die nicht bis an ihre Leistungsgrenzen hochgeregelt sind, haben auch eine längere Lebensdauer.
- **Leuchtstoffröhren** haben zwar ihren Rang als wichtigstes Leuchtmittel in der Aquaristik eingebüßt, sie werden heute kaum noch verwendet. Dennoch kann man in bereits vorhandene Aquarienleuchten, die für Leuchtstoffröhren ausgelegt sind, sogenannte »Retrofit«-LED-Aquarienröhren einsetzen und muss so bestehende Aquarienleuchten nicht komplett ersetzen.
- **Halogen-Metalldampf-Lampen** (HQI) wurden bis vor Kurzem wegen ihrer hohen Lichtausbeute vor allem in großen und tiefen Aquarien (ab 60 cm Beckenhöhe) eingesetzt. Sie werden heute aber nur noch sehr selten verwendet. Das gleiche gilt für Halogen-Metalldampf-Lampen (HQI), die früher eingesetzt wurden, um sehr hohe Lichtausbeuten für Pflanzenaquarien zu generieren. Die sich ständig verbessernde LED-Technik hat diese Beleuchtungssysteme für die Aquaristik überflüssig werden lassen.

Auswahl und Betrieb der Leuchtmittel

Lassen Sie sich im Zoofachhandel beraten, welche Lichtfarbe und -intensität für Ihr Aquarium aktuell empfehlenswert ist. Bei der Leuchtmittel-Wahl sollten Sie zwei grundsätzliche Regeln beachten:

- **Tageslicht-Vollspektrumlampen** eignen sich bestens als alleinige Beleuchtung. Ihre Lichtfarbe liegt bei 5500 bis 6500 Kelvin. Lampen mit erhöhtem Rotanteil (»wärmeres« Licht, bis 4500 Kelvin) fördern eher das Längenwachstum von Wasserpflanzen, solche mit erhöhtem Blauanteil (»kälteres« Licht, über 7000 Kelvin) das gedrungene Wachstum. Außer für Spezialzwecke (reine Pflanzenaquarien) sollten diese Lampen wegen des unnatürlichen Eindrucks nur zusammen mit Tageslicht ähnlichen Leuchtmitteln eingesetzt werden. Außerdem können einseitige Lichtspektren auch das Algenwachstum fördern. Für Aquarien bis 70 cm Breite verwendet man ein bis zwei Standard-LED-Lichtleisten in Beckenlänge. In Pflanzenaquarien oder 60 bis 70 cm hohen Becken können bis zu vier LED-Lichtleisten oder Röhren pro Beckenlänge verbaut werden. Nanos bis 40 cm Länge beleuchtet man mit wenigen »High-Power-LEDs«, schwächeren LED-Lichtleisten oder auch Kompaktleuchtstofflampen.
- **Die Beleuchtungsdauer** sollte entsprechend dem durchschnittlichen Tropentag auf 9 bis 10 Stunden (ohne Tageslicht 11 bis 12 Stunden) täglich begrenzt und über eine Zeitschaltuhr geregelt werden. »Sonnenaufgang und -untergang« können Sie über Dimmer in Kombination mit elektronischen Vorschaltgeräten (T5-Leuchtstoffröhren) oder LED-Steuergeräten regeln.

Wasser heizen und kühlen

Viele Aquarienbewohner unterscheiden sich hinsichtlich der Wassertemperatur durchaus in ihren Ansprüchen. Warmwasserarten aus Urwaldseen fühlen sich oft bei Temperaturen zwischen 27 und 30 °C wohl, während Arten aus schattigen Urwaldbächen unter solchen Temperaturen leiden und eher 22 bis 24 °C warmes Wasser mögen. Auf der anderen Seite kann es im Sommer so heiß werden, dass die Temperaturen für viele Arten über verträgliche Grenzen steigen. Sie leiden, weil in warmem Wasser weniger Sauerstoff gelöst ist als in kälterem (▷ Seite 74). Deshalb muss die Aquarientemperatur kontrolliert und gegebenenfalls gezielt eingestellt werden.

Aquarienheizer

- **Stabregelheizer:** Am häufigsten eingesetzt werden thermostatgesteuerte Stabregelheizer, die in Wattzahlen von 10 bis 300 verfügbar sind. Hochwertige Fabrikate haben eine Temperaturskala zur Regulation der Wassertemperatur, einen Überhitzungsschutz und bestehen aus unzerbrechlichem Material. Stabheizer werden so im Aquarium installiert, dass sie vom Aquarienwasser umströmt werden (z. B. am Filterauslauf). Die Dimensionierung hängt natürlich von der Umgebungs- und der gewünschten Aquarientemperatur ab. Als Faustregel kann gelten: Pro 50 Liter Aquarieninhalt werden 25 bis 50 Watt Heizerleistung benötigt. Große Becken kommen proportional mit weniger Heizerleistung aus als kleine. Für eine Anzahl kleiner Becken mit gleichen Temperaturansprüchen stehen Stabheizer mit geringer Leistung zur Verfügung, die über ein gesondertes Thermostat gesteuert werden können. Solche Heizer finden auch in Nanobecken Verwendung (▷ Seite 147).
- **Thermofilter:** So bezeichnet man Außenfilter, in deren Filtertopf ein thermostatgesteuertes Heizelement untergebracht ist. Sie werden bevorzugt eingesetzt, wenn die Gefahr besteht, dass sich großflächige Fische an einem Heizstab verbrennen oder ihn beschädigen könnten, beispielsweise Süßwasserrochen.
- **Niedervolt-Bodenheizungskabel:** Sie werden vor dem Einbringen des Bodengrundes in Pflanzenaquarien verlegt, um keine starken

Stabregelheizer sind die gängigsten Aquarienheizungen und für die meisten Bedürfnisse ausreichend. Wichtig ist Bruchsicherheit und automatisches Abschalten bei Überhitzung.

Niedervolt-Bodenheizkabel werden vor dem Einrichten auf dem Glasbeckenboden angebracht und mit Kies bedeckt. Sie sorgen für optimale Temperatur- und Durchflutungsverhältnisse.

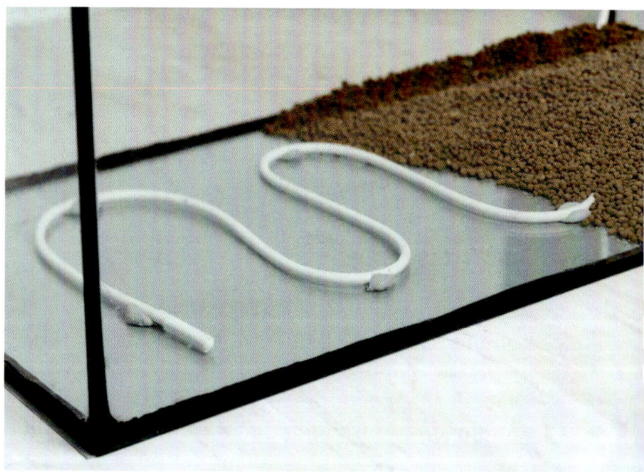

Kleine Ventilatoren kühlen das Wasser um wenige Grad. Die Kühlung entsteht durch die Verdunstungskälte, deswegen regelmäßig mineralarmes Wasser nachfüllen.

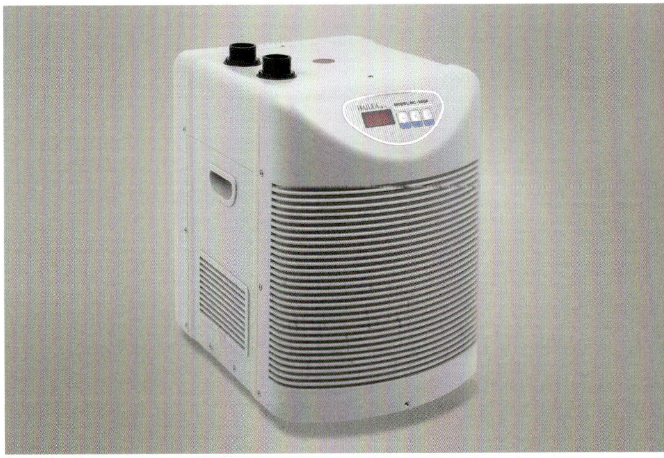

Effektiver ist die Wasserkühlung mit einem Durchlauf-Kühlaggregat. Wer Kaltwasserbewohner oder wärmeempfindliche Korallen pflegt, braucht das Gerät.

Temperaturgefälle im Bodengrund aufkommen zu lassen und um den Bodengrund durch das aufsteigende Wasser leicht zu durchfluten. Bodenheizungskabel sollten nach Gebrauchsanweisung so schwach dimensioniert werden, dass es zu keiner Überhitzung des Bodengrundes kommen kann. Deshalb werden sie auch nicht als alleinige Heizung im Aquarium eingesetzt. Sie können eventuell über einen Temperaturfühler im Boden und einen Regler gesteuert werden. Eine isolierende Styroporplatte unter der Bodenscheibe macht eine solche Heizung in den meisten Fällen überflüssig.

Wasser kühlen

Viele Aquarientiere vertragen länger anhaltende Wassertemperaturen über 30 °C nur schlecht. Es gibt aber auch Arten, die fast das ganze Jahr über kühl gehalten werden sollten oder eine kühle Überwinterung benötigen. In solchen Fällen kann eine Kühlung wichtig werden. Im Bedarfsfall können Sie dies schon durch eine Isolierung der Aquarienscheiben mit Styroporplatten und durch zeitweises Abschalten oder Drosseln aller nicht unbedingt nötigen wärmeerzeugenden Geräte, erreichen (z. B. Beleuchtung). Die einfachste Möglichkeit, Wasser zu kühlen, ist der Einsatz von Ventilatoren, die auf die Wasseroberfläche gerichtet sind. Für kleine Aquarien bieten sich PC-Kühler an, für größere Aquarien gibt es Zimmerventilatoren oder spezielle Aquarien-Kühllüfter. Ein großer Ventilator kann bis zu 5 °C Temperaturunterschied in einem isolierten 150-l-Becken erzeugen. Dabei verdunstet natürlich viel Wasser, das täglich durch vollentsalztes Wasser ersetzt werden muss. Effektiver sind spezielle Kühlaggregate, die in den Filterkreislauf von Außenfiltern integriert oder mit einer eigenen Pumpe an das Becken angeschlossen werden. Sie eignen sich besonders für größere Aquarien oder Becken, die dauerhaft niedrige Temperaturen aufweisen sollen.

Thermometer

Jedes Aquarium mit Heizer oder Kühlung muss zur Kontrolle der technischen Funktionsfähigkeit ein Thermometer haben. Als Anhaltspunkt kann ein aufklebbares Flüssigkristall-Außenthermometer dienen. Genauer messen Flüssigkeitsthermometer aus dem Zoofachhandel oder digitale Thermometer, welche die gemessene Temperatur gut lesbar auf einem LCD-Display anzeigen.

Filter und Filtermaterialien

Die Filterung dient dazu, sichtbare und unsichtbare Verunreinigungen, die sich durch Futterreste und den Stoffwechsel der Tiere und Pflanzen anreichern, aus dem Aquarium zu entfernen bzw. unschädlich zu machen. Um die Filterwirkung im Aquarium zu verstehen und auch die Leistungsfähigkeit von Filtern zu berechnen, kann man sich vor Augen führen, dass alles Futter, das in das Aquarienwasser täglich gelangt, schließlich durch Filterung und Wasserwechsel wieder aus dem Aquarium entfernt werden muss. Geschieht das nicht, verwandelt sich das Aquarium in eine »Jauchegrube«. »Bilanzdenken« ist also bei der Wasserpflege angesagt: Was ins Wasser hineinkommt, muss auch wieder hinaus. Schematisch unterscheidet man vier verschiedene Wirkungen, die in Aquarienfiltern ablaufen können.

- **Die mechanische Filterwirkung** entfernt Schmutzpartikel, indem sie diese im Filter gleichermaßen wie in einem Sieb zurückhält. Sie beschränkt sich also darauf, den Schmutz im Filter anzusammeln, ohne ihn weiter zu zersetzen. Der Schmutz muss deshalb durch regelmäßige Reinigung des Filtermaterials aus dem Wasserkreislauf entfernt werden.
- **Die biologische Filterwirkung** ist die eigentlich wichtige im Aquarium. Diese Filterung macht viele schädliche, im Wasser gelöste Abfallprodukte durch die Wirkung von Bakterien wieder unschädlich (▷ Seite 44/45). Bakterien entnehmen dabei gelöste Abfallstoffe aus dem langsam vorbeifließenden Wasser und »verstoffwechseln« sie. Da die meisten dieser Prozesse sauerstoffzehrend sind, braucht die biologische Filterung eine gute Sauerstoffversorgung im Aquarienwasser (▶ NITRIFIKATION, Seite 268). Die wichtigste Größe für eine effektive biologische Filterwirkung ist die Oberfläche, die auf dem Filtermaterial für die Besiedlung von Bakterien zur Verfügung steht. Die Bakterienstämme sind zwar immer im Wasser vorhanden, müssen sich aber erst auf dem Filtermaterial vermehren, um ihre volle Wirkung zu entfalten (▷ Seite 70). Filtermaterial, das im Verhältnis zum Volumen eine große Oberfläche und eine gute Durchströmbarkeit bietet, ist deswegen besonders effektiv.
Natürlich gilt auch: Je größer das Filtervolumen ist, desto mehr Filtermaterial kann untergebracht werden und desto mehr Bakterien können siedeln. Weiterhin wichtig ist eine relativ lange Kontaktzeit des Wassers mit den Bakterien, das heißt, das Wasser darf nicht zu schnell »durchgejagt« werden.
- **Die chemische und physikalische Filterwirkung** beruht auf der stoffverändernden oder stoffbindenden Wechselwirkung von Filtermaterialien mit vorbeifließenden Abfallstoffen. Die Filtermaterialien wechseln einen schädlichen Stoff gegen einen unschädlichen aus (bei sogenannten Ionenaustauschern), oder sie entfernen schädliche Stoffe, indem diese an das Filtermaterial gebunden werden (sogenannte Adsorber-Filtermaterialien).
Ein Sonderfall ist die Eiweißabschäumung, bei der nicht gelöste Feststoffpartikel an kleinste aufsteigende Luftblasen durch elektrische Oberflächenladung gebunden werden. Die Luftblasen werden mit dem gebundenen Schmutz abgetrennt und so aus dem Wasserkreislauf entfernt (▷ Seite 151). Eiweißabschäumer werden fast nur in Meerwasseraquarien eingesetzt, weil die Oberflächenladung des Salzwassers für die Schaumblasenbildung optimal ist. Man kann sie aber auch im Brackwasser nutzen.

TIPP

Vorfilter verwenden

Kleinvolumige Schaumstofffilter, die vor den Hauptfilter geschaltet sind, verlängern die Standzeit des Hauptfilters. Die mechanische Filterwirkung in Vorfiltern ist deshalb so nützlich, weil in ihnen ein Großteil noch nicht zersetzter Partikel aufgefangen wird und durch regelmäßige Reinigung leicht entfernt werden kann.

Filtertechnik

Um den drei Filterwirkungen Entfaltungsmöglichkeiten zu bieten, gibt es viele verschiedene Aquarienfilter. Hauptaufgabe eines jeden Filters ist es, das belastete Aquarienwasser mit optimaler (meist langsamer) Fließgeschwindigkeit über die jeweils eingesetzten Filtermaterialien laufen zu lassen.

Innenfilter

- **Motor-Innenfilter** mit ansteckbaren Filterpatronen kommen vor allem in kleinen und mit nur wenigen Fischen besetzten Aquarien zu ihrem Einsatz. Sie wälzen das Aquarienwasser effektiv um, bieten aber wenig Filtervolumen für eine stärkere biologische Filterwirkung. Größere Modelle, die oft als Einheit die hintere oder seitliche Aquarienwand einnehmen und Platz für unterschiedliche Filtermaterialien bieten, eignen sich für stärker besetzte Becken. Einen besonders effektiven Sonderfall stellen »Moving Bed«-Filter (Fließbettfilter) dar, bei denen das Filtermedium ständig in Bewegung bleibt und so eine besonders effektive biologische Filterleistung erzielt wird. Mit mechanischen Feinfiltermaterialien (▷ Seite 70) bestückte Motor-Innenfilter werden zur schnellen mechanischen Entfernung von Trübstoffen verwendet – beispielsweise wenn plötzliche Wassertrübungen auftreten. Huckepackfilter eignen sich für kleinere Becken und funktionieren im Prinzip wie Motor-Innenfilter, nur dass sie direkt neben dem Becken untergebracht werden, also streng genommen eigentlich Außenfilter sind.
- **Schaumstoffpatronen- oder Schaumstoffmattenfilter,** die mit ▶ LUFTHEBERN (Seite 266) oder mit kleinen Motorpumpen betrieben werden, haben einen hohen Wirkungsgrad, weil ein relativ langsamer Wasserdurchfluss über eine große Filteroberfläche gewährleistet ist. Mattenfilter bestehen aus einer rechteckigen Filterschaumstoffmatte, die eine Ecke oder Seite des Aquariums abtrennt (▷ Foto, Seite 70). Ist die Durchflussgeschwindigkeit nicht zu hoch und wird die Matte nicht direkt beleuchtet, setzt sie sich nicht zu und hat eine lange Standzeit. Kleine wie große Becken können mit solchen Filtern betrieben werden. Für viele Aquarianer stören aber wenig ansehnliche Mattenfilter das ästhetische Gesamtbild.
- **Eingeklebte Filterkammern,** die mit verschiedenen Filtermaterialien bestückbar sind, werden von erfahrenen Aquarienbauern entworfen und beispielsweise bei der Bestellung von Becken mit Sondermaßen berücksichtigt. Filterkammern können aber auch separat bestellt und nachträglich eingeklebt werden. Mögliche Bauvarianten für diese Art von Filtern sind zahlreich, wobei der Wasserdurchfluss in der Regel durch Motorpumpen, seltener durch Lufttheber erbracht wird.

Außenfilter

Außenfilter benötigen keinen Platz im Aquarium, können deshalb größer dimensioniert und an unauffälligen Stellen untergebracht werden. Sie sollten mit Schnellkupplungen über Schläuche oder über fest installierte Rohre mit dem Aquarium verbunden werden. Man unterscheidet offene und geschlossene Varianten. Alle werden mit Motorpumpen betrieben und neben oder unter dem Aquarium aufgestellt.

- **Topf-Außenfilter** sind mit Dichtungen abgeschlossene Durchflussgefäße (»Töpfe«), die mit Filtermaterialien bestückt werden. Die verschiedenen Hersteller konkurrieren durch immer ausgefeiltere Filtermaterialsysteme miteinander, die vorkonfektioniert für die jeweiligen Modelle mitgeliefert und nachgekauft werden können. Qualitativ hochwertige und effektive Modelle zeichnen sich zum einen durch ein großes Filtervolumen aus und zum anderen durch praktisches Zubehör, das den Anschluss bzw. die Abkopplung vereinfacht. Die Standzeit von Topffiltern verlängert sich, wenn auf den Filterzulauf grobe Schaumstoffpatronen (»Vorfilter«) aufgesteckt werden; ansonsten setzen sie sich schnell zu. Über einen mit Dreiwegehahn regulierbaren Bypass-Filter (▷ Foto, Seite 71) können separate Topffilter ohne eigene Pumpe angeschlossen werden. Diese eignen sich für spezielle Filtermaterialien (Phosphat-Adsorber, Aktivkohle, Zeolith etc.), die besonders niedrige Durchlaufgeschwindigkeiten brauchen. Durch separate Schlauchkupplungen mit Dreiwegehähnen lassen sie sich bei Bedarf dazuschalten.
- **Unterschrank-Filteranlagen** bestehen in der Regel aus nicht hermetisch abgeschlossenen

Der »Hamburger Mattenfilter« besteht aus einer grobporigen Schaumstoff-Filtermatte und einem Luftheber.

Außenfilter mit einem großvolumigen Filtertopf und Schlauchkupplungen, die zur einfachen Trennung des Filters vom Aquarienkreislauf dienen, eignen sich für mittel- bis große Aquarien.

Kleine Motor-Innenfilter sind besonders bei Aquarien-Sets sehr beliebt. Sie sollten aber auf größere Filtervolumina nachrüstbar sein.

Glasbecken, die über einen gebohrten oder als Einzelteil erhältlichen Überlauf an das Becken angeschlossen sind. Sie bieten mit Abstand das größte Filtervolumen und auch die Möglichkeit, spezielle Filtermaterialien in separaten Filterkammern hinzuzufügen oder zu entfernen, während sie in Betrieb sind. Der Rücklauf geschieht über eine ausreichend kräftige Förderpumpe. Die Konstruktion sollte aber erfahrenen Aquarienbauern überlassen werden. Dabei müssen neben richtiger Gestaltung, Verrohrung und Pumpengröße auch Volumen-Sicherheitsreserven im Filterbecken bedacht werden, falls die Rückförderpumpe ausfällt und dann Restwasser aus dem Aquarium in den Filter zurückläuft.

- **Spezialfilter** für Großanlagen sind die sogenannten ▶ SANDDRUCKFILTER (Seite 272) oder ▶ FLIESSBETTFILTER (Seite 263). Sie reinigen große Wassermengen sehr effektiv von Trübstoffen und stickstoffhaltigen Stoffwechselprodukten. Wegen ihres hohen Anschaffungspreises und ihres großen Volumens kommen sie nur für Großaquarien oder Aquakultur infrage.

Filtermaterialien

Fast alle biologisch und physikalisch-chemisch wirkenden Filtermaterialien sind so beschaffen, dass das Wasser flächig und nicht zu schnell an ihrer Oberfläche vorbeifließt. So bleibt ausreichend Zeit, die Schadstoffe aus dem Aquarienwasser umzuwandeln.

- **Mechanische Vorfiltermaterialien:** Sie sollen lediglich grobe Partikel zurückhalten und werden dann in kurzen Abständen gereinigt oder ausgetauscht, weil sie ja keine biologische Filterwirkung entfalten. Meist werden sehr grobporiger Filterschaumstoff, Filterwatte (▷ Foto, Seite 82) oder Vorfiltervliese eingesetzt.
- **Biologisch wirkende Filtermaterialien:** Die wichtigsten Filtermaterialien für langfristig eingesetzte Aquarienfilter sind die biologischen Filtermaterialien. Sie bieten vielen Filterbakterien eine entsprechende Besiedlungsfläche und Sauerstoffzufuhr, sodass die Bakterien beim Vorbeifließen des Wassers verwertbare Schadstoffe entnehmen und in weniger belastende Stoffe umwandeln können.

Biologisch wirkende Filtermaterialien filtern nicht sofort optimal, denn die Filterbakterien müssen zunächst zu einem »Bakterienteppich« an den Oberflächen des Materials zusammenwachsen und sind erst dann in der Lage, ausreichend Schadstoffe zu entfernen. Das bedeutet: Je länger ein Filter läuft, desto effektiver filtert er. Das stimmt aber nur, solange er sich nicht völlig mit Schlamm oder vorher nicht mechanisch entfernten Grobpartikeln zugesetzt hat. Damit ein biologisches Filtermaterial in der Aquaristik gut einsetzbar ist, sollte es deshalb nicht nur eine große Oberfläche bieten, sondern auch leicht von Verunreinigungen zu säubern sein.
Ist ein mechanisch wirkender Vorfilter eingesetzt (▷ Tipp, Seite 68), kann und sollte die Standzeit des biologischen Filtermaterials ein Jahr oder deutlich mehr betragen, bevor es gründlich gespült wird. Es ist aber auch wichtig zu wissen, dass der sich aufbauende Filterschlamm selbst eine hocheffektive Filteroberfläche darstellt und nicht schädlich ist. Schlecht für die biologische Filterung ist einzig die abnehmende Durchflussgeschwindigkeit (durch »Zusetzen«) und die damit verbundene geringere Sauerstoffverfügbarkeit für die Bakterien.

- **Grobporiger blauer Filterschaumstoff:** Er wird am häufigsten eingesetzt, weil es ihn für viele Innen- und Außenfilter als Formstücke zugeschnitten zu kaufen gibt. Sie können sich den Schaumstoff aber auch selbst aus größeren Platten zurechtschneiden (▷ Foto, Seite 82).
Er ist offenporig, das heißt, das Wasser kann frei hindurchfließen, weil die einzelnen Poren miteinander in Verbindung stehen. An der Innenseite der Poren siedeln sich die Filterbakterien an. Das Material ist sehr leicht zu reinigen und kann so lange wiederverwendet werden, bis seine Formstabiltät stark nachlässt und damit die Poren kollabieren.
Feinporiger blauer Filterschaumstoff scheint theoretisch besser zu sein, weil er mehr Siedlungsfläche für die Bakterien bietet. Doch er hat einen entscheidenden Nachteil: Er setzt sich schnell zu. Deshalb sollten Sie ihn nur nachgeschaltet hinter grobporigem Schaumstoff verwenden.
Hinweis: Möbelschaumstoff – wie er beispielsweise für Matratzen verwendet wird, eignet sich in der Regel nicht. Er kann Stoffe enthalten, die für Tiere und Pflanzen schädlich sind, und er ist nicht offenporig genug, um das Wasser hindurchfließen zu lassen.
- **Filtergranulat, Kies, Sand und Filterwatte:** Sie wirken ebenfalls als biologische Filtersubstrate. Besonders Sand setzt sich aber in normalen Filtern recht schnell zu, wenn er nicht, wie in speziellen Sanddruckfiltern, auch regelmäßig rückgespült wird. Dann allerdings sorgt Sand für solch herrlich kristallklares Wasser, wie es

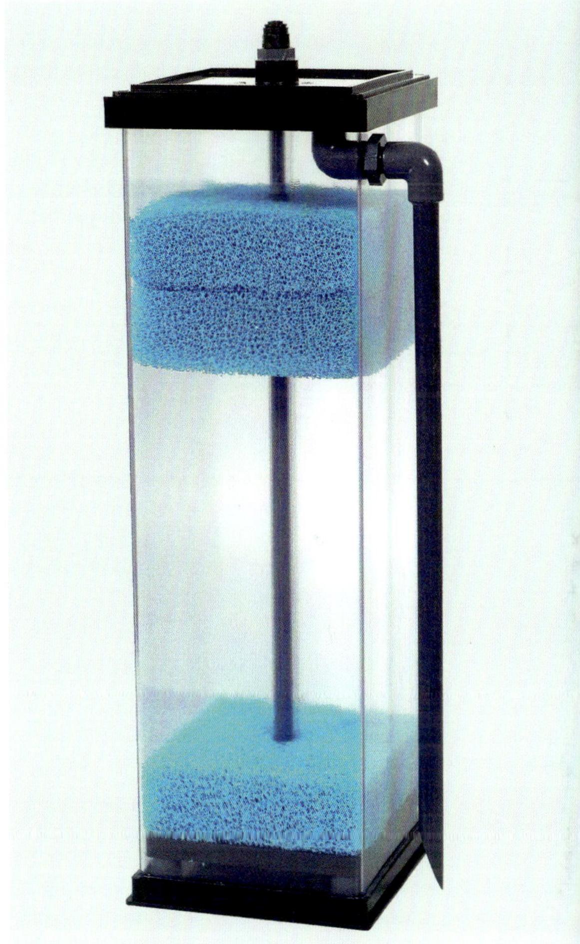

Bypass-Filtermodule werden am besten so an den Filterkreislauf angeschlossen, dass man sie bei Bedarf zu- und abschalten kann. Sie können beispielsweise mit Zeolith gefüllt werden.

andere Filter selten schaffen. Auch Filterwatte kann eingesetzt werden, wenn man schnell klares Wasser durch mechanische Filterwirkung erzielen möchte.

- **Bioballs (Filterigel), Keramikröhrchen:** Die von der Abwassertechnik entwickelten Plastikteile haben eine optimale biologische Filterwirkung. Sie bieten eine große Besiedlungsfläche für Bakterien bei optimalen Durchflussgeschwindigkeiten. Als recht voluminöses und grobporiges Schüttgut werden sie vor allem in großen eingeklebten Filterkammern oder Unterschrankfiltern eingesetzt. Besonders wirkungsvoll sind sie in speziellen Riesel- oder Tropfkörperfiltern einzusetzen, wo das zu filternde Wasser über die trocken liegenden Bioballs »verregnet« wird, bevor es am untersten Ende des offenen Filters aufgefangen und in das Aquarium zurückgepumpt wird. Durch die »trockene« Wirkungsweise ist die Versorgung der Filterbakterien mit genügend Sauerstoff optimal.

TIPP

Glassinterröhrchen

Dieses Filtermaterial mit seinen feinen Poren bietet im Vergleich zu seinem Volumen die höchste Besiedlungsfläche für Bakterien. Der gewaltige Vorteil kommt aber nur so lange zum Tragen, wie die Glassinterröhrchen nicht mit Filterschlamm zugesetzt sind. Ist das jedoch der Fall, wirken sie höchstwahrscheinlich nur noch wie normale Keramikröhrchen. Und dann ist schließlich auch ihr hoher Preis nicht mehr gerechtfertigt (▷ Seite 82).

Spezielle Filtermaterialien

- **Aktivkohle:** Sie ist ein qualitativ besonders hochwertiges Filtersubstrat, das durch seine Oberflächeneigenschaften vor allem hochmolekulare Stoffe herausfiltert. In der Praxis wird Aktivkohle eingesetzt, um Rückstände von Medikamenten oder unerwünschte ▶ GELBSTOFFE (Seite 263), die sich mit der Zeit im Aquarienwasser anreichern, zu entfernen. Man gibt sie als Schüttgut in den Bypass eines Außenfilters (▷ Foto, Seite 71), in Filtersäckchen (▷ Seite 83) im Unterschrankfilter oder Innenfilterabteil oder auch in Filtersäckchen, die in das Aquarium eingehängt werden. Besonders effektiv zur Leitungswasseraufbereitung sind spezielle Aktivkohleblockfilter (im Bypass), mit denen vor allem Leitungswasser von chemischen Verunreinigungen, z. B. Pestizidrückständen oder auch Hormonen, befreit werden kann. Eine genaue Dosierung der Aktivkohle kann ich nicht nennen, denn es gibt unterschiedliche Qualitäten. Eine kurzzeitige Anwendung im Bypass (besser, weil langsam durchströmt) von ein paar Tagen nach Medikamentengabe oder bei Gelbstoffen mit etwa 25 g pro 100 l Aquarienvolumen ist sinnvoll. Danach sollte die Kohle ausgetauscht werden, weil sie sich erschöpft.
- **Zeolith:** Zeolithe sind Mineralstoffe, die wie künstliche Ionenaustauscher bestimmte im Wasser gelöste elektrisch geladene Teilchen (▶ IONEN, Seite 264) gegen andere austauschen – vor allem Ammonium bzw. Ammoniak (▷ Seite 44). Zeolithe werden bei hoher organischer Belastung in dicht besetzten Fischbecken zur Unterstützung der biologischen Filterung eingesetzt. Dosieren Sie nach Gebrauchsanweisung im Bypass oder in separaten Filterkammern. In Pflanzenbecken lieber zu niedrig als zu hoch dosieren. Zeolithe gibt es auch als flüssige Lösung (Suspension), die dem Wasser zugesetzt werden kann.
- **Torf:** Er wirkt als schwacher Ionenaustauscher, der zudem wertvolle Huminstoffe an das Aquarienwasser abgibt (▷ Seite 57). Durch seine Einwirkung wird das Wasser langsam enthärtet (nur die Karbonathärte wird reduziert, ▷ Seite 40), mehr oder weniger stark angesäuert und bernsteinfarben gefärbt. Verwenden Sie am besten düngerfreien Weißtorf oder speziell für die Aquaristik hergestelltes Torfgranulat, um sicherzugehen, dass keine unerwünschten Dünger oder andere Zusatzstoffe dem Torf beigemischt wurden. Angewendet wird Torf im Bypass eines Außenfilters, im Filtersäckchen im Unterschrankfilter oder Innenfilterabteil, oder er

wird im Filtersäckchen in das Aquarium gehängt. Torf ist ein Naturprodukt und wechselt in seiner Effektivität – deshalb sollten Sie nach dem Einbringen täglich Wasserhärte und pH-Wert messen. Sind die gewünschten Werte erreicht oder ändern sie sich nicht mehr, können Sie den Torf entfernen bzw. durch neuen ersetzen. In großen Bottichen kann auch Umkehrosmose mit Torf angesetzt werden (▷ Umkehrosmoseanlage, Seite 54) und als Vorrat an aufbereitetem Wasser dienen (▷ Kreuzregel, Seite 56).

- **Phosphatadsorber:** Dieses Filtermaterial bindet Phosphat, das oft die Hauptursache für unerwünschten Algenwuchs, z. B. Pinselalgen, ist. Phosphatadsorber werden idealerweise im Bypass, aber auch im Netzbeutel des Hauptfilters als Filtermaterial eingesetzt. Manche Adsorber entfernen zusammen mit dem Phosphat auch unerwünschte Silikate. Messen Sie den Phosphatwert mit hochsensitiven Phosphattests. Sollten die Werte deutlich über 1 mg/l liegen und haben Sie Algenprobleme, setzen Sie die Adsorber genau nach Gebrauchsanweisung ein (es gibt verschiedene Fabrikate).
- **Nitratfiltersubstrate:** Sogenannte »Deniballs« sind kein normales Filtermaterial. Sie können nur in speziellen Nitratfiltern eingesetzt werden, in denen ein mehr oder weniger sauerstofffreies Milieu vorherrscht. Die Filterwirkung unterstützen sie durch Bereitstellen von Besiedlungsfläche, vor allem aber als Nährstofflieferanten für die Nitratfilterbakterien. Anwendung der Deniballs genau nach Gebrauchsanweisung im sauerstoffarmen Bypass-Nitratfilter mit langsamen Durchflussgeschwindigkeiten.
- **Ionenaustauscherharze:** Das synthetische Material tauscht im Wasser gelöste elektrisch geladene Teilchen gegen andere Ionen aus (▷ Seite 57). Je nachdem, welche unerwünschte Teilchenart ausgetauscht werden soll, ergibt sich die Filterwirkung der verschiedenen Ionenaustauscherharze. Stark saure Kationenaustauscher (etwa Lewatite) tauschen positiv geladene Ionen, z. B. Kalzium-Ionen, gegen Wasserstoff-Ionen aus. Durch ihren Einsatz lässt sich besonders in Gebieten mit hoher Karbonat- und gleichzeitig niedriger Nichtkarbonathärte effektiv karbonatfreies Weichwasser bereitstellen. Kationenaustauscher werden im Durchlauf an die Wasserleitung angehängt. Das austretende Wasser der Kationenaustauscher ist stark sauer und muss daher nach der Kreuzregel mit Leitungswasser vermischt werden (▷ Seite 56). Kationenaustauscher werden mit Salzsäure regeneriert.
- **Mischbett-Vollentsalzungsharze:** Sie bestehen aus einer Mischung von Harzen, sodass alle Härtebildner gegen andere Ionen ausgetauscht werden. Es gibt auch noch weitere spezifische Ionenaustauscher für Spezialanwendungen, vor allem in der Meerwasseraquaristik. Das Wasser aus Mischbett-Vollentsalzern kann man direkt als Weichwasser oder verschnitten im Aquarium verwenden. Mischbettharze können Sie nicht zu Hause regenerieren, sondern sie müssen im spezialisierten Zoofachhandel oder im Service-Abholabonnement ausgetauscht werden. Im Allgemeinen lohnen sich Entsalzungsharze nur bei geringem Bedarf an Reinstwasser.

Achtung: Bitte befolgen Sie die Gebrauchsanweisung immer genau. Und bewahren Sie die Harze sicher vor Kindern auf.

Wildfang-Skalare (*Pterophyllum scalare*) sind anspruchsvoll. Sie benötigen zwar kein extrem saures oder weiches Wasser, entfalten ihre ganze Pracht aber nur in organisch unbelastetem Wasser.

Sauerstoff- und Kohlendioxidversorgung

Die gelösten Gase ▶ SAUERSTOFF (Seite 272) und ▶ KOHLENDIOXID (Seite 265) spielen für das Leben im Wasser eine große Rolle. Tiere, Pflanzen und Bakterien brauchen Sauerstoff zum Atmen und atmen Kohlendioxid aus. Pflanzen benötigen Kohlendioxid als Dünger (▷ Seite 76). Wachsen die Pflanzen nicht entsprechend gut, müssen Sie Kohlendioxid zuführen. Auf gute Sauerstoffversorgung achten.

Wie Gase ins Wasser kommen

Gase lösen sich im Wasser und liegen dann nicht mehr gasförmig vor. Je mehr Wasseroberfläche mit Luft in Berührung kommt, desto mehr Sauerstoff und Kohlendioxid, die beide in der Luft vorhanden sind, lösen sich in einer bestimmten Zeit im Wasser. Deshalb sind große und flache Aquarien, in denen das Verhältnis zwischen Wasseroberfläche und Wasservolumen groß ist, oft schon ohne zusätzliche Belüftung gut mit Sauerstoff und Kohlendioxid versorgt. Verbrauchte Gase werden hier über die große Wasseroberfläche direkt aus der Luft nachgeliefert.

Sauerstoffversorgung

In warmem Wasser löst sich weniger Sauerstoff als in kälterem. Deshalb bekommen viele Fische an heißen Sommertagen, wenn die Wassertemperatur im Aquarium ansteigt, Atemnot. Doch nicht nur an solchen Tagen leiden die Fische unter mangelndem Sauerstoff. In dicht besetzten Aquarien mit Fischen, die viel fressen und entsprechende Ausscheidungen verursachen, wird mehr Sauerstoff verbraucht als in dünn besetzten Becken. Gut wachsende Pflanzen mit optimaler Beleuchtung und Düngung produzieren zwar tagsüber viel Sauerstoff, doch nachts, wenn das Licht abgeschaltet ist, entsteht kein Sauerstoff mehr. Spätestens dann muss Sauerstoff zugeführt werden. Es gibt zwei Möglichkeiten, die Sauerstoffversorgung zu verbessern: Entweder belüften Sie das Aquarium entsprechend, oder Sie setzen Wasserstoffperoxid durch sogenannte Oxydatoren ein (▷ rechts).

- **Bei der Belüftung** wird die Luft durch Pumpen (▷ Seite 76) über einen Schlauch in das Aquarium geblasen. Damit auch möglichst viel Gas mit viel Wasseroberfläche in Berührung kommt, sorgen Sie am besten für feine Luftblasen. Diese haben pro Gasvolumen eine größere Oberfläche und wandern auch langsamer an den Wasserspiegel, wodurch mehr Zeit für die Lösung von Sauerstoff im Wasser zur Verfügung steht. Als Luftpumpen werden leise Aquarien-Membranpumpen über einen dünnen Luftschlauch an das Aquarium angeschlossen. Die eingepumpte Luft wird über Ausströmersteine (»Sprudelsteine«) oder über elastische Kunststoffschläuche (»Gummireifen«) mit vielen sehr feinen Löchern möglichst tief ins Aquarium eingebracht. Je mehr Luft, fein verteilt, einen möglichst langen Weg im Wasser zurücklegt, desto besser wird auch der eingepumpte Sauerstoff im Wasser gelöst. Alternativ zur Belüftung mit Luft kann auch Luft über Wasserbewegung mit Luftkontakt eingebracht werden: Entweder man verwendet Spritzrohre am Motorpumpen-Außenfiltereinlauf, die das rückströmende Wasser aus dem Filter mit scharfen Strahlen so auf die Wasseroberfläche spritzen, dass Luftbläschen mit ins Wasser gerissen werden. Oder man nimmt Diffusoren, die am Ende des Filterauslaufes aufgesteckt werden, Wasser mit Luft vermischen und das Gemisch ins Wasser spritzen.
- **Wasserstoffperoxid** ist die Alternative zur Belüftung. Diese Flüssigkeit, die sich in Oxydatoren zu Sauerstoff und Wasser zerlegt, arbeitet stromlos und hinterlässt keinerlei chemische Rückstände. Wasserstoffperoxid wird genau nach Gebrauchsanweisung in diese Gefäße eingefüllt und nach einigen Wochen nachgefüllt.

Der Einsatz von Oxydatoren hat den Vorteil, dass sie nicht blubbern und somit kein Kohlendioxid aus dem Wasser ausgetrieben wird. Außerdem hat Wasserstoffperoxid in geringen Dosierungen durchaus den positiven Effekt, die Zersetzung von schädlichen Stoffwechselprodukten in unschädliche zu beschleunigen und so die Filterarbeit zu unterstützen. Wasserstoffperoxid ist allerdings eine aggressive Chemikalie, die nur nach

KOHLENDIOXID-GEHALT ERMITTELN

Tabelle (nach KRAUSE) zur Abschätzung des Kohlendioxid(CO_2)-Gehaltes aus der auf 1 °dKH genau gemessenen Karbonathärte (Tröpfchentests!) und des pH-Wertes

Die Tabelle dient als praxisorientierter Anhaltspunkt bei durchschnittlicher chemischer Wasserzusammensetzung. Sie gilt nicht nach Zugabe von Erlenzäpfchen, Eichenextrakt, Torf, pH-Plus- oder pH-Minus-Präparaten. Weil bei hoher Karbonathärte mehr Kohlendioxid gebunden wird, muss auch mehr CO_2 zugeführt werden, um genügend freie Kohlensäure für die Pflanzen bzw. einen niedrigen pH-Wert zu erhalten.
Orange Bereiche zeigen fischschädigende CO_2-Gehalte von über 60 mg/l an. Blaue Bereiche sind für extrem starken Pflanzenwuchs nützlich, grüne Bereiche zeigen ausreichende bis optimale Werte für Pflanzenwuchs im Aquarium an. Der gelbe Bereich eignet sich nur für Becken mit Hartwasserpflanzen.
Möchte man z. B. eine optimale Kohlendioxid-Düngung von normalen pH-Werten zwischen 6,5 und 7,5 erreichen, ist es oft besser, die Karbonathärte zu senken, als große Mengen CO_2 zuzuführen.

°dKH / pH	0,5	1	2	3	4	5	6	7	8	9	10	11	12	13	14	15	16	17	18	19
6	14	31	>60	>60	>60	>60	>60	>60	>60	>60	>60	>60	>60	>60	>60	>60	>60	>60	>60	>60
6,1	11	23	50	>60	>60	>60	>60	>60	>60	>60	>60	>60	>60	>60	>60	>60	>60	>60	>60	>60
6,2	8	20	40	60	>60	>60	>60	>60	>60	>60	>60	>60	>60	>60	>60	>60	>60	>60	>60	>60
6,3	7	15	30	48	>60	>60	>60	>60	>60	>60	>60	>60	>60	>60	>60	>60	>60	>60	>60	>60
6,4	5	13	25	39	51	>60	>60	>60	>60	>60	>60	>60	>60	>60	>60	>60	>60	>60	>60	>60
6,5	<5	10	20	30	41	51	60	>60	>60	>60	>60	>60	>60	>60	>60	>60	>60	>60	>60	>60
6,6	<5	8	16	24	32	40	48	57	>60	>60	>60	>60	>60	>60	>60	>60	>60	>60	>60	>60
6,7	<5	7	13	19	26	33	39	45	52	58	>60	>60	>60	>60	>60	>60	>60	>60	>60	>60
6,8	<5	5	10	15	20	25	30	36	41	48	51	56	>60	>60	>60	>60	>60	>60	>60	>60
6,9	<5	<5	8	13	16	20	24	28	32	36	40	44	49	52	56	>60	>60	>60	>60	>60
7	<5	<5	7	10	13	17	20	23	26	29	33	36	39	43	46	49	52	56	59	>60
7,1	<5	<5	6	8	10	13	15	18	20	23	25	28	31	33	36	38	41	43	46	51
7,2	<5	<5	5	6	8	10	12	14	16	18	20	22	24	26	28	30	32	34	36	40
7,3	<5	<5	<5	5	7	8	10	12	13	15	16	18	19	21	23	24	26	27	29	32
7,4	<5	<5	<5	<5	5	6	7	9	10	12	13	14	15	17	18	19	20	21	23	25
7,5	<5	<5	<5	<5	<5	5	6	7	8	9	10	11	12	13	14	15	16	17	18	20
7,6	<5	<5	<5	<5	<5	<5	5	6	7	7	8	9	10	11	12	12	13	14	15	16
7,7	<5	<5	<5	<5	<5	<5	<5	<5	5	6	7	7	8	9	9	10	11	12	12	13
7,8	<5	<5	<5	<5	<5	<5	<5	<5	<5	<5	5	6	6	7	7	8	8	9	9	10
7,9	<5	<5	<5	<5	<5	<5	<5	<5	<5	<5	<5	<5	5	5	6	6	6	7	8	8
8	<5	<5	<5	<5	<5	<5	<5	<5	<5	<5	<5	<5	<5	<5	<5	5	5	6	6	7

Gebrauchsanweisung angewendet werden darf. Dann aber sind Oxydatoren ein elegantes und extrem schnell wirkendes Mittel, um Atemnot und Filterprobleme – besonders an heißen Sommertagen – zu beheben bzw. zu überbrücken.
Hinweis: Für solche Notsituationen können Sie im Zoofachhandel auch Sauerstofftabletten kaufen. Doch sie erfüllen ihren Zweck nur in sehr kleinen Aquarien.

Kohlendioxid-Düngung

Im Gegensatz zu Sauerstoff hängt die Verfügbarkeit von Kohlendioxid (CO_2) im Wasser weniger von der Temperatur, sondern vor allem von der Karbonathärte und dem pH-Wert ab (▷ Seite 42). Kohlendioxid ist auch in der Luft vorhanden und wird – genauso wie Sauerstoff – über die Wasseroberfläche so lange dem Wasser zugeführt, bis das sogenannte ▶ KALK-KOHLENSÄURE-GEICHGEWICHT (Seite 264) hergestellt ist. Um zu überprüfen, wie viel Kohlendioxid im Wasser vorhanden ist, reicht es deshalb, die Karbonathärte und den pH-Wert zu messen und den dazugehörigen Wert aus der Tabelle auf Seite 75 herauszulesen. Vereinfacht besagt die Tabelle: Je höher die Karbonathärte, desto weniger CO_2 ist im Wasser vorhanden. Je nach Pflanzenart kann man dann entscheiden, ob man noch zusätzlich Kohlendioxid zuführt, um ein optimales Pflanzenwachstum zu gewährleisten, oder besser nicht (▷ Seite 95). Hebt man den Kohlendioxidgehalt, kann man an der Absenkung des pH-Wertes messen, wie viel Kohlendioxid tatsächlich im Wasser gelöst wurde. Das gilt allerdings nur, solange nicht über Torffilterung der pH-Wert durch andere Stoffe zusätzlich gesenkt wird. Kohlendioxid kann man dem Wasser auf verschiedene Art und Weise zuführen. Einfache Anlagen setzen aus Druckflaschen so viel Kohlendioxid frei, wie man mittels einer Schlauchklemme und eines kleinen Blasenzählers eingestellt hat. Technisch anspruchsvollere Anlagen messen permanent den pH-Wert und regeln nach Programmierung der Anlagen die Kohlendioxid-Zufuhr automatisch. Sie erfolgt über kleine Plastikformteile (»Reaktoren«, »CO_2-Schnecken«), die dafür sorgen, dass die Kohlendioxid-Bläschen einen möglichst langen Weg im Aquarienwasser zurücklegen müssen.

Grundsätzlich ist eine CO_2-Düngung nur während der Beleuchtungsphase sinnvoll, weil die Pflanzen nur dann Kohlendioxid verbrauchen. Über Magnetventile und Zeitschaltuhren kann die Zufuhr nachts automatisch abgestellt werden. Eine zu starke Belüftung ist immer kontraproduktiv zur CO_2-Düngung, weil so das mühsam eingebrachte Kohlendioxid wieder über den »Sprudelflascheneffekt« ausgetrieben wird. Deshalb ist zusammen mit der CO_2-Düngung eine zusätzliche Sauerstoffversorgung mit Oxydatoren sinnvoll.

Pumpen und Wasserbewegung

Viele für die Aquaristik interessante Tier- und Pflanzenarten stammen aus Bächen und Flüssen mit leichter bis starker Strömung. Sie »blühen« förmlich auf, wenn man ihnen auch im Aquarium Strömung bietet. Strömung gibt es aber nicht nur in Fließgewässern, sondern auch an See- und Meeresufern durch die Wellenbewegung. Eine gute Durchströmung im Aquarium sorgt aber nicht nur für Bewegung, sondern auch dafür, dass keine »Gammelecken« im Aquarium entstehen. Strömung wird durch Pumpen erzeugt, die entweder Luft im Wasser strömen lassen und dadurch das umgebende Wasser mitbewegen, oder durch wasserbefördernde Motorpumpen.

- **Luftpumpen:** Membranpumpen erzeugen in einem kleinen Gehäuse Druckluft durch elektrisch angetriebene Schwingkolben. An deren Ende sitzt eine elastische Membran, die rhythmisch Luft in den Luftaustritt, an den die Luftschläuche angesteckt werden, pumpt. Membranluftpumpen erzeugen einen konstanten Luftstrom in definierter Menge, der über Schläuche, T-Verteiler und Schlauchklemmen so reguliert wird, dass mehr oder weniger Luft an den verschiedenen Zielen im Aquarium ankommt. Wegen der hohen mechanischen Belastung ist die Membran dieser Luftpumpen ein Verschleißteil und muss erneuert werden, wenn die Druckluftleistung nachlässt. Außerdem erzeugt die Membranschwingung Vibrationen, die das Gehäuse belasten und für ein deutlich hörbares Brummen sorgen. Qualitativ hochwertige Membranpumpen sind so gebaut, dass sie leise arbeiten und wenig vibrieren. Für die Versorgung von Nanoaquarien gibt es auch flüsterleise und

Forschung & Praxis

Fische und Technik

→ Viele Aquarientiere und -pflanzen sterben an heißen Sommertagen innerhalb kurzer Zeit. Die hohen Wassertemperaturen steigern die Stoffwechselaktivität der Lebewesen, wobei gleichzeitig weniger Sauerstoff im Wasser ist. Unter diesen Umständen geht es den Tieren schlecht. Das Futter bleibt liegen und zehrt zusätzlich an dem wenigen Sauerstoff.

Um die Sauerstoffversorgung dann möglichst schnell zu verbessern, hat sich der Einsatz von Wasserstoffperoxid in speziellen Spendern (▷ Oxydatoren, Seite 74) erwiesen. Es steigert die Verfügbarkeit von Sauerstoff und sorgt auch für einen besseren Abbau von Futterresten.

→ Viele tropische Lebewesen sind an tageszeitlich und saisonal wechselnde Bedingungen, z. B. Temperatur, Beleuchtung oder chemische Wasserwerte, angepasst. Sowohl im Regenwald als auch in der Savanne ist es nachts kühler als am Tage. In der Trockenzeit ist es wärmer als in der Regenzeit, und die Leitfähigkeit des Wassers steigt. Bäche werden dann manchmal zu einer Tümpelkette mit starker organischer Belastung. Nach heftigen Tropenregen ändern sich Wasserwerte oft schlagartig. Die meist konstant gehaltenen Bedingungen im Aquarium entsprechen also nicht den natürlichen Bedingungen. In vielen Fällen fehlt den Fischen sogar Abwechslung, sodass sie sich nicht fortpflanzen oder zu Krankheiten neigen.

Im Aquarium für naturnahe Verhältnisse zu sorgen, ist gar nicht so schwer. In geheizten Räumen (18 bis 22 °C) können Sie nachts die Heizung mit der Schaltuhr abstellen. Kräftige Wasserwechsel mit kühlerem Wasser nach einer Phase längerer »Trockenheit« (kein Wasserwechsel, warmes Wasser, weniger Futter) simulieren den Beginn der Regenzeit. Im Winterhalbjahr kann die Beleuchtungsdauer von 12 auf 11 bzw. 10 Stunden verkürzt werden. Auch die Wassertemperatur kann um 2 bis 3 °C abgesenkt werden. Ihre Tiere werden es Ihnen mit erhöhter Aktivität, Farbenpracht und Vitalität danken.

→ Vergleichende Keimzahlmessungen belegen, dass die Keimbelastung auch in gut gepflegten Aquarien um ein Vielfaches höher ist als in natürlichen Gewässern. Das bedeutet: Empfindliche Tierarten werden durch die Keimbelastung krankheitsanfälliger.

Durch UV-Filterung können Sie die Belastung deutlich herabsetzen. UV-Filterung bedeutet nichts anderes, als dass das Aquarienwasser im Filterkreislauf an einer periodisch angeschalteten oder dauernd laufenden UV-Lampe vorbeigeleitet wird. Besonders in stark besetzten Aquarien mit intensiver Fütterung, in mehreren in einem Wasserkreislauf verbundenen Aquarien oder beim Ausbrechen von Krankheiten ist ihr Einsatz sinnvoll (Gebrauchsanweisung beachten). Für durchschnittlich belastete Aquarien mit normalem Fischbesatz ist der Einsatz einer UV-Lampe nicht erforderlich.

Strömungspumpen sind so ausgelegt, dass sie energiesparend Wasser bewegen, ohne große Förderhöhen zu erreichen. Eine gute Strömung wirkt sich auf viele Aquarientiere sehr positiv aus. Sie erscheinen dann viel aktiver und vitaler.

verschleißarme Piezo-Pumpen (ohne Membran), die aber einen sehr geringen Luftdruck erzeugen können und deshalb für größere Luftfilter nicht geeignet sind.
Gezielte Wasserbewegung durch Luft aus Membranpumpen wird von ▶ LUFTHEBERN (Seite 266) erzeugt. Das sind gebogene, unten offene Kunststoffrohre, in die am unteren Ende die Luftzufuhr eingesteckt ist. Die eingebrachte Luft steigt im Rohr nach oben und nimmt dabei Wasser mit. Die Leistungsfähigkeit von Lufthebern im Aquarium reicht aber nur, um eine leichte Strömung zu erzeugen – sofern man nicht laut blubbernde »Luftkraftwerke« installieren möchte.

- **Motorpumpen:** Diese Pumpen werden in einer Vielzahl von Bauarten, Leistungsstufen und für eine unterschiedliche Art der Aufstellung angeboten. Die wichtigste Unterscheidung der Pumpen ergibt sich aus deren Leistungskurven (Gebrauchsanweisung beachten!). Diese geben an, bei welchem Druck (Wassersäule) welche Fördermenge erbracht wird. Förderpumpen schaffen es, über mehrere Meter Wassersäule (Höhenunterschied zwischen Aufstellung und Wasseroberfläche) Wasser zu transportieren.

Es gibt trocken aufstellbare Pumpentypen, die mit Schlauch- oder Rohrverbindungen außerhalb des Hauptbeckens beziehungsweise des Filterbeckens aufgestellt werden. Häufiger werden aber nass aufgestellte Modelle verwendet, die in Außenfiltern oder im Filterbecken untergetaucht installiert werden.

Große Qualitätsunterschiede ergeben sich durch unterschiedliche Leistungsfähigkeit, durch die Verschleißfreiheit der verarbeiteten Materialien und durch die Energieeffizienz (Letztere kann besonders unterschiedlich sein!). Normalerweise werden Förderpumpen für Topf-Außenfilter oder zur Rückförderung von Wasser aus externen Filterbecken eingesetzt. Aus den mitgelieferten Leistungskurven lässt sich leicht ersehen, welche Pumpen für den gewünschten Einsatzzweck geeignet sind. Bei Topfaußenfiltern (»Filterpumpen«) sind Größenangaben für die zu filternden Aquarien in Liter angegeben (diese Angaben gelten als grobe Richtschnur).
Strömungspumpen (▷ Foto, Seite 77) sind so konstruiert, dass die eingesetzte Energie hauptsächlich in die Wasserbewegung und nicht in die Überwindung von Druckunterschieden investiert wird. Weil die Konstruktion der beiden Pumpentypen unterschiedlich ist, gibt es keine Pumpenart, die optimal für beide Zwecke einsetzbar ist. Unabhängig von der Bauart sollten alle Pumpen über einen Trockenlaufschutz verfügen, der dafür sorgt, dass die Pumpe bei fehlender Wasserzufuhr nicht beschädigt wird. Alle Pumpentypen sollten auch regelmäßig genau nach Gebrauchsanweisung gereinigt werden. Gut ist es, immer das wichtigste Ersatzteil jeder Motorpumpe – die Keramik- oder Metallachse – als Ersatzteil verfügbar zu haben. Denn wenn die Pumpe laute Geräusche von sich gibt, muss meist nur die Achse erneuert werden.

TIPP

Wasserwechsel vereinfachen

Alle Schläuche und Schlauchverbindungen, die man für den Abfluss oder für die Wasserzufuhr braucht, müssen so lang sein, dass sie vom Aquarium zum Abfluss bzw. zur Wasserzufuhr reichen. Schlauchkupplungen an der Wasserzufuhr und Einhänge-U-Rohre am Aquarium sichern den Schlauch vor dem Abrutschen.

Automation im Aquarium

Die Pflege eines durchschnittlichen Aquariums ist auch mit einem bescheidenen Zeitbudget gut machbar (▷ Pflege, ab Seite 116). Unabhängig davon gibt es einige Möglichkeiten, die Aquarienpflege zu automatisieren.

- **Zeitschaltuhr:** Jedes Aquarium sollte mit einer oder mehreren Zeitschaltuhren ausgerüstet sein, um einen dem natürlichen Tag-Nacht-Rhythmus entsprechenden Beleuchtungszyklus einhalten zu können, an den sich die Pfleglinge gewöhnen. Zeitschaltuhren gibt es in unterschiedlichen Ausführungen: einfache mechanische Versionen für wenig Geld oder aufwendigere digitale Versionen mit einem oder mehreren Anschlussmöglichkeiten für unterschiedlich zu timende

Geräte. Beide Versionen tun ihren Dienst. Die mechanischen Versionen sind aber meist empfindlicher gegenüber Fehlbedienung.

- **Futterautomaten:** Es handelt sich um Trockenfutterbehälter, die einmal oder mehrmals täglich eine bestimmte Menge an Flocken-, Tabletten- oder Granulatfutter in das Aquarium abgeben. Sie werden über eine Zeitschaltuhr gesteuert. Besonders für Urlaubszeiten oder mehrmals täglich zu fütternde Jungfische stellen sie eine gute Möglichkeit dar, für eine regelmäßige Fütterung zu sorgen. Weil alle Trockenfuttersorten schnell Qualitätseinbußen erleiden, wenn sie hoher Luftfeuchtigkeit bei höheren Temperaturen ausgesetzt sind, sollten immer nur kleinere Mengen für kürzere Zeiträume in den Futterautomaten gefüllt werden. Besonders empfehlenswert sind Modelle, die das Futter für jede Fütterung vorportionieren und in einzelnen Schälchen lagern. Dadurch und durch gute Belüftung der Futterluke bleibt die Qualität des Vorratsfutters weitgehend gewährleistet. Alle Modelle sollten durch eine batteriebetriebene integrierte Zeitschaltuhr so weit gesichert sein, dass die eingestellten Fütterungsintervalle bei einem Stromausfall nicht gestört sind.
- **Dosierungsautomaten:** Sie sorgen für die regelmäßige Zugabe kleiner Mengen von Pflege- oder Düngeflüssigkeiten. Eine Modellvariante (Dosator) gibt aus einem kleinen versenkten Vorratsbehälter kontinuierlich Pflanzenflüssigdünger ab. Eine aufwendigere, aber auch vielseitiger verwendbare Dosiermöglichkeit stellen über eine Zeitschaltuhr gesteuerte Dosier-Schlauchpumpen dar, die wenige Milliliter bis mehrere Liter Flüssigkeit pro Tag aus einem Vorratsbehälter über einen dünnen Schlauch in das Aquarium pumpen können (beispielsweise Pflanzendünger, Flüssignahrung). Bei vorhandenem Aquarien-Überlauf kann auch der Wasserwechsel in sehr kleinen Becken (Nano-Aquaristik) mit solchen Pumpen automatisiert werden.
- **Nachfüllautomatik:** Sie ersetzt verdunstetes Aquarienwasser mit Umkehrosmose- oder anderem salzarmem Wasser (▷ Seite 54). Dazu wird ein wasserstandsabhängiger Fühler installiert (mechanisch oder elektronisch), der das Absinken des Wasserstandes misst.

Sinkt der Wasserstand, wird eine Schlauchpumpe aktiviert, die Osmosewasser aus einem Vorratsbehälter in das Aquarium pumpt. Über die Niveaukontrolle im Vorratsbehälter für Osmosewasser kann auf die gleiche Weise auch eine Umkehrosmose-Anlage in Betrieb gesetzt werden. Sinkt der Wasserspiegel im Umkehrosmosewasser-Vorratsbehälter, weil Wasser für den Wasserwechsel entnommen wurde, schaltet der Niveauschalter die Wasserzufuhr zur Umkehrosmoseanlage so lange an, bis der Vorratsbehälter schließlich wieder bis zum angestrebten Wasserniveau aufgefüllt ist.

Schlauchpumpen fördern kleine Flüssigkeitsmengen (wenige Liter pro Tag). Sie eignen sich für den kontinuierlichen Wasserwechsel oder – über Zeitschaltuhr gesteuert – zum Dosieren von Flüssigkeit wie beispielsweise Dünger.

In diesem Fall, genauso wie beim automatischen Wasserwechsel, wird die Wasserzufuhr aus der Wasserleitung über magnetgesteuerte Ventile geregelt. Eine Aktivierung dieser Ventile über einen Niveauschalter oder auch über eine Zeitschaltuhr bewirkt, dass das im stromlosen Zustand geschlossene Ventil elektrisch geöffnet wird. Wird der Strom durch die Schaltung abgestellt, schließt sich das Ventil automatisch wieder. Diese Magnetventile bieten besonders viel Sicherheit, weil bei Stromausfall oder Schaltuhrfehlern kein Wasser fließt. Auch die Steuerung der Zugabe von Gasen, beispielsweise von Kohlendioxid zur Pflanzendüngung, kann in Abhängigkeit von der pH-Wert-Messung über Magnetnadelventile gesteuert werden.

Aquarientipps und -tricks

- **Scheiben reinigen:** Mit unterschiedlichen Scheibenreinigern kann man störenden Algenwuchs entfernen, ohne die Scheiben zu zerkratzen. Verkratzte Scheiben entstehen immer dann, wenn Material, das härter ist als Glas, z. B. Sand, zwischen Scheibenreiniger und Glasscheibe gerät. Deshalb sollten Scheibenreiniger so gebaut sein, dass sich Sandkörnchen nicht dauerhaft in ihnen verfangen können. Viele mit feiner Kunststofffaser beschichtete Magnet-Scheibenreiniger (am besten mit Auftrieb) eignen sich deshalb nur für Aquarien mit grobem Kies. Achten Sie auf die richtige Magnetstärke, denn dicke Scheiben benötigen auch entsprechend stärkere Magnete.

Sehr effektiv und schonend reinigt man mit Stahlwolle-Schwämmen (grob) für den Haushalt, denn aus ihnen rieselt der Sand wieder heraus. Sie eignen sich auch hervorragend, um Kalkränder am Aquarien-Oberrand oder (mithilfe von Essigessenz) von Deckscheiben zu entfernen. Klingenreiniger eignen sich bei vorsichtigem Gebrauch ebenfalls, werden aber immer seltener angeboten. Für Acrylglas oder auch kleine Kunststoffaquarien müssen Sie spezielle Kunststoffschwämmchen benutzen, damit das Glas nicht zerkratzt wird.

- **Aquarium abdecken:** Deckscheiben benötigen fast alle Aquarien, um die Verdunstung niedrig zu halten und springende Fische vor dem sicheren Tod auf dem Fußboden zu schützen. Auch in Aquarien mit Abdeckleuchte sind sie vorteilhaft, um die Veralgung und Luftfeuchtigkeit in der Abdeckung so gering wie möglich zu halten. Sie werden meist nicht mitgeliefert und müssen entweder im Zoofachhandel oder beim Glaser separat bestellt werden.

Für kleinere Becken bis 60 cm reicht eine einzelne Scheibe in Fensterglasstärke. Für größere Becken sollte man mehrfach geteilte Scheiben in 4 mm Glasstärke verwenden. Achten Sie dabei auf möglichst enge Eckausschnitte für Kabel- und Schläuche, auf eine verschließbare Futterluke und auf geschliffene Kanten. Sind keine Glasstege als Deckscheibenauflagen am Aquari-

Stahlwolle-Scheuerpads sind ideale Algenentferner für Aquarienscheiben, wenn man nasse Hände nicht scheut. Stahl ist weniger hart als Glas, weshalb Glasscheiben nicht verkratzen.

Bei Algenmagneten (hier ein Modell mit runden Kanten für nahtlose Frontscheiben) dürfen keine harten Sandkörnchen zwischen Kratzer und Scheibe gelangen. Sonst verkratzen die Scheiben.

enoberrand eingeklebt, besorgen Sie sich am besten einen Satz Deckscheibenhalter aus Kunststoff oder Edelstahl.
Doppel-U-Profilleisten an den Aquarien-Seitenrändern können bei längs geteilten Deckscheiben als Führungen dienen, um die vordere Deckscheibenhälfte zur Fütterung und Pflege über die hintere zu schieben. Die Deckscheiben müssen dafür allerdings passgenau mit leichtem Spielraum und geschliffenen Kanten zugeschnitten sein, weil sie sich sonst leicht verkanten. Mit einem Tropfen Aquarien-Silikonkautschuk auf die gereinigte Scheibenoberfläche kann man Glasmurmeln oder -leisten als Griffhilfen auf die Deckscheibenoberfläche kleben.

- **Fische fangen:** In gut strukturiert eingerichteten Aquarien ist es oft gar nicht so leicht, Fische wieder herauszufangen, ohne die Einrichtung zu zerstören. Zur Grundausstattung jedes Aquariums gehören jedoch mindestens zwei Fischfangkäscher mit feinen Maschen aus baumwollähnlicher Kunststofffaser in unterschiedlichen Größen. Mit einem kleineren Kescher können Sie Fische vorsichtig in einen größeren treiben. Sehr kleine Fische oder Brut werden aber leicht durch die Maschen und das kurzzeitige Trockenfallen geschädigt. Für solche Fischlein sind ▶ FANGGLOCKEN (Seite 262) aus Kunststoff ideal. Eine weitere Methode sind Fischfallen mit senkrechter Schiebetür (»Guillotine«). Die Tür hängt an einer Leine und wird vom Pfleger sofort geschlossen, sobald die Fische in die Falle eingeschwommen sind (▷ Foto, rechts). Beköderte Schneckenfallen aus Kunststoff helfen hohe Schneckendichten zu reduzieren, indem man angelockte Schnecken regelmäßig aus den Fallen entfernt (▷ Eine Falle gegen Schnecken, Seite 118).

Eine kleine Membranpumpe, ein 2-Meter-Luftschlauch und ein Ausströmerstein gehören auch zur Grundausstattung. Immer wieder kommt es vor, dass man einzelne Fische oder im Notfall auch die ganze Aquarienbelegschaft übergangsweise ausquartieren muss. Dafür füllt man etwas Aquarienwasser in einen (nicht mit Putzmitteln in Berührung gekommenen) Eimer, installiert die Belüftung mit den genannten Hilfsmitteln und sorgt für etwas Deckung durch Aquarienpflanzen und Wurzeln. Aussprungssicher abgedeckt, bringt man so Fische für ein bis zwei Tage in einem temperierten Raum über die Runden.

WAS TUN, WENN …

… sich Fische nicht fangen lassen?

Manche Fische sind so flink und schlau, dass sie sich beim Anblick von Fangkeschern sofort verstecken und nicht aus dem Aquarium herausfangen lassen. Auch die Aquarien-Einrichtung ist nicht so leicht zu entfernen, um an die Fische heranzukommen. Guter Rat ist teuer.

URSACHE: Die Fische kennen ihre Umgebung sehr genau. Sie haben durch frühere Erfahrungen gelernt, dass ein Kescher für sie nichts Gutes bedeutet …

LÖSUNG: Versuchen Sie die Fische einige Zeit nach dem Abschalten der Beleuchtung zu fangen. Arten, die nicht nachtaktiv sind, reagieren dann »verschlafen« und lassen sich in der Regel leicht keschern. Falls das nicht der Fall ist, besorgen Sie sich eine Fischfalle, die Sie für einige Tage (beködert) in das Aquarium einbringen, ohne einen Fangversuch zu unternehmen. Haben sich die Fische an die Gegenwart dieser Falle im Becken gewöhnt, können Sie einen Fangversuch wagen.

Fragen & Antworten

Fragen rund um die Technik

Ich möchte viele Funktionen in meinem Aquarium per Computer steuern, z. B. die Düngung, den Tages- und Nachtzyklus mit Dämmerungsphasen. Ist das ohne Weiteres möglich, oder muss ich dazu ein Computerprofi sein?

Inzwischen gibt es im spezialisierten Zoofachhandel sogenannte Aquaristik-Computer als eigene Geräteeinheiten zu kaufen. An diese Computer können einerseits Messgeräte angeschlossen werden, z. B. für den pH-Wert, die Temperatur und die Leitfähigkeit. In Abhängigkeit von den so ermittelten Messwerten können Aquaristikgeräte, z. B. Kohlendioxid-Düngung, Heizer, Kühler, Dosierpumpen und Beleuchtung, gesteuert werden. Diese Computerprogramme sind relativ einfach programmierbar. Sie zeigen dem Aquarianer Erinnerungsmeldungen an, wenn Pflegemaßnahmen notwendig sind. Oder man programmiert sie so, dass jahreszeitliche Änderungen in den Wasserwerten automatisch durchgeführt werden, um z. B. den Ablauf von Regenzeiten und Trockenzeiten im Aquarium nachzuempfinden. Für einzelne kleine Aquarien sind solche automatischen Steuerungseinheiten sicher eine Spielerei. Dennoch: Wer kontrolliert und experimentell Umweltbedingungen im Aquarium verändern möchte, um beispielsweise bestimmte Fische durch langsame Änderungen der Wasserqualität oder der Beleuchtungsdauer zur Fortpflanzung zu bewegen, kann dies mit solchen Computern oder Aquaristik-Software tun. Ähnliche Software wird übrigens routinemäßig in professionellen Schau-Aquarien bzw. wissenschaftlichen Aquarien genutzt und ist dort heutzutage aus dem stark organisierten Arbeitsalltag nicht mehr wegzudenken.

Filterwatte (weiß), Filterschaum (blau), Tonröhrchen (grau) und grobes Kunststoffgespinst (grün) sind Standardfiltermaterialien, die mechanische und biologische Filterwirkung entfalten.

Ich möchte gern auf professionelle Art ein »Fischtagebuch« für jedes meiner Aquarien führen. Gibt es dazu spezielle Software?

Ja – es gibt sowohl kommerzielle als auch frei im Internet verfügbare Software, die man auf seinem PC installieren kann. Sie ermöglicht es, Buch über chemische und physikalische Änderungen im Aquarium zu führen. Dazu werden die eingegebenen Messwerte in Tabellen und Diagramme eingelesen und übersichtlich dargestellt. In Aquaristik-Computern ist solche Software bereits vorinstalliert.

Ich habe gehört, dass sogenannte Glassinterröhrchen eine extrem große Besiedlungsfläche für Filterbakterien aufweisen und deshalb das ideale Filtermaterial sind. Stimmt das?

Ja und nein. Die feinen Poren der Glassinterröhrchen schaffen wirklich extrem viel mehr Besiedlungsoberfläche als beispielsweise normale Keramikröhrchen. Im aquaristischen Alltag wird es wahrscheinlich aber so sein, dass die sehr feinen Poren bald keinen Wasserdurchfluss mehr aufweisen, weil sie sich mit sehr feinem Filterschlamm und Bakterienmatten zusetzen und so kaum mehr am Abbauprozess organischer Stoffwechselprodukte im Filter teilnehmen. Deshalb bleiben die theoretisch möglichen Filterleistungen deutlich über den praktischen Leistungen,

In kleinen Aquarien (Nanos) kann man den Teilwasserwechsel bequem mit Gießkanne durchführen. Praktisch: vorbereitetes Wasser im Unterschrank.

wenn das Filtermaterial nicht extrem vor Verunreinigungen im Filter geschützt wird. Deswegen lohnt sich dieses besondere Material nur bei sehr effizienter Vorfilterung.

→ Es macht mir Probleme, den Teilwasserwechsel regelmäßig und auf einfache Weise durchzuführen. Mit welchen Hilfsmitteln kann ich diese wichtige Pflegeaufgabe vereinfachen?

Es gibt verschiedene Möglichkeiten. Normalerweise, das heißt bei kleineren Aquarien, sind die wichtigsten Helfer Kunststoffschläuche. Sie sollten lang genug sein, um direkt zum nächsten Abfluss und Wasseranschluss zu reichen. Achten Sie beim Schlauchkauf auch darauf, dass der Schlauch nicht zu dünn ist, sonst dauert das Ablassen von größeren Wassermengen sehr lange. U-Rohre zum Einhängen über den Aquarienrand und in jedem Gartencenter erwerbbare Gartenschlauch-Kupplungen zum Anschluss an die Wasserquelle erleichtern den Wasserwechsel mit Schläuchen deutlich. Um Wasser mit einem Schlauch aus dem Aquarium abzulassen, muss das Schlauchende kurz angesaugt werden und der Ansaugpunkt unter dem Niveau der Wasseroberfläche liegen, damit das Wasser von alleine in einen Auffangbehälter weiterläuft. Um das kurze Ansaugen nicht auf unhygienische Art mit dem Mund machen zu müssen, gibt es sogar spezielle Ansaughilfen. Ein Wasserwechsel in kleineren Becken (bis 60 Liter) kann auch mit kurzen Schläuchen und Wasserkanistern, Eimern oder Gießkannen gemacht werden. Ich bevorzuge verschließbare 10-Liter-Wasserkanister, weil dann die Wassermenge leicht zu tragen ist und nichts herausschwappt. Ein eigentlich perfektes Utensil für den Wasserwechsel in größeren Aquarien sind Wasserwechsler, die beim Anschluss an den Wasserhahn gleichzeitig Wasser absaugen und zuführen. Leider funktionieren nicht alle Produkte immer zuverlässig.

→ Wie platziere ich spezielle Filtermaterialien, ohne dass sie sich mit anderen Filtermaterialien vermischen oder ins Becken gelangen?

Am besten ist es, Nylon-Stoffsäckchen zu verwenden, in die das Filtermaterial eingefüllt wird. Diese Säckchen kann man im Zoofachhandel kaufen, oder man verwendet zur Not auch Damen-Feinstrümpfe. Entweder platzieren Sie die gefüllten Beutel direkt im Aquarium, um Materialien einzubringen, die das Wasser reinigen oder verändern (beispielsweise Aktivkohle, Adsorber, Zeolith, Torf). Oder die Filtermaterialen werden direkt im Filter oder Bypass-Filterteil (▷ Foto, Seite 71) untergebracht. Im Beutel sind diese Materialien leicht auszutauschen.

Fast alle Zwerggarnelen sind anspruchsvoll in Bezug auf die organische Belastung des Aquarienwassers. Wichtig: Teilwasserwechsel, großvolumige Filter.

DEKORIEREN SCHÖN BEPFLANZEN

Was macht den Reiz eines schönen Aquariums aus? Es ist seine Ausstrahlungskraft, die sich durch ein ästhetisch ansprechendes Zusammenspiel von Einrichtungsgegenständen, Tieren und häufig auch Pflanzen ergibt. In diesem Kapitel erfahren Sie, mit welchen Materialien Sie Ihre kleine Unterwasserlandschaft schön gestalten können, welche Bedürfnisse die verschiedenen Wasserpflanzen haben und welche Arbeitsschritte Sie bei der Einrichtung beachten müssen.

Die Dekoration für Ihr Aquarium

Im Zusammenspiel von ästhetischer Natürlichkeit und gelungenem Besatz entsteht ein artgerechtes Aquarium. Die Einrichtung entscheidet, ob es gefällt.

DIE EINRICHTUNG IST GESCHMACKSSACHE – aber nicht nur. Im Aquarium erfüllen Pflanzen, Bodengrund, Holz, Rückwand und Steine durchaus verschiedene Funktionen. An erster Stelle dient die Einrichtung in Aquarien, die mit Tieren besetzt sind, dazu, den arttypischen Bedürfnissen der Bewohner gerecht zu werden. An zweiter Stelle soll sie die Sinne des Betrachters ansprechen. Die Erfahrung zeigt, dass nur ein schönes Aquarium auf Dauer Freude macht. Was »schön« ist, darüber lässt sich natürlich auch in der Aquaristik trefflich streiten, wenngleich es den Tieren sicher weitgehend egal ist, solange ihre ökologischen Bedürfnisse befriedigt sind.

Becken- und Einrichtungskonzepte

Kies, Pflanzen und viele bunte Fische – das ist die gängige Vorstellung vom schönen Aquarium. Natürlich kann man ein Aquarium nach diesem »Konzept« einrichten. Man kann aber das und noch mehr haben, wenn man sich detailliert überlegt, was man sich von einem Aquarium erwartet: Ist die Ästhetik und beruhigende Wirkung das Wichtigste oder soll es einen natürlichen Lebensraum so exakt wie möglich abbilden? Geht es ausschließlich darum, einer bestimmten Fischart einen artgerechten Ersatzlebensraum zu schaffen, oder sollen möglichst viele verschiedene Arten unter einen Hut gebracht werden? Ist eine besondere Art der Ästhetik gefragt? Folgende konzeptionelle Begriffe haben sich in der Aquaristik etabliert:

- **Gesellschaftsbecken:** Sie stellen das am häufigsten umgesetzte aquaristische Konzept dar. Das Becken wird so eingerichtet und betrieben, dass verschiedene Arten einen ansprechenden Lebensraum mit unterschiedlichen Einrichtungselementen vorfinden. Eine attraktive Bepflanzung und, je nach Artzusammenstellung, ausreichend Verstecke sind die gängigsten Gestaltungsmöglichkeiten.
- **Biotop-Aquarien:** Solche Aquarien sind zwar keine exakten Miniaturausschnitte, die den natürlichen Lebensräumen entsprechen, sie versuchen aber, den Charakter der jeweiligen Biotope zu imitieren. Voraussetzung für ein gelungenes Imitat ist die Auseinandersetzung mit den Verhältnissen in der Natur, aber auch den technischen und materiellen Möglichkeiten, diese umzusetzen. Eine exakte Kopie würde bei vielen Biotopen bedeuten, dass man von den Fischen im Becken nichts sieht, weil das Wasser zu trübe ist. Oder dass man völlig auf eine Bepflanzung des Aquariums verzichtet.
- **Art-Aquarien:** Sie sind so eingerichtet, dass sie den Ansprüchen einer Art genügen. Im Extremfall benötigt beispielsweise ein reiner Sandbewohner nur eine Schicht Sand.
- **Foto-Becken:** Sie werden so gestaltet, dass die Fische ihr Aussehen und ihre Verhaltensweisen möglichst nah und zentral an der Frontscheibe des Aquariums zeigen.
- **Aquascapes oder Japanische Naturaquarien:** Diese Aquarien haben – im Gegensatz zu ihrem Namen – nichts mit natürlichen Bedingungen zu tun, sondern sind Pflanzenaquarien ganz im Stil japanischer Gärten. Der Goldene Schnitt, ästhetisch positionierte Einrichtungselemente wie schöne Steine und Wurzeln und eine üppige Bepflanzung fügen sich zu einem Ganzen zusammen, das in den Augen des Betrachters eine konzentriert natürliche Schönheit hervorbringt. Fische und Garnelen spielen in diesen Becken eher als »lebendes Einrichtungselement« eine Rolle denn als Hauptobjekt. Solche Becken erfordern eine starke Kohlendioxiddüngung, eine sehr starke Beleuchtung und intensive Pflege der Wasserpflanzen. Wer die Muße dazu aufbringt, wird mit fantastischen Becken belohnt.
- **»Kitschbecken«:** In solchen Aquarien haben die Einrichtungsgegenstände nicht viel mit den natürlichen Lebensräumen zu tun. Vielmehr kommen hier Elemente wie leuchtende Schiffswracks, blubbernde Schatzkisten oder »versunkene Tempel« zum Einsatz – oft in Kombination mit buntem Kies und Plastikpflanzen. Solange die Bedürfnisse der Beckenbewohner berücksichtigt sind, lässt sich gegen solche Becken prinzipiell nichts einwenden.

Entsprechend der Vielfalt der Konzepte gibt es nur ein universell geltendes Einrichtungsprinzip: Arttypische Bedürfnisse der gepflegten Tiere und Pflanzen müssen bei Materialauswahl und Positionierung ohne Kompromisse befriedigt werden. Der Zoofachhandel bietet ein großes Sortiment an natürlichem und künstlichem Bodengrund, sehr natürlich wirkenden Kunststoffrückwänden und vielfältigen Einrichtungsgegenständen aus Naturmaterialien oder Kunststoff.

Im Folgenden erfahren Sie, welche Einrichtungsmaterialien zur Verfügung stehen und auf welche Weise sie so eingesetzt werden, dass sie den natürlichen Gegebenheiten entsprechen und gleichzeitig ansprechend sind. Bei der Auswahl von Dekomaterialien werden meist Naturstoffe verwendet, weil sie ohne viel Aufwand natürlich wirken. Beim Einsatz von Kunststoffen beachten: Nur hochwertige Produkte wirken auch natürlich.

Bodengrund, Verstecke und Rückwand

Der richtige Bodengrund

Die Wahl des richtigen Bodengrundes ist durchaus wichtig. Die Bodenbedeckung verhindert, dass die gläserne Bodenscheibe spiegelt und so Fische und Betrachter irritiert werden. Bodenfische oder bodennah lebende Fische brauchen einen feinkörnigen oder weichen Bodengrund, wenn ihr Maul mit den empfindlichen Barteln nicht verletzt werden soll. Sie suchen ja auf oder im Bodengrund nach Nahrung, graben oder gründeln dort. Wurzelnde Pflanzen benötigen eine Bodenschicht, die ihnen in den tiefer liegenden Schichten Nährstoffe zur Verfügung stellt und gleichzeitig gut durchlüftet ist, damit die Wurzeln nicht an Sauerstoffnot leiden und faulen. Und schließlich bietet der Bodengrund einer Unmenge von Bakterien und Kleinstlebewesen Platz, welche – wie im Filter – für eine gute Wasserqualität sorgen. Natürlich darf der Bodengrund, wie bei allen Dekomaterialien, keine unerwünschten Stoffe an das Wasser abgeben. Um sich alle Optionen offen zu halten, sollten Sie im Süßwasseraquarium auf einen kalkhaltigen Bodengrund verzichten, weil dieser langsam, aber sicher das Wasser aufhärtet. In der Natur kommen Bodengrundsorten vor, die im Aquarium besser nicht eingebracht werden, obwohl sie den natürlichen Lebensräumen entsprechen würden. Schlamm und Schlick trüben und können faulen.

Süßwasserrochen benötigen für ihr Wohlbefinden eine tiefe Schicht Sand. Hier buddeln sie sich zur Tarnung ein, hier suchen sie nach vergrabener Nahrung.

Dunkler oder heller Bodengrund?

Dunkler Bodengrund gilt als die beste Lösung für ein Aquarium mit Fischen. Heller Bodengrund reflektiert das Licht stark, wirkt dadurch grell und gibt den Fischen wahrscheinlich das Gefühl, Gefahren ausgesetzt zu sein. Arten, die ihre Farbe wechseln können, sind in hell beleuchteten Aquarien meist blass und schreckhaft. Erstaunlicherweise ist der Bodengrund in der Natur dennoch oft hell, aber die Fische sind trotzdem nicht schreckhaft. Ein Beispiel dafür ist der Rio Negro: Er ist der fischartenreichste Fluss der Erde, obwohl fast sein gesamter Flussboden von feinem, schneeweißem Quarzsand bedeckt ist. Des Rätsels Lösung liegt in der Wasserfarbe des Flusses, denn sein glasklares colafarbenes Schwarzwasser färbt das grelle Sonnenlicht braunrot, sodass auch der weiße Quarzsand durch das Wasser betrachtet rot und nicht weiß erscheint. Entsprechend verfährt man im Aquarium, wenn man dort weißen Quarzkies oder Sand verwenden will oder muss.
Auch in Kombination mit »schummriger« Beleuchtung, durch Bepflanzung erzielter Abwechslung von Licht und Schatten oder dem Einsatz von Torffilterung kann man sehr hellen Sand im Aquarium einsetzen. Ansonsten sollten Sie unbedingt auf dunklere Bodengründe ausweichen, wobei allerdings dunkelbrauner oder gar schwarzer Bodengrund bei vielen Fischen bewirkt, dass deren Farben nachdunkeln. Lediglich die bei schrägem Lichteinfall schillernden Strukturfarben kommen über sehr dunklem Bodengrund besonders gut zur Geltung.

- **Sand:** Eher dunkler und natürlicher (Fluss-) Sandboden wäre also für die meisten Aquarien der ideale Bodengrund, wenn Bodenbewohner wie Schmerlen, Panzerwelse oder auch nach Nahrung grabende Buntbarsche gepflegt werden. Diese können im feinen Sand nach Herzenslust gründeln, manche Arten graben sich sogar darin ein. Leider ist die Wasserzirkulation im Sand auf die obersten Schichten beschränkt, wenn man nicht Fischarten wie *Satanoperca* oder Panzerwelse pflegt, die ständig die obersten Schichten durchwühlen. Wegen der fehlenden Sauerstoffversorgung im Sand entsteht in den unteren Schichten schnell ein sauerstofffreies Milieu, das unerwünscht ist, weil dann wurzelnde Aquarienpflanzen schlecht wachsen und schwarze faulige Wurzeln bekommen. Man bemerkt das, wenn bei Pflegearbeiten im Aquarium Faulgasblasen aus dem Bodengrund aufsteigen oder beim Ausräumen des Beckens der unangenehme Geruch von faulen Eiern auftritt.
Ein reiner Sandboden ist daher ausschließlich in Aquarien zu empfehlen, in denen keine wurzelnden Pflanzen gepflegt werden. Die Sandschicht braucht dann nur etwa 2 bis 3 cm hoch zu sein, und eine komplette Sauerstoffversorgung ist gesichert. Bei der Auswahl des Sandes sollten Sie darauf achten, dass es sich tatsächlich um Flusssand handelt, der nicht maschinell hergestellt wurde. Nur dann ist er nicht scharfkantig und enthält wenig Beimengungen, die ausgewaschen werden müssen.
- **Kies:** Für Aquarien mit bodenwurzelnden Pflanzen wählen Sie am besten feinen Kies von etwa 2 bis 3 mm Körnung. Die unterste Schicht wird in Pflanzenaquarien dann mit Depotdünger versehen (▷ Seite 96). Wie beim Sand muss man darauf achten, dass der Kies nicht scharfkantig ist. Wesentlich gröberer Kies ist nicht zu empfehlen, weil sich sonst Futterreste in den Zwischenräumen ansammeln, die dort zu »gammeln« beginnen. Manche Fische, z. B. Panzerwelse, benötigen in Kiesbodenbecken dennoch eine größere »Sanddecke« zum Gründeln. Alternativ kann man die Pflanzen in Sandbecken auch in Blumentöpfen mit Kies und Depotdünger pflegen.
- **Soil:** Spezialgrund mit chemisch stabilisierenden Eigenschaften für das Wasser. Eignet sich für Garnelen- und Aquascape-Aquarien. Bitte spezifische Gebrauchsanweisung beachten!
- **Torf:** In kleinen Spezialbecken für Weichwasserfische (z. B. Killifische) oder in Zuchtbecken für nicht brutpflegende Eierleger (z. B. Salmler, Barben und Bärblinge) kann man statt Sand oder Kies eine 1 bis 2 cm hohe Schicht aus ungedüngtem Fasertorf oder Torfmull verwenden. Diesen erhalten Sie im Zoofachhandel und in Spezialgärtnereien. Vor dem Einsatz den Torf auskochen oder mehrere Tage in einem Eimer wässern. Sonst würde er das Wasser zu stark anfärben und ansäuern. Weil der Torf sich mit der Zeit zersetzt, wechselt man ihn nach einigen Monaten aus. In hygienischen Aufzuchtbecken können Sie auch ganz auf eine Bodenbedeckung verzichten und so einfach die Bodenscheibe täglich säubern.

Verstecke, die die Natur bietet

Neben Pflanzen und Bodengrund geben sogenannte Dekomaterialien jedem Aquarium sein individuelles »Gesicht«. In der Natur sind es fast ausschließlich Strukturen pflanzlichen oder geologischen Ursprungs, die sowohl verschiedenen Bodentieren als auch freischwimmenden Fischen Versteck-, Ablaich- oder Futterplätze bieten. Im Wald und in der Savanne wird Holz, das von den umliegenden Bäumen stammt, von Insektenlarven, Krebstieren und Fischen genutzt. Nüsse, hartschalige Fruchthülsen und vor allem Falllaub bieten Unterstände und Nahrungsgrundlage für kleine Bodentiere wie Garnelen, Insektenlarven und Fische. Unterspülte Bach- und Flussufer schaffen Unterstände für Räuber, aber im Wurzelfilz auch Kleinstverstecke für Minifische und Garnelen. In schnell fließendem Wasser und Seen spielen freigespülte und zerklüftete Steine als Versteckplätze eine wichtige Rolle. Je nach Aquarienkonzept sind die Ansprüche an den Stil der Einrichtung und die Art der verwendeten Materialien verschieden.

Verstecke im Aquarium schaffen

Viele Aquarientiere benötigen Verstecke, weil sie nachtaktiv sind und tagsüber ungestörte Rückzugsmöglichkeiten brauchen, um ihre Eier und Larven vor Fressfeinden zu verstecken, oder weil sie innerhalb einer Gruppe zu den unterlegenen Tieren gehören.
Welse, Buntbarsche, Messerfische und andere brauchen deshalb Höhlenverstecke. In der Natur sind es meist Holzhöhlen, im Aquarium können sie aus verschiedenen künstlichen Materialien bestehen. Dabei ist zu berücksichtigen, dass verschiedene Tiere auch unterschiedliche Bedürfnisse haben: Für die einen muss die Höhle »hauteng« passen, andere lieben zwar einen engen Eingang, dahinter aber Geräumigkeit. Manche Arten wollen einen Unterstand, der ihnen zwar Deckung von oben verschafft, ansonsten aber von allen Seiten einsehbar ist. Für manche Arten ist es wichtig, dass sich die Höhle am Boden befindet, andere möchten ein Versteck direkt unter der Wasseroberfläche. Wenn Sie den Geschmack Ihrer Pfleglinge noch nicht genau kennen, bieten Sie ihnen verschiedene Möglichkeiten, jedoch auf alle Fälle für jedes Tier mindestens eine Höhle.

Strukturen geben

Weil jedes Aquarium einen beengten Lebensraum darstellt, kann man mit Strukturen versuchen, Reviergrenzen vorzuzeichnen, oder durch verwinkelte Einrichtungen intelligenten Fischen (z. B. Kugelfischen, Nilhechten, Messerfischen) Abwechslung verschaffen. Mit Holz- und Steinaufbauten schafft man Sichtgrenzen und vielfältige Höhlungen mit Durchlässen zum Hindurchschwimmen. Dabei ist wichtig, dass die Strukturen nicht nur am Boden verlaufen, sondern auch ins freie Wasser ragen. Jedes revierbildende Tier oder Paar sollte seine eigene Ecke finden, die es an einer vorgegebenen Reviergrenze (beispielsweise einem Stein oder Ast) gegen Nachbarn abschotten kann.

Rückwand gestalten

Einfach und effektiv ist es, die Rückscheibe von außen mit ökologisch unbedenklicher Farbe schwarz oder meerblau zu streichen. Eine schöne Lösung bietet der Einbau einer Strukturrückwand aus Kunststoff, die es in zahlreichen Varianten im Zoofachhandel gibt.
Mit etwas Geschick kann man eine innen liegende Strukturrückwand auch selbst gestalten. Verwenden Sie aber nur Werkstoffe, die absolut unbedenklich für die Lebewesen im Aquarium sind. Das heißt, die Materialien werden entweder speziell für die Aquaristik produziert (z. B. Silikonkautschuk), oder es handelt sich um Materialien, die in der Tabelle »Einrichtungsmaterialien« (▷ rechts) als aquarientauglich aufgelistet sind, oder es sind Kunststoffe, die auch für den Lebensmittelbereich zugelassen sind. Rückwände Marke Eigenbau müssen stets vor der Ersteinrichtung eines Aquariums gebastelt werden. Man kann z. B. die Rückwand zunächst großflächig mit schwarzem Silikon beschichten. Dann werden Sand, Kies, Wurzelstückchen oder andere Dekostoffe ins Silikon gedrückt. Ist das Silikon nach etwa 48 Stungen vollständig ausgehärtet, muss das Aquarium erst gewässert werden, bevor es einsatzbereit ist. Genaue Bauanleitungen finden Sie im Internet.

EINRICHTUNGSMATERIALIEN

Um ein Aquarium sinnvoll und ansprechend zu gestalten, gibt es zahlreiche Möglichkeiten. Hier eine reichhaltige Auswahl der verschiedenen Dekomaterialien.

Buchen- und Eichenlaub	▶ Natürlich wirkende Bodenbedeckung für Regenwaldfische und Krebstiere. Letztere benötigen unbedingt Laub für eine ausgewogene Ernährung. Im Herbst das braune Laub von den Bäumen sammeln und trocken lagern. Kein Laub vom Boden nehmen (Keime!). Schwimmt zunächst und sollte vor dem Einsatz gewässert werden. Regelmäßig ersetzen!
Moorkienholz	▶ Muss in der Regentonne lange gewässert werden. Meist aus europäischen Mooren. Kann das Aquarienwasser ansäuern. Gut zum Abraspeln als Ballaststoff für Harnischwelse.
Rote Moorwurzel	▶ »Bonsai«-Wurzel. Muss wie das ähnlich dekorative Talawa-Wood erst gewässert werden.
Savannenholz	▶ Hartes, hell-dunkel marmoriertes Holz, das sofort sinkt und kaum das Wasser in Farbe und pH-Wert verändert. Trotzdem vorher wässern.
Mangrovenholz	▶ Oft besonders schön strukturiert. Muss länger gewässert werden, sonst pH-senkend und zu viele Farbstoffe abgebend.
Bambus	▶ Horizontal als Versteck für röhrenliebende Harnischwelse, Grundeln und andere. Vertikal (mit Silikon auf Steinen festgeklebt) als Schilf-Imitation. Mit Steinen beschweren!
Totholz aus heimischen Gewässern	▶ Nur bereits länger im Wasser liegendes Holz, dessen Randholz abgefault ist, kann in Aquarien mit raspelnden Harnischwelsen verwendet werden. Aber bitte beachten: Ohne Harnischwelse fängt es oft an zu faulen!
Lochgestein	▶ Kalkhaltiges Gestein für Süßwasserbecken mit Hartwasser. Ideal für Felsbewohner des Malawi-Sees. Auch gut geeignet für Brack- und Meerwasserbecken.
Schiefer und Porphyr	▶ Kalkfreies Plattengestein, das aufgeschichtet werden kann oder als Rückwandgestaltung verwendet wird. Gesägte, dünne Platten können zu Höhlen (L-Welse!) verklebt werden.
Lavagestein	▶ Kalkfreies, oft scharfkantiges Gestein, das sich ideal zum Aufbinden von Aufsitzerpflanzen (▷ Seite 106) verwenden lässt. Nicht für Aufwuchsfresser geeignet.
Granit	▶ Kalkfreie, rundgeschliffene, große Kiesel aus Flüssen oder Brandungsstränden, die sich sehr gut für eine natürliche Deko in Strömungsbecken eignen.
Tuffstein	▶ Poröses, kalkhaltiges Gestein, das sich in Plattenform als Rückwand oder als Brocken für Steinaufbauten in Brack- und Meerwasser eignet, weil es gut von nützlichen Bakterien besiedelt wird und so als »lebendes Gestein« die Filterwirkung unterstützt.
Tonröhren	▶ Für L-Welse als Laichhöhlen, wenn seitlich verschlossen und Eingang mittig. Seitlich offen für viele lang gestreckte Fische.
Kunststoff	▶ Es gibt natürlich wirkende Kunststofffelsen. Rückwände aus Kunststoff werden mit Silikon eingeklebt. Kunststoffpflanzen eignen sich für Becken mit Pflanzenfressern oder Bedingungen, die keinen Pflanzenwuchs zulassen (Licht, Wasserwerte).

Wichtig: Die Bodenscheibe darf nicht punktuell mit Steinaufbauten belastet werden, sonst springt sie. Am besten dünne Styroporplatten unterlegen. Schwere Aufbauten mit Aquarienmörtel oder Kabelbindern verbinden, damit sie nicht einstürzen. Direkt auf die geschützte Bodenscheibe und nicht »auf Sand bauen«!

Fragen & Antworten

Fragen zur Einrichtung

Ich habe in einem Naturstein-Geschäft Steine gefunden, die ich gern in mein Neon-Aquarium einbringen möchte. Woher weiß ich, ob sie auch wirklich geeignet sind?

Sie sollten kein Gestein mit metallischen Einschlüssen verwenden und für Weichwasserfische wie Neons auch kein kalkhaltiges Gestein. Wenn Sie nicht wissen, ob Kalk im Stein enthalten ist, dann träufeln Sie etwas Essigessenz auf den Stein. Beginnt die Stelle zu schäumen, enthält der Stein Kalk.

Ich würde gern als Gag einen leuchtenden Kunststoff-Totenkopf in mein Aquarium setzen. Sind solche Dinge schädlich?

Die im Zoofachhandel erhältlichen »Kitschteile« sind in der Regel nicht schädlich (zumindest nicht für Fische und Pflanzen). Verwenden Sie Kunststoffe, die wasserneutral und lange haltbar sind, aber keine Teile, die nicht explizit für Aquarien gefertigt wurden. Sie könnten schädliche Chemikalien abgeben.

Wurzeln dienen vielen Aquarienfischen als Verstecke. Hier hat sich ein Grauer Flösselhecht in einem Wurzelloch versteckt. Aber nicht alle Wurzeln sind geeignet. Wurzeln aus dem Wald faulen relativ schnell.

Ist gefärbter Kies oder Sand schädlich für die Fische und Pflanzen im Aquarium?

Diese Produkte sind für Aquarien hergestellt und deshalb in der Regel nicht schädlich. Allerdings wirken manche Substrate so unnatürlich, dass dies möglicherweise Einfluss auf das Verhalten der Aquarienbewohner nimmt.

Kann ich Wurzeln und Holz aus dem Wald direkt in meinem Aquarium verwenden?

Verzichten Sie darauf, denn frisches Holz enthält nicht nur harte Holzsubstanz, sondern auch frisches Pflanzengewebe. Das Gewebe zersetzt sich und fördert so unerwünschtes Bakterien- und Pilzwachstum. Außerdem werden auch harzige Stoffe ins Wasser abgegeben. Eine Ausnahme bilden dünne, trockene und abgestorbene Tannen- und Fichtenästchen, die sich im Aquarium kaum zersetzen und nach dem Abkochen für eine sehr natürlich wirkende Deko sorgen.

Aus welchen Materialien kann man eigentlich Höhlen für Welse, Buntbarsche und andere Fische bauen?

Es eignen sich alle Materialien, die keine unerwünschten Stoffe an das Wasser abgeben. Dünne Schieferplatten lassen sich sägen und mit Silikon zusammenkleben. Ausgekochte und halbierte Kokosnussschalen mit gebohrten Eingangslöchern werden von vielen Fischen genauso gern angenommen wie Ziegelbruchstücke mit vielen Löchern. In hygienischen Zuchtbecken haben sich offene PVC-Röhrenstückchen oder Filmdöschen bewährt.

Was muss ich bei dem Aufbau einer Kunststoff-Strukturrückwand beachten?

Damit sie nicht aufschwimmen kann, muss die Wand im trockenen Aquarium fixiert werden, am besten mit Aquarien-Silikon. Vorher die Rückwand mit einer Säge so zurechtschneiden, dass sie etwa 0,5 cm kürzer ist als das Innenmaß der Aquarienscheibe, vor die die Wand geklebt werden soll. Achten Sie beim Einkleben darauf, dass

Mit Moosen bewachsene Wurzeln sorgen auch in schattigen Aquarien für Pflanzenambiente, was beispielsweise Zwerggarnelen sehr schätzen.

keine Ritzen bleiben, durch die Ihre Fische und Krebstiere hinter die Wand gelangen könnten.

→ *Wie funktioniere ich den Hohlraum hinter einer Strukturrückwand aus Kunststoff zu einem effektiven Innenfilter um?*

Bohren Sie auf einer Seite der Rückwand ein Loch, das Sie mit einem im Zoofachhandel erhältlichen Gittereinsatz als Wasserzulauf versehen. Auf der anderen Seite bohren Sie einen Auslass mit dem Durchmesser des Filterauslaufrohres. Bringen Sie hinter der Rückwand möglichst viel biologisch aktives, sehr grobes Filtermaterial ein (z. B. Bioballe oder Tonröhrchen). Hinter oder vor dem Wassereinlass bringen Sie gut zugänglich etwas grobporigen Filterschaumstoff als Vorfilter ein. Das Aquarienwasser leiten Sie entweder mit einem Luftheber (aus dem Zoofachhandel) oder mit einer Wasserpumpe, die hinter dem Filtermaterial positioniert ist, durch die Kammer. Detaillierte Bauanleitungen finden Sie im Internet.

→ *Wie verdecke ich am besten technische Gegenstände (Kabel, Heizer, Filter etc.)?*

Sie können alle Gegenstände mit Steinplatten, Wurzeln oder Pflanzen verdecken. Sie müssen nur beachten, dass der ungehinderte Wasseraustausch von Filter und Heizung weiter stattfindet.

→ *Kann ich heimische Wasserpflanzen in meinem Aquarium verwenden?*

In der Regel nicht, denn die meisten einheimischen Wasserpflanzenarten sind niedrige Wassertemperaturen gewöhnt, legen im Winter eine Ruhephase ein und halten nur kurzfristig Zimmertemperaturen aus. Sie würden im Aquarium langsam absterben. Außerdem stehen einige Arten unter Naturschutz.

→ *Kann ich Fischen und Krebsen, die in der Natur selbst gegrabene Erdröhren bewohnen, im Aquarium etwas bieten, das ihnen den Röhrenbau ermöglicht? Konkret denke ich dabei an Heckels Buntbarsch.*

Leider gibt es nichts Spezielles zu kaufen. Sie können aber den Fischen in den Sand gesteckte Plastikröhren mit geeignetem Durchmesser anbieten. Die Tiere graben die Röhren aus und fühlen sich darin wie zu Hause.

→ *Seit meine Buntbarsche in Fortpflanzungsstimmung gekommen sind, graben sie und entwurzeln dadurch meine Pflanzen. Was kann ich dagegen tun?*

In der direkten Nähe des Brutreviers, z. B. eines Steins oder einer Höhle, sollten Sie nichts unternehmen. Etwas weiter davon entfernt können Sie versuchen, den Wurzelbereich der Pflanzen mit Kieselsteinen zu schützen. Bei ganz harten Fällen, beispielsweise Groß-Cichliden, müssen Sie wohl die Pflanzen in Blumentöpfe umsetzen.

Es gibt sehr verschiedene Steinsorten. Wichtig ist, dass sie keine unerwünschten Stoffe ins Wasser abgeben. Informieren Sie sich im Zoofachhandel.

Pflanzen im Aquarium

Aquarien können mit oder ohne Pflanzen gepflegt werden. Bepflanzte Aquarien wirken aber meist ästhetischer und haben stabilere Wasserverhältnisse.

KEIN BIOLOGISCHES GLEICHGEWICHT. Auch in großen Aquarien ist es nicht möglich, ein biologisches Gleichgewicht herzustellen. Es fehlen zu viele natürliche Faktoren, die den Lebensraum Wasser beeinflussen. Nährstoffe müssen künstlich zugeführt und Stoffwechselprodukte abgeführt werden. Bepflanzte Aquarien kommen aber dem Idealbild eines harmonischen Gleichgewichts näher als unbepflanzte: Wasserpflanzen nutzen Licht und einfache Nährstoffe, um Sauerstoff zu produzieren und organische Abfallstoffe der Tiere in Pflanzensubstrat umzuwandeln. Um den Idealzustand zu erreichen, müssen Pflanzen optimale Bedingungen im Aquarium vorfinden.

Das Einmaleins der Pflanzenpflege

Viele Gewässer, aus denen unsere Aquarienfische stammen, sind in der Natur völlig oder beinahe frei von echten Wasserpflanzen. In Bergbächen, in trüben reißenden Flüssen und in den Fels- und Sandzonen der Seen leben kaum Wasserpflanzen, ebenso wenig im Mangrovengürtel des Brackwassers. Gewässer mit prachtvollen und vielfältigen Pflanzenbeständen sind fast immer klare Tieflandbäche und -flüsse, Quelltöpfe oder ruhige und flache Bereiche von Seen, Tümpeln sowie Flüssen. Dichte Schwimmpflanzenbestände finden sich in fast allen größeren Flüssen der Erde. Auch ohne echte Wasserpflanzen sind die meisten Gewässer von dichter Vegetation beeinflusst, z. B. Bäumen, die das Wasser abschatten. Vor allem aber sind die häufigsten »Wasserpflanzen« eigentlich Sumpfpflanzen, die eine gelegentliche Überflutung gut vertragen und an fast allen Gewässern gedeihen. Viele Aquarienpflanzen gehören zu dieser Gruppe, z. B. eine größere Zahl der häufig gepflegten Cryptocorynen und Amazonas-Schwertpflanzen. Auch die beliebten Speerblätter der Gattung *Anubias* aus Afrika sind eigentlich Landpflanzen, die auf Felsen oder am Bach bzw. Fluss wachsen.

Pflanzen haben Ansprüche

- **Karbonathärte:** Die Wasserpflanzen brauchen ▶ KOHLENDIOXID (Seite 265) als Nährstoff. Dieses Gas ist natürlicherweise in der Luft vorhanden, kann aber auch künstlich in Aquarien zugeführt werden. Wie viel Kohlendioxid sich im Wasser für Pflanzen zugänglich löst, hängt auch von der Karbonathärte (▶ KARBONATE, Seite 265) ab, die deshalb eine entscheidende Rolle bei der Wasserpflanzenpflege spielt. Für die meisten Wasserpflanzen darf die Karbonathärte im Wasser nicht zu hoch sein. Es gibt aber auch »Hartwasserpflanzen«, denen das nichts ausmacht. Bei höheren Karbonathärten ist aber eine CO_2-Düngung mit Kohlendioxidgeräten nötig. Wie man solche Geräte einsetzt und wie Sie aus dem gemessenen pH-Wert und der Karbonathärte den Kohlendioxidgehalt ermitteln, erfahren Sie auf den Seiten 74 und 75.
Welchen grob abgeschätzten Kohlendioxidgehalt die verschiedenen Pflanzenarten benötigen, ist in den verschiedenen Pflanzenporträts angegeben (▷ Seite 98 bis 107).
- **Andere Nährstoffe:** Die wichtigsten ▶ PFLANZENNÄHRSTOFFE (Seite 270) neben dem Kohlendioxid sind ▶ PHOSPHATE (Seite 270), Stickstoff und ▶ EISEN (Seite 261). Während Phosphate und stickstoffhaltige Stoffwechselprodukte im Aquarium eher im Überfluss vorhanden sind – durch die Fütterung der Tiere –, müssen Eisen und andere Spurenelemente dagegen gezielt hinzugegeben werden. Der Bedarf an Dünger hängt nicht allein von der Beckengröße ab, sondern auch vom Besatz an Wasserpflanzen, der Beleuchtung und dem Fischbesatz, der über seine Ausscheidungen ständig nachdüngt. Sollten frisch geschobene Wasserpflanzenblätter bei guter Beleuchtung und angemessenen Wasserwerten gelblich-blass bleiben, ist die Düngermenge zu gering, und es muss nachgedüngt werden.
Grundsätzlich gilt: Lieber zunächst wenig düngen und erst bei Bedarf mehr, sonst kann es Algenprobleme geben. Es gibt zwei Möglichkeiten, die Pflanzen mit Nährstoffen zu versorgen:
- **Bodengrund-Depotdünger** wird bei der Einrichtung in die untere Bodengrundschicht

TIPP

Pflanzen ohne Bodengrund

Auch Aquarien ohne Bodengrund (z. B. Zucht- oder Spezialbecken) können Sie begrünen. Geeignet sind Aufsitzerpflanzen, die man auf Holz oder Steine aufbindet, oder Schwimmpflanzen. Auch Pflanzen in Blumentöpfen sehen im Becken gut aus. Sie werden z. B. bei grabenden Fischen mit Kieselsteinen abgedeckt.

eingearbeitet. Er erschöpft sich nach einiger Zeit. Der Boden kann mit Düngepellets nachgedüngt werden. Bodengrunddünger sind nur für wurzelnde Pflanzen wichtig.

- **Flüssigdünger** versorgt alle Pflanzen, auch im Boden wurzelnde, mit Nährstoffen. Er wird bei jedem Teilwasserwechsel regelmäßig nachdosiert oder automatisch nachgeliefert (über Dosatoren oder Schlauchpumpen, ▷ Seite 79). Verwenden Sie ausschließlich speziellen Wasserpflanzendünger, niemals Zimmerpflanzendünger, denn dieser enthält Nährstoffe, die das Algenwachstum fördern. Spezielle Eisendünger für Wasserpflanzen müssen separat zugegeben werden, weil das Eisen in einer besonderen Form für die Pflanzen zugänglich gemacht werden muss.

Pflanzen brauchen Licht

Der Lichtbedarf der Pflanzenarten kann sehr variieren. Bei einer mittelstarken Beleuchtung, z. B. mit ein bis zwei beckenlangen Standard-LED-Leisten über einem 40 bis 50 cm hohen und 40 bis 50 cm breiten Becken, gedeihen die meisten Pflanzenarten gut. Starklicht liebende Arten brauchen 2 bis 3 Leisten, wobei ab einem Wasserstand von 50 bis 60 cm auf alle Fälle High-Power-LEDs zum Einsatz kommen sollten, damit auch am Bodengrund noch genügend Licht ankommt (▷ Seite 65). Die richtige Lichtfarbe der verschiedenen Leuchtmittel ist ein viel diskutiertes Thema, ohne dass es bisher zu einem Konsens gekommen ist. Sicher ist, dass man mit Tageslicht ähnlichen Leuchtmitteln keine gravierenden Fehler begehen kann und sogenannte Pflanzenleuchten nur in Verbindung mit Tageslicht-Leuchtmitteln eingesetzt werden sollten. Sicher ist auch, dass die Lichtfarbe Einfluss auf die Wuchsform der Pflanzen (gedrungen oder gestreckt) ausüben kann.

Wird noch mit Leuchtstoffröhren und nicht mit LED beleutet, ist es manchmal so, dass scheinbar kaum zu behebende Pflanzen- und Algenprobleme sich durch den Wechsel der Leuchtstoffröhren beheben lassen. Das liegt oft daran, dass die Lichtfarbe der Leuchtstoffröhren sich schon nach wenigen Monaten verändert, ohne dass man es wahrnimmt. Stellen Sie auf LED-Beleuchtung um.

Der richtige Rhythmus

Für viele Pflanzenarten sind nicht nur die Lichtfarbe und -intensität wichtig, sondern auch die Änderungen der Tages- bzw. Jahreszeit, z. B. die Länge der Dunkelphasen. Es hat sich bewährt, die Beleuchtung im Aquarium etwa 9 bis 10 Stunden eingeschaltet zu lassen, sofern in den unbeleuchteten Zeiten noch ein wenig Tageslicht in das Aquarium gelangt. Zu lange Beleuchtungszeiten von über 12 Stunden und mehr schaden den Pflanzen meist.

Der richtige Bodengrund

Ein gutes Bodenklima – ohne Bildung von Faulgasen – entsteht dann, wenn das Aquarienwasser leicht durch den Bodengrund »zirkuliert«. Verwenden Sie daher für die Pflege stark wurzelnder Pflanzen keinen Sand, sondern Kies in einer Körnung zwischen 2 und 3 mm. Befindet sich in der untersten Bodengrundschicht noch etwas Depotdünger oder Lateritbodengrund (▶ LATERIT, Seite 265), sind die Bedingungen normalerweise optimal. Für ein gutes Bodenklima sorgen zusätzlich Turmdeckelschnecken (▷ Seite 250), die wie Regenwürmer den Boden durchpflügen. Sollten Sie Turmdeckelschnecken nicht im Zoofachhandel bekommen, können Sie sich auch an andere Aquarianer wenden.

Die richtige Wassertemperatur

Viele Pflanzenarten sind in Bezug auf die Wassertemperatur relativ anspruchslos. Es gibt aber, wie auch bei den Fischen und anderen Aquarientieren, anspruchsvolle Arten, die entweder keine zu hohen oder keine zu niedrigen Temperaturen vertragen. Manche Pflanzen brauchen eine jährliche Ruheperiode, um im nächsten Jahr erneut kräftig austreiben zu können. Achten Sie bei der Auswahl der Pflanzengesellschaft auf spezielle Pflegebedingungen.

Vorsichtiger Transport

Während des Transports brauchen Pflanzen ausreichend Luft und vertragen keine extremen Temperaturen. Fast alle Arten können Sie feucht im Plastikbeutel oder vorsichtig in feuchte Zei-

Pflanzenparadiese wie im glasklaren südamerikanischen Rio Sucuri sind oft nur in Quellgewässern zu finden. Die Pflanzenpracht kann als Vorlage für Naturaquarien dienen.

tung gehüllt »verpacken«. Wichtig: die Pflanzen nicht unter Wasser setzen. Ausnahmen bilden lediglich Horn- und Nixkraut, die wegen ihrer »Zerbrechlichkeit« im Wasser transportiert werden müssen.

Pflanzen sorgfältig einpflanzen

Die Aquarienpflanzen aus dem Zoofachhandel werden normalerweise zusammen mit einem Substrat zum Kauf angeboten und stammen aus spezialisierter Gewächshauskultur. Mit großer Wahrscheinlichkeit unterscheiden sich die Wuchsbedingungen zwischen Zuchtbetrieb und Heimataquarium sehr stark. Solche Veränderungen quittieren viele Pflanzen mit einem Wachstumsstopp und oft auch damit, dass sie die alten Blätter schnell abbauen und neue in etwas veränderter Wuchsform und angepasst an die neuen Bedingungen nachschieben. Bevor Sie stark wurzelnde Pflanzen einsetzen, sollten Sie deren Wurzeln so weit mit einer Schere einkürzen, dass sie nicht überhängen, und alte Blätter entfernen. Das Einpflanzen funktioniert sehr gut, wenn man mit den Fingern Löcher »vorbohrt«. Bei Pflanzen in Plastiktöpfchen und Substrat lösen Sie die Ummantelung vor dem Einpflanzen, ohne die Wurzeln zu beschädigen. Aufsitzerpflanzen mit schwarzem Garn (Baumwolle) auf Dekowurzeln aufbinden und diese in den Grund drücken.

Vordergrundpflanzen

Wasserpflanzen gehören den unterschiedlichen systematischen Pflanzengruppen an. Oft sind nahe verwandte Arten sogar echte Landpflanzen. Diese Vielfalt macht eine Artbestimmung nicht immer ganz leicht.
Die zurzeit beliebtesten Aquarienpflanzen stammen aus fast allen (auch kühleren) Erdteilen, obwohl die meisten Arten in Warmwasseraquarien eingesetzt werden. Viele im Aquarium schwierig zu vermehrende, aber sehr attraktive Pflanzen werden heute von Spezialgärtnereien kultiviert. Andere, davon der Großteil der Stängelpflanzen, werden in tropischen Ländern gezüchtet. Inzwischen gibt es auch viele Zuchtformen und Hybriden (Kreuzungsprodukte), die den Bedarf an Wildformen zurückdrängen, weil sie sehr ansprechend oder relativ pflegeleicht sind.
Interessanterweise gibt es empfehlenswerte Wasserpflanzen-»Dauerbrenner«, die aber dennoch schwer zu bekommen sind. Dabei handelt es sich entweder um transportempfindliche Arten wie Nix- oder Hornkraut oder um langsamwüchsige Arten, deren kommerzielle Kultur sich nicht lohnt. Dass sie sich dennoch über Jahrzehnte gehalten haben, belegt ihre Aquarientauglichkeit. Für diese Fälle lohnt es sich, einen Blick auf das Angebot der Börsen von Aquarienvereinen zu werfen.
Auf den nächsten Seiten stelle ich Ihnen die gängigsten Aquarienpflanzen vor. Zu jeder Pflanze finden Sie kurze Pflegehinweise. Die Angaben stellen nur Orientierungswerte dar und sind keinesfalls als exakte Grenzwerte zu verstehen. Der deutsche und lateinische Name richtet sich im Wesentlichen nach der in der Aquaristik verbreiteten Bestimmung von C. Kasselmann (▷ Bücher, Seite 284).

- **Die Wuchshöhe bzw. -länge** gibt an, welche Höhe die Pflanzenart ungefähr im Aquarium erreicht. Die Wuchshöhe kann je nach Beleuchtung, Nährstoffangebot und Variante unterschiedlich sein.
- **Die Heimat** gibt Hinweise auf das Herkunftsland einer Pflanzenart und – soweit bekannt – auf die Umweltbedingungen (Fließgewässer, Stillgewässer).
- **Der Mindest-Lichtbedarf** wird grob als mäßig, mittel oder hoch angegeben – das entspricht bei Normbeckenformen bis 50 cm Wassertiefe in etwa 1, 2 oder 3 Standard-LED-Lichtleisten in voller Beckenlänge. Viele Pflanzen mit einem mäßigen Mindestbedarf vertragen aber auch höhere Lichtintensitäten (bei entsprechend stärkerer Düngung, die dem erhöhten Wachstum entspricht).
- **Der Wassertyp** entspricht den Angaben bei Fischen und anderen Tieren. Die Angaben dienen dazu, die Wasseransprüche grob festzulegen und die Vergesellschaftung mit anderen Pflanzen und den Tieren abzugleichen. Insgesamt unterscheide ich die folgenden sieben Typen:

Wassertyp 1: pH 4,5–6,5, °dKH 0–3
Wassertyp 2: pH 5,5–6,8, °dKH 3–8
Wassertyp 3: pH 6,8–7,5, °dKH 3–8
Wassertyp 4: pH 6,8–7,5, °dKH 8–16
Wassertyp 5: pH 7,2–8,5, °dKH › 12
Wassertyp 6: pH 8,0–9,5, °dKH › 12
Wassertyp 7: pH › 8, °dKH › 12 mit spezifischem Gewicht um 1,011 g/l durch Zugabe von Meersalz (»Brackwasser«).

Die Temperatur gibt den ungefähren Optimalbereich an. Die Grenzwerte sind bei einigen Pflanzen besonders wichtig, weil manche Arten aus kühleren Regionen stammen und keine zu hohen (tropischen) Werte vertragen.

- **Besonderes** weist auf wichtige Pflegeumstände oder auf unterschiedliche Varianten hin.

Kleine Pflanzen für den Vordergrund sind durch die Begeisterung für »Naturaquarien« im japanischen Stil besonders beliebt. Bei starker Beleuchtung und reichlicher CO_2-Zufuhr sowie bei jedem Wasserwechsel durchgeführter Düngung bilden die in geringem Abstand einzeln gesetzten Pflänzchen rasch zusammenhängende »Teppiche«. Diese sehen in Becken zwischen eingebetteten Steinen und Wurzeln und viel freiem Schwimmraum sehr dekorativ aus. Die Pflege dieser »Blumenbeete« ist allerdings durch viele nötige Eingriffe aufwendig, denn sonst entsteht aus dem attraktiven Pflanzenrasen eine krautige Wildwuchswiese. Die kleinen Pflanzen erleben aber auch aufgrund der wachsenden Begeisterung für Nano-Aquarien einen Boom, weil sie – zusammen mit kleinen Aufsitzerpflanzen (▷ Seite 106) – die einzig sinnvolle Bepflanzung für Kleinstaquarien bieten. Selbstredend sind in solchen Kleinaquarien die meist recht hohen Licht- und Düngebedürfnisse der Rasenpflanzen leichter zu befriedigen als in großen Becken.

1 GRASARTIGE SCHWERTPFLANZE

Helianthium tenellum, 5 cm
Heimat: sonnige Flussufer Südamerikas
Lichtbedarf: hoch, Wassertyp: 2–4, 20–28 °C
Besonderes: braucht viel Kohlendioxid

2 AUSTRALISCHES ZUNGENBLATT

Glossostigma elatinoides, 5 cm
Heimat: Flachwasser stehender und fließender Gewässer Australiens
Lichtbedarf: hoch, Wassertyp: 2–3, 20–26 °C
Besonderes: braucht viel Kohlendioxid

3 WILLIS WASSERKELCH

Cryptocoryne x willisii, 10 cm
Heimat: Bach- und Flussufer Sri Lankas
Lichtbedarf: mäßig, Wassertyp: 3–5, 22–28 °C
Besonderes: Das »x« im Namen weist auf einen Naturhybriden hin (Kreuzung von Pflanzen verschiedener Arten innerhalb einer Gattung, die auf natürliche Weise am Naturstandort entstanden ist). Eine noch kleinere Art ist die ebenfalls sehr langsamwüchsige *C. parva*.

4 KLEINER WASSERSTERN

Pogostemon helferi, 10 cm
Heimat: schnell fließende Bäche im Dreiländereck Thailand-Myanmar-Indien
Lichtbedarf: hoch, Wassertyp: 2–4, 20–29 °C
Besonderes: Eine schlagartig beliebt gewordene Art und optisch ein Highlight – die Blätter sind sternförmig angeordnet, was der Pflanze ihren Namen verliehen hat. Der Kleine Wasserstern ist auch als Aufsitzerpflanze kultivierbar.

1

2

3

4

Rosettenpflanzen

Rosettenpflanzen sind stark wurzelbildende Pflanzen. Ihre Blätter entspringen am Übergang der Wurzeln zum Spross.

Je nach Größe eignen sie sich für den Vorder-, Mittel- oder Hintergrund des Aquariums. Breitblättrige, große Arten werden gern als Solitärpflanzen eingesetzt. Beim Einpflanzen kürzt man die Wurzeln so weit ein, dass sie sich nicht kreisförmig in das mit den Fingern vorgeformte Pflanzloch legen.
Rosettenpflanzen vermehren sich oft durch bodennahe Ausläufer. Größere Exemplare lassen sich aber auch zur Vermehrung teilen. Sie müssen nicht zurückgeschnitten werden. Allerdings sollten Sie äußere alte Blätter regelmäßig entfernen. Weil Rosettenpflanzen einen Großteil der Nährstoffe über den Bodengrund aufnehmen, ist eine Düngung mit Depotdünger sowie regelmäßige Nachdüngung im Wurzelbereich empfehlenswert. Die aquaristisch wichtigsten asiatischen Rosettenpflanzen sind die Wasserkelche der Gattung *Cryptocoryne* mit unterschiedlichen Wuchsformen und Blattfarben. Südamerikanische Schwertpflanzen der Gattung *Echinodorus* sind im Durchschnitt anspruchsvoller an Licht und Dünger. Die großen *Echinodorus*-Arten gehören mit zu den prächtigsten Aquarienpflanzen, die wir kennen.

1 BECKETTS WASSERKELCH

Cryptocoryne beckettii, 10–20 cm
Heimat: Regenwaldbäche Sri Lankas
Lichtbedarf: mäßig, Wassertyp: 2–5, 20–26 °C
Besonderes: ein Klassiker

2 GRASBLÄTTRIGER WASSERKELCH

Cryptocoryne crispatula v. balansae, 30–70 cm
Heimat: kalkreiche Flüsse Indiens
Lichtbedarf: mäßig, Wassertyp: 3–6, 20–26 °C
Besonderes: echte Hartwasserpflanze

3 WENDTS WASSERKELCH

Cryptocoryne wendtii, 10–25 cm
Heimat: Bäche in Sri Lanka
Lichtbedarf: mäßig, Wassertyp: 2–5, 20–26 °C
Besonderes: Wendts Wasserkelch ist eine robuste Rosettenpflanze.

4 GEWELLTER WASSERKELCH

Cryptocoryne undulata, 10–25 cm
Heimat: Bäche und Flüsse Sri Lankas
Lichtbedarf: mäßig, Wassertyp: 2–5, 20–26 °C

5 BLEHERS SCHWERTPFLANZE

Echinodorus bleherae, 30–60 cm
Heimat: in Südamerika beheimatet, Fundort jedoch unbekannt
Lichtbedarf: mittel, Wassertyp: 2–5, 23–29 °C
Besonderes: Blehers Schwertpflanze benötigt eine gute Bodendüngung. Sie ist eine der beliebtesten Solitär-Aquarienpflanzen.

6 OSIRIS' SCHWERTPFLANZE

Echinodorus osiris, 35–50 cm
Heimat: relativ kühle Bäche Südbrasiliens
Lichtbedarf: mittel, Wassertyp: 3–4, 18–26 °C
Besonderes: Eine zeitweise kühle Haltung ist vorteilhaft für das Wachstum.

7 SCHWERTPFLANZE KLEINER BÄR

Echinodorus sp. »Kleiner Bär«, 35 cm
Heimat: ein Kreuzungsprodukt (Hybride), das nicht in der Natur vorkommt
Lichtbedarf: hoch, Wassertyp: 2–5, 20–28 °C
Besonderes: Prächtige Solitärpflanze; braucht Bodengrunddüngung und stärkere Beleuchtung, um rote Unterwasserblätter auszubilden.

8 URUGUAY-SCHWERTPFLANZE

Echinodorus uruguayensis, 50–70 cm
Heimat: in der Strömung kühler Fließgewässer im südlichen Südamerika
Lichtbedarf: mittel, Wassertyp: 2–5, 18–26 °C
Besonderes: Eine zeitweise kühle Haltung ist vorteilhaft. Es gibt eine wunderschöne rote Variante dieser Rosettenpflanze, die als »horemani rot« bekannt ist.

1

2

3

4

5

6

7

8

1

2

3

4

5

6

7

8

Rosetten- und Solitärpflanzen

Auf dieser Seite finden Sie empfehlenswerte Rosettenpflanzen unterschiedlicher Wuchsformen.

Pfeilblätter der Gattung *Sagittaria* und Vallisnerien sind besonders bei Aquarianern beliebt, die Hartwasserfische pflegen, weil sie zum Teil auch in sehr hartem Wasser gut gedeihen. Die langblättrigen Pflanzen kommen am besten in Aquarien mit guter Strömung zur Geltung, wo sie sich wie in der Natur in den Wellen wiegen. Zusammen mit einer eher punktförmigen Lichtquelle (z. B. effiziente LED-Leuchte) wirkt das sehr natürlich. Seerosen, *Barclaya*, Hakenlilien und Wasserähren der Gattung *Aponogeton* leben in der Natur unter stark schwankenden Umweltbedingungen, die durch den tropischen Regenzeit-Trockenzeit-Zyklus vorgegeben sind. Deshalb brauchen diese Arten eine kühlere und lichtärmere Ruheperiode. Geben Sie dazu die Knollen oder Pflanzen für einige Monate in ein separates Aquarium bei geringer Beleuchtung. Zurückgepflanzt in den nährstoffreichen Bodengrund des Aquariums, wachsen die Pflanzen erneut wunderschön.

1 KLEINES PFEILKRAUT
Sagittaria subulata, 10 cm
Heimat: in fließenden Gewässern Nord-, Mittel- und Südamerikas
Lichtbedarf: hoch, Wassertyp: 3–6, 18–26 °C
Besonderes: rasenbildende Pflanze

2 GEWÖHNLICHE WASSERSCHRAUBE
Vallisneria spiralis, 50–80 cm
Heimat: in stehenden oder langsam fließenden Gewässern Eurasiens
Lichtbedarf: mittel, Wassertyp: 4–6, 20–26 °C
Besonderes: echte Hartwasserpflanze

3 GITTERPFLANZE
Aponogeton madagascariensis, 50 cm
Heimat: kühle Bäche Madagaskars
Lichtbedarf: mittel, Wassertyp: 2, 18–24 °C
Besonderes: Die wunderschöne Pflanze wird in weichem Wasser mit einer Ruhephase bei niedrigen Temperaturen und hohem Kohlendioxidgehalt gepflegt.

4 KRAUSE WASSERÄHRE
Aponogeton crispus, 40–50 cm
Heimat: Gewässer Indiens und Sri Lankas, die jahreszeitlich trockenfallen
Lichtbedarf: mittel, Wassertyp: 2–4, 24–30 °C
Besonderes: Sie braucht wie alle Wasserähren eine Ruhezeit bei niedrigen Temperaturen und etwas dunklerer Phase. Bodendüngung.

5 KAMERUN-HAKENLILIE
Crinum calamistratum, 120 cm
Heimat: klare Bäche Westkameruns
Lichtbedarf: mittel, Wassertyp: 2–4, 23–27 °C
Besonderes: Für Aquarien mit Strömung und starker Bodendüngung. Blüht jährlich weiß.

6 LANGBLÄTTRIGE BARCLAYA
Barclaya longifolia, 30 cm
Heimat: Bäche Südostasiens und Neuguineas
Lichtbedarf: mittel, Wassertyp: 2–3, 26–29 °C
Besonderes: Bodendüngung ist wichtig.

7 ROTER TIGERLOTUS
Nymphaea lotus »rot«, 50 cm
Heimat: sonnige Regenwaldgewässer Kameruns mit weichem Wasser und Laterit
Lichtbedarf: mittel, Wassertyp: 2–5, 22–27 °C
Besonderes: Liebt hohe Kohlendioxidwerte, sandigen Boden und leichte Wasserbewegung. Alle Seerosenarten bilden Schwimmblätter aus, die zurückgeschnitten werden können.

8 SUMATRAFARN
Ceratopteris thalictroides, 60 cm
Heimat: an sonnigen Standorten in allen tropischen Stillgewässern der Welt, öfter auch im Schwarzwasser
Lichtbedarf: mittel, Wassertyp: 2–5, 24–29 °C
Besonderes: guter Nährstoffzehrer gegen Algen

Stängelpflanzen

Stängelpflanzen sind besonders bei Einsteigern sehr beliebt. Sie sind bereits beim Kauf sehr buschig und kräftig grün.

Die auf dieser Seite vorgestellten Arten sind fast alle recht lichthungrig und brauchen viel Kohlendioxid und Dünger. Das liegt daran, dass Wasserpflanzen in Stängelform ihren Nährstoff – im Vergleich zu vielen anderen Wasserpflanzen – stärker aus dem Wasser beziehen als aus dem Boden. Bei unzureichenden Pflegebedingungen werden die Stängelpflanzen blass und schieben nur lange hässliche Triebe. Sind die Bedingungen dagegen optimal, wachsen sie meist sehr schnell. Einzelne Stängel schneidet man ziemlich stark zurück, weil sie dann buschiger werden. Die Stängelkronen nutzt man zur Vermehrung, indem man sie als Stecklinge vorsichtig in den Boden steckt. Stängelpflanzen werden vor allem im Hintergrund des Aquariums oder in Randbereichen eingesetzt.

1 PAPAGEIENBLATT
Alternathea reineckii, 30–50 cm
Heimat: Stammform aus Südamerika
Lichtbedarf: hoch, Wassertyp: 2–4, 18–26 °C
Besonderes: Für diese Pflanzenart ist Kohlendioxid- und Wasserdüngung wichtig.

2 KAROLINA-HAARNIXE
Cabomba caroliniana, 30–60 cm
Heimat: Fließgewässerpflanze der USA
Lichtbedarf: hoch, Wassertyp: 2–3, 18–24 °C
Besonderes: Sehr beliebte Pflanze wegen der schönen feinen Blätter. Erreicht sie die Wasseroberfläche, bildet sie weiße Blüten.

3 KARDINALSLOBELIE
Lobelia cardinalis, 30 cm
Heimat: Fließgewässer-Uferpflanze der USA
Lichtbedarf: mittel, Wassertyp: 2–5, 20–26 °C

4 RUNDBLÄTTRIGE ROTALA
Rotala rotundifolia, 40–60 cm
Heimat: Sumpfpflanze Südostasiens
Lichtbedarf: mittel, Wassertyp: 2–5, 24–29 °C

5 THAILÄNDISCHER WASSERFREUND
Hygrophila corymbosa, 40–70 cm
Heimat: Fließgewässer Südostasiens
Lichtbedarf: mittel, Wassertyp: 3–5, 23–27 °C

6 INDISCHER WASSERWEDEL
Hygrophila difformis, 30–50 cm
Heimat: Sumpfpflanze Südostasiens
Lichtbedarf: hoch, Wassertyp: 2–5, 23–28 °C

7 INDISCHER WASSERFREUND
Hygrophila polysperma, 30–50 cm
Heimat: Indien
Lichtbedarf: hoch, Wassertyp: 3–5, 23–29 °C

8 INDISCHER SUMPFFREUND
Limnophila sessiliflora, 40–70 cm
Heimat: Fließgewässer Australasiens, Afrikas
Lichtbedarf: hoch, Wassertyp: 2–5, 23–27 °C

9 LUDWIGIE
Ludwigia palustris x repens, 30–50 cm
Heimat: Sumpfpflanze. Hybriden im Handel
Lichtbedarf: mittel, Wassertyp: 2–5, 20–26 °C

10 KLEINES FETTBLATT
Bacopa monnieri, 20–30 cm
Heimat: weltweit in sonnigen Stillgewässern
Lichtbedarf: mittel, Wassertyp: 2–7, 16–27 °C

11 ZIERLICHES PERLENKRAUT
Hemianthus micranthemoides, 10–30 cm
Heimat: Bach- und Flussufer der USA
Lichtbedarf: hoch, Wassertyp: 2–5, 20–25 °C
Besonderes: hoher Düngerbedarf

12 SEEGRASBLÄTTRIGES TRUGKÖLBCHEN
Heteranthera zosterifolia, 30–50 cm
Heimat: Fießgewässer und Auen des südlichen Südamerikas
Lichtbedarf: hoch, Wassertyp: 2–4, 23–27 °C

1

2

3

4

5

6

7

8

9

10

11

12

Aufsitzer, Moose, Schwimmpflanzen

Die folgenden Pflanzen lassen sich ohne Bodengrund im Aquarium pflegen. Diese sogenannten Aufsitzerpflanzen werden oft bereits mit Substrat (Holz, Steine) im Fachhandel angeboten.

1 JAVAMOOS

Taxiphyllum barbieri, 3 cm
Heimat: in Uferbereichen schattiger Bäche
Lichtbedarf: niedrig, Wassertyp: 2–6, 15–30 °C
Besonderes: Anspruchslose Art. Bewächst als Polster Steine und Wurzeln. Das Bogormoos (*Vesicularia dubyana*) wird häufig mit dem Javamoos verwechselt. Pflege gleich.

2 MOOSKUGELALGE

Cladophora aegragophila, 10 cm
Heimat: Seegründe Eurasiens
Lichtbedarf: niedrig, Wassertyp: 3–5, 8–24 °C
Besonderes: Eine echte Alge. Kühl halten.

3 JAVAFARN

Microsorum pteropus, 30 cm
Heimat: schattige Fließgewässer Asiens
Lichtbedarf: niedrig, Wassertyp: 2–4, 20–29 °C
Besonderes: Die schmalblättrige Form des Javafarns »Narrow« und die verzweigte Form »Windelov« werden nur 20 cm hoch. Sie wachsen auch sehr langsam.

4 ZWERGSPEERBLATT

Anubias barteri var. nana, 10 cm
Heimat: Ufer klarer Gebirgsbäche Kameruns
Lichtbedarf: niedrig, Wassertyp: 2–5, 22–28 °C
Besonderes: Die Art wächst nur sehr langsam und kann auf Stein oder Holz aufgebunden werden. Es gibt auch eine sehr kleinwüchsige Form »Bonsai«, die nur 4 cm hoch wird.

1

3

2

4

KONGO-WASSERFARN

Bolbitis heudelotii, 30 cm
Heimat: Regenwaldbäche Zentralafrikas
Lichtbedarf: niedrig, Wassertyp: 2–4, 20–25 °C
Besonderes: Er braucht viel Kohlendioxid.

BRASILIANISCHER WASSERNABEL

Hydrocotyle leucocephala, 50 cm (▷ Seite 41)
Heimat: Lateinamerika
Lichtbedarf: mittel, Wassertyp: 2–5, 22–29 °C
Besonderes: eingepflanzt oder frei flutend
Ähnliche Art: *Hydrocotyle verticillata*; diese Art bleibt klein.

GEMEINES HORNKRAUT

Ceratophyllum demersum, 40 cm (▷ Seite 41)
Heimat: weltweit in Tümpeln, Flüssen, Seen
Lichtbedarf: mittel, Wassertyp: 4–7, 20–26 °C
Besonderes: frei flutend

NIXKRAUT

Najas conferta, 30 cm
Heimat: Nord-, Mittel- und Südamerika
Lichtbedarf: niedrig, Wassertyp: 3–6, 20–28 °C
Besonderes: frei flutend, schnellwüchsig

TEICHLEBERMOOS

Riccia fluitans, 0,5 cm
Lichtbedarf: hoch, Wassertyp: 2–6, 18–28 °C
Besonderes: Aufbindbare Schwimmpflanze. Sie verträgt allerdings keine Wasserbewegung.

GEHÖRNTER HORNFARN

Ceratopteris cornuta, 30 cm
Heimat: Flachufer in Asien, Australien
Lichtbedarf: mittel, Wassertyp: 2–5, 22–30 °C
Besonderes: Diese Schwimmpflanze ist sehr empfehlenswert für nährstoffreiche Aquarien.

MUSCHELBLUME

Pistia stratiotes, 15 cm
Heimat: sonnige tropische Gewässer
Lichtbedarf: hoch, Wassertyp: 2–5, 20–30 °C
Besonderes: Die Pflanze ist für nährstoffreiche Aquaterrarien geeignet.

GRASARTIGER WASSERSCHLAUCH

Utricularia graminifolia, 5 cm (▷ Seite 41)
Heimat: Ufer schattiger Bäche Südostasiens
Lichtbedarf: niedrig, Wassertyp: 2–4, 16–28 °C
Besonderes: Bildet auch »Rasen«. Besitzt Fangbläschen zum Fang von Kleinsttierchen.

LEBERMOOS

Monoselenium tenerum, 1–3 cm
Heimat: nur wenige Stellen in Asien
Lichtbedarf: mittel, Wassertyp: 2–5, 5–30 °C
Besonderes: mit Haarnetz aufbindbar

WAS TUN, WENN …

… Pflanzen nicht wachsen?

Ich habe für die Neueinrichtung ein Aquarienpflanzenset mit 20 verschiedenen Pflanzenarten verwendet. Am Anfang wuchsen die Pflanzen gut an, aber nach etwa einem halben Jahr stagnierte das Wachstum. Die Pflanzen werden von Algen überwachsen.

URSACHE: **Das kann mehrere Ursachen haben, die auch zusammenwirken können. Am häufigsten kommt es zu einem Ungleichgewicht von richtiger Beleuchtung und Nährstoffangebot. Die Beleuchtung ist gut, die Wasserverhältnisse stimmen, aber es fehlen wichtige Nährstoffe (z. B. Eisen), weil nicht nachgedüngt wurde. Ist es gleichzeitig zu einer einseitigen Nährstoffanreicherung anderer Stoffe gekommen (z. B. Phosphatüberschuss durch Überfütterung oder fehlender Wasserwechsel), wachsen zwar die Algen gut, aber nicht mehr die Pflanzen. Ein anderer Grund kann sein, dass die Leuchtmittel gealtert sind und eine falsche Lichtfarbe, die eher Algen begünstigt, abgeben.**

LÖSUNG: **Wechseln Sie schrittweise die Leuchtmittel aus, überprüfen Sie die Wasserwerte (auch Phosphatgehalt). Berichtigen Sie vorhandene Nährstoffmängel und falsche Wasserwerte. Warten Sie zwei bis drei Wochen. Entfernen Sie die Algen und warten Sie erneut zwei Wochen. Bessert sich nichts, ist es manchmal am besten, das Becken neu einzurichten.**

EINRICHTUNG PFLEGE GESUNDHEIT

Die Grundausstattung ist vorhanden, das nötige Basiswissen auch – Zeit für den Schritt von der Theorie in die Praxis. Bis aus dem nackten Becken ein funktionierender »Lebensraum Aquarium« wird, vergehen allerdings einige Wochen. Sorgfältige Planung und viel Geduld sind die wichtigsten Voraussetzungen, um zum erfolgreichen Aquarianer zu werden. Dieses Kapitel informiert Sie, worauf Sie bei der Einrichtung und Pflege achten müssen, wie Sie die Aquarienbewohner artgerecht unterbringen, optimal ernähren und gesund erhalten.

Einrichtung und Aquarienpflege

Ein Aquarium richtig einzurichten und zu pflegen, ist keine Hexerei. Und es kostet weit weniger Mühe, als die meisten Neu-Aquarianer befürchten.

ALLER GUTEN DINGE SIND DREI. Bevor die Tiere ihr neues Zuhause erobern dürfen, müssen Sie diese drei Punkte geklärt bzw. erledigt haben. Punkt 1: Ansprüche. Was Ihre Aquarienbewohner im Hinblick auf Lebensraum, Pflege und Ernährung erwarten (▷ Porträts, Seite 156–251). Punkt 2: Standort. Platzieren Sie das Aquarium so, dass die Bewohner nicht ständig beunruhigt werden, sich aber gut beobachten lassen. Tabu ist ein Platz im direkten Sonnenlicht. Punkt 3: Einfahrphase. Nach der Ersteinrichtung sollten Sie mindestens zwei bis drei, besser vier Wochen warten, bevor die ersten Aquarienbewohner ins Becken einziehen.

Das Becken einrichten und einfahren

Nach der Ersteinrichtung muss das Aquarium zunächst »eingefahren« werden. In dieser Zeit verändert sich die Chemie des Aquarienwassers. Erst danach sind die Wasserwerte so stabil, dass man die Fische gefahrlos einsetzen kann. Die ▶ EINFAHRPHASE (Seite 261) und die dabei ablaufenden Prozesse sind von entscheidender Bedeutung für die erfolgreiche Aquarienpflege. Daher werden sie hier den Praxistipps zur Einrichtung vorangestellt.

Das Aquarium wird »eingefahren«

Am Tag null nach der Ersteinrichtung und dem Einfüllen des Wassers ist ein Aquarium gleichsam tot, zumindest biologisch gesehen. Doch schon 24 Stunden später finden erste Stoffwechselprozesse statt, die dann über einen Zeitraum von zwei bis vier Wochen für tiefgreifende Veränderungen in der Wasserchemie sorgen.

- **Ammonium im Wasser.** Bereits nach einem Tag bildet sich selbst aus kleinsten Mengen organischer Abfallprodukte, wie etwa verrottenden Pflanzen, giftiges ▶ AMMONIUM (Seite 258) im Aquarienwasser – bei einem pH-Wert von über 7 sogar das noch weitaus giftigere ▶ AMMONIAK (Seite 258).
- **Ammonium zu Nitrit.** Kurze Zeit später entsteht aus Ammonium bzw. Ammoniak das hochgiftige ▶ NITRIT (Seite 269). Auch dieser Vorgang ist abhängig von den organischen Stoffen im Becken. Je stärker die Zersetzungsprozesse sind, desto höher steigt der Nitritgehalt. Später, wenn das Aquarium schon eingefahren ist, liegen die Nitritwerte immer unter der messbaren Grenze, weil die dann aktiven Bakterien den Giftstoff in unschädliche Stoffwechselprodukte umwandeln.
- **Bakterien bauen Gift ab.** Nach etwa zwei bis drei Wochen haben sich im Filter Bakterien angesiedelt, die giftiges Nitrit in nur schwach giftiges ▶ NITRAT (Seite 268) umbauen. Der Nitritgehalt im Aquarienwasser sinkt kontinuierlich, der von Nitrat dagegen steigt. Das Aquarium ist biologisch aktiv, weil die Bakterien in seinem Filter die Wasserqualität verbessern, indem sie organische Abfallstoffe verwerten und unschädlich machen. Die von ihnen abgegebenen Endprodukte beseitigt der regelmäßige ▶ WASSERWECHSEL (Seite 273).
- **Schadstoffkontrolle.** Nach zwei bis drei Wochen ist der Nitritgehalt unter die kritische Grenze gesunken, da nun genügend Bakterien für ständigen Abbau sorgen. Den Nachweis liefert ein Wassertest aus dem Zoofachhandel. Kontrollieren Sie das Wasser während der Einfahrphase mehrmals pro Woche. Anfängliche Trübungen geben sich mit der Zeit, weil sich die biologische und mechanische Filterwirkung von Tag zu Tag verbessert.
- **Becken bereit für die Fische.** Das Aquarienwasser ist jetzt so weit aufbereitet, dass die Fische eingesetzt werden können.
- **Bakterienwachstum.** Abgeschlossen ist die Einfahrphase damit aber noch nicht. Durch den Fischbesatz bilden sich nämlich wieder vermehrt Abfallprodukte, etwa durch Kot und Futterreste. Um der neuerlichen Belastung Herr zu werden, müssen die Bakterienstämme im Becken nochmals anwachsen. Und auch jetzt ist eine wiederholte Überprüfung der Nitritkonzentration besonders wichtig.
- **Regelmäßige Wasserwechsel.** Im eingefahrenen Aquarium bleiben die Wasserwerte zwar lange stabil, im Abstand von ein bis zwei Wochen muss aber trotzdem regelmäßig ein Viertel bis ein Drittel des Wassers gewechselt werden, damit Nitrat und andere Schadstoffe das Aquarienwasser nicht belasten.
- **Technik und Pflanzen.** Prüfen Sie regelmäßig die Funktion der technischen Geräte. Ob die frisch eingesetzten Pflanzen (▷ Seite 95) gut anwachsen, zeigt sich nach spätestens zwei Wochen, wenn sie erste neue Blätter ausbilden. Kleinere Startschwierigkeiten können während der Einfahrphase durchaus vorkommen. Wie man sie meistert, lesen Sie auf den folgenden Seiten.
- **Verkürzen der Einfahrphase.** Manche Hersteller bieten Wasserzusatzstoffe an, die biologisch aktive Bakterien enthalten. Mit solchen Mitteln kann die Einfahrphase unterstützt werden. Sie ersetzen aber nicht den Aufbau einer eigenen Bakterienflora in Filter und Bodengrund.

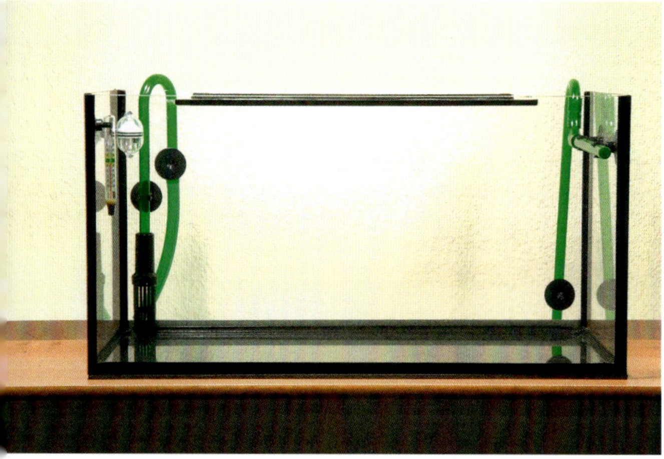

Zuerst wird das »nackte« Glasbecken an einem geeigneten Platz aufgestellt und die Technik (Thermometer, Filter, Heizer etc.) installiert, ohne sie aber in Betrieb zu nehmen.

Dann folgt die Grundeinrichtung. Die Strukturrückwand wird nach Gebrauchsanweisung eingesetzt, der Depotdünger als untere und Kies als obere Bodenschicht eingebracht.

Die Grundeinrichtung des Aquariums

Das Becken muss auf einem stabilen Unterbau stehen und mithilfe einer Wasserwaage absolut eben austariert werden. Mit einer dünnen Styroporplatte zwischen Aquarium und Unterbau vermeidet man Spannungen, die zum Glasbruch führen könnten.
Wenn der richtige Standort für das Aquarium gefunden ist und das Becken sicher und eben steht, kommen jetzt Schritt für Schritt alle Einrichtungskomponenten ins Becken. Zuerst Heizung und Filter, danach Bodengrund und Pflanzen und schließlich Beleuchtung und eventuelle Mess- und Kontrollgeräte. Halten Sie sich bei der Installation der Technik genau an die Einbau- und Betriebsanleitungen und verwenden Sie nur Geräte mit Prüfzeichen.

Heizung und Thermometer einsetzen

- **Stabheizer.** Ein Stabheizer wird senkrecht in einer Ecke des Beckens angebracht. Damit er seine Funktion erfüllt, ist eine gute Wasserzirkulation in direkter Umgebung wichtig.
- **Bodenheizkabel.** Bodenheizkabel werden vor Einbringen des Bodengrunds verlegt.
- **Thermometer.** Der richtige Platz für das Thermometer ist gegenüber der Heizung an der anderen Beckenseite. Sitzt es zu nahe an der Heizung, liefert es verfälschte Werte.

Filter einrichten

Der Aquarienfilter wird mit mitgelieferten oder zusätzlichen Filtermaterialien bestückt. Bei der Wahl des richtigen Materials hilft Ihnen die Übersicht ab Seite 70.

- **Innenfilter.** In der Regel setzt man einen Innenfilter an der Beckenrückseite oder in einer hinteren Ecke ein. Sein Wasserrücklauf muss etwas unterhalb der Wasseroberfläche liegen. Denken Sie aber schon jetzt daran, dass der Filter im später vollständig eingerichteten Aquarium – etwa für Reinigungsarbeiten – leicht zu erreichen sein muss.
- **Außenfilter.** Die Einströmöffnungen (mit Vorfilter oder Sieb) und Ausströmöffnungen der Zu- und Abläufe eines Außenfilters bringt man immer an den gegenüberliegenden Seiten des Aquariums an. Die Ausströmöffnung sollte etwas unterhalb der Wasseroberfläche positioniert

Wasser marsch! Zunächst wird vorsichtig ein Viertel Wasser eingefüllt (Kies dabei nicht aufwirbeln). Dann erst werden die Pflanzen eingesetzt. So verhindert man ein Auftreiben.

Der Rest des Wassers wird aufgefüllt und die Technik nach Gebrauchsanweisung in Betrieb gesetzt. Jetzt beginnt die mehrere Wochen dauernde Einfahrphase (▷ Seite 111).

werden, damit eine leichte Strömung von unten die Wasseroberfläche bewegt, ohne aber zu spritzen. Richten Sie die Strömung dabei so aus, dass sie entlang der Vorderscheibe verläuft. Vorteil: Viele Fische stellen sich unmittelbar an der Frontscheibe gegen die Strömung, sodass man sie wunderbar beobachten und ihr natürliches Verhalten studieren kann.

- **Filterstarter.** Ein Filter, den Sie zusammen mit neuem Filtermaterial fabrikneu aus der Verpackung nehmen, kann seine Aufgabe noch nicht erfüllen, weil er biologisch tot ist. Die für den Wasserhaushalt im Becken lebenswichtigen Filterbakterien (▷ Seite 111) gibt es noch nicht. Um die Besiedlung zu beschleunigen, kann man sich entweder mit gebrauchtem Filtermaterial behelfen, das dann dem noch bakterienfreien, frischen Material beigegeben wird, oder man benutzt einen sogenannten Filterstarter (aus dem Zoofachhandel).

Rückwand installieren

Falls Sie eine Innenrückwand im Aquarium anbringen wollen, muss sie installiert werden, bevor man Bodengrund und Dekomaterialien einbringt. Die Rückwände werden meist mit Silikonkautschuk befestigt. Das funktioniert nur dann problemlos, wenn die Oberflächen für die Verklebung absolut fettfrei sind.

Bodengrund und Depotdünger

Die Wahl der Bodengrundschichten richtet sich nach den Dekomaterialien und Pflanzen.

- **Styroporunterlage.** Wenn für das Becken Aufbauten aus schweren Steinen vorgesehen sind, legt man unter die Steine eine dünne Styroporplatte. Erst dann wird der eigentliche Bodengrund aufgeschichtet.
- **Depotdünger.** Für ein gutes Gedeihen der Wasserpflanzen sorgt eine dünne Lage Depotdünger, bevor darüber eine 5 bis 6 cm dicke Schicht aus gewaschenem Kies kommt.
- **Soil.** Wird als alleiniger Bodengrund für Garnelenaquarien oder Aquascapes verwendet.
- **Sandboden.** Wer für ein Aquarium ohne Pflanzen einen Sandboden auswählt, sollte die Sandschicht nicht höher als 2 bis 3 cm werden lassen; eine Extraschicht mit Depotdünger ist in diesem Fall nicht nötig. Kies und Sand wäscht man am einfachsten unter fließendem Wasser aus, bis das ablaufende Wasser kaum mehr eine Trübung aufweist.

Nach der Einfahrphase werden die Fische ins Becken eingesetzt. Um Temperatur- und Wasserverhältnisse anzugleichen, hängt man den Beutel zunächst eine halbe Stunde ins Aquarium, bevor man ihn öffnet (▷ Seite 116).

Wasser und Pflanzen

Bevor die Pflanzen ins Becken kommen, füllt man das Aquarium zu etwa einem Drittel mit temperiertem (zimmerwarmem) Wasser. Gießen Sie das Wasser in nicht zu kräftigem Strahl hinein, um den Bodengrund nicht übermäßig aufzuwirbeln. Man kann es auch über einen größeren Plastikdeckel oder Ähnliches laufen lassen, damit es nicht direkt auf den Boden trifft. Ein leichtes Eintrüben lässt sich trotzdem meist nicht vermeiden, schadet aber auch nicht. Danach setzen Sie die Wasserpflanzen ein und füllen anschließend das Becken mit Wasser auf.

Beleuchtung

Das Aufsetzen der Beleuchtungseinheit gehört zu den abschließenden Arbeiten. Verbinden Sie die Beleuchtung mit der Zeitschaltuhr, die für den notwendigen Hell-dunkel-Wechsel im Becken sorgt. Eventuelle Zusatzgeräte, z. B. zur Messung und Kontrolle des pH-Wertes oder der Wasserhärte, installiert man am besten dort, wo sie nicht direkt ins Auge fallen. Danach können Sie zum ersten Mal die gesamte Technik in Betrieb nehmen: Heizer und Filter kommen ans Stromnetz, die Beleuchtung wird eingeschaltet, und auch alle anderen Geräte treten in Einsatz.

Das Aquarium ist betriebsbereit

Die technische Seite und die Einrichtung sind nun komplett installiert. Alles ist voll funktionsfähig. Jetzt fängt das Aquarium an, ein biologisches Eigenleben zu führen, das sich erst einspielen muss, bevor Fische und andere Tiere eingesetzt werden können. Diese Phase nennt man ▶ EINFAHRPHASE (Seite 261). Sie ist besonders wichtig für den Start jedes Aquariums, dauert mehrere Wochen und kann nicht einfach übersprungen werden (▷ Seite 111). Genaue Beobachtung der Wasserwerte und des Aquariums sind nun angesagt!

Anfangsprobleme meistern

Nach der Ersteinrichtung eines Aquariums können sich immer wieder einmal kleinere Anfangsprobleme einstellen. Kennt man die Ursachen, lassen sie sich aber normalerweise leicht und schnell aus der Welt schaffen.

- **Trübes Wasser.** Eine milchige Trübung des Aquarienwassers ist nach der Einrichtung und Inbetriebnahme des Beckens normal. Hervorgerufen wird sie durch das rasante Wachstum bestimmter Bakterien in den ersten Tagen. Die Trübung verschwindet ganz von allein.
- **Fadenalgen.** Das Problem tritt bevorzugt dann auf, wenn Sie bei der Einrichtung des Aquariums zusätzlichen Bodengrunddünger eingebracht haben. Er begünstigt das zum Teil massive Wachstum langfädiger Fadenalgen. Entfernen lassen sie sich recht gut manuell, indem man sie einfach mit einem Stöckchen aufwickelt. Leider

muss die Prozedur relativ häufig wiederholt werden. Wenn es der Fischbesatz Ihres Aquariums erlaubt und es keine größeren, räuberisch lebenden Fische gibt, können Sie ein paar Amano-Garnelen einsetzen, die sich mit Vorliebe von Fadenalgen ernähren. Amano-Garnelen (▷ Seite 246) gehören zu den Süßwassergarnelen und stellen in einem Becken mit friedlichen Fischen eine attraktive Bereicherung der Aquarienwelt dar. Eingesetzt werden dürfen sie allerdings frühestens zehn Tage nach der Ersteinrichtung. Haben die Garnelen alle Algen abgeweidet, müssen sie natürlich regelmäßig gefüttert werden (▷ Pflegehinweise, Seite 246).

- **Schmieralgen.** Neben Fadenalgen bilden sich besonders in neu eingerichteten Aquarien nicht selten auch Schmieralgen, deren grüne Teppiche nahezu alles überziehen. Was tatsächlich ihr Auftreten hervorruft und begünstigt, ist nicht ganz klar, es gibt aber einige Möglichkeiten, wie man sie bekämpfen kann (▷ Was tun, wenn ..., Seite 118). Oft verschwinden Schmieralgen aber auch genauso schnell, wie sie gekommen sind.
- **Nitrit.** Obwohl man die Einfahrphase ganz gewissenhaft durchgeführt und mit dem Einsetzen der Fische gewartet hat, bis die Filterbakterien das giftige ▶ NITRIT (Seite 269) beseitigt hatten, steigen die Nitritwerte nach dem Einsetzen deutlich an. Für die Aquarienbewohner eine riskante Phase, da es schnell zu Vergiftungserscheinungen kommen kann. Ursache: Es haben sich noch nicht genügend Filterbakterien gebildet, um der durch den Fischbesatz erhöhten Belastung mit Schadstoffen Herr zu werden. Abhilfe schafft ein kräftiger Teilwasserwechsel mit Beigabe einer zeolithhaltigen Flüssigkeit (aus dem Zoofachhandel). Das reicht in der Regel aus, um die Übergangsphase zu bewältigen.

Quarantäne für neue Fische

Jeder Aquarianer, dem das Wohlbefinden und die Gesundheit seiner Fische am Herzen liegen, sollte eigentlich neben dem Hauptaquarium auch ein kleineres Quarantänebecken besitzen (▷ Seite 133). Selbst bei erfahrenen Zoofachhändlern kann es trotz guter Pflege passieren, dass ihre Fische Krankheitskeime in sich tragen, die erst nach dem Kauf zum Ausbruch kommen. Mit einem Zweitbecken, in dem Neuzugänge zwei, besser vier bis sechs Wochen getrennt von den anderen Fischen gehalten werden, kann man die Tiere genau beobachten und eventuelle Krankheitssymptome frühzeitig erkennen.
Leider ist vielen Aquarianern dieser Aufwand offensichtlich zu groß. Was sich nur schwer nachvollziehen lässt, weil eine Quarantänestation nichts weiter als ein sehr spartanisch eingerichtetes Becken ist. Es gibt entweder gar keinen Bodengrund oder nur eine dünne Sandschicht. Dazu kommen der Filter und ein paar Versteckplätze für die Fische. Zusätzlich kann man noch eine kleine UV-Filteranlage anschließen, die mögliche Keime im Wasser abtötet. Der gewaltige Aufwand, den man betreiben muss, wenn neue Fische Krankheiten ins Hauptbecken einschleppen, steht in keinem Verhältnis zur Anschaffung eines Quarantänebeckens.

Die richtige Adresse für den Fischkauf

Die richtige Anlaufstelle für den Kauf ist ein Zoofachhändler, bei dem Sie sicher sein können, dass er Ihnen gesunde und gut gepflegte Tiere anbietet. Adressen empfehlenswerter Zoofachgeschäfte in Ihrer Nähe erhalten Sie von Aquarienvereinen und erfahrenen Aquarianern. Der Zoofachhändler nimmt sich Zeit und befragt Sie nach Größe und Ausstattung Ihres Aquariums, bevor er Ihnen bestimmte Fische empfiehlt.

TIPP

Richtige Beleuchtungsdauer

Obwohl der durchschnittliche Tropentag 12 Stunden dauert, ist die Beleuchtungsintensität nicht den ganzen Tag gleich. Deshalb ist es oft besser, das Aquarium nur etwa 9 Stunden voll zu beleuchten, morgens und abends schwächer (z. B. mithilfe von Dimmern). Das entspricht eher den natürlichen Verhältnissen.

Beobachten Sie genau, ob die Fische Ihrer Wahl gut fressen, denn kranke Tiere verweigern häufig das Futter.

Einsetzen der neuen Fische

Der Transport und das Einsetzen Ihrer neuen Fische erfolgen in vier Schritten:

- **1. Schritt:** Transportiert werden Fische in Plastikbeuteln mit mehr Luft als Wasser.
- Vor Kälte schützt man sie durch Zeitungspapier oder eine Thermotüte.
- **2. Schritt:** Legen Sie den geschlossenen Beutel auf die Wasseroberfläche des Beckens und lassen Sie ihn dort mindestens eine halbe Stunde liegen, bis sich die Temperaturen angeglichen haben (▷ Foto, Seite 114).
- **3. Schritt:** Öffnen Sie den Beutel und lassen Sie vorsichtig etwa ein Viertel der Wassermenge hineinlaufen, wie sie schon im Beutel ist, um die Fische an die Wasserwerte im Aquarium zu gewöhnen. Wiederholen Sie dies zweimal im Abstand von einer halben Stunde.
- **4. Schritt:** Nun werden die Fische aus dem Beutel ins Aquarium entlassen.

Fangnetze desinfizieren

Nicht selten werden durch Fangnetze und Kescher Krankheiten von einem Becken zum anderen übertragen, wenn man mit ihnen kranke oder tote Tiere herausholt. Dabei bleiben die in der Schleimhaut der Fische sitzenden Krankheitskeime am Netz hängen. Grundsätzlich sollten Sie deshalb für jedes Aquarium einen eigenen Kescher verwenden.
Auf Nummer sicher geht man, wenn die Kescher in einem Eimer mit desinfizierender Kaliumpermanganatlösung (1%ig, aus der Apotheke) liegen. Vor jeder Verwendung werden sie dann mit Wasser ausgespült und sind garantiert keimfrei.

Mein Fischtagebuch

Von Beginn an sollten Sie ein »Fischtagebuch« führen (▷ auch Seite 82). Darin werden Neuzugänge, Erkrankungen und eventuelle Behandlungen vermerkt. Zusätzlich notiert man sich die aktuellen Wasserwerte und die Termine des Teilwasserwechsels. Anhand Ihres Tagebuches können Sie Fehler bei der Haltung frühzeitig erkennen und später vermeiden.

Pflege und Wartung

- **Gute Pflege zahlt sich aus.** Wird das Aquarium regelmäßig und sorgfältig gewartet und gepflegt, verlangt es nur ein Minimum an Zeit und Einsatz. In einem gut betreuten Becken stellt sich gleichsam eine aquaristische Balance ein, die sowohl das gesunde »Wohnklima« für die Aquarienbewohner garantiert als auch durch selbstreinigende Prozesse Ihren eigenen Pflegeaufwand deutlich reduziert.
- **Möglichst ohne Chemie.** Ein Aquarium, in dem künstliche Zusatzstoffe die natürlichen Reinigungs- und Regenerationsprozesse im Wasser verändern oder ersetzen, gleicht eher einer Krankenstation, in der die Patienten nur noch über den Tropf versorgt werden können.

Ein Schwarm Hechtbuntbarsche *(Crenicichla marmorata)* im Schwarzwasser. Diese Gewässer sind nicht nur sehr sauer, sondern auch mineralstoffarm. Deshalb finden Algen hier schlechte Wuchsbedingungen vor.

In diesem Praxishandbuch finden Sie daher kaum Angaben für Wasserzusätze, denn sie sind bei einer sorgfältigen und umsichtigen Aquarienpflege überflüssig.

Tägliche Sichtkontrolle

Zu den wichtigsten Pflegemaßnahmen gehört das genaue Beobachten des Verhaltens und der körperlichen Verfassung der Aquarienbewohner. Lassen Sie sich bei jeder Fütterung Zeit, um alle Fische in Augenschein zu nehmen. Achten Sie darauf, ob sie zur Fütterung erscheinen, ob sich einzelne Tiere auffällig anders bewegen oder sich sogar verstecken.
Veränderungen können auch das Zusammenleben der Fische betreffen, etwa wenn es zu Aggressionen oder zur Unterdrückung kommt. Jede Abweichung kann ein Alarmzeichen sein. Zur Ursachenforschung gehören auch die Kontrolle der Wasserwerte, die Untersuchung der Fische auf Krankheitssymptome oder die Überprüfung der Gruppenstruktur und die Trennung von Fischen, die nicht zusammenpassen. Hin und wieder entdeckt man einen toten Fisch, der entfernt werden muss, bevor er verwest und das Wasser belastet.
Ebenso wichtig ist die tägliche Funktionskontrolle der Technik: Läuft der Filter? Stimmt die Wassertemperatur? Arbeiten alle technischen Hilfsmittel einwandfrei?

Teilwasserwechsel

Auch bei optimaler Pflege reichern sich bestimmte Schadstoffe im Aquarium an, die nicht von Bakterien abgebaut oder von Pflanzen aufgenommen werden können. Um diese Stoffe zu entfernen, müssen im ein- bis zweiwöchentlichen Rhythmus etwa 25 Prozent des Wassers gewechselt werden. Besonders aufwendig ist der ▶ WASSERWECHSEL (Seite 273) nicht, Sie brauchen dazu nur einen Schlauch und mehrere Eimer oder Gießkannen (▷ Seite 83). Falls Sie spezielles Wasser für Weichwasserfische benötigen, muss ein Vorrat an aufbereitetem Wasser vorhanden sein (▷ Seite 54).
Stellen Sie vor dem Wasserwechsel alle technischen Geräte ab, um das Trockenlaufen von Pumpen und Heizern zu vermeiden. Dann lassen Sie etwa ein Viertel des Aquarienwassers über den Schlauch in die Eimer laufen. Auf gleiche Weise füllen Sie das frische, temperierte Wasser über einen Schlauch oder mit der Gießkanne ins Becken. Mit dem Absaugen entfernt man gleichzeitig auch die auf dem Aquarienboden liegenden Futterreste. Im Zoofachhandel gibt es spezielle Vorsatzstücke (»Mulmglocken«) für den Schlauch, die verhindern, dass versehentlich Kies oder Sand mit aufgesaugt wird.

Filter reinigen

Als »lebende Kläranlage« ist der Filter das Herzstück der Wasseraufbereitung und verlangt sorgfältige Pflege. Übermäßiges Säubern schadet ihm genauso wie unzureichende Wartung. Bei jedem Wasserwechsel wird nur die erste Grobfilterschicht unter handwarmem Wasser gewaschen, bis das abfließende Wasser klar bleibt. Die folgenden Filterschichten haben wesentlich längere Standzeiten, da die erste Schicht den Grobschmutz abfängt. Für die Filterwirkung der letzten Schichten ist es vorteilhafter, ihre Bakterienkulturen so wenig wie möglich zu stören. Ausspülen sollte man sie nur, wenn sie sich mit Filterschlamm zugesetzt haben. Um die Bakterien nicht zu zerstören, darf man kein heißes Wasser nehmen. Bitte bedenken: Chemisch physikalisch wirkende Filtermaterialien (▷ ab Seite 70) lassen sich nicht durch Auswaschen regenerieren. Deshalb müssen z. B. Torf und Aktivkohle regelmäßig ersetzt werden.

Scheiben putzen

Leichtes Algenwachstum ist im Aquarium durchaus erwünscht. An der Frontscheibe aber stören Algen und sind nur schwer zu entfernen, wenn sie schon lange dort sitzen. Mit einem Magnet-Scheibenreiniger oder Stahlwolle-Schwamm wird die Frontscheibe zweimal pro Woche geputzt, selbst wenn man noch keinen Algenwuchs sieht (▷ Seite 80).

Pflanzenpflege

Durch Düngen und andere kleine Arbeiten versorgt man die Aquarienpflanzen mit Nährstoffen (▷ ab Seite 94).

Wartung der Technik

- **Motorpumpen.** Antriebsrad oder Pumpenachse können verschmutzen oder Verschleiß zeigen. Genau nach Gebrauchsanweisung reinigen oder notfalls ersetzen.
- **Membran-Luftpumpe.** Gummimembran nach 1 bis 2 Jahren ersetzen.
- **Leuchtmittel.** Das Lichtspektrum und die Lichtstärke von Leuchtstoffröhren und HQI-Brenner verändern sich mit der Zeit bzw. lassen nach. Röhren und Brenner sollten durch LED-Leuchtbalken mittelfristig ersetzt werden. LED-Lichtmittel müssen komplett ausgetauscht werden, wenn sie nicht mehr funktionieren. Viele Pflanzen vertragen den plötzlichen Wechsel der Lichtintensität nicht. Daher ist es besser, nicht alle Leuchtmittel gleichzeitig auszutauschen.
- **Messfühler.** Der Fühler des pH-Messgerätes muss je nach Modell (Gebrauchsanweisung beachten) regelmäßig neu kalibriert werden.
- **Verbrauchsmaterialien.** Die Verbrauchsmittel etwa von Kohlendioxid-Düngegeräten, Oxidatoren und Düngeautomaten müssen regelmäßig nachgefüllt werden.

Eine Falle gegen Schnecken

Wasserschnecken werden als gallertartige Masse (Schneckenlaich) an Wasserpflanzen oder über Lebendfutter ins Aquarium eingeschleppt.
Gibt es keine Fressfeinde und ist das Nahrungsangebot gut, können sie sich explosionsartig vermehren. Obwohl die Schnecken normalerweise nicht schädlich sind, können sie doch sehr stören. Vorgehen sollte man gegen sie ausschließlich mit natürlichen Mitteln. Dazu können Sie beispielsweise eine »Schneckenfalle« basteln: Legen Sie eine Untertasse mit Futtertablette ins Aquarium. Versehen Sie einen Joghurtbecher mit kleinen Löchern und stülpen Sie ihn über die Tablette. Die Schnecken kommen an die Tablette heran, die Fische jedoch nicht.
Täglich Schnecken von Becher und Untertasse absammeln. Eine gute Alternative sind auch ▶ SCHNECKENFRESSER (Seite 272) wie beispielsweise Prachtschmerlen, Kugelfische oder Afrikanische Schmetterlingsbuntbarsche. Die beste Vorsorge gegen Schnecken: Füttern Sie nicht zu reichlich.

Wenn Algen zur Plage werden

Übermäßiges Algenwachstum ist immer ein deutliches Indiz dafür, dass sich die Bedingungen in einem Aquarium nicht in der gewünschten Balance befinden (▷ Seite 114).
Die häufigsten Ursachen sind hoher Phosphat- oder Nitratgehalt aufgrund zu seltener Wasserwechsel, unzureichende Filterwirkung, zu hoher Fischbesatz, zu reichliches Füttern. Wasserpflanzen darf man nur in dem Maß düngen, wie sie Nährstoffe verbrauchen. Wird bei falscher Pflege (z. B. zu wenig Licht oder zu wenig Kohlendioxid) zu viel Flüssigdünger gegeben oder zu stark beleuchtet, ernährt man damit in erster Linie die Algen. Abhilfe schafft dieses Sofortprogramm:

- Pro Woche sollten Sie mindestens ein Drittel des Wassers wechseln. Bei stark nitrathaltigem Leitungswasser am besten Umkehrosmosewasser verwenden (▷ Seite 54).
- Filter reinigen.
- Wasserpflanzen nicht düngen, solange das Algenproblem besteht.
- Fische sparsam füttern.
- Schnellwüchsige Stängelpflanzen wie etwa Hornkraut und Nixkraut als Nährstoffkonkurrenz zu den Schwimmpflanzen einsetzen.

Verschiedene Fisch- und Garnelenarten fressen auch Algen, jedoch nicht alle Algenarten gleich gut. ▶ ALGENFRESSER (Seite 258) sind z. B. Blauer Antennenwels, Ohrgitterharnischwels, Saugbarben und Saugschmerlen. Gute Fadenalgenvertilger sind auch die Amano-Garnelen (▷ Pflegehinweise, Seite 246).

Süßwasserpolypen

Über Lebendfutter oder neue Wasserpflanzen können Süßwasserpolypen (*Hydra*) ins Aquarium gelangen. Die etwa 1 cm großen Polypen sitzen an den Scheiben, auf der Einrichtung und auf den Pflanzen. Bei Kontakt zeigen die Fische Anzeichen von Unwohlsein (Zucken, Scheuern, Würgen), kleinen Exemplaren können die Nesselzellen auf den Tentakeln der Polypen gefährlich werden. Abhilfe schaffen Fadenfische der Gattungen *Colisa* und *Trichogaster*, die Süßwasserpolypen fressen. Um eine Neubesiedelung gänzlich zu vermeiden, sollte man eventuell die Lebendfutterquelle wechseln.

Auch bei einer alleinigen Ernährung der Fische mit Trockenfutter gehen die Süßwasserpolypen in der Regel zurück.

Das Aquarium im Urlaub

Bei einem gut eingefahrenen Aquarium ist selbst ein längerer Urlaub kein Problem.

- **Kurzreise:** Gesunde erwachsene Fische, die nicht zu den Zwergformen (weniger als 4 cm Länge) gehören, vertragen eine Fastenzeit von einer Woche ohne Schwierigkeiten. So lange können Sie Ihr Aquarium allein lassen, vorausgesetzt, die Technik funktioniert und der letzte Wasserwechsel liegt nicht lange zurück.
- **Längerer Urlaub:** Um die kompetente und zuverlässige Betreuung des Aquariums kommen Sie bei einer längeren Abwesenheit nicht herum. Weisen Sie den Helfer etwa zwei Wochen vor dem Antritt Ihrer Reise ein. So bleibt ihm Zeit, alle Abläufe und Handgriffe zu erlernen. Gleichzeitig überprüft man die Technik, um im Zweifelsfall noch Ersatz zu besorgen. Das gilt besonders für den Futterautomaten (▷ Seite 79).

Wichtigste Regel: Außer dem Teilwasserwechsel keine Veränderung direkt vor dem Urlaub vornehmen. Kein Umbau der Einrichtung, keine neuen Geräte und keine neuen Aquarienbewohner.

- Ein bis zwei Tage vor Abreise etwas mehr Wasser als sonst wechseln (nicht über 50 %).
- Für Wasserwechsel im Urlaub aufbereitetes Wasser sowie Eimer und Schläuche für den Betreuer bereitstellen.
- Genügend Futter aller Sorten einkaufen, Gefrierfutter eventuell vorher portionieren.
- Kein Depotfutter: Es belastet das Wasser stark, und viele Fische mögen es nicht.
- Vor dem Urlaub nährstoffreich und kräftig füttern, damit die Tiere gut genährt etwaige Hungerperioden aushalten.
- Falls eine Krankheit während des Urlaubs ausbrechen sollte, die Adresse eines befreundeten Aquarianers oder Zoofachhändlers aus der Umgebung hinterlegen. Nur der erfahrende Aquarianer kann zuverlässig erkennen, ob Fische krank sind oder die vermeintlichen Krankheitsanzeichen normal sind.
- Geben Sie dem Betreuer Ihre Urlaubsanschrift und die Telefonnummer oder E-Mail-Adresse, unter der Sie erreichbar sind.

WAS TUN, WENN …

… Schmieralgen lästig werden?

Besonders nach der Neueinrichtung bildet sich oft ein dunkelgrüner, modrig riechender »Algenteppich« auf dem Bodengrund, den Pflanzen und der Einrichtung des Aquariums. Er lässt sich zwar leicht entfernen, wächst aber schon innerhalb weniger Tage nach.

URSACHE: Verantwortlich für den unangenehmen Überzug sind keine Algen, sondern Bakterien, die allerdings als Schmier- oder Blaualgen bezeichnet werden. Leider gibt es kein Patentrezept gegen die Plage, weil man die genaue Ursache ihres Auftretens nicht kennt. Anscheinend lieben Schmieralgen instabile Verhältnisse, wie sie beispielsweise in einem nicht optimal eingefahrenen Becken vorliegen.

LÖSUNG: Am besten saugt man den Bakterienteppich immer wieder mit einem Schlauch ab. Oft hilft eine Torffilterung oder der Wechsel des Leuchtmittels. Auch die komplette Verdunkelung des Beckens über mehrere Tage kann die Lösung sein.

Gesund ernähren und richtig füttern

In freier Natur nutzen Fische und andere Wasserbewohner die unterschiedlichsten Futterquellen. Auch im Aquarium brauchen sie abwechslungsreiche Kost.

HOCHWERTIG UND VIELFÄLTIG. Unter den tropischen Süßwasserfischen findet man sicherlich keine zwei Arten, deren Nahrungsspektrum vollständig übereinstimmt, auch wenn sie den gleichen Lebensraum haben. Diesen gewaltigen und vielfältigen Ressourcen in der Natur steht in der Aquaristik ein vergleichsweise bescheidenes Angebot von Futtermitteln und Futtertieren gegenüber. Trotzdem kann man Aquarienfische gesund und ausgewogen ernähren. Wichtig ist, dass Sie den Ansprüchen Ihrer Aquarienbewohner gerecht werden, auf hochwertige Inhaltsstoffe achten und sich an die wichtigsten Grundregeln der Fütterung halten.

Nahrungsansprüche und Futterregeln

Bei der Nahrungssuche verhalten sich fast alle wasserlebenden Tierarten opportunistisch: Sie fressen, was ihnen vor die Nase schwimmt. Allerdings haben die meisten im Laufe der Evolution bestimmte Vorlieben entwickelt und Spezialisierungen erfahren und können einzelne Nahrungsquellen besser erschließen als andere (▶ NAHRUNGSNISCHE, Seite 267).

Spezialisten sind im Vorteil

Algenfresser besitzen eine Bezahnung, mit der sie Algenteppiche mühelos abraspeln. Fischräuber haben ein Fanggebiss, das nichts mehr loslässt, was ihm einmal zwischen die Zähne kommt. Großmäulige Planktonfresser filtern kleine Wasserflöhe besser aus dem Wasser als spitzmäulige Insektenlarvenräuber, die nach einzelnen Futtertieren schnappen. Ist das Nahrungsangebot knapp, was in der Natur saisonbedingt die Regel ist, hat man mit einer speziellen Anpassung Vorteile gegenüber allen anderen Futterkonkurrenten.
Die Nahrungsspezialisten besetzen eine »ökologische Nische«, an die sie in Körperbau, Verhalten und Stoffwechsel optimal angepasst sind. Viele Aquarienbewohner brauchen spezielle Futterzusammensetzungen, andere akzeptieren nur Lebendfutter oder erkennen Futter nur dann als solches, wenn es an bestimmten Stellen angeboten wird.

Ernährungstypen

- **Insektenlarvenfresser** suchen Mücken- und andere Insektenlarven im Substrat, in Ritzen von Holz oder Steinen, zwischen den Pflanzen oder im Falllaub. Weil sehr viele verschiedene Insektenlarven im Wasser leben, gibt es auch viele Möglichkeiten, sie zu erbeuten. Insektenlarven sind reich an Proteinen.
- **Zooplanktonfresser** ernähren sich bevorzugt von kleinen Krebstieren im freien Wasser. Viele Arten gedeihen gut mit Bosmiden (Zooplankton-Frostfutter), gefrorenen und anderen Kleinkrebsen.
- **Detritus- und Phytoplanktonfresser** leben von pflanzlichem Plankton oder von den feinen, sich zersetzenden organischen Partikeln (▶ DETRITUS, Seite 260), die sich als Film auf dem Bodengrund und allen Aquarienstrukturen absetzen. Im Aquarium gedeihen sie gut mit Trockenfutter, das Spirulina enthält.
- **Aufwuchsfresser** raspeln Algen von Holz und Steinen ab, samt den darin vorkommenden Kleinstlebewesen (▶ ALGENFRESSER, Seite 258). Ihnen muss man ballaststoffreiches Futter mit einem hohen Grünanteil anbieten.
- **Fischräuber** jagen je nach Größe und Kraft Fischlarven oder Jungfische. Einige Arten wie z. B. die Blattfische sind auch bei der Haltung im Aquarium auf lebende Futterfische angewiesen.

Für viele Fischarten, z. B. Welse, ist Grünfutter als ballaststoffreiche Nahrung sehr wichtig. Besonders geeignet sind Zucchinistücke, die man anbieten kann, indem man sie mit einem Saughalter für Stabheizer im Aquarium befestigt

- **Anflugfresser** sind meist Oberflächenfische, die auf Insekten lauern, die auf die Wasseroberfläche fallen. Viele dieser Arten reagieren nur auf zappelnde Bewegungen an der Wasseroberfläche und lassen sich auch nur schwer an Ersatzfutter gewöhnen.
- **Holzfresser** raspeln weiches Oberflächenholz von sich zersetzenden Bäumen ab.

Die wichtigsten Fütterungsregeln

Für die gesunde Ernährung der Aquarienbewohner eignen sich neben den verschiedenen Fertigfuttersorten auch selbst gefangene oder gezüchtete Futtertiere (▷ Tabelle rechts). Folgende Fütterungsregeln sollten Sie beachten:

- **Qualität zählt.** Verwenden Sie hochwertiges Futter mit wertvollen Inhaltsstoffen, wie beispielsweise *Spirulina*-Algen.
- **Abwechslungsreich füttern.** Die Kombination mehrerer Futtersorten, darunter auch Lebendfutter, deckt die Nährstoffbedürfnisse der meisten Tierarten besser ab, als das nur eine einzelne Futtersorte kann.
- **Verhalten berücksichtigen.** Die Fütterung muss den Lebensgewohnheiten angepasst werden. Bodenfische nehmen oft kein Futter von der Oberfläche, im Freiwasser lebende Arten keine Nahrung vom Boden, nachtaktive Tiere kommen tagsüber nicht zum Zug, und langsame Fische müssen gezielt gefüttert werden, um nicht gegenüber der schnelleren Konkurrenz das Nachsehen zu haben.
- **Sparsam füttern.** Füttern Sie immer nur so viel, wie innerhalb weniger Minuten gefressen werden kann. Im Zweifelsfall eher knapp.
- **Mehrmals täglich.** Mehrere über den Tag verteilte kleinere Fütterungen sind besser als eine große. Raubfische füttert man nur zwei- bis dreimal in der Woche.
- **Fastentag.** Ein futterfreier Tag pro Woche bekommt größeren erwachsenen Fischen gut.

Was füttern?

- **Trockenfutter.** Auch erfahrene Aquarianer verfüttern gerne Trockenfutter. Es ist leicht verfügbar und deckt die Grundbedürfnisse vieler Aquarienfische ab. Welche Sorte sich für welche Fische eignet, ist von Konsistenz, Darreichungsform und Inhaltsstoffen abhängig. Für manche Fischarten reicht Trockenfutter allerdings nicht aus, weil sie allein mit dieser Ernährung nicht zur Laichreife kommen. Räuberische Fischarten, deren Jagdinstinkt von den Beutebewegungen ausgelöst wird, lassen sich kaum an Trockenfutter gewöhnen. Angeboten wird Trockenfutter in verschiedenen Zusammensetzungen: ballaststoffreiches Futter; »Farbfutter«, dessen Farbstoffe die Rotfärbung der Fische verstärkt; *Spirulina*-Futter, das *Spirulina*-Algen enthält. Es gibt Trockenfutter als Futterflocken, Granulat, Pellets, Tabletten und für Jungfische als Pulver. Granulat wird gerne von Bodenfischen und Cichliden gefressen, Tabletten eignen sich gut für Welse.
- **Gefrierfutter.** Von gefriergetrockneten und tiefgefrorenen Futtertieren wie auch von Gefrierfuttermischungen gibt es heute ein großes Sortiment. Achten Sie beim Kauf darauf, dass es nicht schon angetaut und auch der Wasseranteil noch gefroren ist. Gefrierfutter taut man vor dem Füttern auf und spült es in einem Sieb, um die Kleinstteilchen aus dem Auftauwasser zu beseitigen. Wie man eine Gefrierfuttermischung selbst herstellt, erfahren Sie auf Seite 124.
- **Lebendfutter.** Einige Futtertiere kann man selbst züchten (▷ Seite 124). Im Internet finden Sie praxisgerechte Zuchtanleitungen für die unterschiedlichsten Futtertiere und Tipps, wo man Zuchtansätze beziehen kann. Manche Futtertiere lassen sich mit speziellen Keschern auch im Freiland fangen (Artenschutz beachten, ▷ Seite 34). Lagert man Lebendfutter jedoch längere Zeit, büßt es viele Nährstoffe ein (selbst wenn die Tiere noch leben) und ist dem Frostfutter qualitativ unterlegen.
- **Futterzusätze und Nassfutter.** Sprühfähige Emulsionen und kühl zu lagernde Nassfuttersorten sind relativ neu und zeichnen sich durch ihren hohen Gehalt an ungesättigten Fettsäuren und Vitaminen aus. Durch Besprühen mit der Emulsion lässt sich das Trockenfutter vor dem Verfüttern damit anreichern. Nassfutter scheint bei manchen Fischarten beliebter als Trockenfutter zu sein.
- **Kühl und luftdicht.** Besonders wichtig: Bewahren Sie Fertigfutter gekühlt und luftdicht auf. Größere Futtermengen portioniert man in Dosen und friert sie ein. Zum Verbrauch aufgetaut werden nur kleine Portionen.

LEBEND-, GEFRIER- UND GRÜNFUTTER

Wer Futtertiere selbst fängt und züchtet und den Speisezettel mit Garnelenmix oder Grünfutter erweitert, ernährt die Aquarienbewohner besonders vielfältig und ausgewogen.

Wasserflöhe *(Daphnien)*	▶ lebend oder tiefgefroren; selbst fangen oder züchten
Japanische Wasserflöhe *(Moina)*	▶ lebend oder tiefgefroren; Zucht problemlos
Hüpferlinge *(Cyclops)*	▶ lebend oder tiefgefroren; selbst fangen möglich
Bosminen *(Bosmina)*	▶ lebend, tiefgefroren oder selbst fangen
Artemien adult *(Artemia)*	▶ tiefgefroren oder Eigenaufzucht aus Dauereiern
Artemia-Nauplien	▶ Eigenansatz aus Dauereiern (▷ Seite 142)
Rote Mückenlarven *(Chironomus)*	▶ lebend oder tiefgefroren
Schwebgarnelen *(Mysis)*	▶ lebend oder (besser) tiefgefroren. Auf Qualität achten!
Schwarze Mückenlarven *(Culex)*	▶ Selbstfang in Kleingewässern oder tiefgefroren
Bachflohkrebse *(Gammarus)*	▶ lebend, tiefgefroren oder in Fließgewässern selbst fangen
Weiße Mückenlarven *(Chaoborus)*	▶ lebend, tiefgefroren oder in klaren Teichen und Tümpeln selbst fangen – auch im Winter
Microfex *(Dero digitata)*	▶ aus Eigenzucht
Tubifex *(Tubifex)*	▶ lebend aus dem Zoofachhandel (selten)
Grindal *(Enchytraeus buchholzi)*	▶ aus Eigenzucht (▷ Seite 124)
Enchyträen *(Enchytraeus albidus)*	▶ aus Eigenzucht
Regenwürmer *(Lumbricus)*	▶ aus dem Anglerladen, selbst fangen oder züchten
Mikro, Essigälchen *(Turbatrix)*	▶ für kleine Jungfische aus Eigenzucht
Stinte *(Osmerus)*	▶ tiefgefroren; für Raubfische
Futterfische (Guppys, Zebrabärblinge)	▶ aus Eigenzucht; für Raubfische
Pantoffeltierchen *(Paramecium)*	▶ Zucht; für kleinste Jungfische
Rädertierchen *(Rotatoria)*	▶ Selbstfang, Zucht oder aus Dauereiern (Bezugsquellen im Internet); für kleinste Jungfische
Grünfutter (Brokkoli, Zucchini, Salat)	▶ aus dem Bio-Landbau; frisch oder überbrüht verfüttern; gammelndes Grün muss vorher entfernt werden
Miesmuschelfleisch *(Mytilus)*	▶ tiefgefroren für Rochen, Kugelfische und Großfische
Lobster-Eier	▶ tiefgefroren – manchmal eine große Hilfe für Fische, die sich beim Füttern als heikel erweisen
Garnelenmix	▶ Zoofachhandel oder Eigenherstellung (▷ Seite 124), das ideale Grundfutter für viele Arten

Grindalwurm-Zucht in der Box: Die Zucht der kleinen Würmer (als helle Masse erkennbar) bereitet auf feinem Tongranulat kaum Schwierigkeiten. Unter der Glasscheibe sieht man die Würmchen.

Artemia-Zucht in der Flasche: Größere Mengen von *Artemia*-Eiern werden im Kultivierungsgerät mit Standvorrichtung und Luftpumpe (aus dem Zoofachhandel) erbrütet. Über ein *Artemia*-Sieb werden die Nauplien vom Aufzuchtwasser getrennt und mit dem Auffangbehälter entnommen.

Artemia-Zucht in der Zuchtschale ohne Belüftung: Kleine Mengen von *Artemia*-Eiern lassen sich gut in speziellen Zuchtschalen erbrüten, die an einem warmen Ort aufgestellt werden.

Selbst zubereiteter Garnelenmix

Selbst hergestellte Futtermischungen und Lebendfutter sind eine sinnvolle Ergänzung zum Futterangebot des Zoofachhandels. Besonders für bunte Fischarten mit hohem Rotanteil ist der Garnelenmix (nach Fohrman) eine gute Empfehlung. Dieses Frostfutter sorgt für Vitalität und erhält die Rotfärbung. Es lässt sich einfach zubereiten und mit den verschiedensten Zutaten abwechslungsreich variieren.

- **Zutaten** (für eine größere Menge): 500 g tiefgefrorene Garnelen mit Schale, 500 g tiefgefrorene grüne Erbsen, 5 ml *Spirulina*-Pulver (Reformhaus), 50 g Gelatinepulver, 5 Tropfen Multivitaminkonzentrat (Zoofachhandel).
- **Zubereitung:** Garnelen und Erbsen auftauen und pürieren. *Spirulina*-Pulver und Multivitamine unterrühren. Gelatinepulver gemäß Gebrauchsanweisung klumpenfrei (!) zu einer leicht fließenden, klebrigen Masse verarbeiten, die man im etwa 60 °C heißen Wasserbad auf dem Herd warm hält. Gelatine in kleinen Portionen mit dem Garnelenbrei verrühren. Fertige Masse ca. 0,5 cm dick auf ein kleines, mit Alufolie ausgelegtes Backblech gießen und 2 bis 3 Stunden im Kühlschrank auskühlen lassen. Danach mit dem Messer in Tagesdosen portionieren und einfrieren. Je nach Fischart kann die Zusammensetzung durch gemahlene Fischfutterpellets und Insektenfuttermischungen für Vögel (beides aus dem Zoofachhandel) oder weitere ungespritzte Grünfuttersorten variiert werden.

Futtertiere züchten

Viele Fische gedeihen besser, wenn man sie zusätzlich mit lebenden Futtertieren ernährt. Bei manchen Fischarten ist es sogar lebensnotwendig. Besonders leicht lassen sich Artemia-Nauplien, Grindalwürmer und Microfex ziehen, sodass immer Lebendfutter verfügbar ist.

- **Grindalwürmer.** Grindalwürmer sind sehr gute Futtertiere, da sie einen hohen Nährstoffgehalt haben. Man kann sie hervorragend als Futterergänzung für fast alle Fischarten verwenden, aber auch zur Konditionierung abgemagerter Fische (beispielsweise bei manchen Wildfängen). Als Alleinkost sind sie allerdings für die meisten Arten zu fett. Die Zucht gelingt auch Anfängern auf feinem Tongranulat (▷ Foto, Seite 124 links), (alternativ auch auf Spülschwämmchen):

- Kaufen Sie Tongranulat im Gartencenter und waschen es unter fließendem Wasser aus, bis kaum mehr roter Staub abfließt.
- Füllen Sie das feuchte Tongranulat 3 cm hoch in etwa 10 x 15 cm große Kunststoffboxen ein – ohne Deckel. Das Granulat darf niemals feucht und nicht nass sein!
- Besorgen Sie sich einen Zuchtansatz über das Internet und legen Sie ihn auf das Tongranulat.
- Als Futter nehmen Sie fein zerriebene Schmelzflocken (Lebensmittelhandel). Streuen Sie anfänglich nur wenig davon auf das Tongranulat.
- Stellen Sie die Kultur an einen dunklen und warmen Platz; leicht feucht halten.
- Da es anfänglich nur wenig Würmchen sind, warten Sie, bis das Futter fast aufgefressen ist, bevor Sie das nächste Mal füttern.
- Kontrollieren Sie täglich und feuchten Sie bei Bedarf leicht mit einem Pflanzensprüher an.
- Nach einigen Tagen haben sich die Würmer vermehrt. Füttern Sie ab jetzt etwa so viel, wie in zwei Tagen aufgefressen wird. Dazu legen Sie eine Kapsel Lachsöl auf das Substrat. Erst ersetzen, wenn sie aufgefressen ist.
- Ernten Sie, indem Sie das Substrat unter einem Wasserhahn spülen, bis das Wasser unter der Oberkante des Behälters ansteht. Dieses wurmhaltige Wasser durch ein feinmaschiges Futtersieb aus dem Zoofachhandel gießen. **Achtung:** Normale »*Artemia*-Siebe« sind zu grobmaschig.
- Die Würmchen nun mit einem Plastiklöffel entnehmen und verfüttern.
- Überschüssige Würmchen kommen zurück in den wieder trockengelegten Tongranulat-Zuchtansatz, der weiter betrieben wird wie zuvor.
- Legen Sie mehrere solcher Zuchtansätze an, denn bis Sie wieder Würmchen entnehmen können, dauert es einige Tage.
- ***Artemia*-Nauplien.** Eine genaue Anleitung zur Erbrütung von *Artemia*-Nauplien (▷ Fotos, links) finden Sie auf Seite 142. Eine kleine Menge Nauplien (einen Teelöffel) kann man mit einem Tropfen Lachsöl (Apotheke) »anreichern«, indem man das Öl mit der feuchten Nauplienmasse verrührt. Grindalwürmer und Nauplien mögen auch viele größere Fischarten besonders gern.

WAS TUN, WENN …

… es kein geeignetes Lebendfutter für Jungfische gibt?

Ein Schwarm freischwimmender Jungfische bevölkert das Aquarium. *Artemia*-Eier sind leider nicht verfügbar, und für andere Futtertiere können Sie auf die Schnelle auch keine Bezugsquelle ausfindig machen.

URSACHE: Die vorhandenen *Artemia*-Eier sind nicht schlupffähig, weil sie entweder zu alt sind oder nicht luftdicht aufbewahrt wurden. Auch der Zuchtansatz für Futtertiere war keineswegs erfolgreich.

LÖSUNG: Der Lebendfutterfang hilft aus der Patsche. Ein feinmaschiges »Wasserflohnetz« (aus dem Zoofachhandel) mit einem mindestens 2 m langen Stiel eignet sich dafür perfekt. Vergessen Sie nicht, vor der »Tümpeltour« die Genehmigung des Fischereirechtbesitzers einzuholen. Es muss auch sichergestellt sein, dass der Teich nicht unter Naturschutz steht bzw. Ihnen keine geschützten Arten ins Netz gehen (▷ Seite 34). Achten Sie im Frühjahr darauf, dass Sie keine Brutvögel stören. Streifen Sie mit dem Netz durchs offene Wasser, indem Sie Bahnen in Form einer liegenden Acht ziehen. Achten Sie darauf, dabei den Boden nicht zu berühren. Der Futtertierbrei im Netz kommt in einen Eimer und wird zu Hause ausgesiebt (Haushaltssieb oder Sieb aus dem Zoofachhandel), um große und räuberische Futtertiere zu entfernen. Zur Hälterung der Futtertiere muss man die Vorratseimer leicht belüften, um das Wasser ausreichend mit Sauerstoff zu versorgen.

Krankheiten erkennen und heilen

Krankheiten können innerhalb kurzer Zeit alle Tiere in Mitleidenschaft ziehen. Der Aquarianer muss daher Krankheitssymptome frühzeitig erkennen können.

GEFAHR DURCH NEUE FISCHE. Artgerechte Haltung, ausgewogene Ernährung und sorgfältige Wasserpflege sind die Garanten für gesunde Aquarienbewohner. Wenn diese Voraussetzungen nicht erfüllt werden, sind die Abwehrkräfte der Fische geschwächt, und die Anfälligkeit für Infektionen steigt. Das trifft auch auf Tiere zu, die von anderen unterdrückt werden oder nach einem Transport Stresssymptome zeigen. Die meisten Krankheitserreger werden allerdings durch neue Fische eingeschleppt. Achten Sie bei jedem Kauf darauf, dass die Fische körperlich fit wirken, sich natürlich verhalten und keine offensichtlichen Krankheitsanzeichen zeigen.

Gesundheitsvorsorge und Quarantäne

Eine Reihe von Fischkrankheiten kann man anhand eindeutiger Symptome bereits frühzeitig erkennen – häufig schon bei der Besichtigung der Tiere in den Aquarien des Händlers. Bei anderen sind die Symptome zumindest im Anfangsstadium kaum ausgeprägt und werden oft übersehen. Für den Aquarianer ist es wichtig, dass er seinen Blick schärft für eventuelle körperliche Veränderungen seiner Fische und normales arttypisches Verhalten von den oft nur geringfügigen Verhaltensabweichungen unterscheiden kann, die auf eine Erkrankung hinweisen.

Wie verhalten sich meine Fische?

Die meisten Erkrankungen, die man in der Aquaristik kennt, sind sogenannte ▶ FAKTORENKRANKHEITEN (Seite 262), bei denen die Krankheitserreger schon latent vorhanden sind, die Erkrankung aber erst zum Ausbruch kommt, wenn der Organismus ungünstigen Bedingungen ausgesetzt wird. Dazu zählen vor allem Stress, schädigende Umwelteinflüsse und massiver Infektionsdruck, wie er etwa durch kranke, neu ins Becken gesetzte Tiere hervorgerufen werden kann. Die Bekämpfung einer Infektion, die im Aquarium oft schnell um sich greift, ist aufwendig, langwierig und nicht immer erfolgreich. Das Motto »Vorbeugen ist besser als heilen« hat daher für die Aquarienbewohner eine ganz besondere Bedeutung.

Neben optimaler und artgerechter Pflege und Ernährung ist regelmäßiges Beobachten der Tiere ein wichtiger Vorsorgebaustein. Wer sich nur ein wenig mit der Biologie und den typischen Verhaltensweisen der einzelnen Arten beschäftigt, lernt schnell das normale Verhalten von krankheitsbedingten Reaktionen zu unterscheiden. Das fällt am Anfang nicht immer leicht.

So vermitteln beispielsweise viele Fische, die in Balzstimmung sind, nicht selten einen »kranken« Eindruck, weil sie sich jetzt völlig anders verhalten als sonst: Buntbarsche etwa zittern und vibrieren am ganzen Körper, andere Arten legen die Flossen an, und wieder andere machen schaukelnde Bewegungen.

Zur Sicherheit in Quarantäne

Das Einrichten eines Quarantänebeckens (▷ Seite 115) ist eine weitere Vorsorgemaßnahme, auf die eigentlich kein Aquarianer verzichten sollte. Leider sieht die Praxis anders aus, weil viele Aquarienbesitzer sich der kleinen Mühe nicht unterziehen wollen. Selbst wenn Ihre Fische aus der Zoofachhandlung Ihres Vertrauens stammen, besteht immer ein Risiko, dass sie Krankheiten einschleppen. Daher sollte jeder Neuzugang zuerst in ein Quarantänebecken gesetzt werden. Das Becken hat einen bereits eingefahrenen Filter (▷ Seite 112) und ist mit einigen Verstecken ausgestattet. Auf die Beleuchtung kann man verzichten. Es empfiehlt sich, das Wasser an einer UV-Lampe vorbeizuführen. Alle neuen Fische machen hier für mindestens zwei, besser jedoch vier Wochen Station. Zeigen sich keine Krankheitssymptome, können sie dann ins Hauptbecken umgesetzt werden.

Die häufigsten Krankheitsursachen

Wenn Fische erkranken, sind vor allem Infektionen und Erkrankungen, die auf falscher Haltung basieren, die Ursachen. Häufiger als vermutet, spielen aber auch Vergiftungen eine Rolle.

INFO

Gesundheitscheck beim Kauf

Prüfen Sie beim Kauf Ihrer Fische diese Punkte: Sind die Tiere munter und ihre Reaktionen und Bewegungen normal? Wirken sie körperlich fit und sind nicht abgemagert (Anzeichen: konkave Bauchregion, kantiger Rücken)? Fressen sie gut? Ist das Wasser im Händlerbecken sauber und nicht etwa durch Medikamente verfärbt?

Der folgende Fragenkatalog hilft Ihnen, Auslösern und Ursachen einer Krankheit Ihrer Aquarienbewohner auf die Spur zu kommen.

- **Aussehen:** Haben sich die körperlichen Merkmale der Fische verändert? Achten Sie dabei auf die Körperform (z. B. eingefallener Bauch oder kantiger »Messerrücken«) und die Farbe (z. B. Dunkelfärbung, Blässe, über den Körper verteilte Flecken und Punkte).
- **Verhalten:** Zeigen die Tiere ungewöhnliche Verhaltensweisen, z. B. atypische Schwimmbewegungen, Flossenklemmen, Verstecken, Apathie, Schreckreaktionen?
- **Stress:** Stehen schwächere oder scheue Aquarienbewohner unter Stress, weil sie unterdrückt werden und dadurch beispielsweise zu wenig Futter erhalten?
- **Eingeschleppte Krankheiten:** Haben Sie in den letzten Tagen möglicherweise neue Fische oder andere Aquarienbewohner ins Becken eingesetzt, ohne dass diese zuvor in Quarantäne (▷ Seite 127) gehalten wurden?
- **Fischbesatz:** Ist das Aquarium überbesetzt? Werden einzelne Fische unterdrückt oder gejagt? Werden Tiere zusammen gehalten, die sich nicht vergesellschaften lassen (nicht selten nach dem Einsetzen neuer Fische)?
- **Fütterung:** Kommen manche Fische beim Füttern zu kurz? Entspricht die Zusammensetzung des Futters tatsächlich den Ansprüchen der jeweiligen Arten (▷ Seite 121)? Füttern Sie eventuell zu viel oder zu wenig, möglicherweise zur falschen Zeit?
- **Wasser:** Hat sich die Qualität des Leitungswassers verändert (Rückfrage bei Wasserwerk oder Gemeinde)?
- **Wasserwechsel:** Ist der Teilwasserwechsel (▷ Seite 117) überfällig, oder sind die Intervalle zwischen den Wasserwechseln zu groß? Wird zu viel Wasser auf einmal ausgetauscht?
- **Temperatur:** Hat sich die Wassertemperatur verändert (▷ Seite 66)?
- **pH-Wert und Wasserhärte:** Stimmen pH-Wert und Wasserhärte nicht mehr (▷ Seite 40, 42 und Tabelle, Seite 55)?
- **Filter:** Wurde der Filter nicht richtig eingefahren (▷ Seite 112), oder arbeitet er nicht mehr einwandfrei?
- **Nitrit und Nitrat:** Sind die Grenzwerte für Nitrit und Nitrat überschritten (▷ Seite 55)?
- **Verunreinigungen:** Wird das Wasser durch tote Fische oder Schadstoffe belastet?
- **Vergiftung:** Kann man typische Anzeichen einer Vergiftung beobachten (▷ unten)?

Unter einem einfachen Mikroskop können Sie Krankheitserreger – hier *Saprolegnia*-Pilze – erkennen und zusammen mit entsprechender Fachliteratur auch bestimmen lernen.

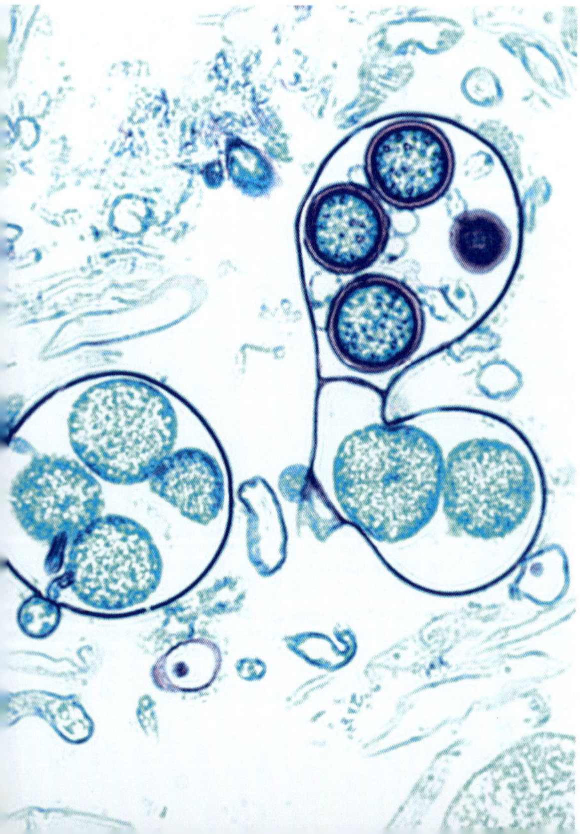

Vergiftungen erkennen und behandeln

Die meisten Vergiftungen werden durch Fehler bei der Pflege, wesentlich seltener durch belastetes Wasser verursacht. Die typischen Vergiftungserscheinungen sind Atemprobleme, apathisches Verhalten, Schreckhaftigkeit, Blässe oder extreme Farbveränderungen und hektische Schwimmbewegungen.
Die Symptome einer Vergiftung können außerordentlich unterschiedlich und vielfältig sein. Bei Vergiftungsverdacht sollten Sie in einem ersten Schritt grundsätzlich immer die Wasserwerte überprüfen. Durch Pflegefehler oder belastetes

Leitungswasser kommt es vor allem zu Ammoniak- und Nitritvergiftungen.

- **Ammoniakvergiftung.** Bei einer Vergiftung mit ▶ AMMONIAK (Seite 258) stehen die Fische schräg unter der Wasseroberfläche und atmen sichtbar heftig. Die Schräghaltung kann allerdings auch durch Sauerstoffmangel hervorgerufen werden. Bei den größeren Fischen verfärben sich die Kiemen lila. Eine Ammoniakvergiftung tritt nur bei einem pH-Wert › 7 auf, da das Ammoniak bei pH ‹ 7 in das weniger giftige ▶ AMMONIUM (Seite 258) übergeht.

Ursache: Pflegefehler. Besonders häufig in der Startphase des Aquariums durch zu viele organische Abfallprodukte (z. B. Futterreste und tote Tiere), die nicht genügend abgebaut werden. Nicht selten aber auch nach einem Wasserwechsel, wenn der pH-Wert dabei sprunghaft auf einen Wert › 7 steigt.

Abhilfe: Futterreste und Fischleichen aus dem Becken entfernen. Kürzere Wasserwechsel-Intervalle sorgen dafür, dass die Ammonium-Ammoniak-Konzentration reduziert wird. Eventuell einen leistungsfähigeren Filter einsetzen. Falls die Fische es vertragen, sollte man den pH-Wert mit Eichenextrakt (vorsichtig dosieren!) auf unter 7 absenken.

- **Nitritvergiftung.** Bei Atemnot, Apathie und ähnlichen Vergiftungsanzeichen ist sehr häufig ein zu hoher Gehalt an ▶ NITRIT (Seite 269) im Aquarienwasser Ursache der Vergiftung. Bei Verdacht lässt sich die Nitrit-Nitrat-Konzentration mit einem handelsüblichen Tröpfchentest bestimmen. Der Nitritwert darf nie über 0,2 mg/l steigen, in einem eingefahrenen Aquarium ist kein Nitrit nachweisbar.

Ursache: Zu Beginn der Einfahrphase des Aquariums gibt es noch keine Bakterien, die das Nitrit verarbeiten und unschädlich machen (▷ Seite 111). Später kann es durch zu hohe Besatzdichte, ständige Überfütterung und nicht entfernte Tierleichen zu einer Nitritvergiftung kommen.

Abhilfe: Starker Wasserwechsel, gegebenenfalls Verkleinerung des Fischbesatzes.

Schadstoffe im Leitungswasser

Zu Vergiftungen, die von Schadstoffen oder Schwermetallen im Leitungswasser verursacht werden, kommt es eher selten.

- **Ursache:** Vom Wasserwerk oder der Gemeinde erfährt man, ob sich die Wasserqualität verändert hat. Der »Schwimmbadgeruch« deutet auf ▶ CHLOR (Seite 259) hin, das dem Leitungswasser zugesetzt wird.

Nach Installation oder Reinigung von Kupferleitungen können überhöhte Kupferkonzentrationen die Folge sein. Pestizide im Wasser führen zu schleichenden Vergiftungserscheinungen. Zum Teil sind hauseigene Wasserenthärtungsanlagen für die Anreicherung mit Schadstoffen verantwortlich, und auch ein hoher Nitratgehalt kann die Ursache sein.

- **Abhilfe:** Wasserwechsel mit unbelastetem Wasser (Umkehrosmose-Anlage), Aktivkohlefilterung und Wasseraufbereitungsmittel binden/entfernen Schadstoffe. Chlor durch Aktivkohlefilterung bzw. Belüftung beseitigen.

Die häufigsten Krankheiten

Die eindeutige Diagnose von Fischkrankheiten ist auch für den Fachmann nicht immer einfach, denn oft handelt es sich nicht um eindeutige Erreger, sondern um eine Kombination aus Schwächung, Stress und verschiedenen Erregern, die ein unspezifisches Krankheitsbild abgeben. Einige der häufigsten Fischkrankheiten kann man an den typischen Symptomen aber auch ohne tiermedizinische Fachkenntnisse erkennen und erfolgreich therapieren. Nachstehend die wirksamsten Behandlungsmöglichkeiten.

TIPP

Bei Verdacht zum Spezialisten

Infektionen und Vergiftungen sind nicht leicht zu diagnostizieren. Auf keinen Fall sollte man sogenannte Breitbandmittel zur Prophylaxe einsetzen. Ihre Wirkung ist begrenzt, die Belastung für die Tiere oft hoch. Konsultieren Sie einen Tierarzt mit Fachkenntnissen (Adressen in Aquarienzeitschriften oder im Internet).

Weißpünktchenkrankheit oder Ichthyo

Für diese Fischkrankheit gibt es eine Vielzahl wirksamer Medikamente im Zoofachhandel, die meisten auf Basis von Malachitgrünoxalat. Die in der Gebrauchsanweisung angegebene Anwendung und Therapiezeit muss exakt eingehalten werden, da es sonst über die Dauerformen des Hautparasiten zur Neuinfektion kommt. Leider tritt seit wenigen Jahren eine sehr resistente Form der Weißpünktchenkrankheit auf. Falls eine normale Behandlung nicht anspricht, sollten Sie sich unbedingt an den Tierarzt wenden.

Oodinium oder Goldstaubkrankheit

In härterem Wasser werden diese einzelligen Erreger mit speziellen *Oodinium*-Medikamenten aus dem Zoofachhandel bekämpft. In Weichwasseraquarien behandelt man mit Kochsalzzugabe (2 bis 4 Teelöffel jod- und zusatzfreies Salz auf 10 Liter Wasser). Klingt die Krankheit ab, führt man mehrere Teilwasserwechsel durch, um Fische und Pflanzen nicht unnötig zu belasten. Statt *Oodinium* können aber auch *Costia*-Erreger für ein ähnliches Krankheitsbild verantwortlich sein, bei denen Medikamente mit Malachitgrünoxalat zum Einsatz kommen. Mit einfachen Mitteln kann man die beiden Krankheitsformen nur bedingt unterscheiden.

Kiemen- und Hautwürmer

Wenn sich Fische häufig scheuern oder ruckartige Schluckbewegungen machen, sind dafür die in der Regel nur unter dem Mikroskop nachweisbaren Kiemen- und Hautwürmer verantwortlich. Sie lassen sich recht erfolgreich mit Medikamenten aus dem Zoofachhandel oder im Salzbad (▷ Seite 132) behandeln.

Fischtuberkulose

Die Fischtuberkulose oder Bauchwassersucht kann in den meisten Fällen nicht behandelt werden. Betroffene Fische sofort in einem separaten Becken isolieren und mit Breitbandantibiotika behandeln. Das Mittel muss vom Tierarzt verschrieben werden. Auf den Einsatz von Antibiotika im Hauptbecken sollte man verzichten, auch wenn er teilweise empfohlen wird. Wichtig ist die Verbesserung der allgemeinen Haltungsbedingungen. Bei starkem Befall sollten alle Fische getötet (▷ Seite 132), das Aquarium ausgeräumt und Becken, Technik und Zubehör mit einem tuberkuloziden Mittel desinfiziert werden. Achtung: Fischtuberkulose ist über offene Wunden (Hautkratzer) auf den Menschen übertragbar, daher beim Hantieren immer Gummihandschuhe tragen. Die Fischtuberkulose ist eine ▶ FAKTORENKRANKHEIT (Seite 262).

Lochkrankheit

Als Ursache der Lochkrankheit spielen vermutlich einzellige Parasiten (Flagellaten) und Stress durch falsche Wasserwerte oder suboptimale Ernährung eine wichtige Rolle. Befallene Tiere mit vitaminisiertem Futter ernähren und Pflege ganz auf ihre Bedürfnisse ausrichten. Stress durch ungeeignete Vergesellschaftung oder Unterdrückung vermeiden. Die Wirkung von Medikamenten ist umstritten.

Pilze

Die Pilze der Gattung *Saprolegnia* befallen vor allem geschwächte Tiere. Entscheidend ist daher die Verbesserung der Pflegebedingungen. Behandlung mit Medikamenten, die Malachitgrünoxalat enthalten (Zoofachhandel).

Flossenfäule

Die bakteriell verursachte Flossenfäule ist eine ▶ FAKTORENKRANKHEIT (Seite 262). Die Behandlung erfolgt mit verschreibungspflichtigen Antibiotika, in leichteren Fällen erweisen sich auch Medikamente mit Malachitgrünoxalat (Zoofachhandel) als hilfreich.

Weitere Krankheiten, die nicht in der Tabelle rechts genannt sind, befallen oft nur bestimmte Fischfamilien, während andere im gleichen Becken keine Symptome entwickeln. Manchmal handelt es sich um Parasiten, die Wildfangfische schon in der Natur befallen haben, die aber im Aquarium nicht auf andere Fische überspringen.

FISCHKRANKHEITEN IM ÜBERBLICK

Bei vielen Erkrankungen der Fische kann man neben körperlichen Merkmalen auch auffällige Verhaltensänderungen beobachten.

▶ WEISSPÜNKTCHENKRANKHEIT

Symptome	Weiße, maximal 1,5 mm große Pünktchen, die über den gesamten Körper verteilt sind. Heftige Atembewegungen, häufiges Scheuern.
Ursache	einzellige Hautparasiten (*Ichtyophtirius*)

▶ OODINIUM

Symptome	Weißer oder goldener Staubbelag (Pünktchengröße häufig unter 0,3 mm). Tritt zuerst an den Flossen auf, später am ganzen Körper. Die Fische scheuern sich ständig.
Ursache	*Oodinium*-Hautparasiten

▶ KIEMEN- UND HAUTWÜRMER

Symptome	Typisch sind heftiges Atmen, starke Schluckbewegungen und häufiges Scheuern. Die befallenen Tiere fressen nicht mehr.
Ursache	mikroskopisch kleine Würmer (*Gyrodactylus*, *Dactylogyrus*)

▶ FISCHTUBERKULOSE

Symptome	Aufgeblähter Bauch, abstehende Schuppen (erkrankte Tiere sehen wie Tannenzapfen aus), vorstehende Augen (Glotzaugen), zum Teil zerfranste, eingekürzte Flossen mit oder ohne weißlichem Belag.
Ursache	bakterielle Faktorenkrankheit (▷ Seite 130)

▶ LOCHKRANKHEIT

Symptome	Anfangs kleine, später größere grubenartige Vertiefungen am Kopf, teilweise mit weißem Belag. Die Fische sehen »angefressen« aus.
Ursache	Flagellaten (einzellige Schmarotzer und Begleitkrankheiten)

▶ PILZE

Symptome	Watteartige Beläge in der Mundregion, an den Flossenrändern und auf Wunden.
Ursache	*Saprolegnia*-Pilze

▶ FLOSSENFÄULE

Symptome	Die Flossen erkrankter Fische wirken ausgefranst, zerfetzt oder auch angefressen. Zum Teil blutige Stellen an der Flossenbasis.
Ursache	Faktorenkrankheit (▷ Seite 130), von Bakterien verursacht

Fragen & Antworten

Fragen zu Fischkrankheiten

→ *Wie setze ich ein Salzbad an, um Krankheitserreger außerhalb des Aquariums zu behandeln?*

Wenn Fische sich ständig scheuern, sind sie nicht selten von Parasiten befallen (▷ Tabelle, Seite 131). Mit einem Salzbad kann man die Schmarotzer sehr gut bekämpfen. Setzen Sie die erkrankten Fische in einen Eimer und geben Sie ca. 15 g jodfreies Salz dazu. Beobachten Sie die Tiere genau: Wenn sie mit auffälligen Bewegungen und Körperhaltungen (beispielsweise »Kippen« und »Schaukeln«) reagieren, müssen sie umgehend aus dem Salzbad herausgenommen werden. Die Behandlungsdauer darf nur maximal 15 Minuten betragen.

→ *Ich muss mit meinen Fischen zum Tierarzt. Wie verpacke und transportiere ich sie am besten?*

Am besten für den Transport geeignet sind spezielle Fischplastiktüten mit abgerundeten Ecken, die zu einem Drittel mit Wasser gefüllt werden. Den Beutel dann mit Gummiband verschließen und in eine wärmeisolierende Umverpackung legen. Tote Fische gekühlt transportieren, am besten auf Eis.

Wenn Sie beobachten, dass sich Fische in Ihrem Aquarium häufiger am Bodengrund oder an harten Gegenständen scheuern, deutet das auf Krankheitserreger, die auf der Haut sitzen (Ektoparasiten).

→ *Wegen Fischtuberkulose soll ich meinen gesamten Fischbestand töten. Wie gehe ich dabei tierschutzgerecht vor?*

Verwenden Sie Nelkenöl aus der Apotheke. Setzen Sie alle Fische in einen Eimer mit zwei Liter Wasser und mischen Sie zehn Tropfen Nelkenöl dazu, um die Tiere zu betäuben. Durch Untermischung weiterer 50 Tropfen werden die Fische getötet. Beim toten Tier dürfen sich die Kiemen nicht mehr bewegen. Ansonsten muss die Nelkenöldosis erhöht werden.

→ *Die Behandlung ist abgeschlossen, die Fische sind wieder gesund. Wie bekomme ich jetzt die überschüssigen Medikamente wieder aus dem Aquarienwasser?*

Das klappt sehr gut, wenn Sie über Aktivkohle filtern. Die Kohle bindet die meisten Medikamente zuverlässig. Auf alle Fälle sollten Sie jedoch zusätzlich und im Abstand von zwei bis drei Tagen mehrere Teilwasserwechsel von jeweils 20 Prozent durchführen.

→ *Wie viele Fischkrankheiten gibt es denn eigentlich?*

Genau ist das nicht bekannt, aber man kann sicher von mehreren Tausend verschiedenen Krankheitserregern ausgehen. Es gibt über 37.500 Fischarten, und viele von ihnen haben »arttypische« Krankheiten.

→ *Ich möchte mich intensiver mit dem Thema »Fischkrankheiten« auseinandersetzen. Was braucht man, um eigene Untersuchungen durchführen zu können?*

Zunächst einmal ist einschlägige Literatur mit farbigen Abbildungen sehr hilfreich, um einzelne Krankheitsbilder gezielt anzusprechen. Daneben benötigen Sie ein gutes Mikroskop, mit dem Sie Kotproben, Abstriche vom Hautschleim oder – bei toten Fischen – die Kiemen entsprechend vergrößert begutachten können. Für einen Laien keinesfalls zu empfehlen ist die Untersuchung am lebenden Tier.

In mit einfachen luftbetriebenen Innenfiltern ausgestatteten Quarantänebecken können Neuankömmlinge mehrere Wochen separat gehalten werden.

Solche Kontrollen sollten grundsätzlich dem spezialisierten Tierarzt überlassen bleiben, der dafür lange studiert hat und über genügend Erfahrung verfügt, um eindeutige Diagnosen zu stellen. Manche Aquarienvereine bieten einschlägige Informationsveranstaltungen in Kooperation mit Tierärzten an.

→ *Darf ich ein Breitbandmittel einsetzen, um meine Fische prophylaktisch vor Erkrankungen zu schützen?*

Auf keinen Fall! Damit schaden Sie den Tieren und dem Lebensraum Aquarium. Diese Mittel schwächen die Abwehrkräfte der Fische, schädigen die Bakterien im Filter und im Becken und garantieren trotzdem keine absolute Sicherheit bei der Krankheitsbekämpfung. Die Therapie und der erfolgreiche Einsatz von Medikamenten basieren ausschließlich auf einer gründlichen Diagnose, am besten durch den Tierarzt.

→ *Meine Fische sind wahrscheinlich durch neu eingesetzte Tiere mit der Weißpünktchenkrankheit infiziert worden. Wie verhindere ich wirkungsvoll, dass sich die Krankheit auf alle meine Becken ausbreitet?*

Um die Übertragung von Krankheiten durch Neuzugänge zu unterbinden, muss man ein Quarantänebecken (▷ Seite 115) einrichten. Damit eine Krankheit nicht von einem auf das andere Becken übertragen wird, sollten Sie für jedes Aquarium eine eigene Garnitur von Fangnetzen, Schläuchen für den Wasserwechsel und ähnlichem Zubehör verwenden. Ansonsten muss man die Gerätschaften nach jedem Gebrauch in einem Eimer mit Desinfektionslösung reinigen, beispielsweise mit Kaliumpermanganatlösung (aus der Apotheke). Nehmen Sie dazu so viel Pulver, bis sich das Wasser tiefviolett färbt. Es gibt auch spezielle Mittel aus der Aquakultur. Alle Geräte vor Wiedergebrauch unbedingt in klarem Wasser spülen.

→ *Meine Fische scheiden seit einigen Tagen fädigen und weißen Kot aus. Was bedeutet das?*

Wenn die Fische diese Fäden nicht nur einmal, sondern über längere Zeit ausscheiden, können sie entweder mit Würmern oder mit einzelligen Darmparasiten infiziert sein, die z. B. die Lochkrankheit (▷ Seite 130) verursachen. Diagnose und Therapie gehören in die Hände des Tierarztes. Auf keinen Fall Medikamente aus der Humanmedizin verwenden!

→ *Was sollte man als Aquarianer für den Notfall immer zur Hand haben?*

Mit einem Mittel, das Malachitgrünoxalat enthält, jodfreiem Salz und vor allem mit einer guten Beobachtungsgabe sind Sie für viele Aquarienkrankheiten gut gerüstet.

Nach Behandlungsende entfernt Aktivkohle effektiv hochmolekulare chemische Medikamentenrückstände aus dem Wasser.

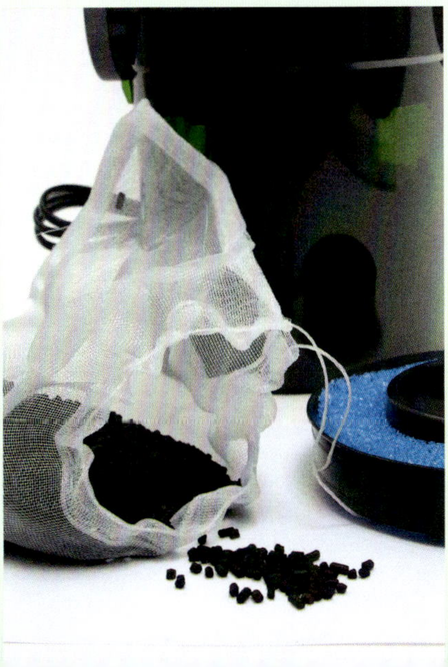

FISCHZUCHT NANOS MEERWASSER

»Ein Aquarium bleibt selten allein.« Wer im ersten Aquarium seines Lebens faszinierende Beobachtungen gemacht oder seine Guppys auf Anhieb erfolgreich nachgezüchtet hat, ist meist schon dem »Aquarienvirus« verfallen und geht mit Begeisterung auch komplexere aquaristische Herausforderungen an. Wie etwa die Zucht heikler Arten, die Pflege von Kleinstfischen in Miniaturaquarien (»Nanos«) oder die Meerwasseraquaristik. Dieses Kapitel hilft Ihnen, den Einstieg in die Hohe Schule der Aquaristik zu meistern.

Vermehrung und Zucht von Fischen

Mit etwas Wissen über die Fortpflanzungsbiologie der Fische und die wichtigsten Methoden ihrer Aufzucht legen Sie den Grundstein für ein erfolgreiches Züchten.

KEIN BUCH MIT SIEBEN SIEGELN. Viele Menschen und selbst manche Aquarianer sind davon überzeugt, dass es viel Erfahrung und Aufwand braucht, um wasserlebende Tiere zu züchten. Das stimmt für Krebstiere und eine Reihe von Fischen: Sie produzieren winzige Eier oder Larven, die man nur mit genauen Kenntnissen der Biologie, spezieller Kost und kleinsten Futterpartikeln aufziehen kann – und manchmal auch gar nicht. Doch die meisten Zierfische lassen sich durchaus zur Fortpflanzung stimulieren und in relativ einfachen Zuchtbecken aufziehen. Bei nicht wenigen gelingt das sogar im Hauptbecken. Sie übernehmen die Aufzucht und Brutpflege selbst.

Grundlagen der Aufzucht

Die weitaus meisten Aquarienfische im Zierfischhandel stammen aus Nachzuchten und nicht aus Wildfängen. Um Aquarientiere zu züchten, müssen sie in Fortpflanzungsstimmung sein (▷ Seite 17). Das setzt voraus, dass man ihnen möglichst die Lebens- und Umweltbedingungen bietet, die sie während der Paarungszeit in freier Natur vorfinden würden. Fütterung, Wasserverhältnisse und Vergesellschaftung müssen also stimmen, damit die Tiere laichreif werden. Der Paarung voraus gehen bei vielen Arten die Auswahl des Partners und meist ritualisierte Balzspiele.

Winziger Nachwuchs

Viele Fische und Krebstiere produzieren Eier, aus denen recht unfertige Larven schlüpfen, die ihren Eltern kaum ähneln. Statt richtiger Flossen haben Fischlarven einen Flossensaum, ihr Maul sowie ihre Augen sind unverhältnismäßig groß, und der Bauch ist durch den sogenannten ▶ DOTTERSACK (Seite 261) stark aufgetrieben. Auch die meisten Krebslarven sehen völlig anders aus als die erwachsenen Tiere. Weil die Larven winzig sind, ist diese Entwicklungsphase besonders kritisch. Die Eier der ▶ FREILAICHER (Seite 263) sind in der Regel kleiner als die der ▶ SUBSTRATLAICHER (Seite 272), dafür aber zahlreicher. Ist der Dottervorrat verbraucht, wandern die Larven der meisten Arten ins freie Wasser und suchen hier nach Nahrung. In dieser Phase muss man den Winzlingen gezielt geeignetes Aufzuchtfutter (▷ Seite 142) anbieten. Der Pflegeaufwand in den ersten Wochen ist beträchtlich, da die Larven nur mikroskopisch kleine Futterpartikel aufnehmen. Während der Larvalzeit wächst die Brut kräftig, und die Larven verwandeln sich in Jungfische, die den erwachsenen Fischen jetzt schon sehr ähnlich sehen. Die Larven der Lebendgebärenden verbringen die kritische Larvenphase teilweise im Mutterleib, kommen schon relativ groß auf die Welt und lassen sich leichter aufziehen. Auch viele brutpflegende Arten, besonders die ▶ MAULBRÜTER (Seite 267), produzieren größere Eier und Larven, die man relativ problemlos mit größerem Futter ernähren kann.

Die Wasserqualität muss stimmen

Die erfolgreiche Aufzucht der Eier, Larven und Jungfische hängt in erster Linie von der Qualität des Aquarienwassers und des Aufzuchtfutters ab. Eier und Larven stellen in der Regel höhere Ansprüche an die Wasserqualität als erwachsene (adulte) Tiere. Daher kommt es im Aquarium zwar meist zur Eiablage, manchmal aber nicht zur Eireifung. Sobald der Dottersack aufgezehrt ist, muss der Fischnachwuchs mit hochwertigem Aufzuchtfutter versorgt werden. Weil Jungfische sehr schnell wachsen, muss ihre Nahrung besonders hohe Anteile bestimmter Inhaltsstoffe enthalten. Stimmen die Aufzuchtbedingungen nicht, sind irreversible Schäden die Folge, z. B. Missbildungen, Zwergwuchs oder eine erhöhte Anfälligkeit für Infektionen. Im Zoofachhandel gibt es heute hochwertige Aufzuchtfuttersorten. Kleine Futtertiere kann man ohne viel Aufwand selbst züchten (▷ Seite 142/143). Erst damit ist bei vielen Fischarten eine Nachzucht möglich geworden, an die noch vor wenigen Jahren nicht zu denken war.

Probleme mit brutpflegenden Arten

Während der Brutpflege verteidigen die meisten Fischarten ihr Revier unerbittlich, selbst gegen wesentlich größere Eindringlinge. Nach dem Schlupf der Larven kann das in einem Gesellschaftsaquarium zu Problemen führen, auch wenn bisher alles friedlich ablief. Die brutpflegenden Eltern vertreiben jeden vermeintlichen Feind aus ihrem Eigenbezirk und verfolgen ihn sogar darüber hinaus. Wenn das Becken zu klein ist oder kaum Rückzugsmöglichkeiten bietet, kann sich der Gejagte nicht in Sicherheit bringen und wird möglicherweise im Kampf verletzt.

Zuchtanleitung für Aquarienfische

Wenn die Pflegebedingungen ihre Ansprüche erfüllen, pflanzen sich viele Aquarienfische fort, ohne besonders stimuliert werden zu müssen.

Die Fischhochzeit kündigt sich oft durch verstärkte Territorialität und auffällige Balzrituale an. Gar nicht so selten registriert der überraschte Aquarianer aber erst durch die unvermittelt auftauchenden Jungfische, dass überhaupt Nachwuchs unterwegs war. Wer nur wenige Tiere aufziehen möchte, weil es ihm lediglich um die Bestandssicherung geht, kommt oft ohne ▶ ZUCHTBECKEN (Seite 273) aus und kann die Jungfische (auch junge Krebstiere) durchaus auch direkt im Haltungsbecken pflegen.

Aufzucht im Haltungsbecken

In einem Haltungsbecken überleben Larven und Jungfische nur dann, wenn sie sich vor möglichen Fressfeinden in Sicherheit bringen können. Gefährlich werden ihnen artfremde Mitbewohner, aber auch größere Artgenossen. Wichtig ist, dass sie selbst in ihren Verstecken oder dort, wo brutpflegende Eltern sie versorgen und beschützen, ausreichend mit Jungfischfutter versorgt werden. Folgende Regeln sollten Sie bei der Jungfischaufzucht im Haltungsbecken beachten:

- **Kleine Mitbewohner bevorzugt.** Die Jungfische sollten nur mit Arten vergesellschaftet werden, von denen ihnen keinerlei Gefahr droht. Da das vorher nur schwierig zu beurteilen ist, wählt man am besten kleinere Arten als Mitbewohner aus, die darüber hinaus in anderen Wasserschichten leben als die Jungtiere.
- **Geringe Besatzdichte.** Im Haltungsbecken sollten auf jeden Fall nicht allzu viele Fische leben. Bei hoher Besatzdichte ist das Risiko größer, dass die Jungfische verfolgt, verletzt oder sogar gefressen werden.
- **Futter für die Jäger.** Versorgen Sie die erwachsenen Fische ausreichend mit Futter, bis sie satt sind. Ein voller Magen macht auch Fische träge, und träge Fische jagen seltener – also eine Art Lebensversicherung für den Nachwuchs.
- **Verstecke retten Leben.** Ohne Verstecke überleben die Jungen nicht. Je mehr, desto besser: Schwimmpflanzen-Dickichte, krautige und feinfiedrige Pflanzenecken, eine reich strukturierte Falllaubschicht auf dem Aquarienboden (▷ Tabelle, Seite 91) und künstliche Miniverstecke. Als Miniverstecke eignen sich kurze Plastikröhren oder Beckenbereiche, die mit Perlongaze gesichert werden und für größere Fische unzugänglich sind.
- **Punktfütterung.** Fischnachwuchs muss in den Verstecken mit geeignetem Jungfischfutter versorgt werden. *Artemia*-Nauplien, andere kleine Futtertiere oder synthetisches Jungfischfutter kann man mithilfe einer Einwegspritze (ohne Nadel) durch ein dünnes Plastikrohr gezielt dorthin spritzen, wo sich die Jungfische gerade aufhalten.
- **Sauberes Becken.** Weil während der Aufzuchtphase reichlicher gefüttert wird, bleiben naürlich auch vermehrt Futterreste übrig, die das Wasser belasten. Da Jungfische in der Regel krankheitsanfälliger sind als erwachsene Tiere und in belastetem Wasser schlechter wachsen, sollte man die Futterreste möglichst rasch entfernen. Sinnvoll sind darüber hinaus häufigere Teilwasserwechsel. Zur Unterstützung kann man einen Oxydator (▷ Seite 74) einsetzen, der die Verunreinigung des Wassers mit organischen Stoffen effektiv reduziert.

Dieses Zwergbuntbarschweibchen (*Pelvicachromis kribensis*) hütet seine Jungen in der Nähe der Bruthöhle. Dort sollten sie gezielt gefüttert werden.

Aufzucht im Einhängebecken

Häufig lässt sich in einem Haltungsbecken nicht richtig kontrollieren, ob die Jungfische genügend Futter bekommen und ob sie vor den Nachstellungen anderer Aquarienbewohner sicher sind. Im Zweifelsfall sollte die Brut in ein separates Aufzucht- oder Zuchtbecken gesetzt werden (▷ auch Seite 140).
Wenn Sie jedoch nur eine kleine Zahl an Jungfischen aufziehen möchten, funktioniert das ohne allzu großen Aufwand in einem Einhängekasten. Als Kasten funktioniert man ein kleines Plastikaquarium um und hängt es in das eigentliche Haltungsbecken. Das ist eine einfache, elegante und sichere Lösung, weil Temperatur und Wasserwerte im Einhängekasten mit denen des Haltungsbeckens übereinstimmen.
Der Kasten wird mit winzigen Löchern oder einer Plastikgaze und einem Luftheber ausgestattet, um trotz des geringen Volumens für einen kontinuierlichen Wasseraustausch zu sorgen (▷ Was tun, wenn ..., rechts). Sogenannte Ablaichkästen, die im Handel für die Isolierung trächtiger Weibchen Lebendgebärender Zahnkarpfen angeboten werden, eignen sich weniger, weil sie meist viel zu klein konstruiert sind.
Mit einer ▶ FANGGLOCKE (Seite 262) fängt man die Larven oder Jungfische vorsichtig ein und überführt sie in den Einhängekasten. Dort bleiben sie, bis sie entweder in ein größeres Aufzuchtbecken umgesetzt werden können oder groß genug sind, um im Haltungsbecken zu überleben, oder aber an interessierte Aquarianer abgegeben werden.

WAS TUN, WENN ...

... es keinen geeigneten Aufzuchtkasten für Jungfische gibt?

Im Becken tauchen immer wieder Larven oder Jungfische von Arten auf. Das Umsetzen in einen Ablaichkasten für Lebendgebärende war nicht erfolgreich. Wie kann man den Nachwuchs unterbringen, damit er eine Chance hat?

URSACHE: Die Jungfische fühlen sich im Haltungsbecken wohl, weil die Bedingungen dort ihre Ansprüche erfüllen. Der Ablaichkasten scheint ihnen aber zu klein zu sein.

LÖSUNG: Basteln Sie den Jungfischen einen größeren Einhängekasten. Dazu brauchen Sie ein kleines Plastikaquarium, einen Mini-Schaumstoffpatronenfilter mit Luftheber, eine Bohrmaschine mit Holzbohrer (6 mm), Kabelbinder und feinen blauen Filterschaumstoff. Bohren Sie viele Löcher in eine Seitenscheibe und schneiden Sie aus dem Filterschaumstoff zwei Blöcke zu, die direkt vor die durchlöcherte Seitenscheibe geklemmt werden. Danach den Filter mit Kabelbindern befestigen (eventuell zur Befestigung ein kleines Loch über der Wasseroberfläche bohren) und den Kasten ins Aquarium einhängen. Den Filter mit einer Membranpumpe in Betrieb nehmen, sodass er nur leicht perlt. Professionelle Einhängekästen für Aufzuchtzwecke werden inzwischen auch im Internet angeboten (▷ Seite 141).

Was tun mit zu vielen Jungfischen?

Grundsätzlich sollte man nur dann Jungfische aufziehen, wenn schon vorher sichergestellt ist, wofür sie verwendet werden sollen. Für viele Aquarianer ist es eine reizvolle Herausforderung, eine große Schar von Jungfischen aufzuziehen. Wenn sich dann allerdings keine Abnehmer finden, verwandelt sich der Traum des Züchters schnell in einen Albtraum für die Nachzucht.
Hat man mehrere Hundert Jungfische aufgepäppelt, fehlt es nicht selten an geeigneten Unterbringungsmöglichkeiten und Futter. Auch die bei einem derart hohen Besatz notwendige Wasserpflege lässt sich häufig kaum gewährleisten.
Einen möglichen Ausweg aus dieser Situation bietet der Verkauf der Fische auf den Fischbörsen der Vereine oder die Offerte in den Tauschbörsenportalen im Internet.
Für seltenere Nachzuchten interessieren sich in der Regel auch die Zoofachhändler. Voraussetzung sind dabei in jedem Fall aber absolut gesunde Fische.

Gezielt züchten im Zuchtbecken

Wer Fische gezielt verpaaren möchte, bei den Nachzuchten nichts dem Zufall überlassen oder viele Jungfische aufziehen will, kommt an einem separaten Zuchtbecken nicht vorbei. Denn es bietet die besten Voraussetzungen für eine kontrollierte Aufzucht.

Vorteile des Zuchtbeckens

Wenn einige Punkte beachtet werden und die Besatzdichte anderer Fische nicht zu groß ist, lassen sich viele brutpflegende Fischarten durchaus im Haltungsbecken züchten (▷ Seite 138). Für nicht brutpflegende Arten ist jedoch ein Zuchtbecken, beispielsweise ein Keilbecken (▷ rechts), die eindeutig bessere Wahl, weil hier die Überlebenschancen für den Nachwuchs wesentlich höher liegen als im Haltungsbecken. Jede Fischart stellt andere Zuchtansprüche, deshalb gibt es weder das optimale Zuchtbecken noch die ideale Aufzuchtmethode, die für alle gleichermaßen geeignet ist.
Die grundsätzlichen Vorteile eines separaten Zuchtbeckens lassen sich in einigen wenigen Punkten zusammenfassen:

- **Aufzucht und Pflege.** In einem Zuchtbecken lassen sich optimale und in jeder Phase kontrollierbare Bedingungen für die Elterntiere schaffen.
- **Fütterung.** Es kann auf diese Weise eine abwechslungsreiche und auf die speziellen Bedürfnisse der Zuchtfische abgestimmte Ernährung gesichert werden.
- **Zuchtwahl.** Es kann eine selektive Auswahl gesunder Zuchttiere vorgenommen werden, die dem geforderten Zuchttypus entsprechen und die erwünschten Merkmale (z. B. Farben und Zeichnungen) besitzen.
- **Krankheitsvorbeugung.** Ein Zuchtbecken bietet den besten Schutz vor Infektionskrankheiten und anderen Krankheitserregern, die den Erfolg einer Zucht gefährden könnten.
- **Stressfrei.** Im Zuchtbecken kommt es nicht zu Attacken und ähnlich aggressiven Verhaltensweisen anderer Aquarienbewohner, wie sie im Haltungsbecken die Aufzucht zum Teil nachhaltig stören oder gar vereiteln.

Patentrezepte gibt es nicht

Züchten beinhaltet jedoch immer auch Unwägbarkeiten und Risiken, selbst wenn alle Voraussetzungen erfüllt scheinen. Nur wenige Arten lassen sich quasi auf Kommando züchten, an so manchen Arten beißen sich auch erfahrene Züchter die Zähne aus. Deshalb gilt vor allem für Neulinge bei der Zucht von Aquarienfischen die Regel: Viel Geduld mitbringen und praktische Erfahrungen sammeln.

Züchten mit nicht brutpflegenden Fischen

In einem Zuchtbecken kann man Zuchtpaare und -gruppen nicht brutpflegender Fische so unterbringen, dass sowohl Eier und Larven als auch Jungfische gezielt versorgt werden können und vor schädlichen Umwelteinflüssen (z. B. nicht angepassten Wasserwerten) oder vor Fressfeinden – zu denen nicht selten die eigenen Eltern gehören – geschützt sind. Ein Zuchtbecken muss keine ästhetischen Ansprüche erfüllen, es soll ausschließlich zweckdienlich sein. Mit der Aufzucht nicht brutpflegender Fische in einem Keilbecken oder einem Einhängekasten haben sich mittlerweile einfache Verfahren etabliert, mit denen auch Einsteiger zum Zuchterfolg kommen.

- **Daueransatz im Keilbecken.** In einem Keilbecken lassen sich nicht brutpflegende Arten ohne großen Aufwand im Daueransatz vermehren. Die Elterntiere werden paarweise oder als Gruppe in einem gesonderten Ablaichabteil gehalten und versorgt. Dieses Ablaichabteil ist durch einen Glaskeil vom Aufzuchtabteil getrennt. Verbunden sind die beiden Abteile nur durch einen 1 bis 2 mm breiten Spalt, der von den Fischlarven, aber nicht von ihren Eltern passiert werden kann. Clou des Beckens ist ein eingefahrener Schwammfilter im Aufzuchtabteil mit Ausfluss im Ablaichabteil. Dadurch entsteht ein leichter Sog, der die Jungtiere wie in einer Reuse ins Aufzuchtabteil leitet. Dort sammeln sich die Larven, sind sicher vor ihren möglicherweise räuberischen Eltern und können gezielt gefüttert werden, bis

Keilbecken im Einsatz: Auf dem Laichrost liegt Javamoos, über dem die Fische ablaichen. Schwimmen die Larven frei, werden sie in das rechte Abteil gesaugt und sind dort vor den gierigen Eltern geschützt.

Professioneller Einhängekasten: Jungfische können mit feinster Nahrung gefüttert und über den Luftheber mit Wasser aus dem Hauptbecken versorgt werden. Die Gaze stellt sicher, dass das feine Jungfischfutter zurückgehalten wird.

sie später in ein größeres Aufzuchtbecken kommen. Der Schwammfilter sorgt für gute Wasserverhältnisse, und die winzigen Nahrungspartikel auf seiner Oberfläche werden von den Larven und Jungfischen abgeweidet. Das Inventar des Ablaichabteils beschränkt sich auf feinfiedrige und möglichst schneckenfreie Wasserpflanzen (wie z. B. Javamoos), grüne Perlonwatte und eventuell einen ▶ LAICHROST (Seite 265). Wie bei anderen Zuchtbecken verzichtet man auf den Bodengrund. Laichroste lassen sich leicht aus Kunststoffgittern oder -netzen selbst herstellen. Achten muss man lediglich darauf, dass die Maschen eng genug sind, damit die erwachsenen Tiere nicht hindurchschwimmen können. Eingesetzt wird der Laichrost über dem Aquarienboden, wobei auch an den Seiten keine Schlupflöcher offen bleiben dürfen.

Züchten mit brutpflegenden Arten

Bei vielen brutpflegenden Arten stellt sich Nachwuchs am schnellsten ein, wenn die Fische im artgerecht eingerichteten Haltungsbecken bleiben. Je nach Pflegebereitschaft der Eltern und Vergesellschaftung müssen die Jungtiere aber früher oder später in einem separaten Becken mit identischen Wasserverhältnissen aufgezogen werden. Das ist vor allem dann nötig, wenn es nur wenige oder sehr kleine Junge sind, die man im Haltungsbecken nicht ausreichend füttern kann oder die von Fressfeinden verfolgt werden.

• **Einhängekasten.** Eine gute Lösung bieten Einhängekästen, die mit einem leicht perlenden ▶ LUFTHEBER (Seite 266) ausgestattet sind. Er pumpt ständig Beckenwasser in den Kasten, das langsam hindurchströmt und durch einen Filterschwamm und ein feinmaschiges Gazefenster wieder zurück ins Haltungsbecken gelangt. Die Gaze stellt sicher, dass das feine Jungfischfutter zurückgehalten wird, gleichzeitig aber die Qualität des Wassers durch den kontinuierlichen Wasserwechsel gewährleistet ist.

Im Zoofachhandel sind Einhängekästen eher Mangelware. Auf Seite 139 finden Sie jedoch eine anschauliche Bauanleitung, nach der man einfache Kästen mit ein wenig Geschick selbst basteln kann. Auf Internetseiten werden darüber hinaus aber auch professionelle Einhängekästen angeboten. Modelle aus Plastik, die es ab und zu im Handel zu kaufen gibt, überzeugen allerdings wegen ihrer unbefriedigenden Wasserzirkulation und der häufig überdimensionierten Maschenweite meist nicht.

Aufzucht und Fütterung der Jungfische

Sobald die Jungfische geschlüpft sind und nach dem Aufzehren ihres Dottersacks frei herumschwimmen, beginnt die eigentliche Aufzucht – entweder im Aufzuchtabteil, im Einhängekasten oder im Aufzuchtbecken. Die Jungen brutpflegender Buntbarsche kann man oft auch im Haltungsbecken füttern, wenn ihnen Jungfischfutter – Trockenfutter und *Artemia*-Nauplien – gezielt angeboten wird (▷ Seite 138).

Einrichten des Aufzuchtbeckens

Für die Aufzucht vieler Jungfische braucht man ein größeres Aufzuchtbecken. Zur Einrichtung gehören neben der Heizung auch ein großvolumiger Schwammfilter, ein Gerät zur guten Sauerstoffversorgung (z. B. ein Oxydator) sowie flutende Wasserpflanzen oder – abhängig von der Fischart – auch Äste, Wurzeln, Plastikröhrchen und Buchenblätter, mit denen sich die Unterwasserwelt strukturieren lässt.
Wachstum und Vitalität der Jungfische sind zum einen von unbelastetem Wasser abhängig, zum anderen von hochwertigem Aufzuchtfutter, das täglich mindestens zweimal gegeben werden muss. Je nach Besatzdichte wird die Wasserqualität durch häufige Teilwasserwechsel mit vorbereitetem Wasser und durch tägliches Absaugen der Futterreste und des Kots konstant gehalten. Als Resteverwerter empfehlen sich Schnecken. Kränkliche und missgebildete Jungfische sortiert man grundsätzlich aus.

Aufzuchtfutter

Die meisten Fischlarven benötigen zumindest in den ersten Lebenstagen und -wochen ein besonders feines Aufzuchtfutter. Je nach Größe und Verhalten der Larven kann Kunstfutter verwendet werden. In vielen Fällen muss man allerdings selbst gezogenes Lebendfutter anbieten, das auf die Ansprüche der jeweiligen Arten abgestimmt ist. Besondere Bedeutung haben dabei die *Artemia*-Nauplien. Sie haben die Fischzucht revolutioniert, weil mit ihnen zu jeder Zeit feines Lebendfutter verfügbar ist.

Artemia-Nauplien aus Dauereiern

Artemia-Nauplien sind die Larven der kleinen Salinenkrebse, die man mit geringem Aufwand aus Dauereiern zum Schlupf bringen kann. Sie sind ein ausgezeichnetes und hochwertiges Jungfischfutter und meist immer verfügbar. Auch erwachsene Fische, vor allem die Zwergarten, nehmen frisch geschlüpfte *Artemia*-Nauplien gern. Da der Nährstoffgehalt der Nauplien nach dem Schlupf rapide abnimmt, müssen sie zügig verfüttert werden. *Artemia*-Eier erhalten Sie in unterschiedlicher Qualität und Größensortierung. Die kleinsten (und teuersten) Eier sind für besonders kleine Jungfische die erste Wahl. Wer ernsthaft züchten will, besorgt sich eine größere Menge *Artemia*-Eier, portioniert sie in kleinen, luftdicht verschließbaren Dosen mit ca. 50 bis 100 ml Volumen und friert sie ein. Der Vorrat bleibt so über ein Jahr haltbar. Nach dem Auftauen und Füttern sollten Sie die Dose mit dem Restfutter wieder gut verschließen und im Kühlschrank aufbewahren.

Nauplienanzucht in der Flasche

- Zwei Flaschen (je 0,75 Liter) oder *Artemia*-Kulturgeräte (▷ Foto, Seite 124) werden per Belüftungsschlauch aus einer Membranluftpumpe mit schwach perlender Luft versorgt. Der Schlauch reicht bis zum Flaschenboden.
- Flaschen mit je 500 ml Salzwasser (ca. 15 g jodfreies Kochsalz auf 500 ml Wasser) füllen.
- Mit dem Trichter je nach Jungenzahl einen halben bis max. zwei Teelöffel Dauereier in die Flaschen füllen und Belüftung einschalten, um die Eier leicht in Bewegung zu halten.
- Flaschen warm stellen (ca. 25 °C), evtl. im kleinen Glasbecken mit Aquarienheizer. Nach 20 bis 24 Stunden schlüpfen die Nauplien.
- Im Folgenden täglich eine Flasche neu ansetzen, damit kontinuierlich Nauplien zur Verfügung stehen. Bei komplettem Neuansatz die Flaschen mit heißem Wasser ausspülen.
- Zur Verfütterung die Luftpumpe abstellen. Die Eierschalen, die nicht verfüttert werden dürfen,

treiben dann nach oben, die rötlichen *Artemia*-Nauplien setzen sich unten ab. Sie werden mit einem Luftschlauch abgesaugt, dabei über ein *Artemia*-Sieb (aus dem Zoofachhandel) abgefangen, kurz unter Leitungswasser abgespült und mit einem Teelöffel direkt ins Aufzuchtbecken gegeben.
Tipp: Die abgesaugten Nauplien kann man ca. 24 Stunden lang als zähflüssigen Brei im Kühlschrank aufbewahren. Verwenden Sie dazu flache, verschließbare Gefäße, damit die Nauplien nicht austrocknen. Auf diese Weise kann man problemlos mehrmals täglich kleinere Mengen verfüttern. Für sehr anspruchsvolle Jungfische reichert man den Brei im Abstand von einigen Tagen mit Zusatzstoffen an, z. B. mit Multivitaminpräparaten oder Lachsöl, das reich an ungesättigten Fettsäuren ist und als Kapseln in der Apotheke angeboten wird.

Die Larven des Langflossen-Harnischwelses haben noch Reste des Dottersacks. Ist er aufgezehrt, sollten sie in ein Aufzuchtbecken überführt werden. Dort sind Futter und Wasserqualität gut kontrollierbar.

Nauplienanzucht in der Schale

Wer nur wenige Jungfische aufzieht, braucht auch nur eine kleine Menge an Nauplien und kann dann auf die Belüftung mit der Membranpumpe verzichten. Völlig ausreichend ist hier ein Ansatz in flachen Schalen mit Salzwasser, die an einem warmen Ort aufgestellt werden. Geeignete Schalen gibt es im Zoofachhandel, sie lassen sich aber auch sehr einfach selbst herstellen. Von den Eierschalen werden die Nauplien getrennt, indem man dafür sorgt, dass nur ein Teil der Schale beleuchtet wird (▷ Foto, Seite 124). Die Nauplien werden vom Licht angezogen, sammeln sich in diesem Schalenbereich und können problemlos mit einer Pipette oder Plastikspritze vom Schalenboden abgesaugt und wie oben beschrieben verfüttert werden.

Futteralternativen

Synthetisches Trocken- oder Flüssigfutter ist eine interessante Alternative für Jungfische, die nicht auf Lebendfutter angewiesen sind. Eine Zwischenform stellen die entschalten *Artemia*-Eier dar. Sie haben den gleichen Nährwert wie *Artemia*-Nauplien und werden von vielen Jungfischen angenommen. Den sehr kleinen Jungfischen mancher eierlegenden Arten muss man in den ersten Tagen Pantoffel- oder Rädertierchen anbieten. Süßwasserrädertierchen sind besonders wertvoll, aber schwer zu bekommen und noch schwerer zu züchten. Einfacher ist die Zucht der Pantoffeltierchen oder ähnlicher Einzeller, die in Heuaufgüssen oder Milchkulturen gehalten werden. Hier lohnt es sich, Zuchtansätze über Aquarienvereine zu besorgen und sich genau an die mitgelieferten Kulturempfehlungen zu halten. Leicht züchten lassen sich auch einige kleine Wurmarten wie Mikro- und Essigälchen. Auch für die Anzucht diese Futtertiere sind kaum Hilfsmittel nötig. Detaillierte Beschreibungen und Zuchtanleitungen für die verschiedenen Futtertiere und Fütterungsmethoden finden Sie in der Fachliteratur über Fischzucht und auf den einschlägigen Seiten im Internet.

Zwerge im Mini-Aquarium

Es ist klein, eignet sich nur für kleine und kleinste Wassertiere und verlangt mehr Pflege als große Becken: Trotzdem ist das Nano ein vollwertiges Aquarium.

VOLLWERTIGES AQUARIUM. So mancher gestandene Aquarianer rümpft beim Anblick eines Nanos die Nase. Ein Mini-Aquarium mit 30, vielleicht sogar nur 20 Liter Inhalt? Das kann kein artgerechter Lebensraum für Fische und andere Aquarienbewohner sein. Auch wenn sich diese Einschätzung hartnäckig hält, ist sie falsch. In den kleinen Becken kann man einen faszinierenden Mikrokosmos erschaffen, in dem kleinste Fische und zarte Garnelen optimal zur Geltung kommen. Mehr noch bietet das Nano-Aquarium einer Reihe von Fischzwergen das bessere Zuhause, weil sie hier leichter gepflegt und gezielt gefüttert werden können.

Das Nano als vollwertiges Aquarium

Ein Nano-Aquarium benötigt mit einer Kantenlänge von 30 bis 50 cm und einem Nettovolumen von ca. 20 bis 30 Liter sehr wenig Platz. Es ist in der Anschaffung deutlich günstiger als ein normal großes Becken, verlangt aber eine aufmerksamere Pflege. Vor allem dem Wasser muss im Nano wegen des geringen Volumens viel Aufmerksamkeit gewidmet werden, weil es auf Verunreinigung und Temperaturschwankungen besonders sensibel reagiert.

Ein ganz besonderer Lebensraum

Ebenso gut wie ein großes Aquarium kann das Nano einer Gruppe von Fischen oder Garnelen artgerechte Lebensbedingungen bieten, vorausgesetzt, man beschränkt sich dabei auf Kleinstformen mit wenig ausgeprägten Revieransprüchen. Einige Zwergarten, die in der Weite großer Becken fast verloren gehen, können hier sogar besser mit dem meist notwendigen winzigen Lebendfutter versorgt werden. Wegen des geringen Beckenvolumens muss man jedoch sowohl bei der Einrichtung als auch bei der Auswahl und Pflege der Nano-Bewohner einige Besonderheiten berücksichtigen.

- **Wassertemperatur:** Nanos sind weniger temperaturstabil als große Becken, sie kühlen sehr schnell aus und überhitzen leicht. Deshalb dürfen sie weder in die Sonne noch neben einen Heizkörper oder in ungeheizten Räumen platziert werden. Regelheizer mit kleinen Leistungsstufen verwenden, um Temperaturschwankungen in der Heizphase zu vermeiden. Auf Beleuchtung ohne starke Hitzeentwicklung achten.
- **Wasserpflege:** Futterreste oder ein totes Tier belasten das Wasser im Nano sehr stark. Deshalb nur wenige kleinste Tiere (Fische und Garnelen) einsetzen. Trocken- oder Gefrierfutter sparsam füttern, besser auf Lebendfutter umstellen, das sich mehrere Tage hält, ohne das Wasser zu belasten. Restevertilger (Schnecken) und krautige Wasserpflanzen (Hornkraut, Wasserschlauch, Javamoos) unterstützen die Wasserpflege. Wasserwechsel wöchentlich (▷ Info, rechts) oder kontinuierlicher Wasserwechsel (aus dem Wasserreservoir mit Dosierpumpe). Ein relativ großvolumiger Filter und ein Mini-Oxydator sorgen auch bei hoher Wasserbelastung für ausreichend Pufferkapazitäten bei der Wasserpflege.
- **Arten mit besonderen Ansprüchen:** Sie lassen sich im Nano oft leichter pflegen. Das gilt beispielsweise für Zwergarten, die spezielle Wasserwerte oder schwer nachzuzüchtendes Lebendfutter brauchen. Die Versorgung ist beim geringen Futterbedarf der Kleinstfische weniger problematisch. Einigen trägen Arten, die sich von Lebendfutter ernähren, muss das Futter direkt vors Maul schwimmen, damit es wahrgenommen wird. Das gilt etwa für Zwergsüßwassernadeln, Prachtguramis und manche Grundeln, die in kleinräumigen Nanos besser zu pflegen sind. Schließlich ist ein mit vielen krautigen Pflanzen bestücktes Nano der richtige Platz für Fischarten, die nur wenige winzige Junge produzieren, die sich kaum gezielt füttern lassen. Im Pflanzenwald des Nano-Aquariums finden die Jungen genügend Mikrofutter, weil sich auf der großen Oberfläche krautiger Pflanzen sehr viele verwertbare Mikroorganismen ansiedeln.

INFO

Die Gießkannenmethode

Wöchentlicher Teilwasserwechsel: Gießkanne mit 5 bis 10 Liter aufbereitetem Wasser, Trichter, Schlauch und Eimer bereitstellen. Einen Teil des Beckenwassers mit dem Schlauch in den Eimer ablassen, danach Wasser aus der Gießkanne über den Trichter ins Nano füllen. Eimer im Bad entleeren und sofort die Gießkanne neu mit aufbereitetem Wasser füllen, damit es beim nächsten Mal schon Zimmertemperatur hat. Dauer: keine fünf Minuten.

Nanos einrichten und pflegen

Das Nano-Aquarium ist deutlich kleiner als ein Standardbecken und verlangt besonders aufmerksame Pflege. In Einrichtung und technischer Ausstattung unterscheidet es sich nicht grundsätzlich vom größeren Aquarium.

Technische Ausstattung

Der Zoofachhandel bietet Nano-Komplettsets an, die aus Becken, Mehrkammer-Innenfilter, regelbarer Motorpumpe und ein oder zwei Kompaktleuchtstoffröhren (je 11 Watt) in der aufklappbaren Abdeckung bestehen. Ein solches Set kann man durchaus empfehlen. Es ist formschön, und die Technik ist aufeinander abgestimmt. Einen Heizer muss man jedoch in der Regel gesondert kaufen. Natürlich können Sie sich die technische Einrichtung Ihres Nanos auch selbst zusammenstellen. Dabei sollten Sie vor allem auf folgende Punkte achten:

- **Becken:** Von einem Nano-Aquarium mit weniger als 20 Liter Inhalt rate ich dringend ab. Artgerechte Haltungsbedingungen lassen sich hier kaum erreichen. Achten Sie auf die Möglich-

Nano-Becken bieten Einrichtungsmöglichkeiten wie die großen Aquarien – nur im Miniaturformat. Zentraler Blickfang sind hier die Aufsitzerpflanzen (Javamoos).

keit, Abdeckscheiben aufzulegen, falls Sie keine Abdeckleuchte benutzen wollen.

- **Beleuchtung:** Empfehlenswert sind LED-Lampen im Miniformat, die nur wenige Watt verbrauchen. Diese Leuchtmittel erhalten Sie im Zoofachhandel als fertige Beleuchtungseinheiten in Form von bedienungsfreundlichen Klemmlampen für die Seitenscheiben des Aquariums. Achten Sie darauf, Einheiten zu kaufen, die kein zu starkes Licht abstrahlen, sonst gibt es Algenprobleme in den Mini-Lebensräumen. Besonders starke LED-Lampen mit vielen Power-LEDs sind hier nur für Meerwasser-Nanos oder Pflanzenaquarien mit lichthungrigen und schnell wachsenden Arten geeignet, und das bei sorgfältig dosierter Düngung und hohem täglichen Pflegeaufwand.
- **Heizung:** Gut geeignet sind Regelheizer mit 10 bis 25 Watt. Inzwischen sind auch kleinformatige Nano-Heizer auf dem Markt, deren Thermostat auf 25 °C voreingestellt ist, was für viele Warmwassertiere und Wasserpflanzen genau die richtige Temperatur ist.
- **Filter:** Für die Nano-Aquarien ist ein vergleichsweise großes Filtervolumen (5 bis 10 % des Nettovolumens) wichtig. Infrage kommen motorbetriebene Huckepack-Außenfilter, Mehrkammer-Innenfilter oder Schaumstoff-Innenfilter (Patronenfilter oder Hamburger Mattenfilter). Der Betrieb funktioniert mit Lufthebern und einer Membranluftpumpe oder sehr kleinen Motorpumpen (Pumpenleistung maximal 300 Liter pro Stunde).

Die Einrichtung des Nano-Aquariums

- **Bodengrund:** Für im Boden wurzelnde Pflanzen am besten Quarzsand oder Feinkies mit maximal 5 cm Höhe. Auf Bodendünger entweder ganz verzichten oder sehr wenig Depotdünger in die unterste Schicht einbringen. Gibt es keine wurzelnden Pflanzen, reicht ein Bodengrund von 1 bis 2 cm Höhe.
- **Einrichtung:** Prinzipiell eignen sich alle Materialien, die auch in großen Becken verwendet werden. Die Objekte dürfen jedoch nicht allzu groß sein, um das ohnehin geringe Wasservolumen nicht zusätzlich zu verkleinern. Nie fehlen sollten Elemente, die von oben Deckung bieten, z. B. überhängende Wurzeln oder Schwimmpflanzen. Sie vermitteln den Fischen in diesen kleinen Becken ein Gefühl der Sicherheit. Trockenes Herbstlaub von Eiche oder Buche (▷ Tabelle, Seite 91) ist für die meisten Garnelenarten eine willkommene Futterergänzung und für viele Bodenfische ein geradezu ideales Versteck.
- **Wasserpflanzen:** Wegen der engen Platzverhältnisse eignen sich zur Bepflanzung eines Nanos zwangsläufig nur ausgesprochen kleinwüchsige Arten oder Stängelpflanzen, die im Wasser treiben oder im Hintergrund wurzeln und regelmäßig ausgelichtet und gekürzt werden. Besonders empfehlenswert sind Wassernabel, Javamoos, Hornkraut, Zwergspeerblatt, Teichlebermoos, kleinwüchsige Cryptocorynen und die Grasartige Schwertpflanze. Eine Bepflanzung ohne wurzelnde Pflanzen, also nur mit Aufsitzerpflanzen, Moosen und Schwimmpflanzen, ist für Nanos sehr gut geeignet, weil man dann auf eine höhere Bodenschicht verzichten kann. Der Bodengrund lässt sich so leichter sauber halten. Gerade das scheint sich positiv auf die Haltung und Pflege besonders empfindlicher Fischarten auszuwirken.

Anspruchsvolle Pflege

Das geringe Wasservolumen im Nano-Becken führt dazu, dass die Aquarienbewohner auf Nachlässigkeiten und Pflegefehler sehr empfindlich reagieren. Sorgfalt bei Wasserpflege und Fütterung ist unerlässlich. Für absolute Aquaristik-Neulinge ist ein Nano daher nur bedingt empfehlenswert.

Die geringe Biomasse der kleinwüchsigen Tiere und Pflanzen und das begrenzte Wasservolumen bieten aber dem Nano-Aquarianer auch Vorteile: Er kann in Vorratsbehältern immer genügend gut aufbereitetes Wasser bereithalten, ebenso wie lebende Futtertiere, die das Aquarienwasser nur wenig belasten. Das sind entscheidende Vorzüge für die Pflege und Zucht sehr anspruchsvoller Garnelen und Kleinfische: Es mag etwas schwieriger sein, Futter zu beschaffen und Wasser aufzubereiten, der Aufwand hält sich aber in Grenzen, weil sich die geringen Mengen problemlos bevorraten lassen.

Die Zwerggarnelen *(Caridina cf. cantonensis)* haben die Nano-Süßwasseraquaristik in Deutschland populär gemacht. Nano-Aquariensets werden deshalb auch oft als »Garnelen-Aquarien« verkauft.

In kleinen Becken lassen sich auch Zwergfische halten – vorausgesetzt, es handelt sich dabei nicht um allzu lebhafte Arten. Ein Renner unter den Zwergfischen ist zur Zeit das Neon-Blauauge *(Pseudomugil luminatus)* aus Neuguinea.

Der Zwergblaubarsch *(Dario hysginon)* ist nicht blau, aber ein echter »Zwerg«. Mit 3 cm Gesamtlänge ginge er im großen Aquarium unter und wäre nur schwer mit ausreichend feinem Lebendfutter zu versorgen.

Nano-Pflege auf einen Blick

- Nur wenige und sehr kleine Fische sowie Garnelen einsetzen.
- Vor allem Lebendfutter anbieten: *Artemia*, Wasserflöhe, *Cyclops*, Mückenlarven, Grindal. Kunst- oder Frostfutter nur sparsam füttern.
- Teilwasserwechsel mindestens einmal pro Woche mit aufbereitetem Wasser. Alternative: Kontinuierlicher Wasseraustausch mit Dosierpumpe aus Vorratsbehälter (Überlauf nötig).
- Sorgfältige Pflege des Bodengrundes, damit keine Gammelecken entstehen. Schnecken als Resteverwerter einsetzen.

Tipp: Kleinstbecken bis 20 Liter mit wenigen Minifischen (z. B. einem Pärchen *Dario hysginon*, Zwergschwarzbarschen oder 6 Zwergbärblingen), einigen Kleinschnecken und Wasserpflanzen lassen sich bei wöchentlichem Teilwasserwechsel und ausschließlicher Ernährung mit Lebendfutter auch filterlos mit einem kleinen Oxydator betreiben. Diese »schnurlose« Aquaristik übt einen ganz besonderen Reiz aus.

Die richtigen Tiere für Mini-Aquarien

Obwohl es eine Vielzahl sehr kleiner Fische und Garnelen gibt, sind nicht alle für das Nano geeignet. Schwimmfreudige und sehr aktive Arten scheiden ebenso aus wie solche mit ausgeprägtem Revierverhalten. Die Übersicht führt besonders empfehlenswerte Fische und Krebstiere auf. In einem Nano-Aquarium sollten höchstens zwei Tierarten gehalten werden. Detailinfos zu Haltungs- und Pflegeansprüchen im Porträtteil (▷ ab Seite 158).

- **Barben und Bärblinge.** Kleine und ruhige Fische stehen auf der Nano-Liste ganz oben. Die Rote Kamerun-Zwergbarbe (*Enteromius jae)* und die Schmetterlingsbarbe (*Enteromius hulstaerti*) leben in freier Natur in kleinen Regenwaldbächen, Zwergbärblinge der Gattungen *Boraras*, *Danio* und *Rasbora* (*R. macrophthalma*) sind Bewohner ruhiger und krautiger Gewässer.
- **Salmler.** Aus Südamerika werden regelmäßig sehr kleine Salmler importiert, von denen

besonders Feuersalmler, Rote Pfeffersalmler und Blaue Neons wegen ihrer sehr kleinen Endgröße in kleineren Stückzahlen geeignet sind. Aus Afrika stammen Arten wie *Ladigesia roloffi* und *Lepidarchus adonis* sowie das zarte Kleinod *Neolebias powelli*.

● **Welse.** Ohrgitterharnischwelse der Gattung *Otocinclus* sorgen dafür, dass Blattpflanzen und Aquarienscheiben von Algen frei bleiben. Kleine Panzerwelse (*Gastrodermus pauciradiatus*, *G. hastatus*, *G. pygmaeus* und *Hoplisoma habrosus*) gedeihen gut in Gesellschaft freischwimmender Salmler, Barben und Bärblinge.

● **Killifische.** Die meisten Killifische leben in der freien Natur in sehr kleinen oder flachen Gewässerabschnitten und werden deshalb schon immer in Nano-Becken gehalten. Einige klein bleibende *Aphyosemion*- und *Chromaphyosemion*-Arten sowie der Ringelhechtling (*Epiplatys annulatus*) sind recht häufig im Zoofachhandel zu finden, während spektakuläre Schönheiten wie *Diapteron*-, *Simpsonichthys*- oder *Spectrolebias*-Arten nur über Liebhabervereinigungen (▷ Adressen, Seite 284) bezogen werden können. Die meisten Killifische brauchen Lebendfutter. In kleinen Becken hält man am besten ein Männchen mit zwei Weibchen als Trio.

● **Leuchtaugen- und Reisfische.** Afrikanische Leuchtaugenfische der Gattung *Poropanchax* leben in krautigen und stillen Gewässern. Wie die äußerlich ähnlichen Zwergreisfische aus der asiatischen Gattung *Oryzias* pflegt man sie am besten im Kleinschwarm von 10 bis 15 Tieren.

● **Lebendgebärende Zahnkarpfen.** Aus der Guppy-Verwandtschaft sind auch im weiblichen Geschlecht klein bleibende Wildformen fürs Nano geeignet, z. B. Endlers Guppy und die Zwergkärpflinge *Heterandria formosa* sowie *Neoheterandria elegans*.

● **Indische Zwergkugelfische.** Man pflegt sie in einer kleinen Gruppe (idealerweise ein Männchen mit zwei Weibchen) nur in größeren, krautig bepflanzten Aquarien ab 54 Liter. Wichtig ist, dass sich die Tiere auch im Nano aus dem Weg gehen können. In kleinen Nanos kann man lediglich Einzeltiere pflegen. Es scheint aber, dass sie trotz ihrer manchmal recht aggressiven Art hochsoziale Fische sind, die sich ohne Artgenossen schnell »langweilen«. Indische Zwergkugelfische benötigen ausreichend Lebendfutter (Mückenlarven und kleine Schnecken) und sollten nicht vergesellschaftet werden.

● **Grundeln.** Viele Grundeln kommen erst im Nano zur Geltung, weil viele (aber nicht alle) Lebendfutter brauchen und in großen Gesellschaftsaquarien zu kurz kommen. Eine Gruppe mit zehn lebhaften Goldringelgrundeln oder ein Männchen mit zwei Weibchen der neugierigen Weißkehlgrundel (*Rhinogobius sp.*) sind in einem bepflanzten und mit vielen röhrenartigen Kleinverstecken eingerichteten Becken eine besondere Attraktion. Goldringelgrundeln brauchen allerdings Lebendfutter, um sich dauerhaft wohlzufühlen.

● **Kleine Süßwassernadeln.** Ihre Schönheit und ihr Balzverhalten zeigen sie nur in kleinen Aquarien mit krautigen Stängelpflanzen und bei kräftigem Lebendfutter (Mückenlarven, *Artemia*). Obwohl sie über 10 cm lang werden, brauchen sie kein großes Becken.

● **Labyrinthfische.** Zwergkampffische der Gattung *Betta*, wie z. B. *B. persephone*, Knurrende Zwergguramis (*Trichopsis pumila*) und Prachtguramis (*Parosphromenus*-Arten) pflegt man paarweise in dunkel gehaltenen Kleinbecken mit luftbetriebenen Filtern, die keine Strömung erzeugen. Bei Fütterung mit feinem Lebendfutter, einigen Schwimmpflanzen und Verstecken aus größeren Laubblättern oder kleinen Tonhöhlen im Becken kann man ihre prachtvolle Balzfärbung bewundern und bei manchen Arten ein Schaumnest entdecken.

● **Zwergblaubarsche.** Ähnliche Ansprüche wie die Labyrinthfische stellen die lebhafteren südostasiatischen Zwergblaubarsche (*Dario*-Arten), die man am besten als Trio hält. Das nordamerikanische Gegenstück zu *Dario* sind die Zwergschwarzbarsche aus der Gattung *Elassoma*, die im Winterhalbjahr kühl bei Temperaturen von 12 bis 15 °C gehalten werden müssen und wie *Dario* ebenfalls auf feines Lebendfutter angewiesen sind.

● **Zwerggarnelen.** Nano-Sets werden auch als »Garnelenbecken« angeboten, weil Zwerggarnelen der Gattungen *Caridina* und *Neocaridina* zunehmend Freunde finden. Sie lassen sich in kleinen Artbecken besser pflegen als in Gesellschaft von Fischen. Auch Zwergflusskrebse (*Cambarellus*-Arten) eignen sich für ein Nano. Pflegetipps auf den Seiten 246–249.

Einstieg in die Meerwasseraquaristik

Korallenfische, Krebse, Blumentiere: Das Meerwasser ist die Heimat bizarrer, faszinierender Tiere. Ein Plug-and-play-Einsteigerset erleichtert den Start.

NICHT NUR FÜR DIE PROFIS. Ein Meerwasseraquarium ist anders und macht mehr Arbeit als ein Süßwasserbecken. Richtig. Meerestiere brauchen stabilere Lebensbedingungen als die Süßwasserbewohner. Auch richtig. Die Meerwasseraquaristik ist Sache der Profis, für Hobby-Aquarianer ist die Praxis zu komplex. Falsch! Mit dem nötigen Basiswissen ist der Einstieg genauso gut zu bewältigen wie der in die Süßwasseraquaristik. Die folgenden Seiten erläutern die Grundprinzipien der Meerwasseraquaristik und demonstrieren am Beispiel eines Anemonenfisch-Aquariums Funktionsweise und Prozesse im Meerwasser.

Das ist anders im Meerwasser

Meerwasser ist salzig. Das mag banal klingen, macht aber den Hauptunterschied zwischen der Pflege von Meeres- und Süßwasserbewohnern aus. Der Meerwasser-Aquarianer muss Salzwasser ansetzen, er kann sich aber auch besonderer Filtertechniken bedienen, die im Süßwasser nur mäßig funktionieren, wie der Eiweißabschäumung und dem Einsatz »lebender Steine« bzw. »lebenden Sandes«.

Meersalz fürs Aquarium

In natürlichem Meerwasser sind ca. 35 g gelöste Salze pro Liter enthalten (▷ Seite 40), es hat also ein im Vergleich zum Süßwasser hohes spezifisches Gewicht. Das meiste Salz ist Kochsalz (Natriumchlorid), einen nicht unbedeutenden Teil aber machen andere Salze aus, die für Tiere, Pflanzen und Algen wichtig sind.
Für den erfolgreichen Betrieb eines Meerwasserbeckens benötigt man daher unbedingt synthetisches Meersalz in hoher Qualität, in dem die verschiedenen Bestandteile im richtigen Verhältnis gemischt sind und sich auch leicht auflösen lassen. Frisch aufgelöstes Meersalz kann nicht sofort, sondern bei einem neu eingerichteten Becken erst nach einer Einlaufzeit von zwei Wochen, für Fische frühestens nach vier Wochen verwendet werden.
Für einen kleinen ▶ WASSERWECHSEL (Seite 273) – bis 15 % – reicht es allerdings aus, wenn das Meerwasser zwei Tage reifen konnte.

- **Meerwasser ansetzen:** Verwenden Sie salzarmes Umkehrosmosewasser (▷ Seite 54), um Probleme mit Algen durch hohen Kieselsäuregehalt im Leitungswasser zu vermeiden. Bei Ersteinrichtung kann man das Meerwasser direkt im Aquarium ansetzen. Für spätere Wasserwechsel erfolgt der Ansatz in Kanistern, in die eine Belüftung oder Umwälzpumpe eingehängt wird, um das Salz aufzulösen. Salz laut Gebrauchsanweisung auf dem Beutel auflösen. Salzgehalt nach ein bis zwei Tagen durch Messung des spezifischen Gewichts oder des ▶ LEITWERTS (Seite 266) überprüfen und gegebenenfalls Wasser bzw. Salz nachfüllen, um 1,022 bis 1,024 g/cm (bei 25 °C) bzw. 47 bis 49 mS/cm zu erreichen. Das Wasser muss bis zur Verwendung weiter belüftet werden.

Eiweißabschäumung

Durch Eiweißabschäumung werden viele Schadstoffe aus dem Wasser entfernt. Im Meerwasser können sich viel kleinere Gasblasen als im Süßwasser bilden, die wie elektrostatisch aufgeladene Luftballons kleine Teilchen an sich binden. Dadurch entsteht ein zäher Schaum an der Wasseroberfläche, in dem sich die Schadstoffe ansammeln. Der Eiweißabschäumer erzeugt Luftblasen im vorbeifließenden Aquarienwasser, der sich bildende Schaum wird in einem Extrabehälter (Schaumbecher) abgetrennt. Wegen der effektiven Abschäumung (evtl. mit Unterstützung von ▶ OZON, Seite 270) kann man im Meerwasserbecken auf Teilwasserwechsel mit mehr als 10 bis 20 % verzichten.

Lebende Steine und lebender Sand

Auch der Abbau gelöster ▶ ORGANISCHER ABFALLPRODUKTE (Seite 270) funktioniert im Meerwasser besser als im Süßwasser, wenn man im Becken mit guter Strömung lebende Steine als Dekoration oder lebenden Sand als Bodengrund nutzt. Sowohl in den Steinen als auch im Sand haben sich viele Bakterien, Algen und andere Mikroorganismen angesiedelt, die den Abbau von Schadstoffen wirkungsvoll unterstützen. Lebende Steine sind natürliche, poröse Riffsteine aus tropischen Regionen, die speziell für die Meerwasseraquaristik importiert werden. In den Steinen wie auch im Sand (nicht zu grober Korallensand) gibt es sowohl sauerstoffreiche als auch sauerstoffarme Bereiche, in denen sehr viele dieser nützlichen Bakterien leben. Die Qualität lebender Steine ist sehr unterschiedlich. Sie müssen hochporös sein und einen gesunden Erstbewuchs haben. Wichtig ist, dass die Steine beim Händler vorgehältert worden sind. Billigangebote erfüllen diese Kriterien oft nicht.

Oben: Im kleinen Meerwasserbecken werden die vorinstallierten Zu- und Abläufe mit lebenden Steinen säulenförmig verkleidet.
Mitte: Sind Korallensand und Meerwasser eingefüllt, wird die Technik im Unterschrank oder in der separaten Technikkammer in Betrieb genommen.
Unten: Algen und erste niedere Tiere helfen das Becken in den ersten Wochen »einzufahren«. Nach einigen Wochen kommen dann die Fische dazu.

Meerwasser-Sets für Einsteiger

Der Einstieg in die Meerwasserpraxis gelingt am einfachsten mit einem vorkonfigurierten Aquarien-Set. Die Komponenten eines solchen Komplettaquariums mit ca. 120 Liter Inhalt sind optimal aufeinander abgestimmt und bereits weitgehend installiert.
Bei der Auswahl und Konfiguration der technischen Geräte können keine gravierenden Fehler mehr unterlaufen. Das ist vor allem für Einsteiger wichtig, da in den Fachgeschäften und im Internet eine fast unüberschaubare Vielfalt spezieller Geräte und Systeme angeboten wird, die den Laien ratlos macht und nicht selten zu erheblichen Fehlinvestitionen verführt.
Den Meerwasser-Sets liegt in der Regel eine ausführliche Anleitung bei, die auch die Funktionsweise der einzelnen Komponenten erklärt und dem Neuling wichtiges Basiswissen vermittelt. Das ersetzt allerdings nicht einen Praxisführer zur Meerwasseraquaristik, der das Verständnis für die einzelnen biologischen Abläufe schärft (▷ Bücher, Seite 284).
- **Was bedeutet »vorkonfiguriert«?** Bei einem vorkonfigurierten Aquarium sind alle zum Betrieb notwendigen Bauteile vorhanden. Die Technik ist meist schon installiert oder verlangt nur noch kleine Anpassungen. Das Becken kann sofort eingefahren werden. Das heißt aber nicht, dass man in ein vorkonfiguriertes Meerwasseraquarium vom ersten Tag an die neuen Bewohner einsetzen darf. Wie bei einem Süßwasserbecken sollten Sie einige Wochen warten, bis alle Fische und andere Meerestiere einziehen (▷ Seite 154). Wer ganz auf Nummer sicher gehen möchte, wartet mit dem Einsetzen sogar drei Monate. Der ▶ EINFAHRPHASE (Seite 261) kommt in der Meerwasseraquaristik eine besondere Bedeutung zu. Die lebenden Steine beherbergen nicht nur wertvolle Stoffwechselbakterien, sondern auch Hunderte von mikroskopisch kleinen Tierarten. Je sorgfältiger die Einfahrphase durchgeführt wird, desto mehr dieser Organismen überleben und tragen zu einem komplexen Mini-Ökosystem »Aquarium« bei. »Sorgfältig« bedeutet in diesem Zusammenhang vor allem »länger«. Man sollte für die Einfahrphase einen Monat oder mehr planen, damit etwa Algenblüten Zeit haben zu verschwinden.

Meerwasserpraxis leicht gemacht

Ein Meerwasseraquarien-Set umfasst neben Becken und Bodengrund alle Bauteile und Technik-Komponenten, die für den Sofortstart nötig sind: Plug and play (anschließen und loslegen), mehr braucht es nicht.

Was gehört zum Meerwasser-Set?

Die meisten der im Zoofachhandel angebotenen vorkonfigurierten Meerwasser-Sets sollten folgende Elemente beinhalten:
- Becken mit Abdeckung und Verkabelung
- Beleuchtung integriert, mit Leuchtmitteln
- Eiweißabschäumer integriert
- Filtereinheit mit Förderpumpe inklusive Filtermaterialien (mechanisch-biologisch und Aktivkohle)
- Heizung und Thermometer
- Strömungspumpe(n)
- Zeitschaltuhr(en)
- Meersalz und Messgerät für Salzgehalt
- Bodengrund, meist Korallensand
- Test-Sets für die Kontrolle der pH-, Nitrit-, Nitrat- und Phosphatwerte
- Bedienungs- und Betriebsanleitung

Sinnvolle Erweiterungen

Hier finden Sie eine Auflistung von Komponenten und technischen Geräten, die in der Regel nicht zur Standardausstattung eines Aquarien-Sets gehören, die Meerwasserpraxis aber wesentlich erleichtern können:
- **Bodenplatte** aus Acrylglas oder PVC. Die Bodenplatte dient als Auflage für die lebenden Steine (▷ Seite 151).
- **Umkehrosmoseanlage** zum Ansetzen von Meerwasser für den Teilwasserwechsel und zum Nachfüllen von verdunstetem Wasser. Zur Anlage gehört ein Vorratsbehälter.
- **Kühlvorrichtung** schützt vor hohen Wassertemperaturen im Sommer. Die Möglichkeit zum Kühlen ist manchmal außerordentlich wichtig, weil die technischen Geräte in einem geschlossenen Aquarien-Set ohne Durchlüftung besonders viel Wärme produzieren.

Inbetriebnahme und Einfahrphase

Einrichten und Einfahren eines Meerwasseraquariums dauern mindestens sechs Wochen.

1. Tag: Aufstellen und Auffüllen

- Wahl des geeigneten Stellplatzes und ebenes Aufstellen des Beckens (mit Wasserwaage). Keine direkte Sonneneinstrahlung, um übermäßiges Wachstum von Algen zu vermeiden!
- Befüllen mit Umkehrosmosewasser und Einstreuen von Meersalz.
- Inbetriebnahme der Strömungspumpe(n), damit das Salz vollständig aufgelöst wird.

3. Tag: Erste Inbetriebnahme

- Überprüfen des Meersalzgehaltes. Korrigiert wird die Konzentration durch Zugabe von Wasser oder Salz. Bei Bedarf Kontrolle nach 1 bis 2 Tagen wiederholen, bis der richtige Wert erreicht ist.
- Inbetriebnahme von Pumpen und Filter. Die Beleuchtung und der Eiweißabschäumer bleiben jedoch noch ausgeschaltet.

Nach 14 Tagen: Anschluss der Technik

- Einbringen großer lebender Steine (bis ca. 20 kg) auf PVC- oder Acrylglas-Bodenplatte. Einfüllen des Bodengrunds (Höhe ca. 8 cm).
- Inbetriebnahme des Eiweißabschäumers und der Beleuchtung (nur 6 Stunden täglich).
- Ausrichten der Strömungspumpen und Filterausgänge. Alle Bereiche des Steinaufbaus und des Bodengrunds müssen gut umströmt werden, es sollten dabei keine strömungsfreien toten Winkel entstehen.

Bis 6. Woche: Biologisches Einfahren

- Vor dem Einsetzen empfindlicher Meeresbewohner muss das Becken biologisch eingefahren werden (▶ EINFAHRPHASE, Seite 261).

Nach 4 Wochen: Beleuchtung, Algen und Schnecken

- Beleuchtungsdauer auf 9 Stunden erhöhen.
- Einbringen nützlicher Algen *(Caulerpa racemosa, Halimeda opuntia)* und Schnecken (Turbo-Arten), die die Einfahrphase durch Nährstoffentzug bzw. Algenfraß unterstützen.
- Regelmäßige Wasserkontrolle (Wassertests).

Erst wenn diese Mindestwerte nicht überschritten werden, kann man Tiere einsetzen: Ammonium $< 0{,}05$ mg/l, Nitrit $< 0{,}02$ mg/l, Nitrat < 50 mg/l (besser < 20 mg/l), Phosphat $< 0{,}2$ mg/l, pH-Wert 8,1 bis 8,2, Temperatur ca. 27 °C (tropisches Aquarium). Wenn die Werte stabil sind, haben sich Bakterien und Algen in den lebenden Steinen inzwischen so vermehrt, dass sie genügend Schadstoffe abbauen.

Ab 6. Woche: Tiere einsetzen

Zeitgleich mit dem Einsetzen der Aquarienbewohner Beleuchtungsdauer auf etwa 11 Stunden täglich erhöhen.

Oben: Die Putzergarnele *(Lysmata amboinenis)* wartet an Felsvorsprüngen auf »Kundschaft«, um sie von Parasiten zu befreien. Im Aquarium paarweise halten und füttern.
Unten: Anemonenfische haben einen Mechanismus in ihrer Schleimhaut, der sie gegen das Nesselgift der Anemonen immun macht.

Oben: Anemonen sind nesselnde Blumentiere, die Anemonenfischen *(Amphiprion)* Schutz und Lebensmittelpunkt bieten. Sie müssen gezielt gefüttert werden.
Unten: Die Braunstreifengrundel *(Amblyeleotris phalaena)* lebt paarweise. Sie besticht weniger durch die Farbe als durch ihre »Saubermann-Funktion«: Sie frisst Blaualgen.

Ein Aquarium für Nemo

Seit der Film »Nemo« in den Kinos lief, halten immer mehr Aquarianer Geringelte Anemonenfische (*Amphiprion ocellaris*).

Außergewöhnlich und attraktiv

Anemonenfische stammen inzwischen fast immer aus qualitativ hochwertiger Nachzucht.
Da man ihre Ansprüche sehr gut kennt, können sie auch von verantwortungsvollen Einsteigern gehalten und gepflegt werden. Ihre steigende Beliebtheit und das faszinierende Zusammenleben mit Seeanemonen stellen einen ganz besonderen Anreiz dar.

Faszinierende Lebensgemeinschaft

In Plug-and-Play-Aquarien der Größe 60 x 50 x 60 cm (130 Liter Inhalt) und Beleuchtung mit zwei Kompakt-Leuchtstoffröhren von je 55 Watt lassen sich die Anemonenfische und ihre Wirte, die Prachtanemone *(Heteractis magnifica)* oder die pflegeleichtere Teppich-Anemone *(Stichodactyla haddoni)*, gut halten.
Die Anemonen geben ein starkes Nesselgift ab, daher bitte immer Latex-Handschuhe tragen, wenn Sie im Aquarium hantieren! Anemonenfische sind immun gegen dieses Gift und suchen ihre Anemone zum Schutz vor Fressfeinden auf. Die starke Beleuchtung ist für die Anemonen (wie für andere Hohltiere, beispielsweise Korallen) lebensnotwendig. Sie beherbergen Algen, die das Licht brauchen, um sich selbst, aber auch die Anemonen durch Photosynthese mit Sauerstoff und Nährstoffen zu versorgen. Darüber hinaus ernähren sich Anemonen von Plankton und Kleintieren, die sich in ihren nesselnden Tentakeln verfangen.
Alle Anemonenfische werden als Männchen geboren und können sich später zu Weibchen entwickeln. Anemonenfische werden paarweise gehalten, das größere Tier entwickelt sich zum Männchen. Das Paar betrachtet seine Wirtsanemone als sein Revier, das unerbittlich gegen andere Fische verteidigt wird, besonders wenn ein Gelege existiert.

Das Anemonen-Aquarium

Einrichtung und Pflege eines Aquariums mit Anemonenfischen (Größe 60 x 50 x 60 cm).

- **Einrichten und Bepflanzen:** Etwa 25 kg lebende Steine als frei stehenden Steinaufbau so einsetzen, dass er von den Pumpen umströmt wird und im vorderen Bereich eine freie Bodenfläche bleibt. Etwa 8 cm Korallensand einfüllen. *Caulerpa-* oder *Halimeda-*Algen, aber keine Korallen ins Becken einbringen.
- **Tiere einsetzen:** Ein Paar Anemonenfische; große Symbioseanemone; ein Paar Braunstreifengrundeln *(Amblygobus phalaena)*, die den Bodengrund durchsieben und die Veralgung stoppen; zwei Weißband-Putzergarnelen *(Lysmata amboinensis)*; drei Turboschnecken; ein Einsiedlerkrebs *(Paguristes sp.)*. Aus den lebenden Steinen wachsen noch andere Tiere heran. Wegen der Aggressivität der Anemonenfische keine weiteren Fische einsetzen.
- **Aquarienpflege:** Täglich füttern und die Technik reinigen und justieren. Wöchentliche Kontrolle der Wasserwerte und Reinigung des mechanischen Vorfilterteils (Filtervlies oder Filterwatte), Abschäumerbecher leeren und Scheiben reinigen. Alle 14 Tage Teilwasserwechsel (10 %). Jährlich Leuchtmittel schrittweise erneuern. Je nach Bedarf Algen »ernten«, damit sie nicht absterben, Gelbstich des Wassers mit Aktivkohle filtern.
- **Füttern:** Das Grundfutter ist hochwertiges Gefrierfutter. Täglich wechselnd etwa einen Teelöffel gefrorene Mysis oder Krill für Fische und Garnelen ins Becken geben. Zusätzlich ein- bis zweimal wöchentlich einzelne Mysis, Krill oder kleine Garnelenstückchen gezielt an die Anemone verfüttern, damit ihr die Fische das Futter nicht wegschnappen. Wöchentlich tiefgeforenes Mikroplankton allen anderen niederen Tieren und der Anemone zufüttern.
- **Tipp:** Anemonen wandern, um sich den günstigsten Platz zu suchen. Leiten Sie die Strömung so um, dass sie am Standort bleibt. Es kann einige Zeit dauern, bis die Anemone den für sie günstigsten Platz ausgewählt hat.

ARTENVIELFALT FISCHE WIRBELLOSE

Mit mehr als 37.500 Arten sind Fische die artenreichste Wirbeltiergruppe auf der Erde. Für die Süßwasseraquaristik werden aus den tropischen Zentren Südamerika, Asien und Afrika Hunderte von Arten regelmäßig importiert und teilweise nachgezüchtet. Dazu kommen Dutzende von Wirbellosen und einige Amphibien, die zum festen Bestandteil der Süß- und Brackwasseraquaristik geworden sind. In diesem Kapitel erhalten Sie einen Überblick über Vielfalt, Lebensweise und Pflegeansprüche der beliebtesten Süßwasser-Aquarientiere.

Erklärung zu den Porträts

Die Vielfalt an Fischen und anderen Wassertieren ist enorm groß. In vielen Zoofachgeschäften werden mehr als 100 Arten angeboten, die artgerecht gepflegt werden wollen. Viele nahe verwandte Arten sehen sich auf den ersten Blick sehr ähnlich, haben jedoch jeweils andere Pflegeansprüche. Der Grund dafür liegt in der Evolution. Unter jeweils anderen Umweltbedingungen hatten die einzelnen Arten Tausende oder Millionen Jahre Zeit, sich zu entwickeln und arteigene Anpassungen zu erwerben.
Für die Aquarienpraxis bedeutet dies, dass man aus den Bedingungen des natürlichen Lebensraumes optimale Pflegebedingungen für jede einzelne Art ableiten kann. Und jede Art verdient es, dass man gesondert auf ihre artspezifischen Bedürfnisse im Hinblick auf Becken, Wasser, Ernährung und Vergesellschaftung eingeht.
Im folgenden Artenteil gebe ich Ihnen daher sowohl Informationen zur Artenvielfalt der Aquarienfische als auch Eckdaten für ihre erfolgreiche Pflege. Am Ende des Kapitels finden Sie Hinweise zur Vergesellschaftung von Arten mit gleichen Pflegeansprüchen.

Erklärungen zum Aufbau der Porträts

Der Artenteil bietet für eine Auswahl der am häufigsten angebotenen Süßwassertiere allgemeine Informationen zu Vielfalt, Kennzeichen und zur zoologischen Einordnung der Gruppe sowie zu Lebensraum, Haltung und Fortpflanzung. Auf jeder Doppelseite sind bis zu 12 Fischarten einzeln abgebildet. Zu jeder Fischart finden Sie kurze artspezifische Informationen nach folgendem Porträt-Aufbau:

Name und Größe

- In der ersten Zeile des Porträts steht der gebräuchliche deutsche Name der Art, sofern vorhanden. Gibt es keine deutsche Bezeichnung, erscheint hier der lateinische Name.
- In der zweiten Zeile werden der lateinische Name und die Größe der jeweiligen Art genannt. Jede wissenschaftlich beschriebene Tierart besitzt einen lateinischen Namen, der immer kursiv geschrieben wird. Die lateinische Bezeichnung besteht aus zwei Teilen: Der erste gibt den Gattungsnamen an und wird großgeschrieben, der zweite gibt den Artnamen wieder und wird kleingeschrieben. Leider ändern sich die lateinischen Artnamen immer wieder, sodass es passieren kann, dass die gleiche Fischart einen neuen Namen bekommt (▷ Seite 13).
- Die Größe gibt an, wie groß die ausgewachsene Art wird.

Die Pflegebedingungen

Die dritte Zeile informiert Sie über die empfohlene Mindestbeckengröße, den Wassertyp und die Wassertemperatur.

- Die Mindestbeckengröße (Länge x Breite x Höhe): Sie gilt für ausgewachsene Tiere in Zentimetern. Für Zwergarten gebe ich an dieser Stelle das 54-l-Standardbecken (60 x 30 x 30 cm) als Mindestgröße an, obwohl manche dieser Arten auch in kleineren Becken, sogenannten Nanos (▷ Seite 144), gepflegt werden können. Die Pflege von Minibecken setzt allerdings einiges an aquaristischer Erfahrung voraus.
Hinweis: Wenn Sie Jungfische kaufen, reicht oft ein kleineres Becken. Dennoch müssen Sie beim Kauf des Jungtieres die erreichbare Endgröße bedenken. In der Aquaristik wird immer wieder behauptet, die Endgrößen der Fische passen sich dem Becken an. Das stimmt zwar manchmal, ist aber in der Regel vor allem das Ergebnis schlechter Pflegebedingungen. Fische, die ihre Endgröße nicht erreichen, werden nicht artgerecht gepflegt.
- Der Wassertyp: In diesem Praxishandbuch werden sieben verschiedene chemische Wassertypen unterschieden.
- In den einzelnen Porträts wird für jede Art der Wasserbereich angegeben, in dem sie gepflegt werden kann. Die verschiedenen Wassertypen ergeben sich zum einen aus der Karbonathärte (in °dKH) und zum anderen aus dem Säuregehalt (pH-Wert) des Wassers. Über Bedeutung,

Die Vielfalt der Fische ist enorm, ihre Verhaltensweisen sind erstaunlich. Manche Schlangenköpfe *(Channa auranti maculata)* füttern ihren Jungen unbefruchtete Nähreier.

Messung und Anpassung der Wasserwerte informiert das Kapitel 2 (▷ Wasser und Technik, ab Seite 36).
Die 7 Wassertypen sind:
Wassertyp 1: pH 4,5–6,5, °dKH 0–3
Wassertyp 2: pH 5,5–6,8, °dKH 3–8
Wassertyp 3: pH 6,8–7,5, °dKH 3–8
Wassertyp 4: pH 6,8–7,5, °dKH 8–16
Wassertyp 5: pH 7,2–8,5, °dKH >12
Wassertyp 6: pH 8,0–9,5, °dKH >12
Wassertyp 7: pH (größer als) > 8, °dKH > 12 mit spezifischem Gewicht um 1,011 g/l durch Zugabe von Meersalz (»Brackwasser«)

- Wassertemperatur: Sie gibt die Temperaturspanne in °C für die artgerechte Pflege der jeweiligen Tierart an.

Spezifische Angaben

Im Anschluss an Mindestbeckengröße, Wassertyp und -temperatur gebe ich Ihnen bei vielen Arten weitere artspezifische Informationen zur Lebensweise und zum Vorkommen. Natürlich können dies aus Platzgründen nur die wichtigsten Eckdaten zur Pflege sein, nicht aber Details zur Biologie und Zucht der einzelnen Arten. Im ausführlichen Literaturverzeichnis (▷ Seite 284) finden Sie daher Hinweise auf Spezialpublikationen. Inzwischen gibt es für fast alle Organismengruppen Interessensverbände, die via Internet und gedruckten Fachzeitschriften detailliert über einzelne Arten berichten. Entsprechende Hinweise finden Sie auf den Seiten 284 und 285.

Rochen und Flösselhechte

Süßwasser-Stachelrochen

Etwa 30 Arten der Familie *Potamotrygonidae* leben im tropischen Südamerika in großen Flüssen. Bis auf wenige Arten werden alle mindestens 60 cm groß!
Rochen pflegt man am besten paarweise in sehr großen Becken mit einer Sandschicht von mindestens 6 cm. Keine scharfkantigen Steine oder Heizstäbe im Becken verwenden. Die Rochen könnten sich verletzen. Wegen der kräftigen Fütterung mit Mengen an Muschelfleisch und tiefgefrorenen Garnelen muss stark gefiltert werden. Bei optimaler Pflege werden lebende Junge im Aquarium geboren. Männchen unterscheiden sich von Weibchen durch die Form der Afterflosse, die bei Männchen zu sogenannten ▶ CLASPERN (Seite 260) umgebildet ist.
Vor dem Kauf unbedingt mit erfahrenen Pflegern Kontakt aufnehmen, denn Rochenpflege setzt viel aquaristische Erfahrung voraus, die sich nicht in wenigen Zeilen vermitteln lässt. Auf keinen Fall sollte man sich unvorbereitet zum Kauf der faszinierenden Babyrochen entschließen. Die Eingewöhnung von Rochen kann langwierig und schwierig sein, vor allem wenn die Wasserpflege nicht optimiert ist.
Achtung: Alle Rochenarten haben einen giftigen Schwanzstiel-Stachel (▶ VERTEIDIGUNGSMECHANISMEN, Seite 273). Im Umgang mit den Tieren droht daher Verletzungsgefahr!

Flösselhechte und Flösselaale

Die etwa 13 Arten der Familie *Polypteridae* leben in kleinen und großen Tieflandgewässern Afrikas. Die ruhigen Fische überleben auch in sauerstoffarmen Sümpfen, weil sie atmosphärische Luft veratmen können, wenn nicht mehr genügend Sauerstoff im Wasser ist. Wahrscheinlich überlebten sie wegen dieser Fähigkeit die Zeit der Dinosaurier als »lebende Fossilien«.
Die Männchen haben eine größere Afterflosse als die Weibchen. Frisch geschlüpfte Larven besitzen ähnlich wie Molchlarven büschelartige äußere Kiemen. Es wird keine Brutpflege betrieben.

Eine Vergesellschaftung der langsamen Fresser ist mit größeren afrikanischen Fischen wie beispielsweise Geradsalmlern und Fiederbartwelsen möglich. Achten Sie darauf, dass die langsamen Fresser ans Futter kommen – gegebenenfalls diese nachts mit Garnelen und toten Fischen (Stinte) füttern.

1 ZWERG-SÜSSWASSERROCHEN

Potamotrygon wallacei, etwas über 30 cm
300 x 100 x 70 cm, Wassertyp 2–5, 25–29 °C
Eine klein bleibende Rochenart, die mit 20 cm Durchmesser schon geschlechtsreif wird. Es gibt Berichte, dass auch diese Art bis 50 cm Durchmesser erreichen soll. Zwerg-Süßwasserrochen werden sehr häufig aus dem Rio Negro-Gebiet in Brasilien eingeführt.

1

4

2 XINGU-FEUERROCHEN

Potamotrygon leopoldi, › 90 cm Durchmesser
400 x 150 x 70 cm, Wassertyp 2–5, 25–29 °C
Die unglaublich schöne und deshalb auch sehr teuer gehandelte Art lebt an sandigen Ufern des Rio Xingu, Brasilien.

3 PFAUENAUGENROCHEN

Potamotrygon cf. motoro, › 90 cm Durchmesser
400 x 150 x 70 cm, Wassertyp 2–5, 25–29 °C. In großen Flüssen Amazoniens weitverbreitet. Pfauenaugenrochen werden häufig gepflegt und schon vielfach gezüchtet.

4 SCHÖNFLOSSEN-FLÖSSELHECHT

Polypterus ornatipinnis, 60 cm
200 x 60 x 40 cm, Wassertyp 2–5, 25–28 °C
Jungtiere sind kontrastreicher gefärbt als Adulte. Räuber großer Flüsse des Kongobeckens. Untereinander oft aggressive Art, die besser einzeln in Aquarien mit einem Unterstand (Wurzel, Tonröhre) gehalten wird. Fütterung mit kräftigen Futtersorten, z. B. Fischfleisch, Garnelen, Pellets.

5 FLÖSSELAAL

Erpetoichthys calabaricus, 37 cm
80 x 40 x 40 cm, Wassertyp 2–5, 26–29 °C
Sumpfbewohner des Küstentieflandes von Nigeria bis zum Mündungsdelta des Kongo. Geselliger Fisch für dicht bepflanzte und versteckreiche Becken ohne Strömung. Frisst in der Natur hauptsächlich Garnelen. Fütterung mit Frostfutter (erwachsene *Artemia*, Garnelen, Insekten).

6 GRAUER FLÖSSELHECHT

Polypterus senegalus, 30 cm
120 x 50 x 50 cm, Wassertyp 2–6, 25–29 °C
Nächtlicher Garnelen- und Kleinfischräuber der Sümpfe, Flüsse und Seen Westafrikas. Paarweise/gruppenweise Haltung in großflächigen Becken mit Versteckplätzen. Nimmt alle kräftigen Lebend- und Frostfuttersorten. Von dieser Art scheint es eine noch weitgehend unerforschte Zwergform mit eher gelblichen Flossen zu geben, die auch schon über den Aquarienhandel aus Nigeria nach Deutschland importiert wurde und bereits mit 10 cm geschlechtsreif werden soll.

2

3

5

6

Knochenzüngler und Verwandte

Zu den Knochenzünglern (*Osteoglossomorpha*) gehören erdgeschichtlich alte Fischfamilien, die fast alle atmosphärische Luft atmen können. Arowanas, die großen Räuber der Gattungen *Osteoglossum* und *Scleropages* (Familie *Osteoglossidae*), jagen Fische und Insekten. Manche *Scleropages* werden für enorme Preise gehandelt und unterliegen CITES-Handelsbeschränkungen (▷ Seite 34).
Arowanas sind Maulbrüter, wobei die Männchen Brutpflege betreiben. Die Eier gehören zu den größten im Fischreich. Man kann Arowanas gut mit großen Bodenfischen oder großen hochrückigen Arten vergesellschaften.
Zur Familie der Schmetterlingsfische (*Pantodontidae*) gehört nur eine einzige Art, die in großen Mengen aus Nigeria importiert wird.
Die Messerfische der Familie *Notopteridae* sind nicht mit den ähnlichen südamerikanischen Messerfischen (*Gymnotiformes*) verwandt. Besonders die sehr groß werdenden asiatischen *Chitala*-Arten sind in Asien und den USA beliebte Fische für Riesenbecken.
Die Nilhechte (Familie *Mormyridae*) sind mit etwa 200 Arten die artenreichste Knochenzünglergruppe. Sie stammen aus Afrika. Mit einem speziellen Organ und besonderen Sinneszellen produzieren sie schwach elektrische Signale, orientieren sich so in trüben Gewässern und »unterhalten« sich mit Artgenossen (▶ ELEKTRISCHE ORGANE, Seite 262).

1 ASIATISCHER GABELBART

Scleropages formosus, 90 cm
400 x 150 x 80 cm, Wassertyp 2–5, 27–29 °C
Räuber, der an der Oberfläche des Schwarzgewässergebietes Westborneos lebt. Haltung einzeln oder in Gruppen in sehr großen Aquarien. Kräftige Fütterung mit Garnelen, Fischen und Insekten. Nur mit großen ruhigen Fischen vergesellschaften. Die Männchen betreiben Maulbrutpflege. Geschützte Art!

2 GABELBART

Osteoglossum bicirrhosum, 120 cm
450 x 150 x 70 cm, Wassertyp 2–5, 26–29 °C
Oberflächenfisch, der Fische und Großinsekten in Flüssen und Seen Amazoniens jagt. Nur für Schauaquarien mit viel Schwimmraum geeignet. Nimmt Fischfleisch und Insekten. Vergesellschaftung mit großen ruhigen Fischen Amazoniens. Die Männchen betreiben Maulbrutpflege. Becken gut abdecken!

3 TAUSENDDOLLARFISCH

Chitala ornata, 100 cm
320 x 80 x 80 cm (für Jungtiere), Wassertyp 2–6, 24–28 °C
Nachtaktiver Räuber der Flüsse Südostasiens. Räuberischer Fisch für Einzel- oder Gruppenhaltung in Riesenbecken. Kräftige Fütterung, z. B. mit Forellenpellets und Fischfleisch. Vergesellschaftung mit anderen asiatischen Großfischen. Brutpflege der am Substrat abgelegten Eier durch das Männchen.

1

4

4 BRAUNER MESSERFISCH

Xenomystus nigri, 23 cm
160 x 60 x 60 cm, Wassertyp 2–5, 26–29 °C
Nachtaktiver Insekten- und Garnelenjäger sumpfiger Gebiete West- und Zentralafrikas. Gruppen (ab 5 Tiere) in großen Becken mit vielen Verstecken halten. Kräftiges Lebend- und Frostfutter, auch Futtertabletten. Vergesellschaftung mit größeren Fischen, z. B. Flösselhechten. Männchen betreibt Brutpflege.

5 AFRIKANISCHER SCHMETTERLINGSFISCH

Pantodon buchholzi, 12 cm
100 x 40 x 40 cm, Wassertyp 2–5, 27–30 °C
Oberflächenfisch langsam fließender Regenwaldbäche und -sümpfe West- und Zentralafrikas, des Kongobeckens und Nigerias. Einzeln oder gruppenweise in Aquarien mit mindestens 10 cm Abstand (besser mehr) zwischen Wasseroberfläche und Deckscheibe halten, weil die Fische auch durch kleine Sprünge Insekten, die sich z. B. an der Seitenscheibe aufhalten, jagen. Fütterung mit Insekten (Heimchen, Fliegen – auch gefriergetrocknet) und Fischen. Männchen mit nach innen gewölbter Afterflosse. Keine Brutpflege. Vergesellschaftung mit afrikanischen Bodenfischen, z. B. Fiederbartwelsen.

6 ELEFANTENRÜSSELFISCH

Gnathonemus petersii, 35 cm
120 x 50 x 50 cm (für Einzeltiere), Wassertyp 2–5, 24–28 °C
Vorwiegend nachtaktive Fische weichgründiger Flussläufe Zentralafrikas. Untereinander oft aggressiv. Einzeln in kleineren Becken oder als Gruppe in Becken ab 200 cm halten. Jedes Tier braucht seinen eigenen Unterstand (z. B. eine Tonröhre mit etwa 7 cm Durchmesser). Fütterung abends mit lebenden Würmern und Roten Mückenlarven. Nur mit kleinen Fischen vergesellschaften, die den Nilhechten nicht das Futter wegfressen. Männchen mit eingebuchteter Afterflosse. Betreibt keine Brutpflege.

3

2

6

5

1

2

3

4

5

6

7

8

Karpfenfischverwandte: Saugbarben und Saugschmerlen

Zu den Karpfenfischverwandten (*Cypriniformes*) gehören über 2000 Fischarten, die weltweit alle Süßwasserlebensräume, außer Südamerika und Australien, besiedelt haben. Sie teilen sich in verschiedene Fischfamilien auf. Die wichtigste ist die der eigentlichen Karpfenfische (*Cyprinidae*). Es gibt aber auch einige Familien der als Schmerlen bezeichneten Bodenbewohner: Saugschmerlen (*Gyrinocheilidae*), Plattschmerlen (*Balitoridae*) Dorngrundeln (*Cobitidae*) und Sauger (*Catostomidae*). Viele bodenbewohnende Arten werden oft erfolgreich als Algenfresser eingesetzt. Das Futter sollte einen hohen pflanzlichen Anteil enthalten. Soweit bekannt, sind alle Arten Eierleger ohne Brutpflege, die in der Regenzeit in Überschwemmungsgebieten ablaichen.

1 FEUERSCHWANZ

Epalzeorhynchos bicolor, 15 cm
120 x 50 x 50 cm, Wassertyp 2–6, 23–28 °C
Er weidet mit seinem unterständigen Maul Steine und Wurzeln in größeren Fließgewässern Thailands ab. Revierbildende Art, deshalb mehrere Tiere nur in sehr großen Becken halten. Dunkel gestaltete Becken mit Unterstand, z. B. aus Wurzeln. Nimmt alle kleineren Futtersorten, besonders Pflanzenfutter. Wegen seiner Aggressivität nur mit wendigen oder wehrhaften Fischen, z. B. größeren Barben, vergesellschaften.

2 GRÜNER FRANSENLIPPER

Epalzeorhynchos frenatum, 15 cm
120 x 40 x 50 cm, Wassertyp 2–4, 24–28 °C
In größeren Fließgewässern Thailands, wo er Steine und Holz auf der Suche nach Futter abweidet. In kleineren Becken einzeln halten.

3 SCHÖNFLOSSENBARBE

Epalzeorhynchos kalopterum, 16 cm
120 x 40 x 50 cm, Wassertyp 2–4, 24–28 °C
Wie Grüner Fransenlipper. Einzeln halten, denn die Art kann wie viele Fransenlipper in kleineren Aquarien untereinander aggressiv sein.

4 SAUGSCHMERLE

Gyrinocheilus aymonieri, 27 cm
200 x 50 x 50 cm, Wassertyp 2–6, 24–28 °C
Algenfresser, der in stark strömenden Bachbereichen Thailands Algen von Kieseln abraspelt. Liebt große, gut beleuchtete Becken mit starker Strömung und Unterständen aus Steinplatten. Fütterung mit Pflanzen (z. B. Salatblätter, Gurkenscheiben) und »grünem« Trockenfutter. In der Gruppe (mindestens 6) oder einzeln halten. Vergesellschaftung mit größeren wendigen Barben oder Bärblingen.

5 SIAMESISCHE RÜSSELBARBE

Crossocheilus oblongus, 15 cm
120 x 50 x 50 cm, Wassertyp 2–5, 24–28 °C
Bodenfisch der Flüsse Südostasiens, wo er sich hauptsächlich von Algen ernährt. 3 bis 5 Tiere in strukturreich mit Wurzeln und Steinen eingerichteten Becken. Fütterung hauptsächlich mit pflanzenhaltigem Tabletten-Trockenfutter. Friedlicher, robuster Gesellschaftsfisch für fast alle Fische, auch kleinere.

6 NETZ-PINSELALGENFRESSER

Crossocheilus reticulatus, 15 cm
100 x 40 x 40 cm, Wassertyp 2–6, 22–27 °C
Geselliger Algenfresser vieler Flüsse und Bäche am Fuße des Himalaya in Indien und Nepal. Die Art soll sogar Pinselalgen fressen.

7 PANDA-RÜSSELBARBE

Garra flavatra, 8 cm
80 x 35 x 40 cm, Wassertyp 2–5, 24–28 °C
Geselliger, friedlicher Algenfresser aus einem Flüsschen im Hügelland Myanmars.

8 KANGAL-KNABBERFISCH

Garra rufa, 14 cm
100 x 40 x 40 cm, Wassertyp 3–6, 18–30 °C
Agiler Schwarmfisch der nährstoffreichen Bäche und Quellen Vorderasiens. Wird zur Behandlung von Hautkrankheiten eingesetzt.

1

2

3

4

5

6

7

8

9

10

11

12

Karpfenfischverwandte: Bärblinge

Die Bärblingsverwandten (*Danioninae*) stellen besonders gesellige, schwimmfreudige und bunte Schwarmfische. Sie betreiben keine Brutpflege und sind gut mit kleineren Bodenfischen (z. B. Schmerlen) oder vielen Labyrinthfischen zu vergesellschaften. Die Männchen sind etwas farbiger und schlanker als die Weibchen. Viele winzige Arten sind für Minibecken, sogenannte Nanos (▷ Seite 144), die mit Schwimmpflanzen und Javamoos bepflanzt sind, besonders gut geeignet.

1 MOSKITORASBORA
Boraras brigittae, 2 cm
60 x 30 x 30 cm, Wassertyp 1–2, 26–29 °C
Geselliger winziger Schwarzwasserfisch der Torfsümpfe und -bäche Südborneos.

2 ZWERGBÄRBLING
Boraras maculatus, 2,5 cm
60 x 30 x 30 cm, Wassertyp 1–3, 25–29 °C
Lebt in pflanzen- oder falllaubreichen Uferbereichen langsam fließender oder stehender Gewässer Westmalaysias und Sumatras (Indonesien).

3 ZEBRABÄRBLING
Danio rerio, 6 cm
80 x 35 x 40 cm, Wassertyp 2–6, 23–27 °C
Sehr lebhafter und schwimmfreudiger Bachfisch aus klaren Bächen Nordindiens.

4 CHOPRAS DANIO
Danio choprae, 3,5 cm
60 x 30 x 30 cm, Wassertyp 2–3, 22–24 °C
Schwarmfisch der Bäche und Flüsse des recht kühlen Hochlandes von Nordmyanmar.

5 PERLHUHNBÄRBLING
Danio margaritatus, 2,5 cm
60 x 30 x 30 cm, Wassertyp 3–5, 22–25 °C
Der Winzling stammt aus pflanzenreichen flachen Tümpeln des myanmarischen Graslandes. Die Fische sind manchmal extrem scheu. Abhilfe schaft die Pflege eines Schwarms von mindestens 12 Tieren. Eine Schwimmpflanzendecke und dichte Bepflanzung sorgen für »Sicherheit«.

6 KARDINALFISCH
Tanichthys albonubes, 4 cm
60 x 30 x 30 cm, Wassertyp 2–6, 18–22 °C
Gruppenfisch aus Bergbächen in der Nähe Hongkongs (China). Nicht zu warm halten!

7 ROTER KEILFLECKBÄRBLING
Trigonostigma espei, 3,5 cm
60 x 30 x 30 cm, Wassertyp 1–3, 25–28 °C
Schwarmfisch der Schwarzwassersümpfe und -bäche Südostasiens.

8 GLÜHKÖPFCHEN
Sawbwa resplendens, 4,5 cm
80 x 35 x 40 cm, Wassertyp 5–6, 21–24 °C
Schwarmfisch des klaren, kühlen Inle-Sees in Myanmar. In hartem, kühlem Wasser pflegen! *Artemia* und *Cyclops* (gefroren/lebend) füttern.

9 MALABARBÄRBLING
Devario aequipinnatus, 10 cm
120 x 40 x 50 cm, Wassertyp 2–6, 24–27 °C
Geselliger und strömungsliebender Bach- und Flussfisch Vorderindiens und Sri Lankas.

10 GLÜHLICHTBÄRBLING
Trigonopoma pauciperforatum, 7 cm
80 x 35 x 40 cm, Wassertyp 1–4, 25–28 °C
Oberflächennah lebender Schwarmfisch des Schwarzwassers Malaysias und Indonesiens.

11 KEILFLECKBÄRBLING
Trigonostigma heteromorpha, 4,5 cm
60 x 30 x 30 cm, Wassertyp 2–5, 23–28 °C
Schwarmfisch der Schwarzwassersümpfe und -bäche Malaysias.

12 SMARAGD-ZWERGBÄRBLING
Sundadanio axelrodi, 3 cm
60 x 30 x 30 cm, Wassertyp 1–2, 26–29 °C
Geselliger Schwarzwasserfisch aus den Torfsümpfen Südostasiens. Es gibt sehr unterschiedlich gefärbte *Sundadanio*-Arten. Die wunderschön irisierende Rückenfärbung der Winzlinge kommt nur bei etwas schräger Beleuchtung, z. B. durch LED-Strahler, zum Tragen.

Karpfenfischverwandte: Barben

Barben aus den Sammelgattungen *Puntius*, *Barbus* und *Balantiocheilos* sind hübsch, lebhaft und meist anspruchslos. In einer größeren Gruppe (ab 8 Tiere) halten, damit sie sich nicht »langweilen«. Zwergarten lassen sich gut mit Killis und kleinen Bodenfischen pflegen, die größeren mit allen Arten, die sich durch die Lebhaftigkeit nicht gestört fühlen. Mit ihren unterständigen Mäulern gründeln sie in weichem Bodengrund (Sand). Bei der Fütterung immer einen pflanzlichen Anteil bedenken. Barben betreiben keine Brutpflege.

1 HAIBARBE
Balantiocheilos melanopterus, 35 cm
250 x 60 x 60 cm, Wassertyp 2–5, 24–28 °C
Wendige Großbarbe aus Flüssen und Seen Südostasiens. Gilt in der Heimat als gefährdet.

2 PURPURKOPFBARBE
Pethia nigrofasciata, 7 cm
100 x 40 x 40 cm, Wassertyp 2–5, 21–24 °C
Geselliger, lebhafter Bewohner klarer, kühler Regenwaldbäche auf Sri Lanka. Frisst über kiesigem oder sandigem Boden vor allem Algen.

3 ROTSTRICHBARBE
Dawkinsia denisonii, 17 cm
200 x 50 x 50 cm, Wassertyp 3–5, 23–26 °C
Nur aus einigen kleinen Flüssen Südindiens bekannt. Nicht zu warm halten.

4 SCHMETTERLINGSBARBE
Enteromius hulstaerti, 3,5 cm
60 x 30 x 30 cm, Wassertyp 1–2, 19–24 °C
Agile Zwergbarbe aus kleinsten und recht kühlen Regenwaldbächen des Kongobeckens. Empfehlenswerter Fisch für kleine, ungeheizte Becken, die mit Sand, dunklem Bodengrund (trockenes Buchen- oder Eichenlaub) und ein paar Wurzeln eingerichtet sind.

5 ROTE KAMERUN-ZWERGBARBE
Enteromius jae, 3 cm
60 x 30 x 30 cm, Wassertyp 1–2, 23–26 °C
Zurückhaltende zarte Zwergbarbe aus Regenwaldbächen Zentralafrikas.

6 EILANDBARBE
Oliotius oligolepis, 5 cm
60 x 30 x 30 cm, Wassertyp 2–6, 23–27 °C
Bodennah lebender Gruppenfisch aus Klarwasserbächen und Tümpeln höher gelegener Regionen Sumatras.

7 ODESSABARBE
Pethia padamya, 7 cm
100 x 40 x 40 cm, Wassertyp 2–6, 22–25 °C
Die gesellige und lebhafte Art stammt aus Bächen Myanmars.

8 SECHSGÜRTELBARBE
Desmopuntius hexazona, 5 cm
60 x 30 x 30 cm, Wassertyp 1–3, 26–29 °C
Bodenorientierte friedliche Art aus Schwarzwassergebieten Südostasiens.

9 BROKATBARBE
Barbodes semifasciolatus »schuberti«, 7 cm
80 x 35 x 40 cm, Wassertyp 2–6, 20–24 °C
Lebhafter Gruppenfisch (mindestens 6 Tiere halten) der Bodenregion. Zuchtform.

10 MOULMEINBARBE
Pethia stoliczkana, 6 cm
60 x 30 x 30 cm, Wassertyp 2–6, 22–25 °C
Wie Eilandbarbe. Aus Indien.

11 SUMATRABARBE
Puntigrus tetrazona, 7 cm
100 x 50 x 50 cm, Wassertyp 2–6, 23–28 °C
Lebhafter, unruhiger Gruppenfisch des Bodenbereichs langsam fließender und stehender Gewässer Sumatras. Einzeltiere werden anderen Fischen oft aus »Langeweile« lästig.

12 BITTERLINGSBARBE
Rohanella titteya, 5 cm
60 x 30 x 30 cm, Wassertyp 2–4, 23–27 °C
Bodennah lebende, ruhige Art aus dunklen, langsam fließenden Urwaldbächen Sri Lankas. Die Bitterlingsbarbe wird als rote Zuchtform oder attraktive Wildform verkauft. Eine eher düstere Beleuchtung behagt den Gruppenfischen.

1

2

3

4

5

6

7

8

9

10

11

12

Karpfenfischverwandte: Schmerlen

Schmerlen (Familien *Gastromyzontidae, Cobitidae, Nemacheilidae, Botiidae*) sind bodenbewohnende Fische Asiens und Europas. Am besten 6 bis 8 Tiere pflegen. Die meisten Arten brauchen Verstecke. Abwechslungsreich ernähren. Keine Brutpflege. Viele Schmerlen tragen einen Dorn.

1 PANDA-BERGBACHSCHMERLE
Yaoshania pachychilus, 7 cm
Ab 60 x 30 x 25 cm, Wassertyp 2–4, 18–23 °C
Nur für kühle Strömungsbecken. Südchina.

2 HALBGEBÄNDERTES DORNAUGE
Pangio semicincta, 8 cm
60 x 30 x 30 cm, Wassertyp 2–5, 24–30 °C
Verborgen lebender Fisch in oft pflanzenreichen Bächen und Stillgewässern Malaysias.

3 ROTE ZWERGSCHMERLE
Physoschistura mango, 3 cm
60 x 30 x 30 cm, Wassertyp 4–6, 20–24 °C
Anspruchsloser »Mini« für verkrautete Becken.

4 JUMBO-DORNAUGE
Pangio myersi, 10 cm
60 x 30 x 30 cm, Wassertyp 2–5, 24–30 °C
Pflanzenreiche Bäche und Stillgewässer Thailands. Dornaugen sind sehr gesellig.

5 PRACHTSCHMERLE
Chromobotia macracanthus, 25 cm
250 x 60 x 50 cm, Wassertyp 1–5, 25–30 °C
Gruppenfisch der großen Flüsse Sumatras und Borneos. Schneckenfresser.

6 STREIFENSCHMERLE
Botia striata, 8 cm
80 x 35 x 40 cm, Wassertyp 2–5, 23–27 °C
Geselliger Schneckenfresser aus Indien.

7 STERNCHENSCHMERLE
Botia kubotai, 10 cm
100 x 45 x 40 cm, Wassertyp 2–5, 23–26 °C
Gesellige Art, die aus wenigen Flüssen in Myanmar an der Grenze zu Thailand bekannt ist. Sehr empfehlenswerte Schmerlenart für Aquarien.

1

2

3

4

8 NETZSCHMERLE
Botia lohachata, 12 cm
100 x 40 x 40 cm, Wassertyp 2–5, 23–26 °C
Steinige Flüsse und Bäche in Indien und am Fuße des Himalaya.

9 SCHACHBRETTSCHMERLE
Ambastaia sidthimunki, 6 cm
60 x 30 x 30 cm, Wassertyp 2–6, 26–29 °C
In stillen, oft trüben Bereichen einiger Flüsse Thailands und Hinterindiens. Stark bedroht.

10 BORNEO-FLOSSENSAUGER
Gastromyzon ctenocephalus, 5 cm
60 x 30 x 30 cm, Wassertyp 2–5, 22–25 °C
Kühle Bergbäche Borneos. Keine Algenfresser! Futtertabletten, Frostfutter (Cyclops). Gruppenweise in Becken mit Kieseln, stark beleuchtet, gut mit Sauerstoff versorgt halten.

11 PRACHT-FLOSSENSAUGER
Sewellia lineolata, 5 cm
60 x 30 x 30 cm, Wassertyp 2–4, 23–26 °C
In reißendem Wasser auf Steinen klarer Flüsse Vietnams. Ansonsten wie vorherige Art. Vermehrt sich in Becken mit teilweise Bedeckung des Bodens mit Kieseln ohne weiteres Zutun.

5

6

7

8

9

10

11

Salmler: Afrikanische Salmler

Mit ihren leuchtenden Farben und ihrem quirligen Schwarmverhalten sind Afrikanische Salmler ein Highlight in jedem schön bepflanzten Aquarium.

Zu den Salmlern (*Characiformes*) gehören die berühmtesten Aquarienfische überhaupt: die Neonfische. Mit Hunderten von Arten sind sie in Südamerika in allen Biotopen vertreten, aber auch in Afrika. Die überwiegende Mehrzahl sind Schwarm- oder Gruppenfische des freien Wassers, die keine Brutpflege betreiben. Dank leuchtender Farben und quirligem Schwarmverhalten gehören viele zum Besatz schön bepflanzter Becken – aber auch, weil sie leicht zu ernähren und gut mit Bodenfischen zu vergesellschaften sind. Eine große Artenzahl wird regelmäßig als Wildfänge importiert und in riesigen Mengen verkauft. Deshalb sind in diesem Buch besonders viele Salmlerarten abgebildet.
Neben südamerikanischen »Klischee-Salmlern«, die zur Familie der *Acestrorhamphidae* gehören, gibt es noch weitere Salmlerfamilien, deren Mitglieder vom Salmler-Durchschnitt in ihrer Körperform und Ökologie oder durch ihre Brutpflege abweichen. Die schönen Farben und prächtige Beflossung vieler Salmler entwickeln sich nur bei optimalen Wasserwerten. Es gibt viele Arten, die jahrelang in hartem Wasser ausharren. Sie leuchten aber förmlich auf, wenn sie dann in weichem, saurem Wasser gehalten werden, das die meisten auch zur Fortpflanzung benötigen.
Die meisten hier vorgestellten Afrikanischen Salmler gehören zur Familie der *Alestidae*. Alle Arten lassen sich gut mit Kunst- und Frostfutter ernähren. Biotopgerecht vergesellschaftet man die größeren Arten z. B. mit Fiederbartwelsen und Afrikanischen Zwergbuntbarschen, die kleineren Arten mit Killis und Leuchtaugenfischen.

1 AFRIK. ROTAUGENSALMLER
Arnoldichthys spilopterus, 8 cm
120 x 40 x 50 cm, Wassertyp 2–4, 24–28 °C
Lebhafter Schwarmfisch der Bäche und kleinen Flüsse des Nigerdeltas (Nigeria). Nur in größeren Becken bei weichem Wasser kommt die Pracht der ansonsten anspruchslosen Art zur Geltung.

2 ORANGEROTER ZWERGSALMLER
Ladigesia roloffi, 3,5 cm
60 x 30 x 30 cm, Wassertyp 1–2, 24–28 °C
Zierliche Art im Küstentiefland Westafrikas.

3 ADONISSALMLER
Lepidarchus adonis, 2,5 cm
60 x 30 x 30 cm, Wassertyp 2, 24–26 °C
Anspruchsvolle Zwergart aus pflanzenreichen Bächen im Küstentiefland Westafrikas.

4 BLAUER KONGOSALMLER
Phenacogrammus interruptus, 9 cm
120 x 50 x 50 cm, Wassertyp 2–4, 23–27 °C
Lebhafter Schwarmfisch kleinerer und größerer Klarwasserbäche des Kongobeckens. Lebt hauptsächlich von Anflug (Insekten).

5 GELBER KONGOSALMLER
Alestopetersius caudalis, 7 cm
100 x 40 x 40 cm, Wassertyp 2–5, 23–27 °C
Lebhafter Schwarmfisch klarer Fließgewässer des Kongobeckens. Frisst Insekten.

6 LANGFLOSSENSALMLER
Bryconalestes longipinnis, 13 cm
150 x 50 x 50 cm, Wassertyp 2–5, 24–29 °C
Lebhafter Schwarmfisch der Regenwaldbäche Westafrikas. Lebt hauptsächlich von Insekten.

7 ROTRÜCKEN-MONDSALMLER
Bathyaethiops caudomaculatus, 5 cm
80 x 35 x 40 cm, Wassertyp 2–4, 24–27 °C
Schwarmfisch des offenen Wassers größerer Klarwasserbäche des Kongobeckens.

8 ROTFLOSSIGER KONGOSALMLER
Micralestes occidentalis, 8 cm
100 x 40 x 40 cm, Wassertyp 2–5, 24–28 °C
Strömungsliebende Art größerer Bäche und kleinerer Flüsse Westafrikas (Regenwald). Strömung erhöht das Wohlbefinden dieser Schwarmfische.

2

1

4

3

6

5

8

7

Salmler: Großsalmler

Neben den nur wenige Zentimeter messenden Salmlern hat die Evolution in den Tropen auch große bis riesige Arten hervorgebracht, die entsprechend große Aquarien benötigen und zudem einen fast unstillbaren Appetit auf Grünzeug haben – mit der Folge, dass sie nicht in bepflanzten Becken gehalten werden sollten.
Dennoch sind viele Arten beliebt. Entweder weil sie – zumindest als Jungfische – besonders ansprechend gefärbt sind. Oder weil sie in unbepflanzten Riesenbecken einen willkommenen Kontrast zu eher ruhigen Großfischen, z. B. Welsen und manchen Buntbarschen, bilden.
Die aquaristisch wichtigen Vertreter gehören zu drei unterschiedlichen Salmlerfamilien: den afrikanischen Geradsalmlern *(Citharinidae)*, den südamerikanischen Kopfstehern (*Anostomidae*) und einer berühmten Untergruppe der Echten Salmler, den Sägesalmlern *(Serrasalminae)*.
Viele der Großsalmlerarten sind keine echten Schwarmfische, sondern verhalten sich zumindest im Aquarium territorial und aggressiv gegenüber Artgenossen. Deshalb sollte man sie entweder einzeln pflegen oder in einer größeren Gruppe, in der sich die Aggressionen verteilen. Niemals aber nur zwei oder drei Tiere halten. Die meisten brauchen Unterstände mittels Wurzelholz. Die Pflanzenfresser müssen reichlich mit grünen Futterpellets, frischem Gemüse verschiedenster Art und Trockenfutter ernährt werden. Eine kräftige Filterung ist immer nötig.
Die Sägesalmler sind berühmt, weil zu ihnen nicht nur die pflanzenfressenden Mühlsteinsalmler, sondern auch die Piranhas gehören.

1

2

3

4

Deren Gebiss ist mit messerscharfen Zähnen ausgestattet. Als Schwarm sind sie durchaus in der Lage, in Windeseile einen blutenden Kadaver in ein Skelett zu verwandeln. Dennoch sind Piranhas gar nicht so selten gepflegte Aquarienfische. Die Männchen betreiben sogar eine einfache Brutpflege (Gelegebetreuung). Nach dem Ende des Laichvorgangs übernehmen sie die Verteidigung und Versorgung des Geleges und der Larven.

1 ROTER SCHULTERFLECKPIRANHA

Pygocentrus cariba, 35 cm
320 x 60 x 60 cm, Wassertyp 2–5, 25–28 °C
Fischjäger des Orinoko-Gebiets. Achtung: messerscharfe Zähne! Nie mit bloßen Händen in ein Piranha-Aquarium greifen! Dieses immer gut abdecken! Kräftige Fütterung mit Fischfleisch. Eine größere Gruppe pflegen, zu der man später keine neuen Artgenossen setzen sollte. Ähnlich: *C. nattereri*.

2 SICHELFLOSSEN-SCHEIBENSALMLER

Myleus schomburgkii, 42 cm
320 x 70 x 70 cm, Wassertyp 2–5, 25–28 °C
Schwarmbildender Großsalmler großer Flüsse Südamerikas, der die Blätter von überhängenden Bäumen entlang den Flussufern frisst.

3 GEFLECKTER MÜHLSTEIN-SCHEIBENSALMLER

Metynnis lippincottianus, 17 cm, meist kleiner
150 x 50 x 50 cm, Wassertyp 2–5, 24–28 °C
Schwarmfisch großer Flüsse und Seen Südamerikas. Ab 6 Tieren pflegen. Frisst Aquarienpflanzen!

4 ZEBRA-GERADSALMLER

Distichodus sexfasciatus, 50 cm
ab 250 x 60 x 60 cm, Wassertyp 2–5, 25–28 °C
Frucht- und Pflanzenfresser der großen Flüsse des Kongobeckens, auch im Tanganjika-See.

5 BRACHSENSALMLER

Abramites hypselenotus, 14 cm
160 x 60 x 60 cm, Wassertyp 2–5, 25–28 °C
Pflanzen fressender und teilweise revierbildender Salmler weiter Teile Amazoniens, Südamerika. Steht gern zwischen Totholz.

6 PRACHTKOPFSTEHER

Anostomus anostomus, 18 cm
160 x 60 x 60 cm, Wassertyp 2–4, 24–28 °C
Gruppenfisch größerer Fließgewässer mit Felsen oder Totholz im nördlichen Südamerika.

7 GESTREIFTER LEPORINUS

Leporinus affinis, 30 cm
250 x 60 x 60 cm, Wassertyp 2–5, 24–28 °C
Wendige Art in strömenden Felsenhabitaten Amazoniens. Nimmt v. a. pflanzliche Nahrung.

5

6

7

1

2

3

4

5

6

7

8

9

10

11

12

Salmler: Hochrückige Revierbildner

Die Männchen dieser Characiden aus der Gruppe der »Tetras« (*Acestrorhamphidae*) bilden zeitweise kleine Balzreviere aus, z. B. am Fuß einer Rosettenpflanze, von wo aus sie Weibchen anbalzen und vor anderen Männchen imponieren. Obwohl sie keine echten Schwarmfische sind, brauchen sie als sozial aktive Fische die Gruppe. Die locker bepflanzten Becken teilweise mit Schwimmpflanzen abschatten, denn die Tiere lieben den Wechsel von Licht und Schatten, um sich richtig zu positionieren. Vergesellschaftung mit kleineren Welsen, ruhigen Buntbarschen oder quirligen Oberflächenfischen. Abwechslungsreiche Fütterung mit gelegentlich Lebendfutter, vor allem aber leicht saures, weiches Wasser, das häufig gewechselt wird, erhalten die Vitalität.

1 BLAUROTER KOLUMBIENSALMLER
Megalomphodus columbianus, 4,5 cm
60 x 30 x 30 cm, Wassertyp 3–4, 24–28 °C
Einziger Fundort ist ein schattiger kleiner Bach im Darién-Urwald Kolumbiens.

2 BLUTSALMLER
Megalomphodus eques, 4,5 cm
60 x 30 x 30 cm, Wassertyp 1–5, 24–28 °C
Gruppenfisch ruhiger, meist pflanzenreicher Gewässer Amazoniens. Oft im Schwarzwasser.

3 ROTRÜCKEN-KIRSCHFLECK-SALMLER
Megalomphodus pyrrhonotus, 5 cm
80 x 35 x 40 cm, Wassertyp 1–3, 24–27 °C
Art aus dem Rio Negro. Braucht weiches, saures Wasser zur Entfaltung ihrer Schönheit.

4 KIRSCHFLECKSALMLER
Megalomphodus erythrostigma, 8 cm
100 x 50 x 50 cm, Wassertyp 2–4, 24–28 °C
Schwarzwasserbäche des oberen Amazonas. Frisst Insekten(-larven) und Kleinkrebse. Prachtvolle Aquarienfische für größere Südamerika-Gesellschaftsbecken. Pflegebedingungen: Amazonas-Schwertpflanzen, Wurzeln, schummrige Beleuchtung und weiches Wasser.

5 SICHELSALMLER
Megalomphodus jackrobertsi, 5 cm
80 x 35 x 40 cm, Wassertyp 2–3, 23–27 °C
Fisch der Urwaldbäche Perus.

6 SCHMUCKSALMLER
Megalomphodus rosaceus, 4,5 cm
60 x 30 x 30 cm, Wassertyp 2–5, 23–27 °C
Lebhafter Gruppenfisch feinkiesiger Bäche Brasiliens mit leichter Strömung.

7 ZITRONENSALMLER
Megalomphodus pulchripinnis, 4,5 cm
60 x 30 x 30 cm, Wassertyp 2–4, 24–27 °C
Pflanzenreiche Klarwasserbäche vor allem des Rio-Xingu-/Tapajos-Flusssystems (Brasilien).

8 ROTER PHANTOMSALMLER
Megalomphodus sweglesi, 4 cm
60 x 30 x 30 cm, Wassertyp 2–4, 22–26 °C
Lebt im Orinoko-Flusssystem in Kolumbien.

9 SCHWARZER PHANTOMSALMLER
Megalomphodus megalopterus, 4,5 cm
60 x 30 x 30 cm, Wassertyp 2–5, 23–26 °C
Gruppenfisch schattiger und pflanzenreicher Gewässer Südbrasiliens.

10 TRAUERMANTELSALMLER
Gymnocorymbus ternetzi, 6 cm
80 x 35 x 40 cm, Wassertyp 2–6, 23–28 °C
Schwarmfisch ruhiger Fließgewässer des Paraguay-Flusssystems Südbrasiliens.

11 BRILLANTSALMLER
Makunaima pittieri, 6 cm
100 x 50 x 50 cm, Wassertyp 2–4, 24–28 °C
Lebt im Valencia-See in Venezuela.

12 WASSERSTIGLITZ
Pristella maxillaris, 4,5 cm
60 x 30 x 30 cm, Wassertyp 2–4, 24–27 °C
In Sumpfgewässern weiter Teile Südamerikas. Der deutsche Name bezieht sich auf die Farbgebung des Fisches, die mit weiß, rot und schwarz an den Stieglitz, eine Vogelart, erinnert.

1

2

3

4

5

6

7

8

9

10

11

12

Salmler: Diverse Südamerikaner

Die Vielfalt der südamerikanischen Salmler setzt sich mit revierbildenden Kaisersalmlern fort. In einem teilweise dicht mit feinfiedrigen Pflanzen bestückten Becken wachsen manchmal einige Jungfische unbemerkt auf – vorausgesetzt, die Wasserwerte liegen im eher weichen und sauren Bereich und das Becken ist nicht allzu dicht mit Fischen besetzt.

1 KAISERSALMLER

Nematobrycon palmeri, 6 cm
80 x 35 x 40 cm, Wassertyp 2–5, 23–26 °C
Stammt aus kolumbianischen Bächen und Flüssen. Männchen bilden Reviere aus, die sie gegen andere in der Gruppe verteidigen.

2 KÖNIGSSALMLER

Inpaichthys kerri, 4,5 cm
60 x 30 x 30, Wassertyp 2–4, 23–26 °C
Gruppenfisch, der nur aus Bächen im Aripuana-Flusssystem in Brasilien bekannt ist.

3 REGENBOGENTETRA

Nematobrycon lacortei, 5 cm
80 x 35 x 40 cm, Wassertyp 2–4, 23–26 °C
Wie Kaisersalmler, aber etwas anspruchsvoller. Das Wasser sollte weich und sauer sein.

4 ROTER VON RIO

Hyphessobrycon flammeus, 4 cm
60 x 30 x 30 cm, Wassertyp 3–6, 22–27 °C
Bäche in der Umgebung von Rio de Janeiro.

5 PERU-KAISERSALMLER

Hyphessobrycon nigricinctus, 5 cm
60 x 30 x 30 cm, Wassertyp 3–5, 24–27 °C
Steinige Bäche im Vorandengebiet Perus.

6 FEUERSALMLER

Hyphessobrycon amandae, 3 cm
60 x 30 x 30 cm Wassertyp 1–3, 24–28 °C
Zwergart, nur aus Schwarzwasserbächen der Region Mato Grosso (Brasilien) bekannt. Eine der wenigen Nano-Fischarten, die sich früh in der Aquaristik etabliert haben. Für optimale Ausfärbung ist weiches Aquarienwasser Voraussetzung.

7 ROTAUGEN-MOENKHAUSIA

Bario sanctaefilomenae, 7 cm
80 x 35 x 40 cm, Wassertyp 2–6, 23–26 °C
Lebhafter Schwarmfisch des freien Wassers klarer Bäche im südwestlichen Südamerika.

8 KITTY-TETRA

Hyphessobrycon heliacus, 4,5 cm
60 x 30 x 30 cm, Wassertyp 2–4, 24–27 °C
Eine prachtvolle Neuentdeckung aus einem kaum fließenden und bewachsenen Bach mit vielen Wasserpflanzen im Tapajos-Flusssystem Brasiliens.

9 SCHRÄGSCHWIMMER

Thayeria boehlkei, 6 cm
80 x 35 x 40 cm, Wassertyp 2–5, 24–28 °C
Schwarmfisch des Rio Araguaia (Brasilien) und Amazonas (Peru). Mit kontrastreicher Zeichnung und Schräg-nach-oben-Haltung interessant in einem Gesellschaftsbecken.

10 ROTFLOSSEN-GLASSALMLER

Prionobrama filigera, 5 cm
80 x 35 x 40 cm, Wassertyp 3–6, 23–27 °C
Lebhafter Schwarmfisch, der z. B. entlang der Sandbänke größerer Flüsse Südamerikas gefangen wird. Frisst wahrscheinlich Insekten von der Wasseroberfläche.

11 ANISITS' ROTFLOSSENSALMLER

Aphyocharax anisitsi, 5,5 cm
80 x 35 x 40 cm, Wassertyp 2–5, 22–27 °C
Paraná-Flusssystem im südlichen Südamerika. Wahrscheinlich aus fließenden, pflanzenreichen Bächen.

12 BLAUER PERUSALMLER

Knodus borki, 5 cm
80 x 35 x 40 cm, Wassertyp 2–5, 23–26 °C
Schwimmfreudiger und strömungsliebender Schwarmfisch aus klaren Bächen des peruanischen Amazonas. Die Art ist vorratsbefruchtend. Die Eier der Weibchen werden im Mutterleib befruchtet und können später ohne die Anwesenheit eines Männchens abgelaicht werden.

1

2

3

4

5

6

7

8

9

10

11

12

Salmler: Kleine Schwärmer (Südamerika)

Auf dieser Seite finden Sie die beliebtesten Salmler Südamerikas – friedliche und bunte Schwarmfische für das bepflanzte Südamerika-Becken. Zu den schönsten Fischen gehört der Rote Neon. Er ist in der Natur nur einjährig und vermehrt sich gut. Das bedeutet, dass seine nachhaltige »Nutzung« ohne Raubbau möglich ist, solange der Lebensraum erhalten bleibt (▷ Seite 33).

1 SCHWARZER NEON
Hyphessobrycon herbertaxelrodi, 4 cm
60 x 30 x 30 cm, Wassertyp 2–4, 24–28 °C
Schwarmfisch der mittleren Beckenregion aus Gewässern des Mato Grosso (Brasilien).

2 KUPFERSALMLER
Hasemania nana, 5 cm
60 x 30 x 30 cm, Wassertyp 2–6, 23–27 °C
Schwarmfisch der Schwarzwasserbäche des östlichen Brasiliens außerhalb Amazoniens.

3 GLÜHLICHTSALMLER
Hemigrammus erythrozonus, 4 cm
60 x 30 x 30 cm, Wassertyp 1–5, 23–26 °C
Lebt in lockeren Gruppen in Urwaldbächen des Essequibo-Flusssystems in Guyana, Südamerika. »Glüht« nur in dunklen Becken.

4 ROTER PFEFFERSALMLER
Axelrodia riesei, 3 cm
60 x 30 x 30 cm, Wassertyp 1–4, 22–26 °C
Kommt vor allem im kolumbianischen Teil des Amazonas vor. Eine sehr ähnliche, nicht ganz so schöne Art ist *A. stigmatias*, die ebenfalls für Nano-Aquarien geeignet ist.

5 BLEHERS ROTKOPFSALMLER
Petitella bleheri, 5,5 cm
80 x 35 x 40 cm, Wassertyp 1–3, 22–26 °C
Ausgesprochen lebhafter Schwarmfisch der Klar- und Schwarzwasserbäche des Rio Negro in Amazonien. Mindestens 10 Tiere pflegen. Ähnliche Arten sind: Georgis Rotmaulsalmler (*Petitella georgiae*) und Ahls Rotmaulsalmler (*Hemigrammus rhodostomus*).

6 GEORGIS ROTMAULSALMLER
Petitella georgiae, 5 cm
80 x 35 x 40 cm, Wassertyp 1–4, 22–26 °C
Vor allem peruanischer Amazonas.

7 ROTER NEON
Paracheirodon axelrodi, 4 cm
60 x 30 x 30 cm, Wassertyp 1–4, 23–27 °C
Klare Gewässer des Überschwemmungswaldes im Einzugsgebiet des Rio Negro und Orinoko (Südamerika). Nicht mit Skalaren halten, die Rote Neons verspeisen können!

8 NEONFISCH
Paracheirodon innesi, 4 cm
60 x 30 x 30 cm, Wassertyp 1–5, 20–24 °C
Schwarmfisch der Oberläufe kleiner klarer Bäche im peruanischen Regenwald.

9 BLAUER NEON
Paracheirodon simulans, 3,5 cm
60 x 30 x 30 cm, Wassertyp 1–3, 25–28 °C
In warmen, klaren, teichartigen Bereichen im oberen Rio Negro in Brasilien.

10 GRÜNER NEON
Hemigrammus hyanuary, 4 cm
60 x 30 x 30 cm, Wassertyp 1–4, 23–26 °C
Lebt in Bächen und Gewässern des Überschwemmungswaldes in Peru.

11 GOLDTETRA
Hemigrammus saizi, 4 cm
60 x 30 x 30 cm, Wassertyp 2–5, 24–27 °C
Lebt in kleinen Bächen Amazoniens. Die goldene Färbung entsteht durch unschädliche Hautparasiten. Nachzuchten ohne Goldglanz.

12 SCHLUSSLICHTSALMLER
Holopristes ocellifera, 5 cm
80 x 35 x 40 cm, Wassertyp 2–5, 24–28 °C
Sehr häufiger Schwarmfisch langsam fließender Gewässer Amazoniens und Guyanas. Das »Schlusslicht« ist ein irisierender Fleck auf der Schwanzwurzel, den viele Salmler wahrscheinlich zum Schwarmzusammenhalt nutzen.

Salmler: Weitere Südamerikaner

Eine Besonderheit unter den Salmlern sind die südamerikanischen Beilbauchfische (Gasteropelecidae). Ihr beilförmiger Brustgürtel, auch Bauch genannt, besteht aus Flugmuskulatur. Die direkt unter der Wasseroberfläche schwimmenden Beilbäuche entkommen Fischräubern, indem sie regelrecht einige Meter fliegen. Sie bevorzugen leichte Strömung und ernähren sich von Insekten. Sie benötigen ein Aquarium mit großer Wasseroberfläche, unter der sie sich verteilen. Die anderen genannten Salmlerarten stammen aus verschiedenen anderen südamerikanischen Salmlerfamilien.

1 PLATINBEILBAUCH
Thoracochorax securis, 9 cm
120 x 60 x 50 cm, Wassertyp 2–4, 25–30 °C
Lebt in großen Flüssen Amazoniens.

2 SCHWARZSCHWINGEN-BEILBAUCH
Carnegiella marthae, 3,5 cm
60 x 30 x 30 cm, Wassertyp 1–2, 24–27 °C
Lebt in Schwarzwasserbächen Venezuelas.

3 GLASBEILBAUCH
Carnegiella myersi, 2,5 cm
60 x 30 x 30 cm, Wassertyp 2–5, 24–27 °C
Der kleinste Beilbauch lebt im oberen Amazonasgebiet von kleinen Insekten. Ein idealer Oberflächenfisch fürs Aquarium.

4 MARMORBEILBAUCH
Carnegiella strigata, 4 cm
60 x 30 x 30 cm, Wassertyp 1–4, 26–30 °C
Lebt in Gruppen (mindestens 6 Tiere pflegen), braucht Insektenfutter (z. B. Fruchtfliegen, Schwarze Mückenlarven). Amazonien.

1

2

3

4

5 SILBERBEILBAUCH
Gasteropelecus sternicla, 6 cm
100 x 40 x 40 cm, Wassertyp 2–5, 25–28 °C
In Gruppen unter der Oberfläche der Bäche und Sümpfe Amazoniens. Frisst Insekten.

6 WEITZMANS RAUBSALMLER
Poecilocharax weitzmani, 5 cm
60 x 30 x 30 cm, Wassertyp 1–3, 26–29 °C
Kleinhöhlenbewohner des Schwarzwasserflusses Rio Negro. Die Männchen sind revierbildend und betreiben Brutpflege. Nur Lebendfutter. 2 Männchen mit mehreren Weibchen pflegen.

7 PUNKTIERTER KOPFSTEHER
Chilodus punctatus, 9 cm
100 x 40 x 40 cm, Wassertyp 2–4, 24–28 °C
Steht kopfüber zwischen Pflanzen/Wurzeln in Gewässern des oberen Amazoniens. Grün- und tierisches Frostfutter. Gruppenfisch.

8 KEULENSALMLER
Hemiodus gracilis, 18 cm
200 x 60 x 60 cm, Wassertyp 2–4, 24–28 °C
Schreckhafter Schwarmfisch größerer Bäche, Flüsse Amazoniens. Für Pflanzenbecken.

9 LA-PLATA-ALGENSALMLER
Apareidon affinis, 15 cm
120 x 50 x 50 cm, Wassertyp 2–6, 20–26 °C
Schwarmfisch aus dem südlichen Südamerika. Frisst gelegentlich Algen.

5

6

7

8

9

Salmler: Ziersalmler und Neolebias

Die hier vorgestellten Arten der Ziersalmler und Neolebias schwimmen mit flirrenden Flossen eher am Fleck, als dass sie hektisch durch das Aquarium kreuzen. Die Männchen bilden zeitweise Minireviere aus, z. B. in der Nähe von Wasserpflanzenstängeln, wo sie auch regelmäßig laichen. Alle Arten lassen sich mit feinem Frost- oder Trockenfutter ernähren, feines Lebendfutter schadet natürlich auch nicht. Man sollte mindestens eine kleine Gruppe (z. B. 2 Männchen und 4 Weibchen) im Becken pflegen. Die Arten gehören zu den Familien der afrikanischen Geradsalmler (*Citharinidae*), der südamerikanischen Ziersalmler (*Nannostomidae*) und der südamerikanischen Schlanksalmler (*Lebianisidae*) – manche mit faszinierender Brutpflege.

1 POWELLS NEOLEBIAS
Neolebias powelli, 2,5 cm
60 x 30 x 30 cm, Wassertyp 1–2, 23–26 °C
Zwergfisch des Schwarzwassers im Nigerdelta. Für Nanobecken geeignet.

2 ANSORGES NEOLEBIAS
Neolebias ansorgii, 3,5 cm
60 x 30 x 30 cm, Wassertyp 1–2, 22–25 °C
Lebt im Pflanzendickicht klarer Fließ- und Sumpfgewässer Nigerias und Kameruns.

3 ROTER PERU-ZIERSALMLER
Nannostomus mortenthaleri, 5 cm
80 x 30 x 40 cm, Wassertyp 2–5, 23–26 °C
Lebt in Bächen des peruanischen Amazonas. Aggessiver als andere *Nannostomus*-Vertreter. Die Art ist ausgesprochen revierbildend und deshalb in einer Gruppe nur in größeren Becken mit anderen *Nannostomus*-Arten zu pflegen. Das Becken durch Pflanzen gut strukturieren!

4 DREISTREIFEN-ZIERSALMLER
Nannostomus trifasciatus, 5,5 cm
60 x 30 x 30 cm, Wassertyp 2–4, 24–26 °C
In Uferzonen langsam fließender Gewässer Brasiliens. Ausgeprägtes Sozialverhalten, auch gegenüber anderen Fischen. Nicht mit großen oder ruppigen Arten vergesellschaften.

5 EINBINDEN-ZIERSALMLER
Nannostomus unifasciatus, 6 cm
60 x 30 x 30 cm, Wassertyp 2–4, 24–26 °C
In Flüssen im Einzugsgebiet des Amazonas. Friedlicher Fisch der mittleren bis oberen Beckenbereiche. Guter Gesellschaftsfisch für kleinere Fische, z. B. Zwergbärblinge.

6 SCHRÄGSTEHER
Nannostomus eques, 5 cm
60 x 30 x 30 cm, Wassertyp 2–4, 26–29 °C
Häufiger Oberflächenfisch amazonischer Gewässer. Mag Schwarze Mückenlarven.

7 PURPUR-ZWERGZIERSALMLER
Nannostomus rubrocaudatus, 3,5 cm
60 x 30 x 30 cm, Wassertyp 2–4, 24–26 °C
Nur aus einigen wenigen Bächen im peruanischen Amazonasgebiet bekannt.

8 LÄNGSBAND-ZIERSALMLER
Nannostomus beckfordi, 6 cm
60 x 30 x 30 cm, Wassertyp 2–4, 24–26 °C
Guayanaländer, mittlerer Amazonas, unterer Rio Negro. In langsam fließenden Bächen und stillen Nebengewässern der großen Flüsse.

9 ZWERGZIERSALMLER
Nannostomus marginatus, 3,5 cm
60 x 30 x 30 cm, Wassertyp 2–3, 23–25 °C
Surinam, Guyana, Amazonas-Unterlauf. Ähnliche neue und sehr schöne Art *N. marginatus* »Purple« (▷ Foto Seite 148).

10 SPRITZSALMLER
Copella arnoldi, 7 cm
60 x 30 x 30 cm, Wassertyp 2–5, 24–29 °C
Oberflächenfisch der Uferregion klarer Bäche der Guayanaländer (Südamerika). Einer der interessantesten Aquarienfische überhaupt: Die Männchen laichen mit Weibchen außerhalb (!) des Wassers unter Landpflanzenblättern und bespritzen den Laich mit Wasser von unten, bis die Jungen schlüpfen und zurück ins Wasser fallen. Eine weitere Brutpflege durch das Männchen findet nicht statt.

1

2

3

4

5

6

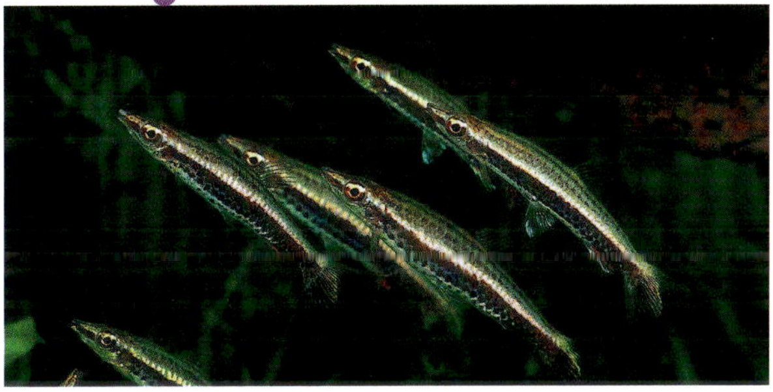

7

8

9

10

Messerfische

Die Messerfische (*Gymnotiformes*) gehören zu den häufigsten Fischarten in Südamerika. Ihre äußerst skurril anmutende Körperform – sie haben keine Bauchflossen, keine Rückenflosse und keine oder nur eine sehr kleine Schwanzflosse – sowie ihre wellenartige Bewegung der Afterflossen begeistern jeden biologisch interessierten Aquarianer. Auch wenn man im Aquarium von vielen Arten nur bei der Fütterung oder in den Abendstunden etwas sieht, denn die meisten sind nachtaktiv. Eine tagaktive Ausnahme sind nur die Grünen Messerfische, die man am besten gruppenweise hält.
Wie die afrikanischen Nilhechte können sich auch die Messerfische mit elektrischen Signalen nachts oder in trüben Gewässern orientieren und sich mit Artgenossen verständigen (▶ ELEKTRISCHE ORGANE, Seite 262). Mit elektronischem Bastlergeschick kann man die elektrischen Signale auch hörbar machen: Man benötigt dazu zwei einfache Elektroden, einen Verstärker und ein kleines Radio. Genauere Anleitungen zum Selbstbau bietet die Fachliteratur. Wandelt man die wellenförmigen Entladungen der *Apteronotus*- und *Eigenmannia*-Arten mit so einem einfachen Gerät in Töne um, klingen sie wie ein moduliertes Summen. Die eher pulsierenden Entladungen der anderen abgebildeten Arten klingen dagegen wie ein Knattern.
Wie viele tropische Fische pflanzen sich Messerfische nicht das ganze Jahr über fort, sondern vor allem mit der beginnenden Regenzeit. Dann werden die Wälder und Wiesen überschwemmt, und es entstehen periodisch neue nährstoffreiche Lebensräume, die der heranwachsenden Brut Nahrung und Platz bieten. Messerfische

1

2

3

4

(und auch Nilhechte und viele Welse) erkennen die beginnende Regenzeit daran, dass der Wasserstand steigt und die Leitfähigkeit durch den verdünnenden Effekt des ionenarmen Regenwassers sinkt. Ahmt man diesen Effekt im Aquarium nach, indem man über Wochen hinweg das Aquarienwasser mit reinem Umkehrosmosewasser wechselt (▷ Seite 54), kommen viele Messerfische »in Stimmung« und werden laichreif.
Die Messerfischarten haben sehr unterschiedliche Lebensweisen. Die meisten Arten suchen z. B. auf verschiedene Weise im Wasser lebende Insektenlarven. Manche nicht importierte Arten lieben das Besondere, nämlich Schwanzstiele (Schwanzfilamente) anderer Messerfische. Meist sind die Weibchen kleiner und bilden weniger lange und kräftige Schwanzstiele und Schnauzen aus. Die Männchen einiger Arten haben dagegen manchmal extrem lange Schnauzen. Die meisten Arten betreiben wohl keine Brutpflege, bei einigen Arten ist aber sogar Maulbrutpflege beobachtet worden. Übrigens gehört auch der stark elektrische und – im Gegensatz zu den anderen Arten – durchaus für den Menschen gefährliche Zitteraal zu den Messerfischen.

1 WEISSSTIRNMESSERFISCH

Apteronotus albifrons, 50 cm
250 x 60 x 60 cm, Wassertyp 2–5, 24–28 °C
Nachtaktive Art vieler Fließgewässer Amazoniens mit sandigem Boden. Ein Männchen mit bis zu 5 Weibchen in einem Becken mit Wurzel- und Röhrenverstecken für jedes Tier pflegen. Es sind hochsoziale, sehr aktive Fische, die mit Mückenlarven und *Artemia* (Frostfutter) einfach zu ernähren sind. Die Männchen werden größer und haben eine längere Schnauze. Manche Importe neigen dazu, anderen Fischen die Augen auszubeißen. Dennoch: Ein Becken mit »Black Ghosts« hinterlässt einen nachhaltigen Eindruck.

2 BROWN GHOST

Apteronotus leptrorhynchus, 27 cm
120 x 40 x 50 cm, Wassertyp 2–5, 23–26 °C
In steinigen Bächen und Flüssen des kolumbianischen Andenvorlandes. Sucht im Sand zwischen den Steinen nach Insektenlarven, die er durch »Blasen« mit einem Wasserstrahl freilegt. Die Männchen kämpfen angeblich mit weit aufgerissenen Mäulern miteinander. Ein Männchen mit mehreren Weibchen pflegen.

3 GESTREIFTER GRÜNER MESSERFISCH

Eigenmannia cf. trilineata, etwa 30 cm
150 x 50 x 50 cm, Wassertyp 2–5, 25–29 °C
Geselliger Fisch Amazoniens. Lebt unter »schwimmenden Wiesen« (Schwimmpflanzendecken). Die verschiedenen Arten sind kaum bestimmbar. Ein Männchen mit 4 bis 5 Weibchen im geräumigen Starklichtbecken mit Schwimmpflanzendecke (Muschelblume) halten. Lebende/gefrostete Mückenlarven füttern; z. B. mit Welsen vergesellschaften.

4 SCHLANGENHAUTMESSERFISCHE

Brachyhypopomus sp., ca. 20 cm
100 x 40 x 40 cm, Wassertyp 2–5, 24–29 °C
Häufig aus krautigen Gewässern Amazoniens eingeführte, einander sehr ähnliche Arten. Als Gruppe in dicht mit Javamoos und Wurzeln eingerichteten Becken. Fütterung mit gefrorenen Mückenlarven. Männchen größer und mit dickerem, längerem Schwanz.

5 ZWERGMESSERFISCHE

Hypopygus sp., 8 cm
60 x 30 x 30 cm, Wassertyp 1–3, 25–29 °C
Sie leben tagsüber versteckt in Falllaub und feinfiedrigen Pflanzen kleinerer Bäche und größerer Flüsse Amazoniens. Diese kleinsten Messerfische sind wegen ihrer Zartheit am besten als kleine Gruppe im Nano zu pflegen. Mit Krebstierchen (*Artemia*, *Cyclops*) und Würmchen (Grindal) füttern. Die Arten werden häufig mit *Brachyhypopomus* verwechselt, lassen sich aber am transparenten Afterflossensaum erkennen.

5

Welse: Große Schwimmer

Welse werden wegen ihrer manchmal abstrusen oder witzigen Körperformen und weniger wegen ihrer Farbenpracht im Aquarium gehalten. Innerhalb der Ordnung der Welse (*Siluriformes*) finden sich Winzlinge von kaum 2 cm Länge, aber auch mit etwa 3 m einer der größten Süßwasserfische der Erde, der Mekong-Riesenwels (*Pangasiodon gigas*). Es gibt über 2000 Welsarten, deren gemeinsames Zeichen mehr oder weniger lange Barteln sind, die als Geschmacks- und Tastorgane fungieren. Mit ihrer Hilfe können die Fische auch nachts oder in trüben Gewässern navigieren und Nahrung finden. Ein weiteres typisches Welsmerkmal ist die schuppenlose Haut, die allerdings bei vielen Welsen mit Knochenplatten bewehrt ist.
Viele Welse sind nachtaktiv und verstecken sich tagsüber unter Wurzeln oder in Höhlen. Damit sie nicht unbemerkt zu kurz kommen, sollten Welse immer abends gesondert gefüttert werden. Zwar sind viele Welse nicht anspruchsvoll in der Pflege, sauberes Wasser ohne chemische Wasserzusätze und eine abwechslungsreiche Fütterung sind aber dennoch wichtig. Es gibt auch eine Reihe Nahrungsspezialisten, deren Ansprüche gezielt befriedigt werden müssen. Stimmen die Rahmenbedingungen, pflanzen sich viele Arten auch im Aquarium fort. Manche sind Brutpfleger, wobei die Männchen maulbrüten oder die Brut in Höhlen/Schaumnestern pflegen.
Viele Welse verfügen über ausgesprochen spitze, oft gezähnte Flossenstacheln (▶ VERTEIDIGUNGSMECHANISMEN, Seite 273). Stachelige Welse sollten Sie deshalb nur mit feinmaschigen Keschern, in denen die Stacheln nicht hängen bleiben können, aus dem Aquarium fangen.

2

1

4

3

Viele Welsfamilien sind wegen ihrer Größe aquaristisch nicht bedeutsam, auch wenn sie in ihrer Heimat beliebte Speisefische sind. Dazu gehören die südostasiatischen Haiwelse (*Pangasidae*), die leider auch deswegen beliebte Aquarienfische geworden sind, weil Tausende der attraktiven Teichzuchten auf tierquälerische Art als Aquarienfische vermarktet werden. Doch auch sie wachsen im Aquarium auf beträchtliche Größen heran. Alle Haiwelse sind ausdauernde und gesellige Schwimmer, die in großen Flüssen Südostasiens leben.
Auch die Kreuzwelse (»Minihaie«) aus der Familie *Ariidae* werden relativ groß. Die meisten Arten sind Brack- oder Seewasserfische, die in einem Süßwasseraquarium nichts verloren haben. In großen Aquarien können kleinere Arten in einer Gruppe gehalten werden, wenn genügend freier Schwimmraum zur Verfügung steht. Bei den Kreuzwelsen brütet das Männchen riesige Eier mit mehreren Zentimetern Durchmesser im Maul aus – ein Verhalten, das aber noch nie im Aquarium beobachtet wurde.
Die Antennenwelse (*Pimelodidae*) sind eine artenreiche südamerikanische Welsfamilie, von der nur wenige Arten häufiger importiert werden. Der Engelswels und der Spatelwels gehören dazu. Viele Arten sind anspruchslos in Fütterung und Pflege, fressen bei falscher Vergesellschaftung allerdings ab und zu schon einmal kleine Mitbewohner.

1 MINIHAI

Ariopsis seemanni, 45 cm
320 x 70 x 70 cm, Wassertyp 7, 23–27 °C
Unruhiger Schwimmer der brackigen Unterläufe der großen Flüsse, die in Mittelamerika und Südamerika in den Pazifik münden. Brackwasserfisch, der nur vorübergehend in reinem Süßwasser gehalten werden sollte. Einrichtung mit viel freiem Schwimmraum und wenig Struktur. Kräftige Fütterung mit Garnelen und Fischfleisch. Starke Filterung. Der Minihai ist ein schnellwüchsiger Allesfresser. Nur mit Brackwasserfischen vergesellschaften, z. B. Argusfischen, Silberflossenblättern, Schützenfischen. Leider wird die Art häufig unter unzureichenden Bedingungen gehalten, weil sich besonders Aquaristik-Einsteiger von dem klingenden Namen »Minihai« verführen lassen.

2 HAIWELS

Pangasiodon hypopthalmus, 130 cm
Ringbecken ab 6000 l, Wassertyp 3–5, 23–28 °C
Bewohner großer Flüsse Asiens, z. B. des Mekong. Frisst vor allem Fische, Krebstiere und halb zerfallenes biologisches Material (▶ DETRITUS, Seite 260). Die Art unternimmt Wanderungen zu Laich- und Futterplätzen. Schwimmfreudiger, ruhiger Gruppenfisch, der artgerecht nur in sehr großen Becken gepflegt werden kann. Fütterung mit Pellets. Hübsche Färbung nur bei Jungfischen.

3 ENGELSWELS

Pimelodus pictus, 12 cm
160 x 60 x 60 cm, Wassertyp 2–5, 25–28 °C
Lebhafter Schwimmer größerer Flüsse des peruanischen Amazonasgebietes. Er ist den ganzen Tag unterwegs auf der Suche nach Fressbarem. Große Becken mit viel freiem Schwimmraum, wenig Unterständen und guter Strömung. Allesfresser. Vergesellschaftung mit allen nicht zu kleinen Fischen, die sich nicht durch seine unruhige Art gestört fühlen, z. B. Scheibensalmlern (*Methynnis* oder *Myleus*). Achtung: Zu kleine Fische werden als Nahrung betrachtet!

4 SPATELWELS

Sorubim lima, 53 cm
320 x 60 x 60 cm, Wassertyp 2–5, 24–29 °C
Die nachtaktive Art der großen Flüsse Amazoniens ruht am Tag meistens kopfüber in ihren Unterständen stehend. Nachts gehen die Tiere in der Gruppe auf die Jagd nach Fischen und Garnelen. Spatelwelse zeichnen sich durch eine bei Süßwasserfischen sehr seltene Angewohnheit aus: Sie »häuten« sich in regelmäßigen Abständen. Dies passiert häufig nach Wasserwechseln, wobei die abgestreifte äußere Haut meist von den Fischen direkt danach gefressen wird. Möglicherweise dient dieses Verhalten in der Natur dazu, lästige Hautparasiten loszuwerden. Auf alle Fälle ist es völlig normal und kein Grund zur Sorge! Gruppenweise in großen Becken mit Unterständen aus Wurzeln und großblättrigen Pflanzen pflegen. Kräftige Fütterung mit lebenden oder toten Fischen. Nur mit Fischen vergesellschaften, die von Spatelwelsen nicht gefressen werden, z. B. Scheibensalmler, Großcichliden, Arowanas. Langsam wachsend.

Welse: Kleinere L-Welse

»L« steht für *Loricariiden*. Gemeint sind damit die Harnischwelse aus Südamerika. Obwohl mit einem Saugmaul ausgestattet, fressen sie dennoch nicht alle Arten von Algen. Die meisten L-Welse pflegt man in einer Gruppe oder paarweise im Aquarium mit engen Tonröhren- oder Wurzelhöhlen, in die die Fische gerade so hineinpassen. Zudem gehören viele Wurzeln ins Becken, da viele Arten unbedingt Wurzelholz zum Abraspeln oder zumindest als Schutz benötigen. Eine ausgewogene Ernährung beinhaltet Wels-Trockenfutter und verschiedenes Grünfutter. Aber auch Kleinkrebse als Frostfutter bieten eine willkommene Abwechslung auf dem Speiseplan.

1 ZEBRAWELS
Hypancistrus zebra, 9 cm
60 x 30 x 30 cm, Wassertyp 2–5, 27–30 °C
Er lebt in Felsenbiotopen im Klarwasser des Rio Xingu, Brasilien. Der Zebrawels ist kein Pflanzenfresser. Er sollte vor allem mit Frostfutter, z. B. Kleinkrebsen, ernährt werden. Die Art ist meldepflichtig (siehe S. 35).

2 BLAUER ANTENNENWELS
Ancistrus sp., 14 cm
80 x 35 x 40 cm, Wasssertyp 2–6, 24–29 °C
Effizienter und anspruchsloser Algenfresser aus Südamerika. Die Männchen bilden mit zunehmendem Alter ein »Geweih« aus Hautfortsätzen auf der Schnauze aus. Sie betreiben Brutpflege in einer Höhle. Möglicherweise simulieren diese Tentakel das Vorhandensein von Brut in der Höhle, was attraktiv auf »ledige« Weibchen wirkt.

3 SCHLAFANZUGWELS
Ancistrus dolichopterus, 20 cm
100 x 40 x 40 cm, Wassertyp 1–2, 27–29 °C
In Totholzverhauen des Rio Negro, Brasilien. Weichwasser und pflanzliche Nahrung nötig. Algen- und Aufwuchsfresser.

4 WABENMUSTER-ANTENNENWELS
Ancistrus sp. »Wabenmuster«, 12 cm
80 x 35 x 40 cm, Wassertyp 2–6, 25–29 °C
Robuster Algenfresser aus Brasilien.

5 MARMOR-ZWERGANCISTRUS
Ancistrus claro, 10 cm
80 x 35 x 40 cm, Wassertyp 2–3, 27–29 °C
Fisch des Rio Tapajos, Brasilien. Kein Pflanzenfresser. Mit Tabletten und Frostfutter (*Cyclops*, Mückenlarven) ernähren.

6 SCHMETTERLINGSHARNISCHWELS
Deyseria picta, 13 cm
80 x 35 x 40 cm, Wassertyp 1–2, 27–29 °C
Aus dem Rio Negro, Brasilien. 6 bis 8 Tiere unter Weichwasserbedingungen pflegen und pflanzliches sowie tierisches Futter geben.

7 KOPFPUNKT-GEBIRGSHARNISCHWELS
Chaetostoma tachiraense, 8 cm
60 x 30 x 30 cm, Wassertyp 3–5, 23–27 °C
Lebt in steinigen Bächen Venezuelas. In strömungsreichen Becken mit ballaststoffreicher Fütterung (Grünfutter) pflegen.

8 SCHMUCKLINIEN-ZWERGSCHILDERWELS
Peckoltia compta »L 134«, 10 cm
80 x 35 x 40 cm, Wassertyp 2–3, 27–29 °C
Fisch des Rio Tapajos, Brasilien. Kein Pflanzenfresser. Mit Tabletten und Frostfutter (*Cyclops*, Mückenlarven) ernähren.

9 ZIERBINDEN-ZWERGSCHILDERWELS
Panaquolus cf. maccus »LDA 67«, 7 cm
60 x 30 x 30 cm, Wassertyp 2–5, 24–28 °C
Kolumbien. Vor allem pflanzliche Ernährung und Futtertabletten. Zwergart.

10 RINGELSOCKEN-HARNISCHWELS
Panaquolus albivermis, 13 cm
80 x 35 x 40 cm, Wassertyp 2–5, 25–29 °C
Sein Lebensraum sind stark durchströmte Holzverhaue in Peru. Holz, pflanzliche Futtertabletten, Frostfutter. Die »Ringelsöckchen« sind vor allem in der Jugend kontrastreich gefärbt. Mit zunehmendem Alter verschwimmt wie bei vielen L-Welsen der schöne Kontrast, ohne dass die Tiere weniger attraktiv wären.

1

2

3

4

5

6

7

8

9

10

Welse: Größere L-Welse

Diese stattlichen L-Welse benötigen große Becken mit Wurzelholzverstecken und entsprechend starker Filterung, die das Aquarienwasser ausreichend unbelastet hält. Bei der Pflege ist grundsätzlich zu beachten, dass die meisten großen L-Welse über einen starken Stoffwechsel verfügen. Sie brauchen deshalb erhebliche Mengen ballaststoffreicher Nahrung (z. B. auch Grünfutterpellets), um bei guter Gesundheit zu bleiben. Achtung: Manche L-Welse sind allerdings keine Pflanzenfresser (▷ Porträts). Einige Arten verteidigen ihre Reviere heftig, sodass die folgenden Angaben über die Aquariengrößen nicht übertrieben sind, wenn man ausgewachsene Tiere artgerecht pflegen und eventuell sogar züchten möchte. Gönnen Sie diesen prächtigen Tieren den Platz, den sie brauchen.

1 ELFENWELS

Acanthicus adonis, 100 cm
320 x 70 x 60 cm, Wassertyp 2–4, 24–29 °C
Lebt im Totholz großer amazonischer Klarwasserflüsse. Fütterung mit Grünfutter. Die Färbung der Alttiere wirkt »verwaschen«.

2 MILCHSTRASSEN-RÜSSELZAHNWELS

Leporacanthicus galaxias, 30 cm
200 x 60 x 60 cm, Wassertyp 2–4, 26–29 °C
Lebt im Rio Tocantins, Brasilien. Fütterung mit tierischem Frostfutter und Futtertabletten. Kräftige Filterung. Achtung: Die Tiere können die Silikonnähte des Aquariums fressen – deshalb Nähte durch PVC- oder Glasstreifen sichern. Nur mit robusten Arten vergesellschaften.

1

2

3

4

3 DEMINI-LEOPARDKAKTUSWELS

Pseudacanthicus cf. leopardus, 35 cm
200 x 60 x 60 cm, Wassertyp 2–4, 26–29 °C
Stammt aus dem Klarwasserfluss Rio Demini, Brasilien. Fütterung mit tierischem Frostfutter und Futtertabletten. Verhält sich sehr territorial, deswegen ist in kleineren Becken nur Einzelhaltung möglich.

4 ORANGESAUMWELS L 18

Baryancistrus xanthellus, mindestens 35 cm
320 x 60 x 60 cm, Wassertyp 3–5, 26–29 °C
Er grast Algen und Kleinstorganismen von Steinen sowie Wurzeln im Rio Xingu, Brasilien, ab. Die Alttiere sind nicht mehr so kontrastreich gefärbt wie die Jungen. Gefüttert wird eine große Menge an pflanzlicher Kost.

5 ROYAL-PLECOSTOMUS

Panaque nigrolineatus, 55 cm
320 x 80 x 70 cm, Wassertyp 2–5, 25–29 °C
Holzfresser amazonischer Flüsse. Neben dem geräumigen Aquarium sind viele Wurzeln die wichtigste Voraussetzung für die artgerechte Haltung. Denn diese Welse lieben Wurzeln und fressen sie entsprechend schnell auf.

6 ROTER BRUNO

Cochliodon basilisco, 25 cm
180 x 60 x 60 cm, Wassertyp 2–5, 20–27 °C
Stammt aus dem Schwarzwasserfluss Rio Negro in Paraguay. Braucht pflanzliche Nahrung und Holz zum Nagen. Gut mit Großcichliden zu vergesellschaften.

7 WABENSCHILDERWELS

Pterygoplichthys gibbiceps, 50 cm
320 x 70 x 70 cm, Wassertyp 2–6, 25–30 °C
Ein Fisch aus dem Einzugsgebiet des Amazonas in Brasilien.

8 LEOPARD-SEGELSCHILDERWELS

Pterogoplichthys pardalis, 50 cm
250 x 80 x 70 cm, Wassertyp 2–6, 25–28 °C
Dieser Wels stammt aus Paraguay. Pflege wie Roter Bruno.

5

6

7

8

1

2

3

4

5

6

7

8

9

10

Welse: Hexenwels-Ähnliche

Die Hexenwels-Verwandtschaft sind wie die L-Welse Harnischwelse (*Loricariidae*). Die meisten sind zwar farblich unscheinbar, dafür aber gesellig, witzig und nützlich (z. B. *Otocinclus*) oder ziemlich skurril. Alle Arten benötigen ganz sauberes Wasser, die skurrilen Arten Sand und längliche Wurzeläste. Manche sandbewohnende Arten sind maulbrütend (z. B. *Pseudohemiodon*), wobei die Männchen eine Eitraube unter dem Maul tragen.

1 GESTREIFTER OHRGITTER-HARNISCHWELS

Otocinclus hoppei, 3,5 cm
60 x 30 x 30 cm, Wassertyp 2–6, 23–28 °C
Lebt meist im Bereich der Ufervegetation Amazoniens. Ab 6 Tieren in bepflanzten Aquarien halten. Gute Algenfresser für Kleinaquarien. Pflanzliches Futter und Futtertabletten.

2 ZEBRA-OHRGITTERHARNISCHWELS

Otocinclus cocama, 4 cm
60 x 30 x 30 cm, Wassertyp 3–6, 23–28 °C
Tiefland Perus. Pflege wie *Otocinclus hoppei.*

3 ARNOLDS OHRGITTER-HARNISCHWELS

Otocinclus arnoldi, 7 cm
60 x 30 x 30 cm, Wassertyp 3–6, 23–28 °C
Gesellige Art aus dem südlichen Südamerika. Relativ kühl halten.

4 KLEINER BRAUNER OTO

Otothyropsis piribebuy, 4,5 cm
60 x 30 x 30 cm, Wassertyp 3–6, 18–24 °C
Gesellige, anspruchslose Art. Paraguay.

5 KLEINER FLUNDERHARNISCHWELS

Pseudohemiodon lamina, 20 cm
100 x 60 x 30 cm, Wassertyp 3–5, 25–28 °C
Kleintierfresser der Sandflächen peruanischer Flüsse. Gräbt sich oft ein. Paarweise Haltung oder ein Männchen mit mehreren Weibchen in großflächigen Becken auf reinem Sandboden mit wenig Struktur. Abwechslungsreiche Fütterung mit Tabletten, Roten Mückenlarven oder gefrorenen *Cyclops* oder Wasserflöhen. Die ähnliche Art *Pseudohemiodon laticeps* wird mit über 30 cm deutlich größer und benötigt Becken ab 150 cm.

6 LANGFLOSSEN-STÖRWELS

Sturisomatichthys festivus, 25 cm
120 x 50 x 50 cm, Wassertyp 2–5, 25–29 °C
Im Totholzverhau ruhig fließender Gewässer Amazoniens. Paarweise Pflege in Becken mit Sand und langgestreckten Wurzeln. Pflanzenfutter, gefrorene Kleinkrebse, Futtertabletten.

7 GESTREIFTER NADELWELS

Farlowella sp., 15 cm
80 x 35 x 40 cm, Wassertyp 2–5, 25–28 °C
Lebt an Ästchen, die in amazonischen Bächen und Flüssen liegen. Frisst Algen und kleine, im Algenteppich lebende Futtertiere. Paarweise Haltung in wurzelreichen Becken. Täglich Pflanzenfutter, Futtertabletten und Frostfutter (z. B. *Cyclops*).

8 SCHOKOLADENBRAUNER HEXENWELS

Rineloricaria lanceolata, 13 cm
80 x 30 x 30 cm, Wassertyp 2–5, 24–28 °C
Auf und unter Ästen, die in der Strömung kleiner, klarer Fließgewässer des Amazonasgebietes liegen. Frisst pflanzliche und tierische Nahrung. Laicht in Röhren.

9 HEXENWELS

Rineloricaria morrowi, 12 cm
80 x 30 x 30 cm, Wassertyp 2–5, 24–28 °C
Wie Schokoladenbrauner Hexenwels.

10 LG6 – HEXENHARNISCHWELS

Rineloricaria parva, 10 cm
60 x 30 x 30 cm, Wassertyp 3–6, 19–24 °C
Attraktive und pflegeleichte Hexenwels-Art saisonal kühler Regionen Brasiliens und Argentiniens. Anders als andere Hexenwelse brütet die Art nur selten in Röhren, sondern offen auf Pflanzenblättern oder sogar an einer Aquarienscheibe. Bei guter Pflege ist diese Harnischwelsart leicht zu vermehren.

1

2

3

4

5

6

7

8

9

10

11

12

Welse: Panzer- und Schwielenwelse

Die beliebten Panzerwelse aus der Familie *Callichthyidae* gelten als die putzigen »Müllmänner« der Aquaristik. Obwohl viele tatsächlich Futterreste ergründeln, brauchen sie neben einem größeren Bereich mit feinem Sand zum Gründeln auch eine gezielte Fütterung mit feinem Lebend-, Frost- und Trockenfutter, da sie sonst verhungern! Vergesellschaftung mit Fischen aus der mittleren und oberen Beckenregion. Keine Brutpflege – die Eier werden nach heftigem Paarungsspiel an verschiedenen Substraten abgelegt. Nur die Schwielenwelse bauen ein Schaumnest. Die vielen Arten ähneln sich in ihren Grundbedürfnissen. Dennoch sorgfältig auf Wasserwerte achten.

1 ASPIDORAS PAUCIRADIATUS
Gastrodermus pauciradiatus, 3 cm
60 x 30 x 30 cm, Wassertyp 1–3, 24–28 °C
Für Nanobecken geeigneter, etwas empfindlicher Zwerg aus Klarwasserbächen Brasiliens.

2 METALLPANZERWELS
Osteogaster aeneus, 6 cm
60 x 30 x 30 cm, Wassertyp 2–6, 25–28 °C
Weitverbreitet in Südamerika.

3 STERBAS PANZERWELS
Hoplisoma sterbai, 6 cm
80 x 35 x 40 cm, Wassertyp 2–5, 23–26 °C
Lebt in weichgründigen Gewässerbereichen des brasilianischen Rio Guaporé.

4 LEOPARDPANZERWELS
Hoplisoma trilineatus, 6 cm
60 x 30 x 30 cm, Wassertyp 2–5, 25–28 °C
Weichgründige Gewässerbereiche des peruanischen Amazonasgebietes.

5 KUPFERFLECK-PANZERWELS
Hoplisoma duplicareus, 5 cm
60 x 30 x 30 cm, Wassertyp 2–4, 23–28 °C
Einzug des oberen Rio Negro in Brasilien. Im Verbreitungsgebiet dieser Art gibt es mehrere Welse, die sich extrem ähnlich sehen und die oft zusammen mit *C. duplicareus* importiert werden.

6 SCHACHBRETT-PANZERWELS
Hoplisoma habrosus, 3 cm
60 x 30 x 30 cm, Wassertyp 2–6, 24–27 °C
Bäche und Flussläufe Venezuelas.

7 MARMORIERTER PANZERWELS
Hoplisoma paleatus, 5,5 cm
60 x 30 x 30 cm, Wassertyp 2–6, 18–25 °C
Guyana und Venezuela.

8 SICHELFLECK-PANZERWELS
Gastrodermus hastatus, 3,5 cm
60 x 30 x 30 cm, Wassertyp 2–6, 25–28 °C
Verkrautete Gewässer im Mato Grosso, Brasilien. Schwimmt gern im freien Wasser.

9 GREEN LASER PANZERWELS
Osteogaster sp. »Green Laser«, 6 cm
60 x 30 x 30 cm, Wassertyp 2–5, 24–27 °C
Extrem attraktive Neueinführung der letzten Jahre aus Peru.

10 SMARAGDPANZERWELS
Brochis splendens, 8 cm
100 x 50 x 40 cm, Wassertyp 2–5, 23–27 °C
Eine Art, die weit in Amazonien verbreitet ist. Geeignet für größere Amazonasbecken.

11 SCHABRACKEN-PANZERWELS
Scleromystax barbatus, 12 cm
120 x 50 x 50 cm, Wassertyp 3–5, 22–26 °C
Der größte Panzerwels. Mittelgroße Flüsse des östlichen Südamerikas.

12 FLAGGENSCHWANZ-SCHWIELENWELS
Dianema urostriatum, 10 cm
100 x 50 x 50 cm, Wassertyp 2–5, 25–28 °C
Gesellige Art, oft in Restwassertümpeln des Rio Negro (Brasilien). Gruppe (etwa 6 Tiere) in dunklen, versteckreichen Becken mit Schwimmpflanzen halten. Schaumnestbauer. Schwielenwelse bauen im Gegensatz zu den nahe verwandten *Corydoras*-Arten ein aufwendiges Schaumnest an der Wasseroberfläche zwischen Pflanzen oder Blättern. Die Männchen betreiben die Brutpflege.

1

2

3

4

5

6

7

8

9

10

11

12

Welse: Verschiedene weitere Welse

Vor allem die oft wunderschön und interessant gezeichneten Fiederbartwelse sind ein Blickfang in jedem Aquarium.

Hier finden Sie Vertreter weiterer Welsfamilien: südamerikanische Bratpfannen- (*Aspredinidae*) und Dornwelse (*Doradidae*), asiatische Glaswelse (*Siluridae*), afrikanische Glaswelse (*Schilbeidae*) und vor allem die oft wunderschönen Fiederbartwelse aus der Gattung *Synodontis* (*Mochokidae*). Alle »Synos« sind anspruchslose Allesfresser. Als Gruppe in Becken mit vielen Verstecken (Wurzeln, Steine, Röhren) pflegen. Einzeltiere oft streitbar.

1 BRATPFANNENWELS
Bunocephalus coracoideus, 12 cm
60 x 30 x 30 cm, Wassertyp 2–5, 25–28 °C
Lebt in Laubschicht/Sand in amazonischen ruhigen Gewässern. Häutet sich ab und zu. Wurmfutter oder kleines Lebendfutter.

2 RÜCKENSCHWIMMENDER KONGOWELS
Synodontis nigriventris, 8 cm
100 x 40 x 40 cm, Wassertyp 2–5, 24–28 °C
Geselliger Fisch pflanzenreicher Ufer des Kongo-Regenwaldes.

3 PERLHUHNWELS
Synodontis angelicus, 30 cm
250 x 60 x 60 cm, Wassertyp 2–5, 24–28 °C
Nachtaktive Art. Tagsüber in Totholzverhauen großer Flüsse des Kongobeckens versteckt.

4 SCHOUTEDENS FIEDERBARTWELS
Synodontis schoutedeni, 17 cm
120 x 50 x 50 cm, Wassertyp 2–5, 25–28 °C
Bewohner langsam fließender Flussabschnitte im Kongobecken. Manchmal sogar tagaktiv.

5 GELBBINDEN-FIEDERBARTWELS
Synodontis flavitaeniatus, 20 cm
150 x 50 x 40 cm, Wassertyp 2–4, 25–29 °C
Relativ klein bleibende Art aus dem Kongobecken, die in der Jugend attraktiv gefärbt ist.

6 DEKOR-FIEDERBARTWELS
Synodontis decorus, 35 cm
320 x 70 x 70 cm, Wassertyp 2–5, 24–29 °C
Prächtiger gruppenbildender Sandbewohner der großen Flüsse des Kongobeckens.

7 HOCHFLOSSEN-FIEDERBARTWELS
Synodontis eupterus, 23 cm
160 x 60 x 60 cm, Wassertyp 2–5, 24–29 °C
Attraktive und einfache westafrikanische Art.

8 KUCKUCKSWELS
Synodontis multipunctatus, 12 cm
120 x 60 x 60 cm, Wassertyp 5–6, 25–27 °C
Fisch des Tanganjika-Sees, der maulbrütenden Buntbarschen beim Laichakt die Eier unterschiebt.

9 SCHWALBENSCHWANZ-SCHWIMMWELS
Pareutropius buffei, 8 cm
100 x 40 x 40 cm, Wassertyp 2–5, 24–28 °C
Lebhafter Schwarmfisch schnell fließender Uferabschnitte größerer Klarwasserflüsse Nigerias. Braucht Strömung!

10 GLASWELS
Kryptopterus vitreolus, 8 cm
100 x 40 x 40 cm, Wassertyp 1–4, 24–28 °C
Schwarmfisch verkrauteter und strömender Fließgewässer Südthailands, auch im Schwarzwasser.

11 LINIENDORNWELS
Platydoras armatulus, 20 cm
80 x 35 x 40 cm, Wassertyp 2–5, 25–29 °C
Attraktive, nachtaktive Art, die sich tagsüber in Höhlen versteckt.

12 STERNHIMMEL-DORNWELS
Agamyxis albopunctatus, 16 cm
80 x 35 x 40 cm, Wassertyp 2–5, 25–29 °C
Nachtaktive Art Amazoniens. Tagsüber versteckt.

Zahnkarpfen: Leuchtaugenfische

Zu den Zahnkarpfen *(Cyprinodontiformes)* gehören viele sehr beliebte Aquarienfische. Die mit über 1000 Arten äußerst große Gruppe ist – bis auf Australien und Antarktika – auf allen Kontinenten vertreten. Es sind durchweg klein bleibende, meist extrem bunte Fischarten, die in recht verschiedenen Familien zusammengefasst sind. Leider ist die richtige Benennung nach Familien und Unterfamilien eine schwierige Angelegenheit, die sich durch den Fortschritt in der Wissenschaft dauernd ändert. Für die Aquaristik bedeutet dies, dass immer wieder umgelernt werden muss, obwohl die Arten, um die es geht, die gleichen bleiben.
Zurzeit teilt man die Ordnung der Zahnkarpfen in folgende Gruppierung auf: Die bekanntesten Eierlegenden Zahnkarpfen sind die Killifische (»Killis«) der Familien ***Nothobranchiidae*** (Afrika), *Aplocheilidae* (Madagaskar und Asien) sowie der *Rivulidae* (Südamerika). Die ebenfalls eierlegenden Leuchtaugenfische sind näher mit den europäischen und vorderasiatischen Zahnkarpfen verwandt und in einer eigenen Familie *(Procatopodidae)* untergebracht Eine eigene Familie bilden die auch lebendgebärenden Hochlandkärpflinge Mittelamerikas *(Goodeidae)*. Zu den einzelnen Gruppierungen erfahren Sie mehr auf diesen Seiten.

Die afrikanischen Leuchtaugenfische sind ausgesprochene Schwarmfische des freien Wassers. Die größeren Arten *(Procatopus)* sind schwimmfreudige Bewohner klarer Bäche. Die kleineren Arten *(Poropanchax)* bevorzugen ruhige, manchmal krautige Stellen in größeren Flüssen oder Seen. Der Nackenfleckkärpfling bewohnt flache

1

2

3

4

Mangrovengewässer. Es werden sehr viele verschiedene Arten importiert, oft unter falschem Namen, sodass eine gewisse Unklarheit herrscht, wie viele verschiedene Arten tatsächlich in der Aquaristik vorhanden sind.
Alle Arten fressen kleine Insekten und ihre Larven sowie Zooplankton. Die Leuchtaugenfische heißen so, weil bei manchen Arten die Iris sehr stark reflektiert, der Körper aber halb durchscheinend wirkt. Aus der Entfernung erkennt man zunächst nur einen »Schwarm« sich bewegender Augen, ohne den Körperumriss wahrzunehmen. Leuchtaugenfische sind manchmal anfällig gegen Hautinfektionen. Bei Flossenklemmen hilft oft ein Salzzusatz (2–4 TL jodfreies Salz ohne Zusätze pro 10 l Aquarienwasser).
Gut ernährte Leuchtaugenfische laichen fast täglich ab, sodass in einem dicht bepflanzten Aquarium immer ein paar Larven zu finden sind. *Poropanchax*-Arten sind die idealen Fische für einen Daueransatz in einem Keilbecken. Auf diese Art kann man sich einen eigenen Schwarm von mehreren Dutzend Tieren züchten – ein fantastischer Anblick in einem größeren, dunkel gehaltenen Becken. Die Aufzucht kann zunächst mit Spirulina-Pulver und später mit *Artemia*-Nauplien erfolgen (▷ Seite 142).

5

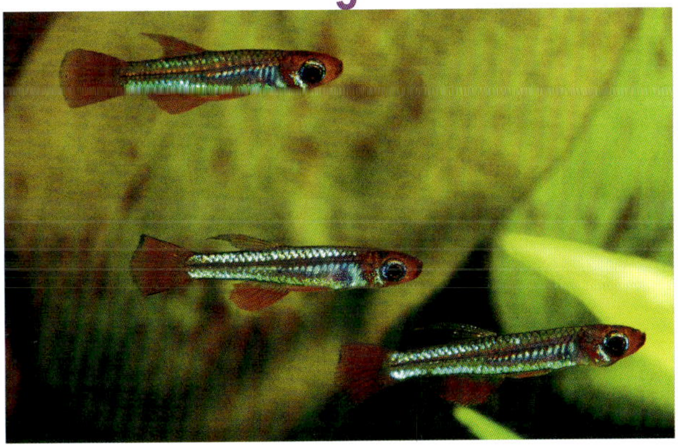

6

1 ROTRÜCKEN-LEUCHTAUGE
Procatopus nototaenia, 5 cm
100 x 40 x 40 cm, Wassertyp 2–5, 22–25 °C
Lebhafter, strömungsliebender Schwarmfisch klarer Fließgewässer des Regenwaldes im Hügelland Kameruns. Jagt in der Strömung nach Insekten und anderem. Kann gut mit kleinen westafrikanischen Zwergbuntbarschen (z. B. *Pelvicachromis* oder *Aphyosemion)* vergesellschaftet werden.

2 WESTKAMERUN-LEUCHTAUGE
Procatopus similis, 6 cm
100 x 40 x 40 cm, Wassertyp 2–5, 22–25 °C
Pflege wie *Procatopus nototaenia*.

3 GELBER LEUCHTAUGENFISCH
Poropanchax normani, 4 cm
60 x 30 x 30 cm, Wassertyp 2–5, 26–29 °C
Schwarmfisch für teilweise dicht bepflanzte Becken mit freiem Schwimmraum und einigen Schwimmpflanzen. Ab 12 Tieren halten.

4 ROTER LEUCHTAUGENFISCH
Poropanchax luxophthalmus, 3,5 cm
60 x 30 x 30 cm, Wassertyp 2–5, 25–28 °C
Schwarmfisch ruhiger Bereiche der Regenwaldflüsse Kameruns und Nigerias.

5 BRICHARDS KOLIBRI-LEUCHTAUGE
Congopanchax brichardi, 2,5 cm
60 x 30 x 30 cm, Wassertyp 1–2, 26–29 °C
Schwarmfisch aus dem Schwarzwasser des Kongobeckens. Fütterung mit kleinstem Lebend- und selten auch Trockenfutter.

6 NACKENFLECKKÄRPFLING
Aplocheilichthys spilauchen, 6 cm
80 x 35 x 40 cm, Wassertyp 7, 25–29 °C
Schwarmbildender Brackwasserfisch. Wird in größerer Gruppe im mit Wurzeln strukturierten Becken gehalten. Ein guter Gesellschaftsfisch, um z. B. ein Brackwasser-Kugelfischbecken mit einem Schwarmfisch zu beleben.

Zahnkarpfen: Haftlaicher

Haftlaicher heften ihre Eier an Pflanzen oder ein anderes Substrat – ohne weitere Brutpflege. Im Aquarium bieten sich dazu sogenannte »Wollmops« an.

Aquaristisch lassen sich die Eierlegenden Zahnkarpfen unterteilen in: die Leuchtaugen (▷ Seite 200), die Eierlegenden ▶ HAFTLAICHER (Seite 264), die Bodenlaicher (▷ Seite 204) und die Lebendgebärenden Zahnkarpfen (▷ Seite 206–209). Zu den Haftlaichern gehören fast durchwegs sehr bunte Arten aus Fischfamilien in Asien (*Aplocheilidae*), Südamerika (*Rivulidae*) und Afrika (*Nothobranchiidae*).
Von allen Arten hält man in kleinen Becken am besten ein Trio (1 Männchen mit 2 Weibchen), in größeren Becken auch eine kleine Gruppe mit mehreren Männchen und Weibchen. Obwohl nicht alle Arten direkt unter der Oberfläche leben, fressen sie alle gerne Anflugnahrung, also Fruchtfliegen, aber auch kleines Lebendfutter wie Mückenlarven, *Artemia*, Wasserflöhe oder *Cyclops*. Die meisten Haftlaicher lassen sich gut mit bodenorientierten kleinen Fischarten, z. B. kleinen Welsen, vergesellschaften. Die Haftlaicher legen ihre Eier an einem pflanzenähnlichen Substrat ab. Im Aquarium bietet man ihnen feinfiedrige Pflanzen oder besser noch gebündelte, schwimmende Wollfäden mit Naturkork, einen sogenannten Wollmop, an. Die Eier können mit den Fingern abgesammelt und in Schalen oder Einhängekästen zum Schlupf gebracht werden. Die Larven nehmen als Erstfutter in der Regel *Artemia*-Nauplien (▷ Seite 142).

1 AGILA-BACHLING
Laimosemion agilae, 7 cm
60 x 30 x 30 cm, Wassertyp 2–4, 20–24 °C
Lebt in kleinen Regenwaldbächen des nordöstlichen Südamerikas und gehört zu den häufiger gehaltenen Arten. Becken unbedingt extrem dicht abdecken!

2 KAP LOPEZ
Aphyosemion australe, 6 cm
60 x 30 x 30 cm, Wassertyp 2–4, 21–24 °C
Lebt in schattigen Waldbächen Gabuns.

3 GESTREIFTER PRACHTKÄRPFLING
Aphyosemion striatum, 5 cm
60 x 30 x 30 cm, Wassertyp 2–5, 21–23 °C
Lebt in kleinsten Waldbächen in Nordgabun.

4 ZWERGHECHTLING
Epiplatys duboisi, 2,5 cm
60 x 30 x 30 cm, Wassertyp 2–3, 24–28 °C
Bewohner verkrauteter und sumpfiger Flussbereiche des Kongobeckens.

5 QUERBANDHECHTLING
Epiplatys dageti, 6 cm
60 x 30 x 30 cm, Wassertyp 2–5, 23–26 °C
Insektenfressender Oberflächenfisch aus teilweise besonders pflanzenreichen Gewässern der sumpfigen Küstenniederung Liberias und der Elfenbeinküste.

6 ZWERGRINGELHECHTLING
Epiplatys annulatus, 4,5 cm
60 x 30 x 30 cm, Wassertyp 2–4, 26–28 °C
Kleiner Oberflächenfisch, der die Küstenniederung Liberias und Guineas bewohnt. Ideal für die Oberflächenbelebung in kleinen Aquarien (Nano-Becken).

7 MADRASHECHTLING
Aplocheilus blockii, ca. 5 cm (variiert je nach Population)
60 x 30 x 30 cm, Wassertyp 2–5, 22–26 °C
Wunderschöner Oberflächenfisch für krautige Becken, der gut mit qualitativ hochwertigem Trockenfutter ernährt werden kann.

8 PANCHAX-HECHTLING
Aplocheilus panchax, 12 cm
80 x 35 x 40 cm, Wassertyp 2–6, 24–29 °C
Robuster Oberflächenfisch Indiens, der für Asien-Gesellschaftsbecken mit größeren Barben, Bärblingen und Schmerlen zusammen gepflegt werden kann.

2

1

4

3

6

5

8

7

Zahnkarpfen: Bodenlaicher

Wie der Name schon sagt, legen Bodenlaicher ihre Eier im Boden ab. Manche Arten nur oberflächlich, andere dagegen mehrere Zentimeter tief.

In der afrikanischen Savanne oder in verschiedenen Gebieten Südamerikas scheinen die Fische vom Himmel zu fallen. Nach den ersten Regenfällen der Regenzeit entstehen auf vorher trockenem Grasland flache Wiesentümpel oder Überschwemmungsflächen, in denen nach einigen Wochen Fische schwimmen. Diese sind aber nicht vom Himmel gefallen, sondern haben sich rasant aus Eiern entwickelt, die in der letzten Regenzeit von inzwischen gestorbenen Elterntieren in den Boden gelegt wurden. Im leicht feuchten Grund entwickelten sich die Larven im Ei und »warteten« auf den ersten Regen, um sofort zu schlüpfen. Innerhalb von ein paar Wochen werden sie geschlechtsreif sein, sich fortpflanzen, indem sie ebenfalls Eier in den Boden legen, bevor die Sonne den erwachsenen »Saisonfischen« erneut den Garaus macht.
Solche ▶ BODENLAICHER (Seite 259) haben sich sowohl in Südamerika (*Rivulidae)* als auch in Afrika (*Nothobranchiidae*) entwickelt. Man hält sie in reinen Artbecken, die teilweise dicht bepflanzt sein sollten – entweder im Trio (1 Männchen und 2 Weibchen) oder gruppenweise in größeren Becken. Wegen des schnellen Wachstums brauchen sie gehaltvolles Lebend- und Frostfutter. Bei zu hohen Temperaturen altern sie schnell und sterben nach etwa einem Jahr. In der Spezialliteratur erhält man Anleitungen, wie man sie zur Zucht ansetzt, die Eier halbtrocken aufbewahrt und nach einer artspezifischen Zeit durch einen »Aufguss« mit relativ kaltem Wasser zum Schlüpfen bringt. Interessierte können sich auch mit Aquarienvereinen in Verbindung setzen (▷ Adressen, Seite 284).

1 RACHOVS PRACHT-GRUNDKÄRPFLING

Nothobranchius rachovii, 6 cm
60 x 30 x 30 cm, Wassertyp 5–6, 22–25 °C
Aus temporären Gewässern im südlichen Afrika. Einer der am häufigsten gehaltenen Killis.

2 GÜNTHERS PRACHT-GRUNDKÄRPFLING

Nothobranchius guentheri, 6 cm
60 x 30 x 30 cm, Wassertyp 5–6, 23–24 °C
»Saisonfisch«, der in Savannentümpeln der tansanischen Insel Sansibar lebt.

3 GARDNERS PRACHT-GRUNDKÄRPFLING

Fundulopanchax gardneri, 7 cm
60 x 30 x 30 cm, Wassertyp 2–4, 23–27 °C
Insektenfresser der flachen Uferregion kleinster Wald- und Savannenbäche in Westafrika.

4 BLAUER PRACHTKÄRPFLING

Fundulopanchax sjostedti, 9–14 cm
80 x 30 x 30 cm, Wassertyp 2–4, 23–27 °C
Aus temporären Gewässern Südnigerias.

5 SPECTROLEBIAS RETICULATUS

Spectrolebias reticulatus, 3,5 cm
60 x 30 x 30 cm, Wassertyp 2–4, 23–26 °C
Temporäre Tümpel auf einer einzigen Flussinsel im Rio Xingu (Brasilien). Wegen Staudammbau vom Aussterben bedroht.

6 HYPSOLEBIAS MAGNIFICUS

Hypsolebias magnificus, 5 cm
60 x 30 x 30 cm, Wassertyp 2–4, 23–26 °C
Temporäre Gewässer Südbrasiliens.

7 SCHWARZER FÄCHERFISCH

Austrolebias nigripinnis, 4,5 cm
60 x 30 x 30 cm, Wassertyp 2–4, 18–22 °C
Kühle argentinische temporäre Gewässer.

8 PERUANISCHER SCHLEIERKÄRPFLING

Moema peruensis, 10 cm
80 x 35 x 40 cm, Wassertyp 2–5, 23–24 °C
Lebt in periodischen Überschwemmungsgebieten Perus.

2

1

4

3

6

5

8

7

Zahnkarpfen: Diverse Lebendgebärende

Die neugeborenen Jungfische der Lebendgebärenden sind so groß, dass sie sofort nach ihrer Geburt in der Lage sind, selbstständig zu fressen.

Die bunten Guppys sind leicht zu halten und werden deshalb gerne als »Anfängerfische« empfohlen. Die meisten Lebendgebärenden aus der Familie *Poeciliidae* sind extrem schwimmfreudige Fische, die sich vor allem von pflanzlicher Nahrung und kleinen, im Aufwuchs lebenden Tierchen ernähren. Im Aquarium ist ein hoher Anteil pflanzlicher Nahrung für die meisten Arten wichtig. Eine starke Beleuchtung fördert den Algenwuchs, eine abwechslungsreiche Fütterung mit spirulinahaltigem Trockenfutter und Kleinkrebsen sorgt für die wichtigsten Nährstoffe. Fast alle Arten sind gesellig. Man hält sie am besten in gut bepflanzten Becken, damit Weibchen und Jungfische Rückzugsmöglichkeiten finden.

1 ENDLERS GUPPY
Poecilia wingei, 5 cm
60 x 30 x 30 cm, Wassertyp 4–6, 26–28 °C
Nur aus einer einzigen Süßwasserlagune im Nordosten Venezuelas bekannt.

2 WILDGUPPY
Poecilia reticulata, 6 cm
60 x 30 x 30 cm, Wassertyp 2–5, 25–28 °C
Die Wildform stammt aus weichen und sauren Gewässern Venezuelas.

3 TRIANGEL-GUPPY
Poecilia reticulata var. »Triangel«, 6–7 cm
60 x 30 x 30 cm, Wassertyp 2–5, 25–28 °C
Es existieren unzählige Zuchtformen.

4 SEGELKÄRPFLING
Poecilia velifera, 15 cm
150 x 50 x 50 cm, Wassertyp 6–7, 25–28 °C
Brackwasserfisch, der in Gruppen in küstennahen Gewässern Mexikos lebt. Nur in geräumigen, stark beleuchteten Brackwasseraquarien halten. Pflanzenhaltiges Trockenfutter, überbrühte Salatblätter und zur Abwechslung gefrosteten *Cyclops* oder Artemien.

5 LEUCHTAUGENKÄRPFLING
Priapella intermedia, 7 cm
100 x 40 x 40 cm, Wassertyp 5–6, 25–28 °C
In schnell fließenden Gewässern Mexikos nach Insekten jagender Schwarmfisch. Fütterung mit Schwarzen Mückenlarven, Kleinkrebsen und hochwertigem Trockenfutter.

6 BLACK MOLLY
Poecilia sphenops var., 12 cm
80 x 35 x 40 cm, Wassertyp 6–7, 26–29 °C
Die Stammform ist ein quirliger Gruppenfisch des Süß- und Brackwassers Mittelamerikas. Öfters krankheitsanfällig, Salzzusatz hilft.

7 JAMAIKAKÄRPFLING
Poecilia melanogaster, 6,5 cm
60 x 30 x 30 cm, Wassertyp 4–6, 22–28 °C
Lebhafter Bachbewohner, der nur auf der Karibikinsel Jamaika vorkommt.

8 BUCKELKÄRPFLING
Poecilia nigrofasciata, 7 cm
80 x 35 x 40 cm, Wassertyp 5–6, 24–27 °C
In großen Schwärmen über einer Vielfalt von Bodentypen der Gewässer Haitis. Guter Algenfresser auch im Aquarium. Alte Männchen bekommen einen sehr hohen Buckel.

9 ZWERGSCHMUCKKÄRPFLING
Neoheterandria elegans, 2,5 cm
60 x 30 x 30 cm, Wassertyp 2–5, 23–28 °C
Idealer Fisch für krautige Nano-Becken, in denen er sich auch leicht vermehrt.

10 ZWERGKÄRPFLING
Heterandria formosa, 3,5 cm
60 x 30 x 30 cm, Wassertyp 4–6, 18–28 °C
Zwischen Pflanzen kleiner Stillgewässer des südöstlichen Nordamerikas. Belästigt manchmal Fische durch Flossenzupfen. Ernährung mit feinem Frost- und Trockenfutter.

1

2

3

4

5

6

7

8

9

10

Zahnkarpfen: Platys und Schwertträger

Viele der beliebtesten Arten werden vor allem als verschiedene Zuchtformen in der Aquaristik gehalten, obwohl die Wildformen oft wunderschön sind.

Viele Lebendgebärende werden fast nur als Zuchtformen angeboten. Solange es sich nicht um so genannte ▶ QUALZUCHTEN (Seite 271) handelt, deren körperliche Veränderungen natürliches Verhalten unmöglich machen, spricht nichts gegen ihre Haltung. Doch wissen wenige, wie schön auch die Wildformen sind. Das gilt nicht nur für die hier vorgestellten *Xiphophorus*-Formen, sondern auch für Guppys und Mollys. Von den beiden Hochlandkärpflingen aus der Familie *Goodeidae* (▷ unten) existieren keine Zuchtformen.

1 KORALLENPLATY
Xiphophorus maculatus var., 6 cm
60 x 30 x 30 cm, Wassertyp 4–6, 21–25 °C
Lebhafter Gruppenfisch für locker bepflanzte Becken. Die Wildform lebt gruppenweise in fließenden Tieflandgewässern Mittelamerikas und frisst dort vor allem Aufwuchs (Algen und darin sitzende Tiere). Frisst alle kleineren Futtersorten, benötigt aber unbedingt auch pflanzliche Kost!

2 WAGTAIL-PLATY
Xiphophorus maculatus var., 6 cm
60 x 30 x 30 cm, Wassertyp 4–6, 21–25 °C
Pflege wie Korallenplaty (▷ oben). Zuchtformen können manchmal empfindlicher sein. Es empfiehlt sich – wie bei allen Zuchtformen –, beim Zoofachhändler danach zu fragen, ob die Fische von einem professionellen Züchter stammen.

3 GRÜNER SCHWERTTRÄGER
Xiphophorus helleri, 12 cm
100 x 40 x 40 cm, Wassertyp 4–6, 22–28 °C
Die Wildformen leben in Fließgewässern Mexikos und Guatemalas. Sie weiden Algen von Steinen ab. Man pflegt entweder ein Männchen mit mehreren Weibchen oder sehr viele Männchen in hell beleuchteten Becken mit guter Strömung. Werden nur zwei Männchen im Aquarium gehalten, ist Streit häufig vorprogrammiert.

4 ROTER SCHWERTTRÄGER
Xiphophorus helleri Zuchtform, 10 cm
100 x 40 x 40 cm, Wassertyp 4–6, 22–28 °C
Pflege wie die Wildform (▷ Grüner Schwertträger, links).

5 PAPAGEIENPLATY
Xiphophorus variatus var., 7 cm
80 x 35 x 40 cm, Wassertyp 4–6, 22–25 °C
Die Wildform lebt gruppenweise in mäßig strömenden Bereichen der Tieflandgewässer Mittelamerikas. Frisst dort von Algenbelägen.

6 MARYGOLD-PLATY
Xiphophorus variatus Zuchtform, 6 cm
80 x 35 x 40 cm, Wassertyp 4–6, 22–25 °C
Diese besonders ansprechende Zuchtform ist möglicherweise durch Kreuzung von Papageienplaty und Maculatus-Platy entstanden.

7 RITTERKÄRPFLING »SAN MARCOS«
Xenotoca eiseni, 7 cm
60 x 30 x 30 cm, Wassertyp 4–6, 18–26 °C
Gruppenfisch mäßig fließender Gewässer der Bäche/Flüsse im Hochland Mexikos. Bei ausreichend pflanzlicher Nahrung, Kleinkrebsen und Trockenfutter friedlicher und anspruchsloser Gruppenfisch. Belästigt langflossige Fische manchmal durch »Flossenknabbern«.

8 AMECA-HOCHLANDKÄRPFLING
Ameca splendens, 12 cm
120 x 40 x 40 cm, Wassertyp 4–6, 21–24 °C
Klare Fließgewässer mit felsigen Abschnitten und reichlich Pflanzenwuchs im Hochland von Mexiko. Friedlicher Gruppenfisch für strömungsreiche Becken mit heller Beleuchtung und viel Schwimmraum. Lockere Randbepflanzung mit harten Pflanzen. Pflanzenkost, auch Lebend-, Frost- und Trockenfutter. Idealer Gesellschaftsfisch für kleinere mittelamerikanische Buntbarsche, z. B. *Crypotheros*- und *Thorichthys*-Arten.

2

1

4

3

6

5

8

7

Ährenfischverwandte: Kleinere Arten

Wegen ihrer Schwimmfreudigkeit brauchen die verschiedenen Arten im Vergleich zu ihrer geringen Größe relativ große Becken.

Waren bis vor wenigen Jahren aus der Verwandtschaftsgruppe der Ährenfische (*Atheriniformes*) nur wenige Regenbogenfische (Familie *Melanotaeniidae*) fester Bestandteil des Zoofachhandelsangebotes, so hat sich dieses Bild geändert. Nicht nur viele Regenbogenfische, sondern auch die nahe verwandten Madagaskar-Ährenfische und die Arten aus der Familie *Pseudomugilidae* haben inzwischen eine weite Verbreitung gefunden. Ein Grund dafür ist sicher, dass viele Arten für Hartwasseraquarien geeignet sind. Die meisten Ährenfischverwandten leben allerdings nicht im tropischen Süßwasser, sondern sind Brackwasser- oder Meeresfische.

Alle Regenbogenfische und Blauaugen sind ausgesprochene Gruppenfische, die vor allem die Freiwasserzone in überwiegend klaren Bächen, Seen oder Brackwasserlagunen bewohnen, wo sie von Insekten, deren Larven und kleinen Krebstieren leben. Regenbogenfische stammen aus Australien und Neuguinea, die nahe verwandten Arten auch von der indonesischen Insel Sulawesi und aus Madagaskar.
Die Fische gedeihen in gut bepflanzten Aquarien mit kräftiger Beleuchtung. Möglichst weit vorn angebrachte Leuchtmittel eignen sich besonders, weil dadurch die Farben der Tiere besser reflektieren können.

1

2

3

4

Ährenfischverwandte reagieren prompt auf vergessene Teilwasserwechsel mit erhöhter Anfälligkeit für Krankheiten und nachlassender Farbenpracht. Sie sind dagegen nicht wählerisch im Hinblick auf die Ernährung, sodass sie jede von der Größe her geeignete Futtersorte annehmen. Um Vitalität und Farbenpracht der Fische zu erhalten, ist jedoch Abwechslung wichtig: Besonders geeignet sind Wasserflöhe und Hüpferlinge. Alle Arten sind Dauerlaicher, die keine Brutpflege betreiben.

Die vor allem in den Morgenstunden bei natürlichem Sonnenlicht in allen Prachtfarben schillernden Männchen sind sehr balzaktiv und laichen mit verschiedenen Weibchen am liebsten in feinfiedrigen Pflanzen oder Moospolstern ab. Die Entwicklung der großen Eier dauert wie auch bei den Eierlegenden Zahnkarpfen relativ lang. In gut bepflanzten Aquarien wachsen immer ein paar Junge auf. Die winzigen Jungfische ernähren sich in den ersten Tagen – solange sie noch zu klein sind, um *Artemia*-Nauplien oder synthetisches Futter zu fressen – von der natürlichen »Aquarienflora« im Becken.

Für eine gezielte Nachzucht setzt man die Tiere in einem größeren Keilbecken (▶ ZUCHTBECKEN, Seite 273) in einem Daueransatz an (▷ Seite 142) und füttert die frisch geschlüpften Jungfische zunächst mit Pantoffeltierchen.

Die meisten Arten sind der ideale Besatz für die mittlere Wasserzone in Hartwasseraquarien. In großen Becken kann man Regenbogenfische und Sonnenstrahlfische z. B. durchaus mit eher bodengebundenen Malawi- und Tanganjika-Buntbarschen vergesellschaften. Alle Arten sollten in einem Schwarm von mindestens 6 bis 8 Tieren gehalten werden.

5

1 FILIGRAN-REGENBOGENFISCH

Iriatherina werneri, 5 cm

80 x 35 x 40 cm, Wassertyp 2–5, 25–30 °C

In pflanzenreichen Teichen und stillen Flussabschnitten von Südneuguinea und Nordaustralien. Mehrere Männchen und Weibchen in dicht bepflanzte Becken setzen. Ernährung mit feinem Lebendfutter (*Artemia*-Nauplien, *Cyclops* und Wasserflöhe) und auch Trockenfutter. Nicht mit anderen größeren Fischen zusammen halten! Es gibt mehrere Farbvarianten, die man nicht mischen sollte.

2 GABELSCHWANZ-BLAUAUGE

Pseudomugil furcatus, 6 cm

60 x 30 x 30 cm, Wassertyp 3–5, 24–27 °C

Lebhafter Gruppenfisch aus schnell fließenden Bächen mit steinigem Untergrund im nördlichen Neuguinea. Strömungsreiche Becken mit Randbepflanzung und steinigem Untergrund. Einzelne Javamoosbüschel. Wenige Männchen mit mehreren Weibchen zusammen halten. Kleines Lebend-, Frost- und Trockenfutter.

3 GEPUNKTETES BLAUAUGE

Pseudomugil gertrudae, 4 cm

60 x 30 x 30 cm, Wassertyp 2–5, 25–28 °C

Bewohnt schattige Regenwaldbäche, Sümpfe und Seerosenteiche im Regenwald Australiens und Neuguineas. Mindestens 2 bis 3 Männchen mit 6 oder mehr Weibchen in dicht bepflanzten Becken mit gedämpfter Beleuchtung halten. Zur Ernährung eignet sich kleines Lebend- oder Frostfutter (Obstfliegen, *Artemia*, *Cyclops*).

4 NEON-BLAUAUGE

Pseudomugil luminatus, 3,5 cm

60 x 30 x 30cm, Wassertyp 2–5, 25–28 °C

Attraktive Neueinführung der letzten Jahre. Pflege wie bei der vorgenannten Art, auch für Nano-Becken geeignet.

5 SONNENSTRAHL-ÄHRENFISCH

Marosatherina ladigesi, 7 cm

100 x 40 x 40 cm, Wassertyp 4–6, 25–28 °C

Lebhafter Schwarmfisch, der aus kalkreichen Bächen eines Karstgebietes der Insel Sulawesi stammt. Sonnenliebender Fisch für helle Becken mit lockerer Bepflanzung und viel freiem Schwimmraum.

Ährenfischverwandte: Größere Arten

Auch für die Großen unter den Ährenfischverwandten gelten weitgehend die gleichen Pflegebedingungen im Aquarium.

Die großen Regenbogenfische gehören sicher zu den prächtigsten Erscheinungen im Aquarium, auch wenn sie im ausgewachsenen Zustand etwas komisch anmuten mögen. Denn die Tiere werden mit zunehmendem Alter immer hochrückiger, der kleine Kopf wächst dagegen kaum mit. Viele Regenbogenfische aus Neuguinea wurden von Hobby-Ichthyologen nur einmal oder wenige Male nach Europa eingeführt und dann weiter in der Aquaristik erhalten. Abgesehen von der Körpergröße decken sich die allgemeinen Pflegebedingungen aber mit denen der kleineren Arten (▷ Seite 210).

1 AQUAMARIN-REGENBOGENFISCH

Melanotaenia lacustris, 12 cm
120 x 40 x 50 cm, Wassertyp 3–5, 25–28 °C
Nur im Kutubu-See auf Neuguinea.

2 BOESEMANS REGENBOGENFISCH

Melanotaenia boesemani, 14 cm
100 x 50 x 50 cm, Wassertyp 4–6, 25–28 °C
Schwarmfisch der pflanzenreichen Uferregion der Gewässer der Ayamaru-Seenplatte im Westen Neuguineas.

3 PRACHTREGENBOGENFISCH

Melanotaenia trifasciata, 11–15 cm
160 x 60 x 60 cm, Wassertyp 4–6, 24–28 °C
Die vielen verschieden aussehenden Populationen des Prachtregenbogenfisches, die in der Natur unterschiedliche Endgrößen erreichen, stammen aus recht verschiedenen Regenwald- und Savannenflüssen Nordaustraliens.

4 LACHSROTER REGENBOGENFISCH

Glossolepis incisus, 15 cm
150 x 60 x 60 cm, Wassertyp 4–6, 22–25 °C
Lebt in Schwärmen in der Nähe dichten Pflanzenwuchses im Sentani-See im indonesischen Teil Neuguineas (Irian Jaya). Ernährung mit feinem bis mittlerem Lebend- und Trockenfutter. Niedrigere Temperaturen (22 °C) fördern die Rotfärbung der Männchen.

5 BLEHERS REGENBOGENFISCH

Chilatherina bleheri, 14 cm
150 x 50 x 50 cm, Wassertyp 4–6, 25–28 °C
Schwarmfisch aus den pflanzenreichen Uferregionen des Bira-Sees in Neuguinea.

6 DIAMANT-ZWERGREGENBOGENFISCH

Melanotaenia praecox, 6 cm
80 x 35 x 40 cm, Wassertyp 2–5, 23–27 °C
Ein Fisch der Urwaldbäche des Mamberano-Flusssystems auf Neuguinea. Die Hauptnahrung in der Natur besteht vermutlich aus Insekten, vor allem Ameisen, die ins Wasser fallen. Die fantastische Färbung des Diamant-Zwergregenbogenfisches kommt in dunkel gehaltenen Becken mit leichter Strömung, kiesigem Boden und Randbepflanzung am besten zur Geltung.

7 ZWERGREGENBOGENFISCH »SKULL CREEK«

Melanotaenia sahulensis, 7 cm
80 x 35 x 40 cm, Wassertyp 2–6, 23–28 °C
Der Lebensraum dieser Schwarmfische sind australische Bäche.

8 MADAGASKAR-ÄHRENFISCH

Bedotia madagascariensis, 15 cm
150 x 50 x 50 cm, Wassertyp 4–6, 21–24 °C
In kleinen Schwärmen lebender, wendiger Schwimmer aus klaren Bergbächen Madagaskars. Die Männchen sind größer und bunter als die Weibchen. Die schönen Farben kommen nur bei Starklicht richtig zum Vorschein. Schwarmfisch für große, hell beleuchtete Becken mit lockerer Randbepflanzung, teilweise steinigem Untergrund und guter Strömung. Fütterung mit pflanzlicher Nahrung, aber auch kräftigem Frost- und Lebendfutter.

1

2

3

4

5

6

7

8

Reisfische, Halbschnäbler, Meeräschen

Reisfische *(Adrianichthyidae)* und Halbschnäbler *(Zenarchopteridae)* sind nahe mit den Hornhechten und Fliegenden Fischen verwandt. Die meisten Arten sind reine Süßwasserfische Südostasiens, manche dringen aber auch ins Brackwasser vor. Reisfische besiedeln sumpfige Seen, ruhige Flussabschnitte und Mangrovengewässer, während *Dermogenys*-Halbschnäbler in flachen, küstennahen Gewässern Südostasiens die Wasseroberfläche nach Anflug von Insekten absuchen. Die *Nomorhamphus*-Halbschnäbler sind auf schnell fließende Bergbäche auf der Insel Sulawesi beschränkt, wo es in fast jedem Flusssystem eine andere Art gibt. Dort fressen sie Insekten und Jungfische.
Die Fortpflanzungsbiologie der Reisfische ist etwas Besonderes: Die befruchteten Eier hängen in Trauben an Fäden noch eine Weile an der Analregion, bevor sie an einem Substrat abgelegt werden (▶ SUBSTRATLAICHER, Seite 272). Die Weibchen schwimmen manchmal mehrere Tage mit solchen Eitrauben umher. Wahrscheinlich war dieses Herumtragen in der Evolution eine Vorstufe zum Lebendgebären, bei dem die Eientwicklung im Mutterleib stattfindet. Tatsächlich sind die nahe verwandten Halbschnäbler der Reisfische hoch entwickelte Lebendgebärende, deren Brut in beträchtlicher Größe aus dem Mutterleib schlüpft.
Über die »Familienverhältnisse« der Meeräschen (*Mugilidae*) weiß man sehr wenig. Meeräschen sind eine weltweit in Küstennähe verbreitete Fischgruppe, die hauptsächlich in Meer- und Brackwasser vorkommt, nicht aber in kalten Meeren. Einige Arten leben auch zeitweise im Süßwasser. Leider werden die meisten Arten recht

1

2

3

4

groß, sodass sie sich bis auf eine Art (▷unten) nicht in der Aquaristik etabliert haben. Meeräschen sind sehr lebhafte und gesellige Fische, die jedem Brackwasserbecken eine besondere Note verleihen. Weil sie die Gesellschaft ihresgleichen so lieben, kümmern sie, wenn sie allein oder nur als »Paar« gehalten werden.

1 LIEMS HALBSCHNÄBLER

Nomorhamphus liemi, 9 cm
100 x 40 x 40 cm, Wassertyp 3–5, 22–25 °C
Gruppenfisch, der Insekten in Bergbächen der indonesischen Insel Sulawesi jagt. Man pflegt sie am besten in lang gestreckten Becken mit Kieselsteinen und Unterständen. Eine starke Strömung entspricht dem natürlichen Lebensraum. Ein Männchen mit mehreren Weibchen pflegen. Kräftiges Lebendfutter (junge Heimchen, Jungfische anderer Fischarten). Trockenfutter als Zusatz. Diese Art lässt sich gut mit Bergbachfischen anderer geografischer Regionen vergesellschaften, z. B. Flossensaugern (*Gastromyzon*) oder Gebirgsharnischwelsen (*Chaetostoma*).

2 ZAHNLEISTEN-HALBSCHNÄBLER

Hemirhamphodon pogongnathus, 10 cm
100 x 40 x 40 cm, Wassertyp 3–6, 24–27 °C
Anspruchsvolle Art, die Futter nur von der Oberfläche nimmt.

3 HECHTKÖPFIGER HALBSCHNÄBLER

Dermogenys siamensis, 8 cm
80 x 35 x 40 cm, Wassertyp 5–6, 24–28 °C
Insektenfressender Oberflächenfisch flacher, küstennaher Gewässer Südostasiens. Gruppenhaltung in Becken mit leichter Oberflächenströmung und lockerer Randbepflanzung (in kleineren Becken ein Männchen mit mehreren Weibchen). Unbedingt mit Insektenfutter (Schwarze Mückenlarven, Drosophila) ernähren, sonst kümmern die Tiere auf Dauer und setzen keine oder nur lebensunfähige Junge ab. Männchen sind untereinander ruppig. Man kann diese Halbschnäbler gut mit kleineren asiatischen Hartwasserfischen der unteren Beckenregionen vergesellschaften, z. B. Grundeln, Reisfischen oder Glasbarschen.

4 JAPANISCHER REISKÄRPFLING

Oryzias latipes, 15 cm
60 x 30 x 30 cm, Wassertyp 3–6, 18–23 °C
Auch »Japanischer Reisfisch« oder »Medaka« genannt. Die Wildformen dieser Art sind relativ unscheinbar gefärbt, aber es gibt inzwischen etwa 700 verschiedene Zuchtformen, die in Ostasien sehr beliebt sind und auch in Europa und USA zunehmend begehrter werden, z. B. die abgebildete »Yama«-Zuchtform. Reisfische sind Schwarmfische. Sie benötigen keine hohen Temperaturen und sollten bei Zimmertemperatur gehalten werden. Ideal ist es, die Aquarien oder andere Behältnisse von Frühling bis Herbst im Freiland (Balkon oder Garten) unterzubringen, weil die Fische dann viel vitaler sind. Sie sind pflegeleicht und pflanzen sich in dicht bepflanzten Becken ohne weiteres Zutun fort, wenn sie mit hochwertigem Trockenfutter (es gibt spezielles Medaka-Futter) versorgt werden.

5 LANGFLOSSIGER REISKÄRPFLING

Oryzias dancena, 5 cm
60 x 30 x 30 cm, Wassertyp 2–5, 25–29 °C
Geselliger Fisch, der im bepflanzten Gesellschaftsbecken mit anderen kleinen Fischarten gut aufgehoben ist. Ernährung mit kleinem Frost- und Trockenfutter. Die Männchen haben fadenartig ausgezogene Flossenstrahlen in der Afterflosse. Japanische Reiskärpflinge (*Oryzias latipes*), sogenannte Medakas, sind in der genetischen Forschung ein beliebtes Forschungsobjekt. Leider kommen illegal auch transgene, also durch Genmanipulation veränderte Varianten in den Handel. So wurde beispielsweise zeitweilig ein leuchtender Medaka auch in Europa vertrieben. Ihm wurde ein Gen eingepflanzt, das einen fluoreszierenden Farbstoff im Körper des Medakafisches synthetisiert (▷ Seite 35).

5

Barschartige: Diverse Gruppen

Die einzelnen Arten bewohnen die unterschiedlichsten Lebensräume, sehen völlig verschieden aus und unterscheiden sich in ihrer Lebensweise.

Die Ordnung der Barschartigen (*Perciformes*) ist nach Artenanzahl die bei Weitem erfolgreichste Fischordnung. Zu ihnen gehören alleine über 2000 Grundeln und weit über 1000 Buntbarscharten. Eines ihrer gemeinsamen Kennzeichen ist die Rückenflosse, die aus einem stachelstrahligen vorderen Teil und einem oder zwei weichstrahligen hinteren Teilen besteht. Die Gruppe der Barschartigen vereinigt eine große Zahl unterschiedlicher Familien, deren Vertreter auf dieser und den folgenden Seiten vorgestellt werden. Es gibt Arten ohne und mit – manchmal sehr komplizierter – Brutpflege, Arten, die in der Tiefsee leben, oder solche, die an Land gehen können, Zwerge mit wenigen Millimetern Gesamtlänge, aber auch meterlange Riesen.

Paradiesisch mutet die filigrane Beflossung der Fadenflosser (*Polynemidae*) an. Sieht man die ruhigen Fische über offenem Grund langsam ihre Bahnen ziehen, erkennt man, dass die »Fäden« zu beweglichen Tast- und Jagdorganen umgebildete Brustflossenstrahlen sind, welche die Fische wie einen feinfühligen Rechen einsetzen. Die »Fäden« werden nach vorne ausgebreitet, um Nahrungstiere zu ertasten und aufzuscheuchen. Die kleine Familie der Fadenflosser ist besonders im tropischen Brackwasser weit verbreitet, viele Arten gehen aber auch ins Süßwasser. Manche leben wiederum ausschließlich in großen tropischen Flüssen.
Alle Arten brauchen wegen ihres ausgeprägten Bewegungsdrangs große Becken mit Sandgrund und nur wenig Einrichtung, welche die Fische nicht behindern sollte. Hält man eine Gruppe allein oder nur mit nicht zu kleinen Bodenfischen zusammen, kann man sicher sein, ein ausgefallenes und besonders attraktives Aquarium sein Eigen zu nennen.
Die Tiere benötigen kräftiges Lebendfutter und dürfen nicht zusammen mit flossenknabbernden Fischen gehalten werden.

Mit einer Handvoll Arten sind die in Südamerika und Afrika verbreiteten Blattfische (*Polycentridae*) eine der kleinsten barschartigen Familien. Alle Arten tarnen sich so effektiv, dass das menschliche Auge die Tiere kaum entdeckt, weil sie nahezu perfekt Falllaubblätter nachahmen. Die Tarnung dient der Jagd: Hat sich ein kleiner Fisch einem Blattfisch unvorsichtigerweise genähert oder hat er nicht bemerkt, wie dieser im Zeitlupentempo auf ihn zugeschwommen kam, gibt es kein Entrinnen. Der Blattfisch öffnet sein extrem weit vorstülpbares Maul so plötzlich und schnell, dass der kleine Beutefisch einfach eingesogen wird. Am besten hält man Blattfische paarweise in einem kleineren Artaquarium. Sie würden sonst entweder zu kleine Fische fressen oder wegen ihrer bedächtigen Art in Gesellschaft von lebhaften Nahrungskonkurrenten verhungern. Wenn man sie mit kleinen lebenden Fischen kräftig füttert, kann man sie auch im Aquarium nachzüchten. Die Eier werden unter großflächigen Blättern angeheftet und vom Männchen betreut.

Die asiatisch-australisch verbreiteten Glasbarsche (*Ambassidae*) sind eine kleine Familie meist durchsichtiger Fischchen. Die meisten Arten leben in Schwärmen im Brackwasser, wo sie in strömungsarmen Bereichen hauptsächlich Kleinkrebse fressen. Die aquaristisch relevanten Arten sind aber keine Brackwasserfische, sondern echte Süßwasserarten. In Laichstimmung legen die Männchen ihr Hochzeitskleid an. Abgelaicht wird zwischen feinfiedrigen Pflanzen. Keine Brutpflege.

1 FADENFLOSSER

Polynemus paradiseus, ca. 25 cm
250 x 60 x 60 cm, Wassertyp 6–7, 26–29 °C
Es werden mehrere ähnliche Arten importiert. Pflege wie in der Familienbeschreibung angegeben (▷ links).

2 SÜDAMERIKANISCHER BLATTFISCH

Monocirrhus polyacanthus, 8 cm
60 x 30 x 30 cm, Wassertyp 1–3, 26–29 °C
Die Art lebt in der Ufervegetation meist stiller Gewässer Amazoniens. Paarweise in kleinen, dunkel gehaltenen Becken pflegen. Für genügend Verstecke sorgen (Wurzeln, großblättrige Pflanzen und Schwimmpflanzen). Die anspruchsvolle Art nimmt nur lebende Futterfischchen oder Mückenlarven. Man sollte für diese attraktiven Spezialisten unbedingt ein kleines Spezialbecken einrichten.

3 INDISCHER GLASBARSCH

Parambassis lala, 3 cm
60 x 30 x 30 cm, Wassertyp 5–6, 22–26 °C
Schwarmfisch der pflanzenreichen Seen und Sümpfe Südasiens, z. B. auch im myanmarischen Inle-See, aus dem viele andere Aquarienfische exportiert werden. Im Gegensatz zur gängigen Meinung kommt die Art nur im Süßwasser vor. Es handelt sich nicht um Brackwasserfische! Männchen zur Laichzeit golden mit hellblau irisierenden After- und Rückenflossensäumen. Mindestens 6 Tiere in einem mit Pflanzen oder feinen Ästen strukturreich eingerichteten Becken halten. Fütterung mit *Cyclops*, *Artemia* und Wasserflöhen. Frisst kleine Futtertiere des Freiwassers wie Kleinkrebse. Vergesellschaftung nur mit kleinen zurückhaltenden Arten der Bodenregion, z. B. kleinen Schmerlen.

4 DISCO-GLASBARSCH

Pseudambassis siamensis »Disco«, 6 cm
60 x 30 x 30 cm, Wassertyp 4–6, 24–28 °C
Gelegentlich werden die Siamesischen Glasbarsche auch als Disco- oder Neon-Glasbarsche gehandelt. Den unscheinbaren Fischen werden dann Neonfarben vor allem in die Muskulatur der Rückenregion gespritzt. Diese Form der Tierqälerei ist verboten! Um diese Praktik nicht zu unterstützen, solche Tiere nicht erwerben, wenn sie angeboten werden! Das Gleiche gilt für alle künstlich gefärbten Tiere.

1

2

3

4

1

2

3

4

5

6

7

8

9

10

11

12

Barschartige: Brackwasserfische, Grundeln

Es gibt Fischarten, die in Brack- und Süßwasser gut zu pflegen sind. Echte Brackwasserfische brauchen Salzzusatz. Die Argusfische *(Scatophagidae)* und Silberflossenblätter *(Monodactylidae)* gehören dazu. Räuberische Tigerbarsche *(Lobotidae)* und Schützenfische *(Toxotidae)* können echte Brackwasser- oder reine Süßwasserarten sein. Bei den über 2000 Grundeln *(Gobioidei)* gibt es Süßwasser-, Brackwasser- und echte Meeresfische.

1 GRÜNER ARGUSFISCH
Scatophagus argus, 38 cm
320 x 70 x 70 cm, Wassertyp 7, 26–29 °C
Allesfresser aus dem Brackwasser der Mangroven und Flussunterläufe des Indopazifiks. Unbedingt in der Gruppe halten.

2 KLEINSCHUPPIGER SCHÜTZENFISCH
Toxotes microlepis, 17 cm
200 x 70 x 70 cm, Wassertyp 5–7, 26–29 °C
Geselliger Süßwasserfisch aus Südostasien. Schießt mit »Spucke« Insekten von Ästen.

3 SILBERFLOSSENBLATT
Monodactylus argenteus, 25 cm
250 x 80 x 70 cm, Wassertyp 7(!), 26–29 °C
Räuberischer Gruppenfisch des indopazifischen Mangrovengürtels (Brack- und Seewasser). Diverses kräftiges Frostfutter.

4 AFRIKANISCHES SILBERFLOSSENBLATT
Monodactylus sebae, 25 cm
250 x 80 x 70 cm, Wassertyp 7(!), 26–29 °C
Pflege wie Silberflossenblatt.

5 TIGERBARSCH
Datnioides microlepis, 45 cm
320 x 70 x 70 cm, Wassertyp 4–6, 24–28 °C
Raubfisch der Flüsse, Seen und des Überschwemmungswaldes Südostasiens.

6 INDISCHER ZWERGSCHLAMMSPRINGER
Periophthalmus novemradiatus, 7 cm
100 x 40 x 30 cm, Wassertyp 7, 26–29 °C
Mangroven Indiens und Südostasiens. Die kleinste Schlammspringerart, die schlickigen Boden mit Wasser- und Landteil benötigt. Empfindliche Art, bitte vertieft informieren!

7 WEISSKEHLGRUNDEL
Rhinogobius sp., ca. 5 cm
60 x 30 x 30 cm, Wassertyp 4–6, 18–24 °C
Bachbewohner aus Südasien.

8 PASTELLGRUNDEL
Tateurndina ocellicauda, 5 cm
60 x 30 x 30 cm, Wassertyp 2–5, 26–29 °C
Aus leicht fließenden Bächen Neuguineas mit starkem Pflanzenwuchs. Röhrenverstecke.

9 GOLDRINGELGRUNDEL
Brachygobius doriae, 3,5 cm
60 x 30 x 30 cm, Wassertyp 5–7, 27–30 °C
Südostasien. Als Gruppe in Becken mit kleinen Röhrenverstecken. Feines Lebendfutter.

10 RITTERGRUNDELN
Stigmatogobius sp., 10 cm
100 x 40 x 40 cm, Wassertyp 7, 26–29 °C
Brackwassergebiete Indonesiens und Indiens. Als kleine Gruppe in strukturreich eingerichteten Becken. Kräftiges Lebend-/Frostfutter.

11 NEONGRUNDEL
Stiphodon semoni, ca. 6 cm
60 x 30 x 30 cm, Wassertyp 4–6, 24–26 °C
Klare Küstenbäche und -flüsse unterschiedlicher Verbreitung. Strömungsreiche Becken.

12 AUSTRALISCHE WÜSTENGRUNDEL
Chlamydogobius eremius, 6 cm
60 x 30 x 30 cm, Wassertyp 7, 26–29 °C
Wüstenquellseen Zentralaustraliens.

Barschartige: Schlangenköpfe, Blaubarsche

Über 30 Arten Schlangenkopffische *(Channidae)* leben heute in Asien, einige auch in Afrika. Mit tief gespaltenem Maul und ruhiger anpirschender Schwimmweise entsprechen sie dem Bild vom perfekten Fischräuber. Weil sie wie die Labyrinthfische atmosphärische Luft atmen können (▶ LABYRINTHORGAN, Seite 265), überleben die meisten auch die tropischen Trockenzeiten, wenn viele große Seen und Flüsse zu sumpfigen Tümpeln oder sauerstoffarmen Rinnsalen schrumpfen. Dann ist Hochzeit für die Räuber, weil die Beutefische dicht zusammengedrängt werden. Die kleinsten Arten werden knapp 15 cm lang und nehmen wegen ihrer ruhigen Art bereits mit einem Meterbecken vorlieb, die großen Arten sind weit über einen Meter lang. Für sie eignen sich nur riesige Becken.
Schlangenköpfe können ihre Eier entweder im Wasserpflanzendickicht ablegen und pflegen. Oder sie gehören zu den wenigen Fischarten, die nicht nur Maulbrutpflege betreiben, sondern die Jungfische nach dem Aufzehren des ▶ DOTTERSACKS (Seite 261) mit sogenannten ▶ NÄHREIERN (Seite 267) versorgen *(Channa andrao, C. orientalis)*. Der wohl faszinierendste Aspekt dabei ist die extrem lange Brutpflege, die sonst nur noch bei einigen südamerikanischen Hechtbuntbarschen *(Crenicichla)* vorkommt. Die Jungfische werden im Schwarm geführt, bis sie etwa ein Drittel der Elterngröße erreicht haben. Schlangenköpfe werden am besten paarweise in locker bepflanzten Becken gehalten. Jedes Tier braucht sein Versteck (geräumige Höhle). Die kleineren Arten füttert man mit kräftigen Frostfutter-Sorten, Insekten, Mehlwürmern, Fischfleischstückchen und Regenwürmern. Die größeren Arten bekommen Fischfleisch, große Insekten und große aufgetaute Shrimps (mit »Schale«). Erwachsene Tiere nur jeden zweiten bis dritten Tag füttern. Becken dicht abdecken, sonst entweichen die Tiere.
Die Blaubarsche (*Badidae*) sind eine kleine Familie Barschartiger und vor allem in Indien, Myanmar und Thailand verbreitet, wo sie unterschiedliche Gewässertypen von ruhig fließenden Tieflandgewässern bis zu rasch fließenden Bergbächen bewohnen. Sie fressen feines Lebendfutter wie *Cyclops*, Wasserflöhe, kleine Insektenlarven.

1 RIESEN-SCHLANGENKOPF
Channa micropeltes, 150 cm
Für Schauaquarien, Wassertyp 2–5, 23–28 °C
Weit in Südostasien verbreitet. Nie die hübschen Jungfische kaufen!

2 NEONBLAUER ZWERG-SCHLANGENKOPF
Channa andrao, 12 cm

1

4

100 x 40 x 40 cm, Wassertyp 2–5, 18–25 °C
Aus kleinen Tümpeln Nordindiens. Wichtig ist die zeitweise kühle Haltung dieser Art bei Zimmertemperatur. Paarbildender Maulbrüter, der seinen Nachwuchs mit unbefruchteten Nähreiern füttert.

3 ORANGENFLECKEN-SCHLANGENKOPF

Channa aurantimaculata, 40 cm
250 x 60 x 60 cm, Wassertyp 2–5, 23–27 °C
Nordostindien (Assam). Paarweise Haltung. Kräftiges Futter. Kühle Überwinterung nötig.

4 BLEHERS SCHLANGENKOPFFISCH

Channa bleheri, 16 cm
100 x 40 x 40 cm, Wassertyp 3–6, 15–24 °C
Aus Bächen im Nordosten Indiens. Frisst Insekten, selten Fische. Kühle Überwinterung.

5 SCARLETT-BLAUBARSCH

Dario dario, 3 cm
60 x 30 x 30 cm, Wassertyp 2–4, 24–27 °C
Die gar nicht blauen Blaubarsche der Gattung *Dario* gehören zu den schönsten für Nano-Becken geeigneten Arten. In locker mit feinfiedrigen Pflanzen und einigen Eichen- oder Seemandelbaumblättern dekorierten Becken lassen sich die Zwerge aus Myanmar paarweise oder im Trio pflegen. Mit feinem Lebend- und Frostfutter, z. B. *Artemia*, *Cyclops*, füttern. Im Gegensatz zu den ruhigen *Badis*-Arten können *Dario*-Männchen sehr lebhaft sein.

6 BLAUBARSCH

Badis badis, 6 cm
60 x 30 x 30 cm, Wassertyp 2–5, 25–28 °C
Aus Indien. Nicht alle Blaubarsche sind blau, aber *Badis badis* trägt seinen Namen zu Recht. Ein bedächtiger Fisch, der im dicht bepflanzten Aquarium mit kleinen ruhigen Fischen der mittleren Beckenregion zur Geltung kommt. Braucht Versteckmöglichkeiten (z. B. halbierte Kokosnussschalen). Im 60-l-Becken mit dichtem Pflanzenwuchs und einigen gewässerten Eichenblättern. 2 Männchen mit 4 bis 5 Weibchen halten. Fressen Lebend- und Frostfutter (*Cyclops*, Mückenlarven, Wasserflöhe), kein Trockenfutter!

2

3

5

6

Labyrinthfische: Buschfische, Küssender Gurami

Labyrinthfische (*Anabantoidei*) heißen nicht etwa so, weil sie eine »verschnörkelte« Körperzeichnung vorweisen, sondern weil sie über ein labyrinthartig gefaltetes zusätzliches Atmungsorgan hinter den Kiemen verfügen, mit dem sie Luftsauerstoff veratmen können (▶ LABYRINTHORGAN, Seite 265). Labyrinthfische kommen deshalb in regelmäßigen Abständen an die Wasseroberfläche, um frische Atemluft zu schöpfen. Verweigert man ihnen die Möglichkeit des »Auftauchens«, können sie ersticken. Wegen dieser Anpassung können die meisten Labyrinther auch in sauerstoffarmen, oft sehr warmen Sümpfen überleben. Einige Arten, wie z. B. maulbrütende Kampffische oder Schokoguramis, bevorzugen etwas kühlere Fließgewässer mit höherem Sauerstoffgehalt. Ihr Labyrinthorgan ist weniger stark entwickelt, und sie sind nicht so abhängig von Luftsauerstoff.
Bis auf die afrikanischen Buschfische leben alle Arten in Asien. Es gibt unter ihnen Fischräuber (große Buschfische), aber auch »Feinpartikelfiltrierer« (Küssende Guramis). Fast alle anderen Arten fressen hauptsächlich kleine Insektenlarven und andere Wassertiere.
So vielfältig wie die Ökologie der Labyrinthfische ist auch ihre Brutpflege. Es gibt manche Arten, die sich nicht weiter um ihre freischwimmenden Eier kümmern, während die Männchen anderer Arten aufopferungsvoll ein Schaumnest bauen,

2

1

4

3

in das die Eier gelegt werden. Manche Kampffische aus der Gattung *Betta* oder auch die Schokoguramis sind wiederum ▶ MAULBRÜTER (Seite 267).
Die meisten Labyrinthfische lieben stehendes oder nur leicht fließendes Wasser – sowohl in der Natur als auch im Aquarium. Labyrinther-Becken müssen nicht unbedingt gut mit Sauerstoff versorgt sein, weil die Fische ja Luftsauerstoff veratmen können. Sie sollten aber in der Regel dicht bepflanzt sein oder zumindest mittels einer sehr strukturreichen Einrichtung Deckungsmöglichkeiten bieten, z. B. durch Falllaub, Wurzelholz, Kleinhöhlen oder eine Schwimmpflanzendecke. Die meisten kleineren Arten benötigen übrigens keinen hohen Wasserstand.
In der Regel sind bei den Labyrinthfischen die Männchen wesentlich bunter gefärbt als die Weibchen. Ihre wunderschöne Färbung zeigen die meisten Arten aber nur bei optimalen Haltungs- und Pflegebedingungen. Wenn diese nicht erfüllt werden, erscheinen selbst die schönsten Arten schließlich silbrig oder grau und lassen von ihrer eigentlichen Pracht so gut wie nichts mehr erahnen.
Wer sich die Mühe macht, in einem separaten Becken kleine Labyrinthfische, wie z. B. Knurrende Zwergguramis, zu pflegen, wird von ihrer Schönheit und ihrem Verhaltensrepertoire begeistert sein. Unterstützende Pflegetipps bekommt man auch über die speziellen Aquaristikverbände (▷ Adressen, Seite 284).
Achtung: Wenn Sie Labyrinthfische für den Transport in einen Beutel umsetzen, muss dieser zur Hälfte mit Wasser, zur Hälfte mit Sauerstoff gefüllt sein, nie nur mit reinem Sauerstoff! Und CO_2-Düngung sollte im Labyrinther-Becken nur sehr sparsam, am besten aber gar nicht eingesetzt werden. Sonst sammelt sich Kohlendioxid auf der Wasseroberfläche und verwehrt damit den Fischen den freien Zugang zur Atemluft.

1 ORANGE-BUSCHFISCH

Microctenopoma ansorgii, 7 cm
60 x 30 x 30 cm, Wassertyp 1–3, 23–27 °C
Versteckt lebende Fischart oft krautiger Abschnitte sumpfiger Schwarzgewässer des Kongo-Regenwaldes. An sehr stillen, flachen Stellen bauen die Männchen ein Schaumnest. In den schönsten Farben imponieren konkurrierende Männchen voreinander oder balzen die unscheinbaren Weibchen an. Paarweise Haltung in dicht bepflanzten Becken mit Versteckplätzen für die Weibchen, die von den Männchen getrieben werden können, wenn sie nicht laichwillig sind. Vergesellschaftung mit ruhigen Kleinfischen, z. B. etwas größeren Killis oder kleineren Welsen. Ernährung mit Lebendfutter.

2 GEBÄNDERTER BUSCHFISCH

Microctenopoma fasciolatum, 8 cm
60 x 30 x 30 cm, Wassertyp 2–4, 25–29 °C
Stammt aus offenen Sumpflandschaften des Malebo-Pools bei Kinshasa, Kongo. Herrlicher Fisch für krautige Becken. Ähnlich zu halten wie Orange-Buschfisch.

3 LEOPARDBUSCHFISCH

Ctenopoma acutirostre, 15 cm
120 x 50 x 50 cm, Wassertyp 2–5, 25–28 °C
Lauerräuber, der zwischen Holzverstecken in Flüssen und Seen des Kongobeckens jagt. Er hat ein vorstülpbares Maul zum plötzlichen Einsaugen der Beute. Nur mit großen Fischen, z. B. größeren Fiederbartwelsen oder ruhigen Buntbarschen, vergesellschaften – kleine Fische werden als Futter betrachtet.

4 KÜSSENDER GURAMI

Helostoma temminckii, 25 cm
250 x 60 x 60 cm, Wassertyp 3–5, 25–29 °C
Geselliger Fisch, der in Gruppen in stehenden oder langsam fließenden Gewässern Südostasiens lebt. Ernährt sich von feinsten Futterpartikeln, die man auch im Aquarium bieten muss. Besonders geeignet ist fein zerriebenes Trockenfutter auf pflanzlicher Basis. Küssende Guramis reagieren sehr sensibel auf Haltungs- und Pflegefehler. Das »Küssen« scheint übrigens ein ritualisiertes Kampfverhalten zu sein, bei dem die Kontrahenten sich hin- und herschieben. In der Natur unternimmt die Art größere Wanderungen in Schwärmen. Neben der fleischfarbenen Zuchtform wird die grüne Wildform (▷ im Foto, links) leider nur noch selten angeboten. In ihrer Heimat werden Küssende Guramis als Speisefische in Teichen gehalten und dort auch zur Zucht angesetzt. Sie betreiben keine Brutpflege, produzieren aber Tausende Eier, um so die Überlebenschancen der Nachkommen zu gewährleisten.

Labyrinthfische: Fadenfische, Makropoden, Schokos

Die Fadenfische aus den Gattungen *Trichogaster* und *Colisa* sind im wahrsten Sinn des Wortes feinfühlig. Ihre Brustflossen sind zu langen Tastfäden umgestaltet, die ständig in Bewegung sind. Die schöne Färbung der Männchen kommt nur zum Leuchten, wenn sie bei ausreichend Platz in ruhiger Gesellschaft mit einem Weibchen gehalten werden und an der Wasseroberfläche ein kleines Territorium für ihr Schaumnest gründen können. Stärkere Wasserbewegung ist deshalb zu vermeiden. In Becken mit Schwimmpflanzendecke und strukturreicher Einrichtung durch Wurzeln und Fütterung mit verschiedenem Lebend-, Frost- und Trockenfutter blühen Farbwunder wie die Mosaikfadenfische auf. Nicht mit »Flossenzupfern«, z. B. unruhigen Sumatrabarben, vergesellschaften, denn sie knabbern die empfindlichen Tastorgane der Fadenfische ab. Ich empfehle Bärblinge, andere Labyrinthfische oder Schmerlen.
Die *Macropodus*-Arten bauen Schaumnester und sind schöne, recht anspruchslose, aber etwas ruppige Labyrinther. Sie können auch mit robusteren Fischen gepflegt werden.
Die Schokoguramis aus der Gattung *Sphaerichthys* sind maulbrütende Fließwasserbewohner des Schwarzwassers Südostasiens – wunderschön, aber heikel.

1 BLAUER COSBY-FADENFISCH
Trichopodus trichopterus »Cosby«, 12 cm
100 x 40 x 40 cm, Wassertyp 2–6, 22–27 °C
Der »Cosby« ist eine Zuchtform des Blauen Guramis, einer weitverbreiteten Art, die meist in stehenden, oft trüben Gewässern Indonesiens und Malaysias lebt.

2 ZWERGFADENFISCH
Trichogaster fasciatus, 6 cm
60 x 30 x 30 cm, Wassertyp 2–6, 24–28 °C
Ruhiger Fisch sumpfiger und verkrauteter Gewässer Indiens. Diverse Zuchtformen und die attraktive Wildform, die mit 5 cm kleiner bleibt.

3 MOSAIKFADENFISCH
Trichopodus leerii, 12 cm
100 x 40 x 40 cm, Wassertyp 2–4, 25–29 °C
Lebt in flachen Zonen warmer und stiller (Schwarz-)Gewässer Indonesiens.

4 HONIGGURAMI
Trichogaster chuna, 5 cm
60 x 30 x 30 cm, Wassertyp 2–6, 22–28 °C
Prachtvoller Fisch aus den Uferbereichen und Überschwemmungsgebieten leicht fließender oder stehender Gewässer Nordostindiens.

5 DICKLIPPIGER FADENFISCH
Trichogaster labiosa, 9 cm
80 x 35 x 40 cm, Wassertyp 2–6, 22–28 °C
Bewohner ruhiger Gewässerbereiche der Flüsse und Sümpfe des südlichen Myanmar.

6 PARADIESFISCH
Macropodus opercularis, 10 cm
80 x 35 x 40 cm, Wassertyp 2–6, 20–26 °C
In sumpfigen Gebieten, Kanälen und ruhigen Flussabschnitten Vietnams und Südchinas.

7 SCHOKOLADENGURAMI
Sphaerichthys osphromenoides, 6 cm
100 x 40 x 40 cm, Wassertyp 1, 24–27 °C
Leichte Strömung liebender Gruppenfisch des Schwarzwassers Südostasiens. Sehr anspruchsvoll: mineralarmes Wasser mit Torffilterung, ausgekochter Torf als Bodengrund. Strömung durch Motorfilter. Wurzeln als Versteck- und Ruheplätze (Männchen untereinander aggressiv). Etwa 6 Tiere halten. Weibchen sind Maulbrüter. Ernährung mit feinem Lebendfutter. Gute Wasserpflege sehr wichtig.

8 ROTER SCHOKOLADENGURAMI
Sphaerichthys vaillanti, 6 cm
100 x 40 x 40 cm, Wassertyp 1, 24–27 °C
Pflege wie Schokoladengurami. Weibchen balzen mit prächtigen Farben, Männchen brüten.

2

1

4

3

6

5

8

7

1

2

3

4

5

6

7

8

Labyrinthfische: Kampffische, kleinere Labyrinther

Auf dieser Seite sind die »Leisetreter« unter den asiatischen Arten versammelt. Alle schwimmen auf sehr bedächtige Art durchs »Unterholz«, um dort nach kleinen Futtertieren, z. B. Insektenlarven oder kleinen Insekten, zu suchen. Eine spektakuläre Ausnahme sind die nicht in der Natur vorkommenden Schleierkampffische. Alle genannten Arten können gut mit ruhigen Fischen der mittleren und unteren Beckenregionen vergesellschaftet werden.

1 SIAMESISCHER KAMPFFISCH

Betta splendens, 6 cm
60 x 30 x 30 cm, Wassertyp 2–6, 24–28 °C
Die Wildform des Siamesischen Kampffisches ist ein Oberflächenfisch krautiger Gewässer Thailands. Wesentlich bekannter sind allerdings die Zuchtformen. In ihrer Heimat werden Kampffisch-Männchen zu Schaukämpfen in kleine Gläser gesetzt. Da auf den Kampfausgang gewettet wird, hat man sehr aggressive Formen herausgezüchtet. In anderen Ländern sind es besondere Schleier-Zuchtformen (»Schleierkampffisch«), die auf Ausstellungen nach dem Motto »Wer ist der Schönste im ganzen Land« präsentiert werden. In den Aquarienhandel gelangen vor allem unterschiedliche Schleier-Varianten.
Schleierkampffische sind wunderschöne, aber in ihrer Bewegungsfreiheit behinderte Fische, die man am besten in dicht bepflanzten Becken mit kleineren ruhigen Fischen der unteren Beckenbereiche hält. Wichtig sind Rückzugsmöglichkeiten für die Weibchen. In kleinen Becken nie zwei Männchen halten. Sie würden sich auf Dauer zu Tode bekriegen. Fütterung mit allen gängigen Futtersorten.

2 BETTA UBERIS

Betta uberis, 6 cm
60 x 30 x 15 cm, Wassertyp 1, 24–26 °C
Ein Juwel aus der Umgebung von Borneo für Schwarzwasser-Spezialbecken: Falllaub, niedriger Wasserstand und feines Lebendfutter.

3 BETTA FUSCA

Betta fusca, 13 cm
80 x 35 x 40 cm, Wassertyp 2–3, 24–26 °C
Aus Sumatra (Indonesien). Paar- oder gruppenweise Haltung in locker bepflanzten Becken mit Deckungsmöglichkeiten (Wurzeln, Schwimmpflanzendecke). Kräftiges Lebendfutter (Insekten, Regenwürmer). Maulbrüter im männlichen Geschlecht.

4 NAGYS ZWERGPRACHTGURAMI

Parosphromenus nagyi, 3,5 cm
60 x 30 x 30 cm, Wassertyp 1, 23–26 °C
Aus dem Schwarzwasser Malaysias. Paarweise Haltung in Minibecken mit Javamoos und kleinem Versteck. Feines Lebendfutter.

5 SPITZSCHWANZMAKROPODE

Pseudosphronemus cupanus, 6 cm
60 x 30 x 30 cm, Wassertyp 2–5, 22–25 °C
Aus Sri Lanka. Empfehlenswerte, robuste und friedliche Art für das dicht bepflanzte, mit ruhigen Fischen besetzte Gesellschaftsbecken.

6 SMARAGD-KAMPFFISCH

Betta smaragdina, 7 cm
60 x 30 x 30 cm, Wassertyp 2–5, 20–26 °C
Aus dem Norden Thailands. Verträgt auch saisonal etwas kühlere Temperaturen.

7 KNURRENDER ZWERGGURAMI

Trichopsis pumila, 4 cm
60 x 30 x 30 cm, Wassertyp 2–6, 23–27 °C
In verkrauteten Tümpeln oder Kanälen des südostasiatischen Festlandes. Männchen bilden Reviere, lassen deutliche Geräusche hören (»Knurren«). Für Nano-Becken geeignet.

8 MAHACHAI-KAMPFFISCH

Betta mahachaiensis, 7 cm
60 x 30 x 30 cm, Wassertyp 6–7, 24–28 °C
Der einzige Kampffisch, der auch im Brackwasser vorkommt. Ein Salzzusatz ist empfehlenswert.

Buntbarsche (Cichliden)

Die Buntbarsche sind eindeutig die beliebteste Aquarienfisch-Familie. Mit über 2000 Arten gehört sie zu den artenreichsten Fischfamilien überhaupt.

Buntbarsche leben in fast allen tropischen Gewässern und haben sich dort den jeweiligen ökologischen Bedingungen mit einer enormen Anpassungsfähigkeit unterworfen. So gibt es neben den »normalen« Cichliden, die herkömmliche ökologische Nischen besetzen, auch blinde Stromschnellenarten, verzwergte Salzseebewohner und rabiate Parasiten, die anderen Fischen regelrecht die Schuppen oder Flossen vom Leib fressen. Insgesamt bevölkern etwa 2000 Cichliden- oder Buntbarscharten die verschiedensten Gewässer in Afrika, Lateinamerika, Indien und Sri Lanka sowie Madagaskar.
Fast alle Buntbarsche sind zumindest zeitweise territorial und benötigen deswegen eine strukturreiche Einrichtung, die ihnen das Abstecken von Revieren erleichtert. Erstaunlicherweise stellen die meisten Buntbarsche kaum besondere Ansprüche an die Ernährung. Es gibt allerdings viele Ausnahmen. Speziell für Cichliden hergestelltes Trockenfutter (als Flocken, Granulat oder Pellets im Zoofachhandel erhältlich) oder auch Garnelenmix (▷ Seite 124) eignet sich hervorragend als Basisfutter für die meisten Arten.
Eine Vergesellschaftung ist gut möglich, wenn man Bewohner und Aquariengröße aufeinander abstimmt. Dabei ist zu berücksichtigen, dass fast alle Cichliden während der Fortpflanzungszeit ihr Brut- oder Balzrevier und speziell die Jungfische besonders aggressiv verteidigen. Um auch die brutpflegenden Cichliden mit anderen Fischen vergesellschaften zu können, muss ihr eigentliches Brutrevier kleiner als das Gesamtbecken sein. Die anderen Fische sollten durch die strukturreiche Einrichtung auf alle Fälle die Möglichkeit haben, sich zumindest zeitweise aus dem Blickfeld der Cichliden-Eltern zu entfernen.
Die Männchen fast aller Buntbarscharten sind geringfügig größer als die Weibchen. Kommen die Tiere in Fortpflanzungsstimmung – was auch im Gesellschaftsbecken eher die Regel ist –, sieht man die Genitalpapille in der Afterregion hervortreten: Beim Männchen läuft sie spitz zu, beim Weibchen ist sie stumpf.
Alle Buntbarsche betreiben Brutpflege, wobei es verschiedene Familienformen gibt. Beteiligen sich beide Eltern mit gleicher Rollenverteilung an der Pflege des Nachwuchses, so spricht man von Elternfamilie, bei unterschiedlicher Rollenverteilung von Vater-Mutter-Familie. Kümmert sich nur ein Elternteil um die Brut, so ist es in der Regel die Mutter. Man verwendet dann den Begriff Mutterfamilie. Aber manchmal sorgt auch der Vater für die Jungen (Vaterfamilie).
Cichliden können Substratbrüter (▶ SUBSTRATLAICHER, Seite 272) oder aber ▶ MAULBRÜTER

1

2

(Seite 267) sein. Maulbrüter brüten über Wochen relativ wenige große Eier im Maul aus und entlassen dann vergleichsweise große Jungfische ins Wasser. Substratbrüter legen entweder relativ kleine Eier offen auf einem Stein beziehungsweise auf einem anderen Substrat ab (▶ OFFENBRÜTER, Seite 269) oder relativ große Eier versteckt in einer Höhle (▶ VERSTECKBRÜTER, Seite 272). Besondere Höhlenbrüter sind die Schneckenbuntbarsche aus dem ostafrikanischen Tanganyika-See. Diese Arten leben und laichen in leeren Schneckenhäusern, wobei es verhaltensbiologisch sehr unterschiedliche Arten gibt: Bei manchen monogamen Arten verstecken sich beide Elternteile im gleichen Schneckenhaus (z. B. *Neolamprologus brevis*) und sind etwa gleich groß. Männchen polygamer Arten sind oft extrem viel größer als die Weibchen (z. B. bei *Lepidiolamprologus hecqui*, ▷ Foto, Seite 36), und jedes Weibchen lebt in einem eigenen Schneckenhaus. Offenbrüter sind in der Regel monogam, die Geschlechter gehen also eine feste Paarbindung ein. Versteckbrüter und Maulbrüter können zwar auch monogam sein, meist haben die Männchen aber die Tendenz, mit mehreren Weibchen abzulaichen. Bis auf wenige Ausnahmen lassen sich Cichlidenjunge, wenn es nicht zu viele sind, sehr gut mit *Artemia*-Nauplien und auch mit Trockenfutter im gemeinsamen Becken mit den Eltern aufziehen. Selbst wenn einige Gesellschaftsfische im Aquarium sind, wachsen bei schwachem Besatz immer wieder einmal ein paar Jungfische auf, sofern es genügend kleine Versteckmöglichkeiten für sie gibt. Sobald die Jungen den ▶ DOTTERSACK (Seite 261) aufgezehrt haben und frei im Wasser schwimmen, kann man Jungfischfutter mit einer Einwegspritze (ohne Nadel) direkt in ihrer Nähe platzieren. Nach einigen Wochen, wenn sie etwa 2 bis 3 cm groß sind, sollte man den Nachwuchs aber herausfangen und gesondert aufziehen. Während der Aufzucht ist wegen der reichlichen Fütterung ein überdurchschnittlich häufiger Teilwasserwechsel (▶ WASSERWECHSEL, Seite 273) nötig. In dicht besetzten Becken kann es sinnvoll sein, einige Larven abzusaugen und in einem Einhängekasten (▷ Seite 139) großzuziehen.

In Indien und Sri Lanka gibt es nur drei, auf Madagaskar fast 50 Arten von Buntbarschen. Ein großer Teil der madagassischen Arten ist erst in den letzten Jahren entdeckt worden, wobei Aquarianer besonders engagiert auf der Suche waren, sodass ihnen eine vertiefte Kenntnis der dortigen Fischfauna zu verdanken ist. Dennoch sind schon heute viele Arten bereits wieder bedroht, sei es durch Umweltveränderungen oder durch das Einbringen von Tilapien (Buntbarsche der Gattungen *Tilapia* und *Oreochromis*), die ursprünglich auf Madagaskar nicht heimisch waren. Die wenigen im Handel erhältlichen Tiere sind fast ausschließlich Nachzuchten, die aus Zuchtprogrammen von engagierten Aquarianern stammen, sodass man sie guten Gewissens kaufen darf. Alle »Inder« und »Madagassen« sind Offen- oder Versteckbrüter.

1 INDISCHER BUNTBARSCH

Pseudetroplus maculatus, 8 cm
80 x 35 x 40 cm, Wassertyp 6–7, 26–29 °C
Lebt in flachen Uferbereichen stehender Gewässer, häufig auch im Brackwasser Südindiens und Sri Lankas. Paarweise Haltung in Becken mit Sand- oder Feinkiesboden, robusten Wasserpflanzen (z. B. *Vallisneria*), Kieseln. Nimmt alle gängigen Futtersorten. Die Art ist anfällig bei Pflege in weichem Wasser. Vergesellschaftung am besten mit Brackwasserfischen. Paarbildender Offenbrüter.

2 MARAKELI

Paratilapia polleni, 30 cm
250 x 60 x 60 cm, Wassertyp 4–6, 23–28 °C
Bewohnt Totholzverhaue ruhiger Gewässer. Frisst Insekten, Fische und Krebse. Paarbildender Offenbrüter. Gruppenhaltung von etwa 8 Tieren. In kleinen Becken ohne Gruppenhaltung oft aggressiv. Ernährung mit kräftigem Lebend- und Trockenfutter. Einrichtung mit Wurzeln, sodass Unterstände entstehen. Vergesellschaftung mit großen Welsen, anderen madagassischen Großcichliden und Großsalmlern. Der Marakeli sowie andere, vor allem durch kleinere Flecken unterscheidbare *Paratilapia*-Arten (z. B. *Paratilapia sp. fiamanga)* gehören zu den eindrucksvollsten Buntbarschen – ein Eindruck, der sich verstärkt, wenn die alten Männchen einen imposanten Stirnbuckel ausbilden. Ein Artbecken mit einer großen Gruppe Marakelis ist ein unvergleichlich schöner Anblick.

Buntbarsche: Westafrikaner

Im Gegensatz zu den südamerikanischen Buntbarschen (Cichliden) werden nur relativ wenige west- und zentralafrikanische Arten häufiger gehalten, sofern es keine Zwergbuntbarsche sind. Warum das so ist, bleibt unklar, gibt es doch viele besonders bunte oder skurrile Arten unter ihnen, die in Farbenpracht und interessantem Verhalten ihren südamerikanischen Verwandten in nichts nachstehen.
Als »Westafrikaner« unter den Buntbarschen bezeichnet man nicht nur Arten aus dem geografischen Westafrika, der Region zwischen Senegal und Nigeria, sondern alle Arten, die nicht in den großen ostafrikanischen Seen Malawi, Tanganjika und Viktoria vorkommen. Viele Arten sind zwar der Wissenschaft oder auch wenigen spezialisierten Aquarianern bekannt, werden aber (noch) nicht importiert.
Die etwas kleineren hier aufgeführten Arten lassen sich gut in »normalen« Pflanzenbecken mit ein paar Höhlenverstecken pflegen und züchten, ohne dass sie besondere Ansprüche an die Wasserqualität stellen.
Die größeren Arten aus der Gattung *Coptodon* sind allerdings zum größten Teil tatsächlich Pflanzenfresser, die ähnlich wie die pflanzenfressenden Cichliden Mittelamerikas in großen Becken gehalten werden müssen, um ihre Pracht zu entfalten. Alle Arten lassen sich z. B. mit interessanten afrikanischen Welsen (wie beispielsweise Fiederbartwelsen) oder Salmlern (wie z. B. Kongosalmlern) vergesellschaften.
Eine besondere Erwähnung verdienen die sogenannten Roten Cichliden aus der Gattung *Rubricatochromis*. Sie haben eine schöne Färbung, aber wegen ihrer Aggressivität auch einen

2

1

4

3

besonders schlechten Ruf in der Aquaristik. Die äußerlich sehr ähnlichen Arten unterscheiden sich beträchtlich in ihrem Verhalten, denn manche sind gut zu vergesellschaften, wenn man ihnen Becken über 100 cm Länge bietet, andere wiederum sind tatsächlich sehr aggressiv und sollten am besten nur paarweise gehalten werden. Empfehlenswert sind entweder die kleineren Arten wie *Moanda-Rubricatochromis* (*Rubricatochromis sp.*) und *Rubricatochromis cristatus* oder *Rubricatochromis sp.* »Gabun«. Weniger empfehlenswert für Gesellschaftsbecken sind die häufiger verkauften Arten *H. letourneauxi* und *H. guttatus*. Ein Becken mit 120 x 50 x 60 cm, besetzt mit einem Paar Roter Cichliden, einem Paar Buckelköpfe und Kongosalmlern ist eine Schau – versuchen Sie es!

1 AFRIKANISCHER SCHMETTERLINGSBUNTBARSCH

Anomalochromis thomasi, 8 cm
80 x 35 x 40 cm, Wassertyp 2–4, 24–28 °C
Häufige Art kleinerer, meist klarer Regenwald- und Savannenbäche Liberias und Sierra Leones. Paarweise in bepflanzten Becken. Es gibt mindestens zwei verschiedene *Anomalochromis*-Arten, die sich hinter dem gleichen Namen verbergen – eine Art aus Guinea (»Rußkopf«) und die Standardform aus Sierra Leone (▷ Foto, links).

2 BUCKELKOPFBUNTBARSCH

Steatocranus casuarius, 14 cm
100 x 40 x 40 cm, Wassertyp 3–6, 24–28 °C
Bodenbewohnender Fisch der Stromschnellen des unteren Kongo. Buckelkopf-Buntbarsche ernähren sich hauptsächlich von Algen. Paarbildender Versteckbrüter. Neben dieser bekanntesten *Steatocranus*-Art gibt es noch mindestens ein Dutzend weiterer Arten im Kongobecken, die zurzeit genauer erforscht werden – darunter auch Zwergarten, die gut geeignet für die Aquaristik erscheinen.

5

3 ROTER CICHLIDE

Rubricatochromis guttatus, 11 cm
100 x 40 x 40 cm, Wassertyp 2–6, 24–29 °C
In langsam fließenden Gewässern Westafrikas. Diese Art entspricht dem Ruf der Roten Cichliden: Es sind hübsche Tiere, aber echte Rabauken, die anderen Fischen schon sehr zusetzen können. Am besten pflegt man diese wunderschöne Art, von der es auch Zuchtformen mit einem hohen Blauanteil gibt, paarweise unter sich bzw. vergesellschaftet sie nur mit sehr lebhaften Salmlern oder versteckt lebenden Welsen.

4 KONGO-ZWERGMAULBRÜTER

Pseudocrenilabrus nicholsi, 8 cm
80 x 35 x 40 cm, Wassertyp 2–5, 24–27 °C
Ein Bewohner ruhiger, oft mit Uferpflanzen zugewachsener Fluss- und Bachabschnitte des oberen Kongo. Diese Art ist ein sogenannter haplochrominer Buntbarsch, das heißt, er ist näher mit den ostafrikanischen Buntbarschen verwandt, die in den großen Seen leben. Hier wie dort handelt es sich um Maulbrüter im weiblichen Geschlecht. Die Männchen sind nur bunt, kümmern sich aber nicht um die Nachkommen. Leider wurde die Art seit vielen Jahren nicht mehr importiert, weswegen wohl die erhaltlichen Nachzuchten auch nicht mehr so farbenprächtig sind wie noch vor einigen Jahrzehnten.

5 FRIEDLICHER ROTER CICHLIDE

Rubricatochromis sp. »Gabun«, 12 cm
100 x 40 x 40 cm, Wassertyp 3–6, 24–28 °C
Der Friedliche Rote Cichlide erhielt seinen deutschen Namen, weil er sich in seinem friedfertigen Verhalten stark von allen anderen Roten Cichliden unterscheidet. Sein Temperament entspricht eher dem des friedlichen Diskusfisches. Entsprechend pflegt man diese Art am besten in einer größeren Gruppe in einem geräumigen, mit Wurzeln gut strukturierten Aquarium, wo sich ab und zu einmal einzelne Paare absondern und mit ein bisschen Glück auch ein paar Jungfische durchkommen.

Buntbarsche: Skalare und Diskusfische

Für die hochrückigen Skalare und Diskusfische muss das Aquarium mindestens einen halben Meter hoch sein. Die Einrichtung sollte viele Verstecke bieten.

Diskusfische (*Symphosodon*-Arten) und Skalare (*Pterophyllum*-Arten) sind »richtige« südamerikanische Buntbarsche. Weil sie aber in ihrem untypischen Aussehen und Verhalten einen ganz eigenen Charme haben, nehmen sie in der Aquaristik eine Sonderstellung ein. Beide leben in größeren Fließgewässern und abgeschnittenen Flussarmen des Amazonasgebiets. Sie halten sich in Gruppen hauptsächlich zwischen den Ästen ins Wasser gestürzter Urwaldriesen auf, wo sie Insektenlarven, Krebstierchen, aber auch kleine Fische fressen. Mit hochrückiger Gestalt und Streifenmuster sind sie im Gewirr der Äste bestens getarnt. Die meisten Diskusfische stammen aus farblos klaren oder lehmig-trüben Flüssen, deren pH-Wert zwischen 6 und 7 liegt (Wassertyp 2). Den Hohen Skalar (*Pterophyllum altum*) findet man im Schwarzwasser mit pH-Werten um 5 (Wassertyp 1). Als Fische der großen Flüsse bevorzugen alle Arten sehr warmes Wasser mit mindestens 26 °C.

Die hochrückigen Fische benötigen mindestens 50 cm hohe Becken (Skalar, Diskus), besser noch 60 cm (Hoher Skalar). Holzwurzeln und großblättrige Amazonas-Schwertpflanzen (*Echinodorus*) bieten den eher scheuen Tieren Unterstände und Schutz. Die Beleuchtung sollte gedämpft sein, die Filterung gut dimensioniert, um eine hohe Wasserreinheit zu gewährleisten. Sie darf aber keine Strömung erzeugen. Viele Züchter schwören auf Vorfilterung des Aquarienwassers mit Aktivkohle-Blockfiltern und UV-Behandlung, um die Tiere gesund zu halten. Ein regelmäßiger Teilwasserwechsel mit aufbereitetem Wasser sorgt für gute Wasserqualität und niedrige Nitratwerte – sonst werden die Tiere schnell krankheitsanfällig. Das Zusetzen von Spurenelementen wirkt ebenfalls positiv auf die Vitalität der Fische.

Die meisten Diskusfische werden falsch ernährt und neigen wahrscheinlich deshalb zur Lochkrankheit (▷ Seite 130). Verzichten Sie bei Diskus und Skalar auf rinderherzhaltige Produkte, Tubifex und Rote Mückenlarven. Füttern Sie Garnelenmix, gefrorene oder lebende Kleinkrebse, *Artemia*-Nauplien und Weiße oder Schwarze Mückenlarven. Im Zoofachhandel gibt es spezielle Trockenfuttersorten und Frostfuttermix.

Solange die Tiere nicht in Fortpflanzungsstimmung sind, lassen sich die Geschlechter aller Arten nicht immer sicher feststellen. Da man die Gruppentiere aber mindestens zu sechst halten sollte, hat man wahrscheinlich auch beide Geschlechter im Becken. Die Zucht gelingt nur bei Wassertyp 1–2 (Hoher Skalar) oder 2 (Diskus, Skalar). Nachdem sich ein Paar von der Gruppe

1

abgesondert hat, laichen die ▶ OFFENBRÜTER (Seite 269) an sorgfältig mit dem Maul geputzten Pflanzenblättern, glatten Wurzeln oder hochkant aufgestellten Steinen ab. Ein Gelege umfasst bis zu 250 Eier. Werden diese nicht aufgefressen, was häufig bei jungen Paaren vorkommt, schlüpfen die Larven bei 28–20 °C am 3. Tag. Etwa 6 Tage später schwimmen die Jungen frei. Die Diskus-Jungfische ernähren sich nun vom vermehrt gebildeten Hautsekret der Eltern. Erst ab dem 5. bis 10. Tag nach dem Freischwimmen bietet man zusätzlich *Artemia* an, später auch *Cyclops* und Mikrowürmchen. Die Skalar-Jungfische »weiden« ihre Eltern nicht ab und können sofort nach dem Freischwimmen mit *Artemia*-Nauplien gefüttert werden.
Obwohl nur wenige Arten der Diskusfische und Skalare beschrieben wurden, herrscht keine Einigkeit, wie die verschiedenen Formen richtig zu benennen sind. Zurzeit gelten lediglich drei Arten der Diskusfische als gesichert. Es existiert aber eine Unzahl von Zuchtformen, obwohl die Natur bereits für eine Vielfalt an attraktiven Formen gesorgt hat.

1 SKALAR

Pterophyllum scalare, 15 cm (bis 26 cm hoch)
100 x 50 x 50 cm, Wassertyp 2–4, 25–29 °C
Es existieren sicherlich mehrere Skalar-Arten, die zurzeit aber nur unter dem einen Artnamen »*scalare*« zusammengefasst werden.

2 DISKUSFISCH

Symphysodon-Arten, 18 cm
100 x 50 x 50 cm, Wassertyp 2, 26–30 °C
Die drei gesicherten Arten der Diskusfische sind Heckel-Diskus, Grüner Diskus und Brauner Diskus. Die Fische am besten in Gruppen von 6–8 Tieren halten. Mit ruhigen südamerikanischen Salmlern und Bodenfischen vergesellschaften.

3 HOHER SKALAR

Pterophyllum altum, 15 cm (bis 33 cm hoch)
120 x 50 x 60 cm, Wassertyp 1, 27–30 °C
Es gibt diverse als *Altum*-Skalare bezeichnete Formen, die sicher nicht alle der gleichen Art angehören. Während der »Echte *Altum*« bisher fast nie gezüchtet wurde, gelingt dies beim »Peru-*Altum*« relativ einfach.

2

3

Buntbarsche: Große Südamerikaner

Die meisten großen südamerikanischen Buntbarsche fehlen in fast keinem größeren Südamerikabecken, weil es sich um farblich überaus attraktive und dabei meist ruhige, wenig ruppige Arten handelt. Ein schummrig beleuchtetes Aquarium, eingerichtet mit einem Sand-Kies-Gemisch als Bodengrund und viel Wurzelholz, bietet einen idealen Lebensraum für alle hier gezeigten Arten. Eine kräftige Ernährung mit ballaststoffreichem Grünfutter, Garnelenmix und Cichliden-Granulat oder -pellets ist wichtig. Eine starke Filterung sorgt für »klare« Verhältnisse.

Die meisten Arten sind Weichwasserfische und brauchen deshalb auch weiches, leicht saures Wasser. Sie lassen sich zwar kurzfristig in härterem, mineralreichem Wasser pflegen, bauen aber dann ihre Widerstandskraft ab und neigen zur Lochkrankheit (▷ Seite 130).

Mehrere Arten lassen sich gut miteinander vergesellschaften, beispielsweise eine Gruppe ruhiger, hochrückiger Heros oder Keilfleckbuntbarsche mit einer Gruppe schlanker, mehr bodenorientierter Arten (z. B. aus der *Geophagus-*, *Satanoperca-* oder *Acarichthys-*Verwandtschaft). In großen Aquarien passen dazu alle anderen, eher ruhigen und größeren südamerikanischen Fische, z. B. große Harnischwelse, Salmler oder – in sehr großen Becken – Arowanas.

Wie bei allen Buntbarschen ist es faszinierend zu beobachten, wie Paare zusammenfinden und eine Gruppe Jungtiere aufziehen. Ein Südamerikabecken mit ruhigen Großcichliden, z. B. den wunderschönen Arten der Gattung *Heros*, ist eine Augenweide. Oft kommt ihre ganze Schönheit aber nur zum Vorschein, wenn sie ausgewachsen sind und in weichem Wasser gepflegt werden.

1

2

3

4

1 AUGENFLECKBUNTBARSCH

Heros notatus, 25 cm
200 x 60 x 60 cm, Wassertyp 2–5, 25–29 °C
Sehr ruhige pflanzenfressende Cichliden, die in Gestalt und Färbung den beliebten Diskusfischen durchaus Konkurrenz machen. Heros wurden deshalb früher auch »Arbeiterdiskus« genannt. Bei dieser Art handelt es sich um paarbildende ▶ OFFENBRÜTER (Seite 269).

2 KEILFLECKBUNTBARSCH

Uaru amphiacanthoides, 25 cm
200 x 60 x 60 cm, Wassertyp 1–3, 26–30 °C
In holzreichen Gewässern Amazoniens vegetarisch lebende Art. Paarbildender Offenbrüter. Mindestens 6 Tiere in Becken mit viel Totholz, an dem sie nagen können, pflegen. Grün- und pflanzliches Kunstfutter. Starke Filterung nötig.

3 BLAUPUNKTBUNTBARSCH

Andinoacara coeruleopunctatus, 16 cm
120 x 50 x 50 cm, Wassertyp 2–5, 24–28 °C
Lebt in Flüssen, Gräben und Überschwemmungsgebieten im nördlichen Südamerika. Er ist ein recht pflegeleichter, paarbildender Offenbrüter.

4 OSKAR

Astronotus ocellatus, 46 cm
250 x 70 x 60 cm, Wassertyp 2–4, 25–29 °C
Lebt in weiten Teilen Amazoniens in ruhigen Gewässern von Fischen, größeren Insekten und Krebstieren. Sehr ruhiger paarbildender Offenbrüter, der kräftiges Futter benötigt.

5 HECKELS BUNTBARSCH

Acarichthys heckelii, 25 cm
200 x 60 x 60 cm, Wassertyp 2–4, 25–28 °C
Amazonien. Gräbt Tunnel, die als Brutplatz für die paarbildenden ▶ VERSTECKBRÜTER (Seite 272) dienen. Einrichtung mit Wurzeln sowie etwa 15 cm weiten und 30 cm langen Röhren. Am besten in der Gruppe pflegen.

6 »ORANGE HEAD«-ERDFRESSER

Geophagus pyrocephalus, 18 cm
200 x 60 x 60 cm, Wassertyp 2–5, 27–30 °C
Sandige, schlammige, kiesige oder felsige Bereiche von Klarwasserflüssen Amazoniens. Paarbildender Maulbrüter. Gruppenhaltung in größeren Becken, wo die Paare Eier ablegen und die Larven im Maul ausbrüten.

7 TEUFELSANGEL

Satanoperca cf. jurupari, 25 cm
200 x 60 x 60 cm, Wassertyp 2–5, 26–29 °C
Bewohner von Sandflächen größerer amazonischer Fließgewässer. Siebt mit den Kiemen Insektenlarven aus dem Sand. Fortpflanzungsverhalten je nach Art verschieden. Ähnliche Art: *Satanoperca daemon* (▷ Foto, Seite 19).

5

6

7

1

2

3

4

5

6

7

8

9

10

11

12

Buntbarsche: Zwergbuntbarsche

»Zwerge« sind gut in pflanzenreichen Aquarien mit Freiwasserfischen zu vergesellschaften.
▶ VERSTECKBRÜTER (Seite 272) brauchen kleine Höhlen und lieben Kleinkrebsfutter.

1 ZWERGBUCKELKOPF
Steatocranus sp. »Dwarf«, 7 cm
60 x 30 x 30 cm, Wassertyp 2–5, 24–28 °C
Aus dem Kongo-Fluss in steinigen und sandigen Flusspartien. Paarbildender Versteckbrüter.

2 PURPURPRACHTBUNTBARSCH
Pelvicachromis pulcher, 10 cm
80 x 35 x 40 cm, Wassertyp 2–5, 25–28 °C
Aus Regenwaldbächen Nigerias/Kameruns mit Sandboden.

3 GENETZTER PRACHTBUNTBARSCH
Pelvicachromis kribensis, 8 cm
60 x 30 x 30 cm, Wassertyp 2–4, 24–27 °C
Sein Lebensraum sind die Regenwaldbäche Kameruns mit Sandboden. Paarbildender Versteckbrüter. Es gibt verschiedene Populationen, die sich in ihren Ansprüchen teilweise unterscheiden. Eine sehr ähnliche Art ist der nigerianische *P. taeniatus*.

4 TRANSVESTITENBUNTBARSCH
Nanochromis transvestitus, 6 cm
60 x 30 x 30 cm, Wassertyp 1–2, 25–28 °C
Lebt im Schwarzwassersee Mai-Ndombe (Kongo). Paarbildender Versteckbrüter.

5 BLAUER KONGOCICHLIDE
Nanochromis parilus, 7 cm
80 x 35 x 40 cm, Wassertyp 3–4, 24–27 °C
Lebt in Stromschnellen des unteren Kongo. Paarbildender Versteckbrüter.

6 WEINROTER TÜPFELBUNTBARSCH
Laetacara dorsigera, 7 cm
60 x 30 x 30 cm, Wassertyp 2–4, 26–30 °C
Pflanzenreiche, strömungsarme Gewässer im Dreiländereck Bolivien–Argentinien–Brasilien. Paarbildender ▶ OFFENBRÜTER (Seite 269).

7 GABELSCHWANZ-SCHACHBRETT-CICHLIDE
Dicrossus filamentosus, 9 cm
100 x 40 x 40 cm, Wassertyp 1, 27–30 °C
Flaches Klar- und Schwarzwasser im Einzugsgebiet des Rio Negro (Amazonien). Haremsbildender Offenbrüter. Braucht Weichwasser!

8 SCHMETTERLINGSBUNTBARSCH
Microgeophagus ramirezi, 5 cm
60 x 30 x 30 cm, Wassertyp 1–3, 26–30 °C
Pflanzenreiche Savannengewässer der Region Venezuela. Paarbildender Offenbrüter.

9 BOLIVIANISCHER SCHMETTERLINGSBUNTBARSCH
Microgeophagus altispinosus, 8 cm
100 x 40 x 40 cm, Wassertyp 2–4, 26–29 °C
Ruhige Uferbereiche größerer Fließgewässer/Bäche Boliviens. Paarbildender Offenbrüter.

10 AGASSIZ' ZWERGBUNTBARSCH
Apistogramma agassizii, 10 cm
100 x 40 x 40 cm, Wassertyp 2–3, 26–28 °C
Langsam fließende oder stehende Gewässer des amazonischen Tiefland-Regenwaldes. Haremsbildender Versteckbrüter. Von dieser schönen, sehr empfehlenswerten Art werden verschiedene Standortvarianten und Zuchtformen gehandelt, z. B. solche mit erhöhten Rotanteilen in der Schwanzflosse. Alle sind Weichwasserfische, die in hartem Wasser kümmern.

11 GELBER ZWERGBUNTBARSCH
Apistogramma borellii, 7 cm
60 x 30 x 30 cm, Wassertyp 2–4, 22–24 °C
Meist klare stehende oder langsam fließende Gewässer mit Wasserpflanzen. Bolivien. Meist paarbildender Versteckbrüter.

12 KAKADU-ZWERGBUNTBARSCH
Apistogramma cacatuoides, 9 cm
100 x 40 x 40 cm, Wassertyp 2–4, 24–26 °C
Flache Bereiche mit Falllaub in kleinen Fließ- und Restgewässern des peruanischen Amazonas. Haremsbildender Versteckbrüter.

Buntbarsche: Mittelamerikaner

Die Buntbarsche Mittelamerikas haben den Ruf, wunderschön, aber recht ruppig zu sein. Für einen Teil der Arten stimmt das auch, wenn man als Kriterien Pflanzenfreundlichkeit und Körpergröße heranzieht. Es handelt sich dennoch um fantastische Aquarienfische, denen man vor allem eines bieten muss, damit sie sich wohlfühlen: Platz. Denn die fast durchwegs größeren Fische verhalten sich natürlich ruppig gegenüber anderen Fischen, wenn man sie auf zu kleinem Raum hält. Die Flüsse und Seen Mittelamerikas sind – im Gegensatz zu den südamerikanischen Gewässern – meist kalkhaltig. Die Fische vertragen also auf Dauer keine sauren pH-Werte.
Wenn man die Tiere ballaststoffreich mit Garnelenmix, manche Arten (▷ unten) mit pflanzlichem Futter ernährt, sie in genügend großen Becken mit einer starken Filterung und häufigem Teilwasserwechsel hält, werden sie auch im Aquarium ablaichen und Sie mit einer aufopfernden Brutpflege belohnen.
Die meisten Arten lassen sich hervorragend mit größeren Lebendgebärenden Zahnkarpfen (Schwertträger, Mollys), Regenbogenfischen und robusten Welsen vergesellschaften. Wenn man das Aquarium bepflanzen möchte, sollte man Hartwasserpflanzen, z. B. Riesenvallisnerien, wählen und den Wurzelbereich gut mit Steinen oder Ähnlichem abschirmen.

1 ZEBRABUNTBARSCH

Amatitlania nigrofasciata, 15 cm, oft kleiner
100 x 50 x 50 cm, Wassertyp 5–6, 23–27 °C
Lebt in sehr unterschiedlichen Biotopen Mittelamerikas. Paarbildender ► VERSTECKBRÜTER (Seite 272). *Amatitlania*-Arten gehören zu den beliebtesten mittelamerikanischen Buntbarschen. In Europa (Österreich und Ungarn) sind sie sogar in Warmwasserbächen von Aquarianern ausgewildert worden.

2 GELBER VON PANAMA

Amatitlania nanolutea, 11 cm
100 x 40 x 40 cm, Wassertyp 5–6, 24–28 °C
Nur aus einem kleinen Flusssystem in Panama bekannt. Paarbildender Versteckbrüter.

3 SAJICA-BUNTBARSCH

Amatitlania sajica, 11 cm
100 x 40 x 40 cm, Wassertyp 5–6, 24–28 °C
Flüsse und Bäche Costa Ricas mit leichter Strömung. Paarbildender Versteckbrüter.

4 NICARAGUA-TRAUMBARSCH

Hypsophrys nicaraguensis, 25 cm
150 x 60 x 60 cm, Wassertyp 5–6, 24–27 °C
Übergangszone zwischen Sandbereich und Felsen, meist in Seen Nicaraguas und Costa Ricas. Paarbildender Versteckbrüter.

5 FEUERMAULBUNTBARSCH

Thorichthys meeki, 15 cm
120 x 60 x 50 cm, Wassertyp 3–6, 24–27 °C
Flache Uferbereiche mit Holz oder Felsen in Mexiko und Guatemala. Paarbildender ► OFFENBRÜTER (Seite 269). Mindestens 6 Tiere halten. Kleinkrebse und ballaststoffreiches Trockenfutter. Nie Rote Mückenlarven!

6 ELLIOTS BUNTBARSCH

Thorichthys maculipinnis, 15 cm
120 x 60 x 50 cm, Wassertyp 3–6, 24–27 °C
Mexiko und Guatemala. Wie Feuermaulbuntbarsch ein Gruppenfisch, zurückhaltend und genauso zu pflegen. Nie Rote Mückenlarven!

7 MIDASCICHLIDE

Amphilophus cf. citrinellus, 28 cm
300 x 70 x 60 cm, Wassertyp 5–6, 24–28 °C
Außerhalb der Laichzeit auf offenen Flächen nicaraguanischer Seen. Paarbildender Versteckbrüter. Gruppenweise (mindestens 8) in unbepflanzten, wenig strukturierten Becken. Nicht alle Tiere dieser Art sind in der Natur orange-gelb gefärbt, die meisten Aquarienpopulationen allerdings schon.

8 SCHWARZGÜRTEL-BUNTBARSCH

Vieja maculicuauda, 30 cm
250 x 70 x 70 cm, Wassertyp 5–6, 24–28 °C
Paarbildende Versteckbrüter, die sich hauptsächlich pflanzlich ernähren. Paarweise Haltung. Grünfutter und Garnelenmix.

2

1

4

3

6

5

8

7

1

2

3

4

5

6

7

8

9

10

11

12

Buntbarsche: Tanganjika-See

Im Tanganjika-See leben Hunderte von Buntbarscharten (▷ Seite 30/31).

1 TANGANJIKA-BEULENKOPF
Cyphotilapia frontosa, 33 cm
200 x 60 x 60 cm, Wassertyp 5–6, 25–27 °C
Fischfresser. Nicht paarbildender ▶ MAULBRÜTER (Seite 267) im weiblichen Geschlecht.

2 SUNFLOWER-SANDCICHLIDE
Xenotilapia papilio »Sunflower«, 9 cm
100 x 50 x 50 cm, Wassertyp 5–6, 25–27 °C
»Weiden« Felsen ab. Paarbildender Maulbrüter. Ab 6 Tieren halten. Sandbecken mit Felsen. Trockenfutter, Kleinkrebse, Garnelenmix.

3 KÄRPFLINGSCICHLIDE
Paracyprichromis nigripinnis »Neon«, 11 cm
100 x 50 x 50 cm, Wassertyp 5–6, 25–27 °C
Lebt freischwimmend in der Nähe dunkler felsiger Bereiche. Nicht paarbildender Maulbrüter im weiblichen Geschlecht.

4 ZITRONENSCHWANZ-KÄRPFLINGSCICHLIDE
Cyprichromis leptosoma, 12 cm
120 x 50 x 50 cm, Wassertyp 5–6, 25–27 °C
In Schwärmen über Felsen. Nicht paarbildender Maulbrüter im weiblichen Geschlecht.

5 BLAUER FADENMAULBRÜTER
Ophthalmoptilapia ventralis, 15 cm
150 x 50 x 50 cm, Wassertyp 5–6, 25–27 °C
Lebt in der Übergangszone von Sand zu Felsen. Nicht paarbildender Maulbrüter im weiblichen Geschlecht. Sandbecken, Felsen.

6 MOORI
Tropheus moorii, 13 cm
150 x 60 x 60 cm, Wassertyp 5–6, 25–27 °C
Maulbrüter (Weibchen). Algenfresser des Felsenbereichs. Ausschließlich ballaststoffreiche Nahrung, idealerweise spezielles *Tropheus*-Trockenfutter auf pflanzlicher Basis. Deshalb auch keine Vergesellschaftung mit Arten, die gehaltvolleres Futter benötigen. *Tropheus* müssen in einer Gruppe ab etwa 8 bis 10 Tieren gehalten werden. Zu einer solchen Gruppen sollten später keine Individuen mehr dazugesetzt werden, weil es dann zu Aggressionen kommt.

7 PRINZESSIN VON ZAMBIA
Neolamprologus pulcher »Daffodil«, 12 cm
100 x 40 x 40 cm, Wassertyp 5–6, 25–27 °C
Frisst Plankton im Felsenbereich. Paarbildender Versteckbrüter mit Großfamilie.

8 BREVIS SCHNECKENCICHLIDE
Neolamprologus brevis, 6 cm
60 x 30 x 30 cm, Wassertyp 5–6, 25–27 °C
Lebt paarweise in Schneckenhäusern. Becken mit Sand und ausgekochten Weinbergschneckenhäusern. ▶ VERSTECKBRÜTER (Seite 272).

9 OCELLATUS-SCHNECKENCICHLIDE
Neolamprologus ocellatus, 6 cm
60 x 30 x 30 cm, Wassertyp 5–6, 25–27 °C
Lebt in Schneckenhäusern. Haremsbildender Versteckbrüter. Becken mit Sand, ein ausgekochtes Weinbergschneckenhaus pro Tier. Ein Männchen und ein/mehrere Weibchen.

10 PERLHUHN-NANDERBUNTBARSCH
Altolamprologus calvus, 14 cm
100 x 50 x 50 cm, Wassertyp 5–6, 25–27 °C
Räuber der spaltenreichen Felsregion. Paarbildender Versteckbrüter. In Felsenbecken mit mindestens einer Höhle für das Weibchen.

11 GESTRECKTER ZITRONENCICHLIDE
Neolamprologus longior, 10 cm
100 x 40 x 40 cm, Wassertyp 5–6, 25–27 °C
Lebt in Felshöhlen. Paarweise Haltung. Krebshaltiges Futter (erhält Farbe). Versteckbrüter.

12 SCHACHBRETT-SCHLANKCICHLIDE
Julidochromis cf. marlieri, 15 cm
100 x 40 x 40 cm, Wassertyp 5–6, 25–27 °C
Felsige Küste mit Sandflächen. Paarbildende Versteckbrüter. Paarweise in Felsenbecken.

1

2

3

4

5

6

7

8

9

10

11

12

Buntbarsche: Malawi-See

Im Malawi-See leben Hunderte von Buntbarscharten (▷ Seite 30/31). Sie sind alle ▶ MAULBRÜTER (Seite 267) im weiblichen Geschlecht. Die bunten, metallisch reflektierenden Farben der Männchen stehen im Kontrast zu den meist unscheinbaren Weibchen. Das Malawi-Aquarium lässt sich als Felsenzonenbecken mit bis zur Wasseroberfläche reichenden Felsaufbauten gestalten oder als Sandbodenbecken mit einer 5 cm hohen Sandschicht und wenigen verstreuten Felsen. Man hält ein oder wenige Männchen mit vielen Weibchen, je nach Beckengröße. Nie Felsenbewohner (sogenannte Mbuna) mit Sandbodenbewohnern und *Aulonocara*-Arten vergesellschaften. Erstere unterdrücken die anderen. Pflanzliches Trockenfutter, Kleinkrebse (lebend/gefroren) oder Garnelenmix sorgen für gute Färbung und Gesundheit.

1 FEENBUNTBARSCH
Aulonocara jacobfreibergi, 14 cm
120 x 50 x 50 cm, Wassertyp 5–6, 25–27 °C
Ruhige Art, die geräumige Höhlen im Übergangsbereich zwischen Felsen- und Sandzone bewohnt. Pflege in Sandbodenbecken mit geräumigen Höhlen. Feenbuntbarsche sind ruhige Malawi-Cichliden, deshalb nicht mit den lebhaften Felsencichliden aus dem Malawi-See (»Mbuna«) vergesellschaften.

2 »KADANGO RED«
Copadichromis borleyi »Kadango red«, 14 cm
160 x 60 x 60 cm, Wassertyp 5–6, 25–27 °C
Planktonfresser, lebt in der Nähe von Felsen.

3 FOSSOROCHROMIS ROSTRATUS
Fossorochromis rostratus, 25 cm
250 x 60 x 60 cm, Wassertyp 5–6, 25–27 °C
Sandbodenbewohner.

4 AZURCICHLIDE
Sciaenochromis fryeri, 20 cm
160 x 50 x 50 cm, Wassertyp 5–6, 25–27 °C
Fischfresser, der in der Übergangszone zwischen Felsen und Sand vorkommt. Die Art ist trotz ihres räuberischen Aussehens gut mit anderen Malawi-Cichliden zu vergesellschaften. Es gibt mehrere Zuchtformen. Sehr attraktiv: »Iceberg«-Form mit vielen Weißanteilen in der Körperfärbung.

5 ROTER ZEBRA
Maylandia estherae, 11 cm
120 x 50 x 50 cm, Wassertyp 5–6, 25–27 °C
Felsenbewohner (»Mbuna«). Er frisst Algen, Kleintiere und Plankton.

6 KOBALTORANGE-BUNTBARSCH
Pseudotropheus johannii, 12 cm
100 x 50 x 50 cm, Wassertyp 5–6, 25–27 °C
Felsenbewohner aus einem kleinen Gebiet im See. Frisst Algen, Kleintiere und Plankton.

7 TÜRKISGOLDBUNTBARSCH
Melanochromis auratus, 11 cm
120 x 50 x 50 cm, Wassertyp 5–6, 25–27 °C
Felsenbewohner eines kleinen Gebietes im Südteil. Frisst Algen, Kleintier, Plankton.

8 LABIDOCHROMIS »YELLOW«
Labidochromis caeruleus, 10 cm
100 x 50 x 50 cm, Wassertyp 5–6, 25–27 °C
Felsbereich (20 m tief). Frisst Insektenlarven.

9 PLACIDOCHROMIS ELECTRA
Placidochromis electra, 16 cm
160 x 60 x 60 cm, Wassertyp 5–6, 25–27 °C
Sandbodenbewohner.

10 CHINDONGO DEMASONI
Chindongo demasoni, 8 cm
100 x 50 x 50 cm, Wassertyp 5–6, 25–27 °C
Algen- und Planktonfresser der Felsenzone.

11 MAYLANDIA LOMBARDOI
Maylandia lombardoi, 15 cm
160 x 60 x 60 cm, Wassertyp 5–6, 25–27 °C
Algen- und Planktonfresser der Felsenzone.

12 CHINDONGO SOCOLOFI
Chindongo socolofi, 12 cm
150 x 50 x 50 cm, Wassertyp 5–6, 25–27 °C
Algen- und Planktonfresser der Felsenzone.

Kugelfische und andere Sonderlinge

Die vorgestellten Arten pflegt man am besten im Artbecken. Kugelfische *(Tetraodontidae)* haben ein schnabelartiges Gebiss, mit dem sie hartschalige Nahrung knacken. Die meisten Arten sind Meer- oder Brackwasser-, einige auch reine Süßwasserfische. Raubkugelfische sind Lauerräuber. Fütterung mit Schnecken, Muschel-, Fischfleisch, tiefgefrorenen Garnelen oder Mückenlarven (für Zwergarten). Die in Afrika und Asien verbreiteten Stachelaale *(Mastacembelidae)* sind gesellige, intelligente, witzig wirkende Fische, die zutraulich werden. Mehrere Tiere in versteckreichen Becken mit Sandboden halten und mit Frostfutter füttern. Die grazilen Süßwassernadeln *(Syngnathidae)* brauchen Lebendfutter. Das Männchen geht mit dem Nachwuchs »schwanger«. Süßwasserflundern *(Soleidae)* brauchen Sandboden und Frostfutterfütterung ohne Futterkonkurrenz.

1 PALEMBANG-KUGELFISCH
Dichotomyctere biocellatus, 6 cm
60 x 30 x 30 cm, Wassertyp 7, 24–28 °C
Reine Brackwasserart Südostasiens. Klein bleibend, Augenflecke auf dem Rücken.

2 GRÜNER FLUSSKUGELFISCH
Dichotomyctere fluviatilis, 20 cm
150 x 50 x 50 cm, Wassertyp 7, 26–29 °C
Reine Brackwasserart Südostasiens.

3 GRÜNER KUGELFISCH
Dichotomyctere nigroviridis, 17 cm
120 x 40 x 50 cm, Wassertyp 7, 26–29 °C
Reine Brackwasserart des tropischen Asiens.

4 INDISCHER ZWERGKUGELFISCH
Carinotetraodon travancoricus, 3 cm
60 x 30 x 30 cm, Wassertyp 5–7, 22–24 °C
Aktive Fische krautiger Tümpel Indiens. Als Gruppe in locker bepflanzten Aquarien. Kräftige Fütterung, z. B. mit Mückenlarven. Trotz ihrer geringen Größe sollten Zwergkugelfische in nicht zu kleinen Aquarien gehalten werden und nur als kleine Gruppe (in einem 60-cm-Aquarium 1 Männchen mit mehreren Weibchen). Das A und O der Zwergkugelfischpflege ist die ausreichende Fütterung und strukturreich eingerichtete Becken.

5 KAMMKUGELFISCH
Carinotetraodon lorteti, 6 cm
60 x 30 x 30 cm, Wassertyp 3–6, 24–28 °C
Reine Süßwasserart Südostasiens.

6 ROTER RAUBKUGELFISCH
Tetraodon miurus, 16 cm
120 x 50 x 50 cm, Wassertyp 3–6, 24–28 °C
Lauert im Sand auf Fische. Kongobecken.

7 KLEINER ASSELKUGELFISCH
Colomesus asellus, 8 cm
150 x 40 x 40 cm, Wassertyp 2–5, 24–27 °C
Reine Süßwasserart Amazoniens.

8 WESTAFRIKANISCHE SÜSSWASSERNADEL
Enneacampus ansorgii, 14 cm
50 x 25 x 30 cm, Wassertyp 5–7, 24–28 °C
Bäche der Küstenregion West-Zentralafrikas. Mit Weißen Mückenlarven, *Artemia* füttern.

9 SÜDOSTASIATISCHE SÜSSWASSERZUNGE
Brachirus panoides, 20 cm
120 x 60 x 50 cm, Wassertyp 5–7, 26–29 °C
Benötigt Sandboden. Tubifex/Mückenlarven.

10 AUGENFLECK-STACHELAAL
Macrognathus aculeatus, 30 cm
120 x 50 x 50 cm, Wassertyp 2–5, 23–27 °C
Langsam fließende Gewässer Südostasiens. Nachtaktiver Räuber. Bleibt meist kleiner.

11 FEUERAAL
Mastacembelus erythrotaenia, 100 cm
200 x 60 x 60 cm, Wassertyp 2–5, 23–29 °C
Südostasien. Nur mit großen Fischen pflegen.

12 GÜRTEL-STACHELAAL
Macrognathus circumcinctus, 16 cm
80 x 35 x 40 cm, Wassertyp 2–5, 24–28 °C
Wie Augenfleck-Stachelaal. Südostasien.

1

2

3

4

5

6

7

8

9

10

11

12

Krebstiere: Garnelen

Garnelen haben sich in den letzten Jahren zu wahren Rennern in der Süßwasseraquaristik entwickelt. Hier sehen Sie die beliebtesten Arten.

Krebstiere für das Süßwasseraquarium haben in den letzten Jahren einen echten Boom erlebt. Die meisten Arten darf man nicht in extrem weichem und saurem Wasser pflegen, Bienen- und Tigergarnelen brauchen es jedoch.
Die imposanten Fächerhandgarnelen werden in großer Zahl importiert, eignen sich aber nur für ungefilterte Spezialaquarien mit Feinkiesboden, der als biologischer Filter wirkt. Sie ernähren sich, indem sie mit ihren Scherenbeinen, die zu »Filterfächern« umgebaut sind, feinste Futterpartikel aus dem Wasser lesen. Eine Strömungspumpe ohne Filter sorgt für permanente Strömung und treibt fein zerriebenes Trockenfutter umher. Futterreste werden durch Zwerggarnelen und Schnecken (am besten Turmdeckelschnecken) vertilgt. Nicht mit Fischen vergesellschaften.
Zusammen mit dem etwa gleichzeitig einsetzenden Nano-Aquarien-Trend haben besonders Zwerggarnelen aus den Gattungen *Caridina* und *Neocaridina* von diesem Boom profitiert. Die meisten Arten leben in Bächen, wo sie im Falllaub und zwischen Wurzeln oder Blättern von Landpflanzen winzige Nahrungspartikel mit emsigen Scherenbewegungen aufsammeln.
Zwerggarnelen pflegt man am einfachsten in Nano-Aquarien mit etwas Laub und Totholz und gelegentlich etwas Fischtrockenfutter oder Kaninchenpellets. Eine Bepflanzung mit feinfiedrigen Pflanzen bietet Struktur und sorgt neben einem langsam laufenden, luftbetriebenen Schwammfilter für gute Wasserverhältnisse. Auf eine Aquarienheizung kann bei den meisten Arten im beheizten Wohnraum verzichtet werden. Wegen ihrer Zartheit sollte man Zwerggarnelen nicht mit Fischen vergesellschaften, aber dafür eine Gruppe von mindestens 10 Tieren halten. Einige Arten vermehren sich im Aquarium ohne Zutun, weil die Weibchen unter ihrem Schwanz Eier austragen, aus denen sich direkt Garnelenjunge entwickeln. Bei anderen Arten dagegen schlüpfen Larven, die nicht so leicht im Aquarium aufzuziehen sind.

Viele der beliebtesten Garnelenarten sind Farbzuchten, die manchmal zu hohen Preisen gehandelt werden.

1 MOLUKKEN-FÄCHERHANDGARNELE
Atyopsis molluccensis, 9 cm

2 BLAUE MONSTER-FÄCHERHAND-GARNELE
Atya gabonensis, 14 cm

3 CRYSTAL-RED-GARNELE
Caridina logemanni »Crystal Red«, 2,5–4 cm

4 GRÜNE ZWERGGARNELE
Caridina cf. babaulti »Green«, 2 cm

5 BIENENGARNELE
Caridina logemanni »Biene«, 2–3 cm

6 AMANO-GARNELE
Caridina multidentata, 3,5 cm
Diese Art wird gern zur Kontrolle von Fadenalgen in neu eingerichteten Aquascapes genutzt.

7 TIGERGARNELE
Caridina mariae »Tiger«, 2 cm

8 ROTE NASHORNGARNELE
Caridina gracilirostris, 3,5 cm
Anders als alle anderen Garnelen auf dieser Seite ist diese Art eine wärmeliebende Brackwasserform.

9 RED-FIRE-GARNELE
Neocaridina davidi »Red«, 3–4 cm

10 BLAUE RILI-GARNELE
Neocaridina davidi »Blue Rili«, 2,5 cm
Rili-Garnelen sind einige von zahlreichen Zuchtformen, zu denen jedes Jahr neue Varianten dazukommen.

1

2

3

4

5

6

7

8

9

10

2

1

4

3

6

5

7

Krebstiere: Krabben und Flusskrebse

Auch andere Krebstiere, z. B. Krabben, Krabbenkrebse, Landeinsiedler und Flusskrebse, werden immer beliebter. Fluss- und Krabbenkrebse eignen sich gut fürs Aquarium. Viele Krabben brauchen aber eher ein Terrarium mit kleinem Wasserteil. Allerdings werden solche Arten häufig als aquarientauglich verkauft, weshalb an dieser Stelle eine kurze Pflegeanleitung folgt.

Alle Krabbenarten benötigen ein Aquaterrarium mit einem Landteil, der mit röhrenartigen Verstecken, Rinden und Ästen gut strukturiert ist und etwas Falllaub enthält. Den Boden des Landteils schüttet man mit einem Sand-Erde-Gemisch 5 bis 15 cm hoch auf, weil die Tiere darin graben. Der Wasserteil muss nur wenige Zentimeter tief sein, bei Winker- und den meisten Mangrovenkrabben aber brackig (Wassertyp 7). Leichte Filterung. Ernährt werden diese Weidegänger des Mangrovenschlicks mit pflanzlichem Trockenfutter, gelegentlich mit tierischem Futter. Sie brauchen eine hohe Luftfeuchtigkeit und höhere Temperaturen (24–28 °C). Als Gruppe halten (ein Männchen, mehrere Weibchen). Die Beckenlänge misst etwa das 20-Fache der Körperbreite (ohne Gliedmaßen). Besonders wichtig für alle Arten ist es, das Becken extrem dicht abzudecken.

Alle genannten Süßwasser-Flusskrebse pflegt man am besten einzeln oder paarweise im nicht zu stark gefilterten Aquarium ab 100 l. In der Natur fressen sie zerfallendes pflanzliches Gewebe, darauf wachsende Kleinorganismen und gelegentlich Aas. Trotz der großen Scheren sind es friedfertige Tiere, die mit größeren robusten Fischen gepflegt werden können. Flusskrebse graben Verstecke und gestalten Aquarien um, manche Arten fressen gerne Pflanzen. Das Wasser sollte mittelhart bis hart, auf keinen Fall sauer sein. Fütterung mit pflanzlichem Trockenfutter und gelegentlich Fischfleisch. Als Nahrungsergänzung muss immer Falllaub und Mulm im Becken sein.

Eine vor nicht allzu langer Zeit gelungene Neueinführung ist der Krabbenkrebs, ein Vertreter einer sehr eigentümlichen Krebsgruppe aus dem südlichen Südamerika. Es gibt mehrere Arten, die schwer zu bestimmen sind. Man hält sie in ungeheizten Becken und sollte ihnen etwas Sandgrund zum Graben anbieten.

1 ROTE MANGROVENKRABBE

Geosesarma moeshi, 4 cm
Benötigt ein Aquaterrarium oder zumindest ein Aquarium mit einer großen schwimmenden Wurzel und genug Platz (10 cm) unter der Deckscheibe zum Ausruhen auf der Wurzel.

2 KRABBENKREBS

Aegla sp., 3,5 cm
Krebs aus Argentinien und Paraguay. Kühl halten. Bei der Pflege mehrerer Tiere viele halb eingegrabene Versteckplätze, z. B. Tonröhren, bieten.

3 JABBY

Cherax destructor »Blau«, 15, selten bis 25 cm
Wie alle *Cherax*-Arten durch große Scheren sehr eindrucksvolle Krebse.

4 ORANGE TIP CHERAX

Cherax snowden, 10 cm
Ein Paar kann in einem 80-cm-Becken gepflegt werden.

5 BLAU-ROSA-KREBS

Cherax pulcher, 12 cm
Pflege wie vorgenannte Art.

6 FLORIDAKREBS »BLAU«

Procambarus alleni, 12 cm
Kann gut einzeln in einem 60-cm-Aquarium gehalten werden.

7 ORANGER ZWERGKREBS

Cambarellus patzcuarensis, 4 cm
Am häufigsten gepflegter Zwergkrebs. Auch für Nano-Aquarien. Nicht zu warm halten (18–22 °C).

Schnecken und Amphibien

Schnecken können eine Bereicherung fürs Aquarium darstellen, wenn es sich um schöne, nicht schädliche Arten handelt (zu »Schadschnecken« ▷ Seite 118). Auf dieser Seite stelle ich Ihnen ein paar häufiger eingeführte Arten vor. Sie haben natürlich auch eigene Pflegeansprüche. So benötigen viele härteres Wasser, um mithilfe des Kalks ihre Schalen aufzubauen. Schnecken kommen am besten in Nano-Becken zur Geltung, wo sie ungestört ihre Bahnen ziehen können.

Wichtig: Apfelschnecken der Gattung *Pomacea* gehörten bis vor Kurzem zu den beliebtesten Aquarienschnecken. Ihre Pflege ist aber aus Naturschutzgründen in der EU inzwischen verboten, damit sie nicht über den Aquarien- und Gartenteichhandel ungewollt in freie Gewässer gelangen, wo sie großen Schaden an der einheimischen Fauna und Flora anrichten können.

Zwergkrallenfrösche (*Hymenochirus*-Arten) stammen aus kleinen Urwaldgewässern in West- und Zentralafrika. Die strikt im Wasser lebenden Arten gehören zum festen Angebot des Zoofachhandels. Es sind vergleichsweise anspruchslose und friedliche Aquarienbewohner (Wassertyp 2–5, 24–27 °C), die Frost- und Lebendfutter verzehren (Mückenlarven, Tubifex, Wasserflöhe, in kleine Streifen geschnittenes Fischfilet). Sie können mit friedlichen kleineren Fischarten vergesellschaftet werden, z. B. Prachtkärpflingen und Guppys. Das Aquarium muss dicht abgedeckt sein, weil die Tiere hervorragend klettern können. Zwergkrallenfrösche sind gesellig, sodass man im 60-l-Becken mit kleinem Innenfilter, dünnem Kiesboden, einigen getrockneten Rotbuchenblättern und schummriger Beleuchtung durchaus 10 Tiere halten kann. Für die Bepflanzung schattenliebende Pflanzen wie Javamoos oder Cryptocorynen wählen.

Eine besondere Gruppe fürs Aquarium stellen die Blindwühlen dar. In Südamerika leben einige Arten der Gattung *Typhlonectes* ausschließlich im Wasser, wo sie auch ihre Jungen lebend zur Welt bringen. Die geselligen und anspruchslosen Tiere sind absolut friedlich gegenüber kleineren Fischen. Nicht mit großen Fischen vergesellschaften – sie könnten die Blindwühlen als wurmartige Beute ansehen. Dank ihrer intensiven Hautatmung brauchen die Tiere selten Luftsauerstoff und können deshalb sehr lange unter Wasser leben. Die am häufigsten eingeführte Art (▷ unten) wird etwa 55 cm lang. In einem gut abgedeckten 100-l-Becken kann man eine kleine Gruppe halten, die man mit Fischfleisch, Mückenlarven oder Regenwürmern füttert.

1 ZEBRA-RENNSCHNECKE
Vittina turrita, 2,5 cm
Gute Algenfresser. Verschiedene Farbvarianten.

2 ZWEIFARBIGE GEWEIHSCHNECKE
Clithon diadema, 1,5 cm
Gute Algenfresser, die im Brackwasser (Wassertyp 7) gepflegt werden sollten!

3 PARADIESSCHNECKE
Marisa cornuarietis, 5 cm
Die Art ist prächtig, frisst aber gerne weichblättrige Aquarienpflanzen.

4 POSTHORNSCHNECKE
Planorbarius corneus, 4 cm
Diese harmlosen Schnecken sind nützlich, weil sie Futterreste verzehren.

5 MALAIISCHE TURMDECKELSCHNECKE
Melanoides tuberculatus, 2,5 cm
Nützlich wegen ihrer »Regenwurmfunktion«.

6 ORANGE TURMDECKELSCHNECKE
Tylomelania sp. »Orange«, 10 cm
Attraktive Lebendgebärende Schnecke aus Sulawesi. Nur für warme Becken (um 28 °C) ab 60 cm. Keine Vergesellschaftung.

7 ZWERGKRALLENFROSCH
Hymenochirus boettgeri, 3,5 cm
▷ Text links.

8 GRAUE BLINDWÜHLE
Typhlonectes cf. natans, 55 cm
▷ Text links.

2

1

4

3

6

5

8

7

Aquarienbewohner vergesellschaften

Die richtig zusammengestellte Fischgesellschaft entscheidet über die harmonische Ausstrahlung und das langfristige Funktionieren jedes Aquariums.

NICHT ALLE ARTEN PASSEN ZUEINANDER. Hunderte verschiedener Fischarten, Schnecken und andere Tierarten werden jeden Tag verkauft und in Aquarien gesetzt. Es ist leider anzunehmen, dass ein großer Teil dieser Tiere zusammen mit Arten gepflegt wird, die aufgrund ihrer Wasseransprüche, ihres Temperaments und ihrer Futteransprüche nicht zusammenpassen. Das bedeutet Stress für die weniger dominanten Arten, möglicherweise sogar körperliche Schäden für Unterlegene, oft aber auch falsche Ernährung mit langfristigen Folgen für die Gesundheit der Aquarienbewohner. Auf den folgenden Seiten finden Sie allgemeingültige Vergesellschaftungsregeln.

Wer passt zu wem?

Bei der Vergesellschaftung von Aquarienbewohnern gilt es einige Regeln zu beachten. Folgende Faktoren sind besonders wichtig:

- **Wasserverhältnisse und Temperatur:** Tiere und Pflanzen haben im Lauf der Evolution ihren Stoffwechsel auf die Wasserwerte ihrer natürlichen Umgebung eingestellt. Manche Arten, die in der Natur eine große Bandbreite an Wasserwerten vertragen, sind auch im Aquarium toleranter, andere sind Spezialisten. Entsprechend darf man nur Arten miteinander vergesellschaften, deren Toleranzbereiche sich überschneiden. Unter »Wassertyp« und der Temperaturangabe in °C finden Sie im Artenteil heraus, was die einzelnen Arten brauchen. Übrigens wird die Temperaturtoleranz vieler Arten meist überschätzt. Kühler zu haltende Arten leiden stark unter zu hohen Wassertemperaturen von 26 bis 29 °C, während entsprechend wärmeliebende bei 23 bis 24 °C vor sich hin vegetieren und kränkeln.
- **Revierverhalten und Platzbedarf:** Viele Arten verteidigen Reviere entweder dauerhaft oder nur vorübergehend. Unterschreitet die Aquariengröße die Reviergröße der Fische in der Natur, werden alle anderen Fische als »Eindringlinge« betrachtet und ständig vertrieben. Deshalb liegt die im Artenteil angegebene optimale Aquariengröße deutlich über der Reviergröße ausgewachsener revierbildender Fischarten.
Diese Angabe dient als Anhaltspunkt für die Vergesellschaftung. Es ist aber gut zu wissen, dass sich das Territorium oft nur auf eine bestimmte Beckenregion erstreckt, sodass man eine bodenbewohnende und revierbildende Art mit einem Oberflächenfisch eher in einem kleineren Aquarium zusammen halten kann als zwei bodenbewohnende Arten.
- **Brutpflegeverhalten und Platzbedarf:** Viele Brutpfleger werden erst mit Beginn der Fortpflanzungsaktivität territorial bzw. dehnen ihr bereits vorhandenes Revier dann aus. Außerdem werden viele Fische in dieser Zeit wesentlich aggressiver. Falls Sie also Fische mit territorialer Brutpflege halten (z. B. viele Buntbarsche), achten Sie bitte darauf, dass das Aquarium auch für den Fall der Fortpflanzung groß genug ist. Die angegebene Aquariengröße im Artenteil entspricht in etwa der Brutpflege-Reviergröße eines Paares oder im Falle einer Gruppenhaltung einer Gruppe.
- **Schwimmverhalten und Platzbedarf:** Sehr schwimmaktive Fische benötigen mehr Platz und lassen sich deshalb in kleineren Becken schlecht mit anderen ebenso raumgreifenden Arten vergesellschaften. Ebenso benötigen Arten, die gern im Schwarm schwimmen, bei gleichem Revierverhalten mehr Platz als Einzelgänger.
- **Fressverhalten und Futterverträglichkeit:** Die Ernährungsweise der Fische unterscheidet sich. Manche haben kleine Mäuler, schwimmen langsam und brauchen Zeit, um das notwendige Lebendfutter überhaupt erst zu finden. Andere sind hektische Schnapper, die keine Futterflocke auslassen und den Langsamen keine Chance lassen. Nachtaktive Fische dagegen konkurrieren tagsüber nicht mit anderen Fischen um das gleiche Futter und verhungern trotz täglicher Fütterung, wenn nur am Tag gefüttert wird. Manche Arten vertragen bestimmtes Futter nicht, das andere dringend benötigen. Dann gibt es Räuber, die andere Fische als Bereicherung ihres Speiseplans betrachten. Deshalb ist es wichtig, auch auf die futterverträgliche Vergesellschaftung zu achten.
- **Unterschiedliche Temperamente:** Ruhige und bedächtige Arten werden von hektischen Fischen gestresst. Das kann zu Krankheit und Tod der zurückhaltenden Art führen. Auch wenn sie sich nicht bekämpfen, führt die ständige Bedrängung oft dazu, dass Fische nicht mehr fressen und sich verstört zurückziehen.
- **Spezialansprüche:** Einige Aquarienfischarten sind Nahrungs- oder Lebensraumspezialisten. Sie haben Ansprüche, die in einem normalen Aquarium kaum zu realisieren sind. Da es sich aber oft um sehr interessante Arten handelt, z. B. Schlammspringer (▷ Seite 219), lohnt es sich, für diese Spezialbecken einzurichten. Möglicherweise muss man dann nicht komplett auf eine Vergesellschaftung verzichten, aber man muss sich sehr sorgfältig mit Spezialliteratur befassen, um keine Vergesellschaftungsfehler zu machen.

Fragen & Antworten

Fragen rund um die Vergesellschaftung

Ich möchte in einem Aquarium zwei verschiedene Bodenfischarten zusammen halten. Geht das, oder werden sich die Arten stören?

Grundsätzlich gilt, dass Fische der gleichen Beckenregion nur miteinander vergesellschaftet werden sollen, wenn das Becken relativ groß ist und die Arten in der gleichen Zone unterschiedliche Lebensraumaspekte einnehmen. Es ist z. B. gut möglich, eine Panzerwelsart, die eher den Bodengrund »durchmümmelt«, mit einem bodenbewohnenden Salmler, der eher nach vorbeidriftender Nahrung schnappt, zu vergesellschaften. Auch ginge es, zwei Panzerwelsarten, die sich in einer gemischten Gruppe wohlfühlen, zusammen zu pflegen. Nicht funktioniert dagegen, zwei bodenbewohnende Revierbildner, z. B. viele Buntbarsche, in einem kleinen Becken zusammen zu pflegen. Sie würden sich gegenseitig die Reviere streitig machen, und eine Art würde den Kürzeren ziehen. In diesem Fall hilft nur ein größeres Becken.

Den Kangal-Knabberfisch (*Gara rufa*) kann man durchaus mit Fischarten aus anderen Regionen vergesellschaften – vorausgesetzt, die Pflegeansprüche stimmen überein.

Stimmt es, dass Welse – als Algenfresser und Restevertilger – in jedem Aquarium zu einer ausgewogenen Fischgesellschaft gehören?

Nein. Welse reagieren, wie alle anderen Fischarten auch, auf bestimmte Vergesellschaftungen negativ. Die Tatsache, dass sie in vielen Becken nützlich sind, macht sie nicht robuster. Deshalb muss man sich auch bei jeder Welsart über optimale Pflegebedingungen und Toleranzgrenzen informieren.

Ich möchte gern Schokoguramis, also ausgesprochene Schwarzwasserfische, bei höheren Wasserwerten mit Hartwasserfischen zusammen halten. Im Händlerbecken, das hartes Wasser aufweist, fühlen sich die »Schokos« offensichtlich wohl – also müsste es doch gehen. Stimmt meine Vermutung?

Es stimmt, dass viele sogenannte Weichwasserarten härteres Wasser mit leicht alkalischen pH-Werten vertragen. Leider reagieren aber viele Arten im Laufe der Zeit auf die veränderten Lebensbedingungen z. B. mit einer erhöhten Anfälligkeit für Krankheiten. Man weiß auch, dass besonders Fische aus Gebieten mit extremen Wasserwerten (Schokoladengurami-Biotope) an die niedrigen Keimzahlen, die dort herrschen, angepasst sind. Sind sie länger »normalen« Wasserwerten ausgesetzt, vertragen sie diese zwar physiologisch gar nicht so schlecht, kommen aber mit der erhöhten Keimzahl in normalem Wasser nicht zurecht und werden deshalb krank. Weil man leider bei sehr vielen Arten wenig über deren Toleranzgrenzen weiß, geht man besser auf »Nummer sicher«. Bieten Sie den Fischen Wasserwerte, die ihrem natürlichen Lebensraum am ehesten entsprechen. Deshalb keine Schokoladenguramis in hartem Wasser pflegen. Sie werden es nicht lange überleben.

Ich pflege in meinem Tanganjika-Becken seit längerer Zeit Tropheus moorii. Die Gruppe verträgt sich gut und nimmt das ballaststoffreiche Futter gut an, die Tiere sind offensichtlich

Royal-*Plecostomus* (*Panaque cf. nigrolineatus*) eignet sich nur bedingt zur Vergesellschaftung, z. B. mit Malawi-Buntbarschen.

gesund. Nun werden mir die »Mooriis« auf Dauer etwas zu langweilig, sodass ich noch andere Fische dazusetzen möchte. Geht das?

»Mooriis« sind, wie viele andere pflanzenfressende Fischarten, mit ihrem Verdauungssystem auf ballaststoffreiche Nahrung eingestellt. Sie haben einen extrem langen Darm, der den Algenbrei, den sie in der Natur von Steinen fressen, nur langsam »aufschließt«. Mit anderen Worten: »Mooriis« sind die »Kühe« des Tanganjika-Sees. Sie dürfen nur mit anderen Pflanzenfressern zusammen gehalten werden, weil sie sonst das tierische Futter fressen und an Verdauungsproblemen eingehen würden. Das ist der Grund dafür, warum »Mooriis« besser allein gepflegt werden sollten.

➔ Männchen und Weibchen einer Buntbarschart, die sich bis vor kurzem hervorragend verstanden haben, sind jetzt zerstritten. Das kleinere Weibchen versucht sich zurückzuziehen, kann es aber nicht. Was soll ich tun, damit die beiden vergesellschaftet bleiben können?

Sie können zusätzliche Verstecke schaffen, beispielsweise eine Röhre in der Nähe der Wasseroberfläche, in die das Männchen nicht hineinpasst. Die Röhre sollte deshalb etwas außerhalb der Bodenregion sein, weil sich das Männchen eher dort aufhält. Alternativ können Sie mit einer durchlöcherten Glas- oder Plexiglasscheibe das Becken in zwei Hälften teilen, sodass die Tiere sich sehen, aber nicht zueinanderschwimmen können. Füttern Sie mit hochwertigem Futter, dann wird das Weibchen in beiden Fällen zu Kräften kommen, und das Paar wird sich in der Regel nach einiger Zeit wieder vertragen.

➔ Wie finde ich heraus, welche Fischarten von den Wasserwerten her zusammenpassen?

Im Artenteil dieses Buches finden Sie Angaben zu den optimalen Wasser- und Temperaturwerten für die Pflege der einzelnen Fischarten. Machen Sie sich einfach eine Liste mit Ihren Wunschfischen und vergleichen Sie, ob sich die angegebenen Toleranzbereiche in den Steckbriefen mit Ihrer Auswahl decken.

➔ Muss ich mich bei Vergesellschaftungen an den Fischgemeinschaften orientieren, die auch im natürlichen Lebensraum zusammenleben? Oder kann ich auch beispielsweise asiatische Bachfische mit afrikanischen Flussfischen zusammen halten?

Als Regel gilt: Hauptsache, Wasserwerte, Futteransprüche und Temperament der Fischgesellschaft passen. Dennoch macht es Spaß, sich über die natürlichen Lebensgemeinschaften zu informieren und diese dann im Aquarium nachzuempfinden. Möglicherweise entdecken Sie so ein natürliches Zusammenspiel zwischen den Arten, das der Wissenschaft bisher noch nicht bekannt war.

Crystal-Red-Zwerggarnelen sind wunderschön, dürfen aber nur mit sehr kleinen Fischen vergesellschaftet werden.

QUICKFINDER WISSEN VON A BIS Z

Von A wie AMMONIAK bis Z wie ZUCHTBECKEN finden Sie im Quickfinder viele Begriffe, die für die Aquaristik wichtig sind. Jeder Begriff liefert Ihnen praxisnahe Basisdaten und interessantes Hintergrundwissen. Wenn Sie sich ausführlich informieren wollen, kommen Sie über die Seitenverweise auf die dazugehörigen Kapitel und die entsprechenden Textstellen sofort zum Ziel.

▶ AMMONIAK	Quickfinder-Begriff
② **Organische Abfallprodukte, Seite 44**	Ziffer im Kreis, Titel und Seitenzahl verweisen auf Kapitel und Textstellen, die das Thema des Quickfinder-Begriffs behandeln.
▷ AMMONIUM	Verweis auf weiterführende Begriffe im Quickfinder

▶ ALGENFRESSER

Das sind Fische und andere Tiere, die gern Algen fressen und deshalb auch zur Algenkontrolle im Aquarium eingesetzt werden. Leider fressen nicht alle Algenfresser auch alle Algenarten. Es lohnt sich also, bei der Auswahl die Vorlieben der einzelnen Arten zu bedenken. Eindeutig die beliebtesten und für die meisten Aquarien hervorragend geeigneten Algenfresser sind die Blauen Antennenwelse *(Ancistrus sp.)* und Rüsselbarben der Gattung *Crossocheilus*. Ebenso effektiv sind die La-Plata-Algenfresser (*Apareidon affinis*). Die beiden Letzteren sollen sogar zuverlässig Pinselalgen fressen – dazu dürfen sie aber nicht zu stark gefüttert werden. Für kleinere Becken bieten sich besonders *Otocinclus*-Arten oder Amano-Garnelen *(Caridina multidentata)* an, die vor allem aufkommenden Grünalgenwuchs kurz halten, bei völlig veralgten Becken aber nicht mehr nachkommen. Für alle Algenfresser gilt: nicht nur als Putzkolonne einsetzen, sondern auch ihre individuellen Pflege- und Vergesellschaftungsansprüche berücksichtigen. Vor allem bei nachlassendem Algenangebot zusätzlich mit Grünfutter versorgen.

④ **Wenn Algen zur Plage werden, Seite 118**
④ **Ernährungstypen, Seite 121**
⑥ **Saugbarben und -schmerlen, Seite 165**
⑥ **Welse: Kleinere L-Welse, Seite 190**

Die Panda-Bergbachschmerle (*Yaoshania pachychilus*) stammt aus kühlen Bergbächen in Südchina. Ihre kontrastreiche Jugendfärbung macht sie sehr beliebt.

▶ AMMONIAK

Das wasserlösliche hochgiftige Gas (chemische Formel: NH_3) besteht wie ▷ AMMONIUM aus Stickstoff (N) und Wasserstoff (H). Es entsteht bei pH-Werten im alkalischen Bereich (über 7) aus dem ungiftigen Ammonium durch entsprechende Umwandlung: Je höher der pH-Wert im Wasser ist, desto höher ist auch der Anteil des Ammoniums, der sich in Ammoniak umwandelt. Aus diesem Grund muss man besonders bei einem Wasserwechsel aufpassen, dass in organisch belasteten Aquarien (= viel Ammonium im Wasser, das durch zu hohen Besatz und zu geringen Wasserwechsel entsteht) nicht plötzlich der pH-Wert deutlich über 7 rutscht. Dann würde sich schlagartig das ungiftige Ammonium in Ammoniak umwandeln. Es käme zu einer Ammoniakvergiftung. Ammoniak wird immer zusammen mit Ammonium gemessen.

② **Stickstoffkreislauf, Seite 44**
② **Wasserwerte und ihre Messung, Seite 55**
④ **Das Aquarium wird »eingefahren«, Seite 111**
④ **Vergiftungen erkennen, Seite 128**

▶ AMMONIUM

Ammonium (chemische Formel: NH_{4+}) ist ein positiv geladenes ▷ ION, das aus Stickstoff (N) und Wasserstoff (H) besteht. Es ist das wichtigste ▷ ORGANISCHE ABFALLPRODUKT im Aquarium und wird von den Tieren über die Kiemen und Ausscheidungen direkt ans Wasser abgegeben. Oder es entsteht bei der Zersetzung stickstoffhaltiger Stoffe, wie Eiweiß, Futterreste, tote Fische und Pflanzen. Ist das Aquarium eingefahren, wird normalerweise das entstehende Ammonium von den Bakterien im Filter und im Bodengrund im Rahmen der ▷ DENITRIFIKATION schnell abgebaut. Ammonium ist auch in höheren Konzentrationen relativ unbedenklich, allerdings wandelt es sich bei pH-Werten im alkalischen Bereich (über 7) teilweise in das hochgiftige ▷ AMMONIAK um. In einem gut funktionierenden Aquarium sollte der Gesamtgehalt an Ammonium und Ammoniak 0,02 mg/l nicht übersteigen, die Grenzwerte liegen bei 0,5 mg/l.

② **Stickstoffkreislauf, Seite 44**
② **Wasserwerte und ihre Messung, Seite 55**
④ **Das Aquarium wird »eingefahren«, Seite 111**
④ **Vergiftungen erkennen, Seite 128**

Diese Frontalansicht eines Grundsalmlers (*Characidium sp.*) aus Südamerika verdeutlicht, wie extrem die Körperform strömungsliebender Fische auf Stromlinienförmigkeit ausgelegt ist. In der Strömung stehen Grundsalmler immer mit dem Kopf zur selben.

▶ ATMUNGSORGANE

Das eigentliche Atmungsorgan der meisten Fische sind die Kiemen. Viele Arten aus sehr unterschiedlichen Verwandtschaftsgruppen haben aber zusätzlich noch andere Atmungsorgane entwickelt, um auch atmosphärische Luft zu atmen. In der Aquaristik gehören dazu die Labyrinthfische (*Anabantoidei*), die Flösselhechte (*Polypteriformes*) und auch viele Welse, darunter die beliebten Panzerwelse (*Callichthyidae*).
Diese zusätzlichen Atmungsorgane sind sehr stark durchblutet und haben eigentlich eine andere Funktion. So kann die Schwimmblase, aber auch der Darm teilweise zu einem Luftatmungsorgan umgewandelt sein.
Das namengebende ▷ LABYRINTHORGAN der Labyrinthfische ist dagegen ein völlig neu entwickeltes Organ, das sich in der Kiemenhöhle des Fisches befindet. Manche Fische sind auf die Luftatmung angewiesen, andere dagegen können auch allein mit dem gelösten Sauerstoff im Wasser auskommen.
Für die Aquarienpraxis ist daher wichtig zu wissen: Luft atmende tropische Fische können sich bei zu kalter Luft erkälten. Sie sollten deshalb immer in Aquarien mit Deckscheibe gepflegt werden, um das Becken gegen die kältere Zimmerluft abzuschirmen. Beim Transport in Beuteln darf für Luft atmende Fische kein reiner Sauerstoff in der Verpackung verwendet werden, weil dieser unter Umständen sogar tödlich für die Fische wirken kann.

① Körperbau, Seite 15
⑥ Schlangenköpfe, Blaubarsche, Seite 220
⑥ Labyrinthfische, Seite 222

▶ BODENLAICHER

Das sind Fischarten, die ihre Eier im Boden ablaichen. Es gibt solche, die sie oberflächlich ablegen, und andere, die sie mehrere Zentimeter tief in den Boden ablegen. Bei Letzteren spricht man von »Bodentauchern«. Bodenlaicher sind meist Arten, die nicht älter als ein Jahr werden, weil die Heimatgewässer regelmäßig austrocken und nur die Eier bis zur nächsten Regenzeit im Boden überleben. Beispiele für Bodenlaicher sind *Nothobranchius*, *Simpsonichthys* oder *Moema*-Killifische.

① Das Fortpflanzungsverhalten, Seite 19
⑥ Zahnkarpfen: Bodenlaicher, Seite 204

Verschiedenfarbige Papageienplaty-Zuchtformen (*Xiphophorus variatus*) gehören zum Standardsortiment des Zoofachhandels. Sie sind bunt, pflegeleicht und gut zu vergesellschaften, benötigen aber als relativ große, schwimmfreudige Fische ausreichend Schwimmraum.

▶ CHLOR

Die chemische Formel für Chlorgas ist Cl_2. Dieses für Fische giftige Gas wird manchmal dem Leitungswasser zugesetzt. Ist das Wasser mit Chlor belastet (typischer »Schwimmbadgeruch«), darf es auf keinen Fall direkt verwendet werden. Lassen Sie es vor Gebrauch abstehen oder belüften Sie es stark. Sobald der Geruch verschwunden ist, können Sie es verwenden. Normalerweise wird Chlor nicht ständig dem Leitungswasser zugesetzt – deshalb besser bei der zuständigen Behörde nachfragen, wie lange die Chlorbelastung anhalten wird.
Es darf nicht mit dem ungiftigen Chlorid verwechselt werden. Chlorid (chemische Formel: Cl^-) ist ein negativ geladenes ▷ ION, das im Gegensatz zum Chlorgas nicht schädlich ist. Es ist beispielsweise der Hauptbestandteil des Meersalzes. Chlorid-Ionen werden von Pflanzen und Tieren verwertet und sind in normalem Aquarienwasser immer ausreichend vorhanden.

② Fragen zum Aquarienwasser, Seite 51
④ Schadstoffe im Leitungswasser, Seite 129

Bei den brutpflegenden Harnischwelsen pflegen die Männchen die Gelege. Gern laicht der Langflossen-Harnischwels (*Sturisomatichthys festivus*) auch an der Aquarienscheibe ab. Zur Aufzucht müssen die schlüpfenden Jungen separat gehalten werden.

▶ CLASPER

Clasper nennt man die paarigen Kopulationsorgane der Rochen- und Haimännchen. Es handelt sich dabei um die umgebildeten inneren Flossenränder der Bauchflossen. Sie dienen der inneren Befruchtung und werden bei der Paarung in das Geschlechtsorgan (Kloake) der Weibchen wie ein Penis eingeführt.

⑥ Rochen und Flösselhechte, Seite 160

▶ DENITRIFIKATION

Der Abbau ▷ ORGANISCHER ABFALLPRODUKTE, die Stickstoff enthalten, kann durch Bakterien so weit betrieben werden, dass am Ende das ungefährliche Gas Stickstoff daraus hervorgeht. Die Bakterien benötigen dazu allerdings sauerstofffreie Bedingungen und besondere Nährstoffe. So weit geht der Abbau im Aquarium und in herkömmlichen Filtern normalerweise nicht, sondern er endet beim ▷ NITRAT. Durch Wasserwechsel muss deshalb das gelöste Nitrat aus dem Aquarienkreislauf entfernt werden. Es gibt aber spezielle ▷ NITRATFILTER, die im Bypass (▷ Foto, Seite 71) an die normale Filterung angeschlossen werden und das Nitrat rückstandslos aus dem Aquarienwasser entfernen. Ein Teilwasserwechsel ist deshalb bei Nitratfilterung nur selten nötig. Diese Filterungsart ist aber recht aufwendig, weshalb es meist bei der normalen Filterung und dem Teilwasserwechsel bleibt.

② Der Stickstoffkreislauf, Seite 45

▶ DETRITUS

Detritus ist eine organische Substanz, die sich in einem Anfangsstadium der natürlichen Zersetzung befindet. Dies wird durch das Wirken von Mikroorganismen im Boden erreicht. Detritus besteht sowohl aus Hüllenteilen der Mikroorganismen als auch den sich zersetzenden Geweben von Plankton, Kleintieren und Pflanzenteilen. Er bildet oft eine Schicht auf Steinen und Bodengrund sowohl in der Natur, aber auch in den »Mulmecken« der Aquarien. Er ist eine wichtige Nahrungsquelle für einige hoch spezialisierte Detritusfresser unter den Fischen, die besondere Maul- und Kiemenstrukturen aufweisen, mit denen sie diese flockigen Feinpartikel aufsammeln können. Bekannte Detritusfresser sind beispielsweise Haiwelse *(Pangasiodon hypopthalmus)*. Viele Detritusfresser können auch sehr gut Plankton fressen.

④ Ernährungstypen, Seite 121
⑥ Welse: Große Schwimmer, Seite 188

▶ DOTTERSACK

Dieses Organ dient als Nährstoffdepot, das die Fischlarven auch nach dem Schlupf eine Weile mit sich herumtragen können. Der Dottersack versorgt die geschlüpften Larven in den ersten Tagen mit Nährstoffen, sodass keine Zufütterung von außen notwendig ist. Erst wenn er fast gänzlich aufgebraucht ist, fangen die Jungfische an, im Wasser nach Nahrung zu schnappen. Der Dottersackvorrat kann unterschiedlich groß sein. Während manche Fischlarven fast keine Dottervorräte mit sich tragen (z. B. viele Freilaicher mit kleinen Eiern), haben Arten mit langer Maulbrutpflege (viele Buntbarsche, Arowanas) Larven mit sehr großen Dottersäcken, die sie über Wochen im elterlichen Maul ernähren.

⑤ Winziger Nachwuchs, Seite 137
⑥ Schlangenköpfe, Blaubarsche, Seite 220
⑥ Buntbarsche, Seite 229

▶ EINFAHRPHASE

Als Einfahrphase eines neu eingerichteten Aquariums wird der Zeitabschnitt bezeichnet, der nötig ist, um alle bakteriellen Abbauvorgänge im Filter und Bodengrund in Gang zu bringen. Währenddessen wachsen Bakterienstämme heran, die ausreichen, um ▷ ORGANISCHE ABFALLPRODUKTE zu gelösten und für die Fische relativ ungiftigen Endprodukten im Rahmen der ▷ NITRIFIKATION und ▷ DENITRIFIKATION zu zerlegen. Diese Einfahrphase kann durch »Animpfen« des Filters mit von Bakterien besiedeltem Substrat aus einem laufenden Filter oder durch kommerziell vertriebene Bakterienlösungen beschleunigt werden.

④ Das Aquarium wird »eingefahren«, Seite 111
④ Das Aquarium ist betriebsbereit, Seite 114
⑤ Meerwasser-Sets für Einsteiger, Seite 152
⑤ Inbetriebnahme und Einfahrphase, Seite 153

▶ EISEN

In gelöster Form ist Eisen (chemische Formel: $Fe^{2+/3+}$) ein sehr wichtiger ▷ PFLANZENNÄHRSTOFF. Eisen kann entweder als zweiwertiges Fe^{2+}-Ion oder als dreiwertiges Fe^{3+}-Ion vorliegen. Leider hält es sich in der für Pflanzen verfügbaren Ionenform im Wasser schlecht, deshalb wurden für die Wasserpflanzenpflege im Aquarium auch spezielle Eisendünger entwickelt. Die Eisen-Ionen sind darin in »Chelator-Molekülen« so verpackt, dass sie von der Pflanze aufgenommen werden können. Dennoch muss regelmäßig nachgedüngt werden, weil auch diese Form des Eisens nach relativ kurzer Zeit im Aquarienwasser unlöslich und damit auch für die Pflanzen unverwertbar wird.

② Spurenelemente, Seite 48
③ Pflanzen haben Ansprüche, Seite 95

Spatelwelse (*Sorubim lima*) sind faszinierende Raubfische für Großaquarien, die nur mit ähnlich großen Fischen vergesellschaftet werden können. Ist die Beutefischgröße überschritten, sind es sehr friedliche Fische. Dieses Exemplar hat gerade einen Goldfisch als Beute erwischt.

▶ ELEKTRISCHE ORGANE

Sie sind in der Evolution von unterschiedlichen Fischgruppen »erfunden« worden. Nilhechte (*Mormyriformes*), südamerikanische Messerfische (*Gymnotiformes*), aber auch manche Welse haben zur Erzeugung von Strom Muskel- oder Nervengewebe entsprechend umgewandelt. Elektrische Organe befinden sich bei diesen Arten vor allem im Schwanzstiel. Sie können aber bei anderen Arten auch fast den gesamten Flankenbereich einnehmen.

Die meisten elektrischen Fische nutzen die schwachen elektrischen Entladungen im Zusammenspiel mit besonderen Sinneszellen auf der Haut (Elektrorezeptoren) zur Orientierung im Dunkeln oder in trüben Gewässern und zur Verständigung untereinander. Wenige Arten wie der berühmte Zitteraal (*Electrophorus electricus*) und der Zitterwels (*Malapterurus electricus*) erzeugen aber auch sehr starke Stromschläge. Mit mehreren Ampere Stromstärke und einigen Hundert Volt Spannung sind sie auch für den Menschen deutlich spürbar und unter Umständen gefährlich. Diese stark elektrischen Fische nutzen die Stromschläge zum Beutefang.

① Merkmale natürlicher Gewässer, Seite 21
⑥ Knochenzüngler und Verwandte, Seite 162
⑥ Messerfische, Seite 186

Rennschnecken wie die *Neritina waigiensis* sind gute Algenfresser für gut temperierte Aquarien mit harten Untergründen. Sie legen Eier im Aquarium ab, aber die Larven benötigen Meerwasser, um sich zu entwickeln.

▶ FAKTORENKRANKHEIT

Dazu zählt beispielsweise die Fischtuberkulose. Zwar handelt es sich um eine bakterielle Infektionskrankheit, sie kommt aber nur zum Ausbruch, wenn mehrere ungünstige Begleitumstände (Faktoren) zusammenspielen. Die Krankheitserreger von Faktorenkrankheiten sind meist latent vorhanden. Beim Ausbruch spielt oftmals Stress durch plötzlich verschlechterte Pflegebedingungen oder ein anstrengender Transport eine Rolle.

④ Wie verhalten sich meine Fische, Seite 127
④ Die häufigsten Krankheiten, Seite 129

▶ FANGGLOCKE

Ein etwas aus der Mode gekommenes, aber dennoch sehr nützliches Fanginstrument für kleine und kleinste Fische und sogar Larven. Das pfeifenähnliche Gebilde wird an seiner schlanken Seite (»Mundstück«) mit dem Daumen verschlossen. Die Seite mit der großen Öffnung (»Pfeifenkopf«) wird dann in der Nähe der Fische ins Aquarium getaucht und der Daumen schnell losgelassen. So wird Aquarienwasser zusammen mit den kleinen Fischen ruckartig in das transparente Gefäß gesogen. Mit wieder verschlossenem »Mundstück« können nun die Tiere im Wasser der Fangglocke transportiert werden, ohne dass sie mit der Luft in Berührung kommen. Dadurch werden die empfindlichen Fischchen geschont und können dennoch, z. B. aus dem Hälterungsbecken der Elterntiere, in ein gesondertes Aufzuchtbecken umgesetzt werden.

② Aquarientipps und -tricks, Seite 80
⑤ Aufzucht im Einhängebecken, Seite 139

▶ FERNTASTSINN

Fische haben mit ihrem Seitenlinienorgan im Gegensatz zu anderen Wassertieren die Möglichkeit, Druckwellen und auch die Richtung, aus der diese kommen, festzustellen. Das »Organ« besteht aus einer Reihe auf der Körperoberfläche angebrachter Sinneszellen, die vor allem als »Seitenlinie« auf den Flanken angeordnet sind. Sie reagieren auf Reize, die durch Druckunterschiede an der Körperoberfläche entstehen, z. B. wenn ein leichter Wasserschwall ankommt.

① Die Sinnesorgane, Seite 15
① Merkmale natürlicher Gewässer, Seite 21

▶ FLIESSBETTFILTER

Diese und Schwebbettfilter sind sehr effektive biologisch arbeitende Filter, vor allem für Großaquarien. Das Filtersubstrat, z. B. Sand oder im Wasser schwebende Filtermaterialien, wird durch Rotation in leichter Bewegung gehalten und umströmt. Durch die wesentlich bessere Sauerstoffversorgung der am Substrat haftenden Filterbakterien ist die Leistung viel besser als in herkömmlichen Filtersystemen. Es gibt relativ kleine Fließbettfilter nun auch für größere Aquarien.

② Außenfilter, Seite 69

▶ FLOSSEN

So bezeichnet man fast alle flächigen Körperfortsätze der Fische. Meist sind sie mit Knochenstrukturen (Flossenstrahlen) abgestützt – mit Ausnahme der Fettflossen. Flossen sorgen für Antrieb und Stabilisierung des Körpers, können aber auch zu anderen Funktionen umgebildet sein. Die meisten Fische haben eine oder mehrere Rückenflossen, paarige Brust- und Bauchflossen, eine After- und Schwanzflosse. Die Flossen der Männchen sind bei vielen stark vergrößert, was sie z. B. bei der Balz imposant erscheinen lässt. Abgewandelt dienen Flossen als Begattungsorgan (▷ CLASPER oder Gonopodien), z. B. bei Lebendgebärenden, Rochen. Fadenfische (*Colisa*, *Trichogaster*) besitzen zu sensiblen Tastorganen umgebildete Bauchflossen.

① Körperbau, Seite 14

▶ FREILAICHER

Fischarten, die ihre Eier in das freie Wasser ablaichen, werden als Freilaicher bezeichnet. Die meisten Freilaicher produzieren zahlreiche kleine Eier und betreiben keine Brutpflege. Zu den typischen Freilaichern gehören Zebrabärblinge.

① Das Fortpflanzungsverhalten, Seite 16
⑤ Winziger Nachwuchs, Seite 137

▶ GELBSTOFFE

Sie sind nicht schädlich, stören aber das Bild des kristallklaren Wassers. Gelbstoffe zeigen oft an, dass das Wasser wenig gewechselt wird. Sie bestehen aus nicht weiter zerlegbaren ▷ ORGANISCHEN ABFALLPRODUKTEN. Die bekanntesten Gelbstoffe sind die ▷ HUMINSÄUREN. Man entfernt sie durch Aktivkohlefilterung oder im Meerwasser durch Ozonisierung (▷ OZON), am einfachsten durch regelmäßigen Wasserwechsel.

② Spurenelemente, Seite 48
② Spezielle Filtermaterialien, Seite 72

Viele größere Buntbarsche wie diese afrikanische Maulbrüter-Art aus Gabun (*Oreochromis schwebischi*) legen zur Laichzeit Laichgruben an. Dabei gestalten sie gern das gesamte Aquarium um. Die Arten sind nicht für Pflanzenaquarien zu empfehlen.

▶ GESAMTHÄRTE

So wird in der Aquarienpraxis die Summe aller gelösten Salze, die von den Elementen Kalzium und Magnesium gebildet werden, bezeichnet (Gesamthärte = GH). Die aquaristisch wichtigsten härtebildenden Salze sind die ▷ KARBONATE – Hauptbestandteile von Kalkstein. Die Gesamthärte wird in »Grad deutscher Härte« (°dGH) angegeben, auch wenn diese Einheit veraltet ist. Die international übliche Einheit mmol/l (Millimol pro Liter) hat sich in der Aquarienpraxis nicht durchgesetzt. Umrechnungstabellen zu den Härteeinheiten finden Sie im Internet.

② Die Wasserhärte, Seite 40

▶ HAFTLAICHER

Das sind Fischarten, deren Eier am Substrat, z. B. an Wasserpflanzen, haften. Die Eier der Killifische und vieler anderer Haftlaicher besitzen zu diesem Zweck sogenannte Haftfäden. Bekannte Beispiele für Haftlaicher sind *Laimosemion-* oder *Apyhosemion*-Killifische.

① Das Fortpflanzungsverhalten, Seite 19
⑥ Zahnkarpfen: Haftlaicher, Seite 202

▶ HUMINSÄUREN

Huminsäuren und auch die chemisch ähnlichen Fulvosäuren spielen eine bedeutende Rolle in der Aquaristik. Sie färben nicht nur Schwarzwasser braun-rot, sondern ihre schwache (bei Huminsäuren) bis starke (bei Fulvosäuren) Säurewirkung ist auch für die oftmals sehr niedrigen pH-Werte in tropischen Gewässern verantwortlich. Huminsäuren können als schwache Ionenaustauscher zur Entfernung der Karbonathärte eingesetzt werden, indem man über Torf filtert. Auch scheinen Huminstoffe positiv auf die Gesundheit der meisten Fische zu wirken.

① Merkmale natürlicher Gewässer, Seite 21
② Wasser und Fische, Seite 47
② Spurenelemente, Seite 48
② Ansäuern des Aquarienwassers, Seite 56

Die meisten Schnecken sind eher nützlich als schädlich im Aquarium. Durch die Aquarienscheibe kann man die Fressbewegungen des Mauls gut erkennen.

▶ IONEN

Ionen sind im Wasser gelöste oder in Salzen gebundene Teilchen, die elektrisch positiv (+) oder negativ (-) geladen sind. Jedes positiv geladene Teilchen hat dabei immer negativ geladene Teilchen als »Gegenspieler« in der Lösung. Beide zusammen ergeben ein bestimmtes Salz, eine bestimmte Säure oder Base. Das bekannteste Salz ist das Kochsalz (chemische Formel: NaCl), das sich gut im Wasser löst und dabei in das positiv geladene Natrium-Ion (Na^+) und das negativ geladene Chlorid-Ion (Cl^-) zerfällt. Säuren bestehen aus Wasserstoff-Ionen (H^+) und einem negativ geladenen Ion. Basen bestehen aus einem Hydroxid-Ion (OH^-) und einem positiv geladenen Ion. Die Art der Ionenzusammensetzung im Aquarium entscheidet über die wichtigsten Wassereigenschaften. Dazu gehören unter anderem die Wasserhärte, die Leitfähigkeit und der pH-Wert.

② Wasserhärte, Salzgehalt, Leitwert, Seite 40
② Spezielle Filtermaterialien, Seite 72

▶ KALIUM

Kalium (chemische Formel: K^+) ist ein wichtiger ▷ PFLANZENNÄHRSTOFF, der normalerweise ausreichend in jedem Aquarienwasser vorhanden ist. Nur bei Einsatz von vollentsalztem Wasser in extremen Weichwasserbecken mit wenig Fischen ist eine Düngung mit kaliumhaltigem Pflanzendünger sinnvoll.

② Spurenelemente, Seite 48

▶ KALK-KOHLENSÄURE-GLEICHGEWICHT

Der etwas sperrige Begriff beschreibt das Wechselspiel zwischen den verschiedenen ▷ IONEN der Kohlensäure (chemische Formel: H_2CO_3), nämlich dem gelösten Kohlendioxid (CO_2) und den wichtigsten Härtebildnern im Wasser, den Karbonat-Ionen. Das Verständnis dieses Gleichgewichts ist für die Düngung des Wassers mit ▷ KOHLENDIOXID wichtig, weil bei bekanntem pH-Wert und bekannter Karbonathärte leicht berechnet werden kann, wie viel Kohlendioxid sich im Wasser befindet.
Es gilt: Bei wenig Karbonat-Ionen und niedrigem pH-Wert ist viel Kohlendioxid im Wasser, bei

höheren Werten ist dagegen wenig Kohlendioxid im Wasser. Zur genaueren Abschätzung der Werte finden Sie auf Seite 75 die detaillierte Tabelle »Kohlendioxid-Gehalt ermitteln«.

② Wasser als Säure oder Base, Seite 42
② Kohlendioxid-Düngung, Seite 76

▶ KALZIUM

Kalzium (chemische Formel: Ca^{2+}) ist ein wichtiger Bestandteil härtebildender Salze. Einige Wirbellose mit Kalkschale, z. B. Schnecken, brauchen Kalk zum Aufbauen ihrer Schale. Filtern über Kalkstein (beispielsweise Dolomitgestein oder Aragonit) erhöht die Karbonathärte, weil Kalkstein fast ausschließlich aus Kalziumkarbonat (chemische Formel: $CaCO_3$) besteht. Dies ist aber nur in seltenen Fällen in sehr kalkarmen Gewässern (mit niedriger Wasserhärte) nötig.

② Die Wasserhärte, Seite 40

▶ KARBONATE

Chemische Formel: CO_3^{2-} (Karbonat-Ion) oder HCO_3^- (Hydrogenkarbonat). Karbonate bilden sich aus den Salzen der Kohlensäure bzw. des im Wasser gelösten ▷ KOHLENDIOXIDS. Im Aquarium spielen Karbonate eine wichtige Rolle als Härtebildner, aber auch im ▷ KALK-KOHLENSÄURE-GLEICHGEWICHT sind sie als Gleichgewichtspartner der Kohlensäure von Bedeutung. Wenn das Kalk-Kohlensäure-Gleichgewicht nicht stimmt, also zu wenig Kohlensäure im Wasser ist, aber Karbonate vorhanden sind, kann die in den Karbonaten enthaltene Kohlensäure unter bestimmten Bedingungen von Pflanzen als Nährstoff aus den Karbonat-Ionen herausgezogen werden. Das führt zu einer ungewollten Erhöhung des pH-Wertes. Hydrogenkarbonat ist eine besondere Form der Karbonate.

② Die Wasserhärte, Seite 40
② Aufsalzen von Wasser, Seite 56
③ Pflanzen haben Ansprüche, Seite 95

▶ KOHLENDIOXID

Kohlendioxid (chemische Formel: CO_2) ist ein Gas und dazu einer der wichtigsten ▷ PFLANZENNÄHRSTOFFE. Es löst sich im Wasser, wobei sich ein pH-Wert-abhängiges Gleichgewicht zwischen ▷ KARBONATEN und Kohlendioxid ausbildet, nämlich das für die Pflanzenpflege wichtige ▷ KALK-KOHLENSÄURE-GLEICHGEWICHT. Kohlendioxid kann gezielt als Dünger eingesetzt werden.

② Die Wasserhärte, Seite 40
② Kohlendioxid, Seite 46
② Kohlendioxidversorgung, Seite 74
③ Pflanzen haben Ansprüche, Seite 95

▶ LABYRINTHORGAN

Dieses Organ ist ein zusätzliches ▷ ATMUNGSORGAN der Labyrinthfische (*Anabantoidei*). Es handelt sich um ein stark durchblutetes, labyrinthartig gefaltetes Organ in der Kiemenhöhle. Aufgeschnappte atmosphärische Luft wird zu diesem Organ geleitet. Dort kann der Luftsauerstoff wegen der großen Oberfläche des Organs (Faltung) und seiner starken Durchblutung in das Blut übergehen. Aus diesem Grund können viele Labyrinthfische auch in sauerstoffarmen Gewässern überdauern, wo hingegen andere Fischarten, die nicht mit einem zusätzlichen Atmungsorgan ausgestattet sind, überhaupt keine Überlebenschance mehr hätten.

⑥ Schlangenköpfe, Blaubarsche, Seite 220
⑥ Buschfische, Küssender Guarami, Seite 222

▶ LAICHROST

Man verwendet ihn zur Zucht von ▷ FREILAICHERN, die ihren eigenen Eiern nachstellen. Einen Laichrost können Sie im Keilbecken auf Seite 141 unter dem Javamoos sehen. Er besteht aus einem feinmaschigen Kunststoffgitter, durch das die über dem Javamoos abgelaichten Eier fallen und so bis zum Schlupf vor den eigenen Eltern sicher und geschützt sind.

⑤ Züchten mit nicht brutpfl. Fischen, Seite 140

▶ LATERIT

Ein stark verwittertes, ziegelrotes Gestein, das typisch für viele tropische Böden ist. Weil es relativ viel ▷ EISEN beinhaltet, wird Laterit in Kugel- oder Granulatform gern als Wasserpflanzen-Bodengrunddünger eingesetzt (als Depotdünger oder zum Nachdüngen).

③ Der richtige Bodengrund, Seite 96

▶ LEITWERT

Der Leitwert gibt in Mikrosiemens/cm an, wie gut das Aquarienwasser elektrischen Strom leitet. Die Leitfähigkeit des Wassers kommt durch die enthaltenen ▷ IONEN zustande – geladene Teilchen, die eine wichtige Rolle für die Zusammensetzung des Aquarienwassers spielen. Die Messung des Leitwerts gibt daher ungefähr den Gehalt an Härtebildnern und organischen Abfallprodukten, z. B. Nitrat-Ionen, an. Hartes Wasser weist eine hohe Leitfähigkeit auf, ebenso wie stark mit organischen Abfallprodukten verunreinigtes Wasser.

Eine kontinuierliche Leitwertmessung erlaubt es, die Wasserqualitätsänderungen im Zeitverlauf zuverlässig zu kontrollieren: Steigt der Leitwert also, ohne dass ein Wasserwechsel durchgeführt wurde, ist offensichtlich die Nährstoffbelastung gestiegen – ein deutlicher Hinweis auf die Notwendigkeit eines ▷ WASSERWECHSELS. Es gibt auch Leitwertmessgeräte, die automatisch die notwendige Temperaturkorrektur bei der Leitwertmessung vornehmen.

② **Der elektrische Leitwert, Seite 40**
⑤ **Meersalz im Aquarium, Seite 151**

▶ LEUCHTDIODEN (LEDS)

Sie haben einen rasanten Aufschwung genommen und sich in der Aquaristik mittlerweile als die Leuchtmittel der Wahl durchgesetzt – auch für große und tiefe Aquarien. Im Vergleich zu anderen Leuchtmitteln wie den Leuchtstoffröhren oder Halogen-Metalldampf-Lampen (HQI)) sind sie deutlich energieeffizienter.

Verschiedenfarbige LEDs lassen sich so in einer Lampe kombinieren, dass – wie bei Leuchtstoffröhren und HQI-Lampen – viele Lichtfarben im Aquarium möglich sind. Spezielle LED-Reflektoren erzielen unterschiedliche Beleuchtungseffekte. Mit elektronischen Steuergeräten lassen sich unterschiedliche Lichtstimmungen und Beleuchtungsstärken programmieren. So kann beispielsweise Mondlicht simuliert werden. Eine Dimmfunktion sorgt bei stärkeren LED-Lampen dafür, dass man sie problemlos herunterregeln kann, z. B. bei starkem Algenwachstum. LEDs verfügen über eine sehr viel längere Lebensdauer als die herkömmlichen Leuchtmittel, die spätestens nach einem Jahr ausgetauscht werden sollten. Die technische Entwicklung der LEDs ist bei Weitem noch nicht abgeschlossen – es kommen ständig noch lichtstärkere und energieeffizientere LEDs auf den Markt.

② **Geeignete Leuchtmittel, Seite 65**
⑤ **Nanos: Technische Ausstattung, Seite 146**

▶ LEUCHTFARBEN

Leuchtfarben sind besonders bei Fischen aus Regenwaldgewässern verbreitet. Im Gegensatz zu den von selbst leuchtenden Tiefseefischen bestehen die Leuchtfarben, beispielsweise der Neonfische (*Paracheirodon*-Arten), aus reflektierenden Farbschichten.

Im Falle der Neonfische werden winzige Reflektoren im Leuchtstreifen in einem bestimmten Winkel innerhalb spezialisierter Hautzellen aufgestellt, um optimal das wenige Restlicht im Regenwald zurückzuwerfen. Weil sie nicht von selbst leuchten, hängt ihre Farbe von der Lichtfarbe und dem Einfallswinkel des Sonnenlichts ab. Es gibt Aufnahmen von Neons, deren Leuchtstreifen metallisch grün erscheint. Solche Fische wurden mit Blitzlicht fotografiert. Ohne Blitzlicht in der Natur aufgenommene Neonfische leuchten herrlich blau (▷ die auf Seite 20 abgebildete Unterwasseraufnahme Roter Neonfische in ihrem natürlichen Lebensraum).

Neonfische können ihre Minireflektoren im Leuchtstreifen nachts so stellen, dass sie nur wenig Licht zurückwerfen und nicht auffallen. Mit ihrer Leuchtkraft sorgen sie tagsüber wahrscheinlich für den Schwarmzusammenhalt.

① **Regenwaldbäche, Seite 22**

▶ LUFTHEBER

Luftheber sind einfache, aber effektive Geräte, um kleinere Mengen Wasser zu bewegen. Ihr Prinzip ist einfach: In ein aufrecht im Wasser stehendes Rohr wird Luft eingeblasen, die im Rohr nach oben steigt. Dabei reißt sie Wasser mit, das aus dem unten offenen Rohr nachgeliefert wird. Steckt man einen Luftheber auf ein Stück Filterschwamm, hat man im Handumdrehen einen gut funktionierenden Filter gebaut. Luftheber lassen sich mit etwas Geschick selbst bauen. Anleitungen dazu gibt es im Internet. Mit winzigen Ausströmern im Steigrohr versehen, bleibt die Lautentwicklung auch bei größeren Aquarienanlagen mit vielen »Blubberfiltern« im Rahmen.

② Innenfilter, Seite 69
② Pumpen und Wasserbewegung, Seite 76
⑤ Züchten mit brutpflegenden Arten, Seite 141

▶ MAGNESIUM

Magnesium (chemische Formel: Mg2+) bildet zusammen mit Karbonat-Ionen härtebildende Salze. Es ist im Aquarium normalerweise in ausreichender Menge vorhanden.

② Die Wasserhärte, Seite 40

▶ MAULBRÜTER

Das sind Fische, die Eier, Larven und/oder Jungfische im Maul ausbrüten. Je nach Fischart kann die Art und Weise, wie maulgebrütet wird, sehr unterschiedlich sein: Sogenannte ovophile (»Eier liebende«) Maulbrüter nehmen sofort nach dem Ablaichen die Eier in das Maul, manchmal sogar, bevor sie vom Männchen befruchtet sind. Die Befruchtung findet später im Maul statt, wenn die Weibchen nach Eiattrappen auf den After- oder Bauchflossen schnappen und dabei Samenflüssigkeit ins Maul aufnehmen. Larvophile (»Larven liebende«) Maulbrüter legen die Eier zunächst auf einem Substrat ab und warten etwa bis zum Schlupf der Larven, bevor sie ins Maul aufgenommen werden. Maulbrüter gibt es unter den Buntbarschen, Labyrinthfischen, Knochenzünglern, Welsen und vielen anderen Fischgruppen. Während bei den Buntbarschen in den meisten Fällen die Weibchen alleine Maulbrutpflege betreiben, sind es bei anderen Gruppen eher die Männchen oder beide Partner.

① Das Fortpflanzungsverhalten, Seite 16
① Tanganjika- und Malawi-See, Seite 30
⑤ Winziger Nachwuchs, Seite 137
⑥ Buschfische, Küssender Gurami, Seite 222
⑥ Buntbarsche, Seite 228
⑥ Buntbarsche: Tanganjika-See, Seite 241
⑥ Buntbarsche: Malawi-See, Seite 243

▶ NÄHREIER

Es handelt sich um meist unbefruchtete Eier, mit denen ältere Jungfische mancher brutpflegenden Arten von der Mutter gefüttert werden. So können fürsorgliche Eltern auch in einer Umwelt Jungfische aufziehen, die von sich aus nicht genügend Nahrung für eine Jungfischschar bereithält. Die bekanntesten Nähreier-Produzenten sind manche Schlangenköpfe der Gattung *Channa*. Übrigens: Auch manche der bunten Pfeilgiftfrösche Südamerikas füttern ihre Kaulquappen mit Nähreiern.

① Revier- oder Territorialverhalten, Seite 16
⑥ Schlangenköpfe, Blaubarsche, Seite 220

Rotstrichbarben (*Dawkinsia denisonii*) sind prachtvolle und schwimmfreudige Barben, die sich gut für größere Aquarien eignen.

▶ NAHRUNGSNISCHE

Normalerweise ernähren sich im gleichen Lebensraum die verschiedenen vorkommenden Tierarten auf unterschiedliche Weise. Sie fressen entweder unterschiedliche Dinge oder die gleiche Nahrung auf unterschiedliche Art oder zu unterschiedlichen Tageszeiten. So vermeiden die Tiere im gleichen Biotop Konkurrenz um die rare Nahrung. Die von der jeweiligen Art realisierte Ernährungsspezialisierung bezeichnet man als Nahrungsnische.

④ Nahrungsansprüche, Seite 121

▶ NATRIUM

Natrium (chemische Formel: NA^+) ist im Salz Natriumchlorid der Hauptbestandteil des Meersalzes, aber auch mancher härtebildender Salze im Süßwasser. Im Süß- wie auch im Salzwasser brauchen Tiere und Pflanzen Natrium für ihren Stoffwechsel.

Eines der wichtigen Süßwassersalze des Natriums ist das Natriumhydrogenkarbonat ($NaHCO_3$). Es tritt immer dann in Erscheinung, wenn man eine größere Karbonathärte (▷ KARBONATE) als ▷ GESAMTHÄRTE misst. Das liegt daran, dass Natriumhydrogenkarbonat bei der Gesamthärtemessung nicht berücksichtigt wird, bei der Karbonathärtemessung hingegen schon.

② **Spurenelemente, Seite 48**

▶ NICHTKARBONATHÄRTE

Die Nichtkarbonathärte (NKH) bezeichnet den Anteil der ▷ GESAMTHÄRTE, der nicht von der Karbonathärte (▷ KARBONATE) erzeugt wird. Es gilt: °NKH = °dGH – °dKH. Die Nichtkarbonathärte ist weniger bedeutsam als die Karbonathärte.

② **Die Wasserhärte, Seite 40**
② **Aufsalzen von Wasser, Seite 56**

Ohrgitterharnischwelse aus Südamerika sind gute Algenvertilger für kleinere, bepflanzte Aquarien. Der Hautpanzer ist mit winzig kleinen Hautzähnchen (Odontoden) bedeckt, die bei dieser Nahaufnahme sehr gut zu erkennen sind.

▶ NITRAT

Nitrat (chemische Formel: NO^{3-}) ist das wichtigste Stoffwechselendprodukt beim Abbau ▷ ORGANISCHER ABFALLPRODUKTE durch Bakterien im Aquarium. Es entsteht als Endprodukt der ▷ NITRIFIKATION und wird, falls nicht noch ein ▷ NITRATFILTER zur ▷ DENITRIFIKATION angeschlossen ist, im Aquarium angesammelt. Durch einen ▷ WASSERWECHSEL wird das Nitrat schließlich aus dem Aquarium gebracht, in selteneren Fällen auch durch starkes Pflanzenwachstum. Für Pflanzen ist Nitrat ein wichtiger Nährstoff, der immer in ausreichendem Maße vorhanden ist. Aus diesem Grund enthalten Wasserpflanzendünger – im Gegensatz zu Landpflanzendüngern – nie Nitrat. Denn es würde lediglich zu einem erhöhten Algenwachstum im Aquarium führen.

② **Stickstoffkreislauf, Seite 44**
④ **Das Aquarium wird »eingefahren«, Seite 111**
④ **Teilwasserwechsel, Seite 117**

▶ NITRATFILTER

Nitratfilter schaffen in ihrem Filterabteil optimale, d. h. sauerstofffreie Bedingungen für die ▷ DENITRIFIKATION. Es gibt verschiedene Verfahren, Nitrat in Nitratfiltern weiter zu gasförmigem Stickstoff abzubauen und so rückstandsfrei aus dem Aquarium zu entfernen.

Leider sind fast alle Methoden für die Heimaquaristik noch nicht optimal ausgereift, weil man die Nitratfilter ständig kontrollieren muss.

Sie senken manchmal nicht nur den Nitratwert, sondern verändern zusätzlich auch noch andere Wasserparameter. Derzeit ist der effektivste Nitratfilter für »normale« Heimaquarien (Süßwasserbecken) der Teilwasserwechsel mit nitratarmem Wechselwasser.

② **Stickstoffkreislauf, Seite 44**
② **Fragen zum Aquarienwasser, Seite 50**
② **Wasserwerte und ihre Messung, Seite 55**
② **Filter und Filtermaterialien, Seite 68**

▶ NITRIFIKATION

Die Nitrifikation ist der wichtigste Vorgang beim Abbau ▷ ORGANISCHER ABFALLPRODUKTE im Aquarium. Dabei wandeln Bakterien im Filter und Bodengrund mithilfe des gelösten Sauerstoffs im

Orange Turmdeckelschnecken (*Tylomelania sp.* »Orange«) sind anspruchsvolle Schönheiten aus dem Poso-See auf Sulawesi. Sie sollten am besten für sich allein, zumindest aber ohne größere Fische gehalten werden, sonst bekommen sie zu wenig Futter.

Wasser schädliche stickstoffhaltige Stoffe – beispielsweise durch die Ausscheidungen der Fische, durch Futterreste oder auch durch verwesende Tiere – in weniger schädliche um. Jeder Aquarianer sollte den Abbauweg Ammonium-Nitrit-Nitrat kennen, weil er wichtig für das Verständnis der ▷ EINFAHRPHASE und der Wasserpflege ist.

Unterschiedliche Bakterien sind an den verschiedenen Schritten beteiligt. Läuft die Nitrifikation gut, werden ▷ AMMONIUM und ▷ AMMONIAK sehr schnell zum ungiftigen ▷ NITRAT umgebaut. Läuft sie nicht gut, entstehen größere Mengen des giftigen ▷ NITRITS als Zwischenprodukt. Nitrifizierende Bakterien sind normalerweise auch in geringer Zahl im neu eingerichteten Aquarium vorhanden, müssen aber für eine effektive Nitrifikation größerer Mengen an Abfallprodukten (beispielsweise in mit Fischen besetzten Aquarien) erst an Zahl zunehmen. Das abzuwarten, ist der Sinn und Zweck der Einfahrphase eines Aquariums.

② Organische Abfallprodukte, Seite 44
② Filter und Filtermaterialien, Seite 68
④ Das Aquarium wird »eingefahren«, Seite 111
④ Anfangsprobleme meistern, Seite 114

▶ NITRIT

Nitrit (chemische Formel: NO_2^-) ist ein giftiges Stoffwechselzwischenprodukt, das kurzfristig beim Abbau ▷ ORGANISCHER ABFALLPRODUKTE entsteht, normalerweise aber im Rahmen der ▷ NITRIFIKATION sofort in das ungiftige ▷ NITRAT umgewandelt wird.

Nitrit sollte im eingefahrenen Aquarium nicht nachweisbar sein. In der ▷ EINFAHRPHASE lässt sich Nitrit aber nicht verhindern, weil die Bakterien, die in der Nitrifikation Nitrit zu Nitrat umbauen, langsamer wachsen als diejenigen, die im ersten Schritt ▷ AMMONIUM zu Nitrit umbauen. Daher kann es anfänglich zu einem sogenannten Nitritpeak kommen, der wegen seiner Giftigkeit gefährlich für Aquarientiere ist.

Die Gefahr des Nitritpeaks ist auch der Hauptgrund dafür, dass nach der Neueinrichtung eines Aquariums Fische und andere Tiere erst nach einigen Wochen eingesetzt werden dürfen – nämlich dann, wenn kein Nitrit mehr im Wasser nachweisbar ist.

② Stickstoffkreislauf, Seite 44
④ Das Aquarium wird »eingefahren«, Seite 111
④ Anfangsprobleme meistern, Seite 114
④ Vergiftungen erkennen, Seite 128

▶ OFFENBRÜTER

Offenbrüter sind in den meisten Fällen brutpflegende ▷ SUBSTRATLAICHER, die ihr Gelege offen und nicht wie ▷ VERSTECKBRÜTER verborgen ablegen. Typische Offenbrüter sind viele Buntbarsche wie der Indische Buntbarsch (*Etroplus maculatus*), die ihre relativ kleinen Eier beispielsweise auf einem Stein oder auf einem anderen Substat ablegen.

Bei vielen Offenbrütern beteiligen sich beide Geschlechter an der Verteidigung des Geleges, weil die offen abgelegten Eier natürlich deutlich schwieriger zu verteidigen sind als Eier, die versteckt in einer Höhle abgelegt wurden – zwei Fische schaffen da mehr als einer. Offenbrüter sind in der Regel monogam, die Geschlechter gehen also eine feste Paarbindung ein.

⑥ Buntbarsche, Seite 229
⑥ Skalare und Diskus, Seite 232
⑥ Buntbarsche: Südamerikaner, Seite 235
⑥ Zwergbuntbarsche, Seite 237
⑥ Buntbarsche: Mittelamerikaner, Seite 238

▶ ORGANISCHE ABFALLPRODUKTE

Unter diesem Begriff sind alle Stoffe zusammengefasst, die von Tieren und Pflanzen ausgeschieden werden und das Aquarienwasser belasten. Oder solche, die durch verwesende Futterreste, Tier- und Pflanzenteile oder Leichen entstehen. Die meisten organischen Abfallprodukte enthalten stickstoffhaltige Substanzen, die hauptsächlich von den Proteinen stammen. Andere organische Stoffwechselprodukte enthalten Phosphate oder Gelbstoffe. Die stickstoffhaltigen Substanzen werden im Filter und Bodengrund durch ▷ NITRIFIKATION zu weniger schädlichen Stoffen weiterverarbeitet. Und in ▷ NITRATFILTERN geschieht dasselbe durch ▷ DENITRIFIKATION. Auch wüchsige Wasserpflanzen binden einen Teil der organischen Abfallprodukte im Gewebe. Die wichtigsten organischen Abfallprodukte sind ▷ AMMONIUM bzw. ▷ AMMONIAK, ▷ NITRIT, ▷ NITRAT, ▷ PHOSPHATE und ▷ GELBSTOFFE.

② **Organische Abfallprodukte, Seite 44**
⑤ **Lebende Steine und lebender Sand, Seite 151**

▶ OZON

Ozon (chemische Formel O_3) ist ein riechendes, sehr reaktives Gas, das aus drei anstatt zwei Sauerstoffatomen besteht. Es hat desinfizierende Wirkung, hebt das ▷ REDOXPOTENZIAL und wird hauptsächlich in Meerwasseraquarien eingesetzt. Dazu werden sogenannte Ozonisatoren benutzt. Der Einsatz von Ozon sollte nur mit guter Kenntnis der Wasserchemie und ausgereifter Regeltechnik erfolgen, weil es sonst leicht zu schädlichen Überdosierungen kommen kann.

⑤ **Eiweißabschäumung, Seite 151**

▶ PFLANZENNÄHRSTOFFE

Die wichtigsten Pflanzennährstoffe, die für einen guten Pflanzenwuchs im Aquarium regelmäßig in ausreichender Menge fehlen, sind ▷ EISEN und ▷ KOHLENDIOXID. Alle anderen, z. B. Stickstoffverbindungen, Phosphate, Spurenelemente, liegen in einem Fischaquarium normalerweise in ausreichender Menge vor bzw. werden durch regelmäßigen Teilwasserwechsel oder Flüssigdüngergaben (Wasserpflanzendünger) zugeführt.

③ **Pflanzen haben Ansprüche, Seite 95**

Kupferfleck-Panzerwelse (*Hoplisoma duplicareus*) benötigen wie die meisten Panzerwelse Sandgrund, um sich wohlzufühlen und im weichen Untergrund gründeln zu können. Scharfkantiger Kies schadet ihren empfindlichen Barteln.

▶ PHOSPHAT

Phosphat (chemische Formel: PO_4^{3-}) ist ein ▷ ORGANISCHES ABFALLPRODUKT, das durch Fütterung und Stoffwechsel der Aquarientiere in jedem Aquarium in ausreichenden Konzentrationen vorliegt. Gleichzeitig ist es ein wichtiger Pflanzennährstoff. In zu hohen Konzentrationen fördert es eher das Wachstum von Algen als das der Wasserpflanzen.

② **Phosphate im Aquarium, Seite 46**
③ **Pflanzen haben Ansprüche, Seite 95**

▶ pH-WERT

Er gibt an, wie sauer oder basisch ein Wasser ist. Der pH-Wert wird maßgeblich durch den Gehalt an Säuren oder Basen bestimmt. Man misst ihn entweder mit Farbindikatoren oder mit einem elektronischen Messgerät (pH-Meter). Angegeben wird er auf einer Skala zwischen 0 und 14, aquaristisch relevante Werte liegen etwa zwischen 4,5 (stark sauer) und 9,5 (stark basisch oder alkalisch). Ein pH-Wert von 7 bezeichnet den Neutralpunkt, also ein Wasser, in dem Säuren und Basen in ausgeglichener Form vorliegen. Wichtig zu wissen ist, dass der pH-Wert nicht linear, sondern logarithmisch ist. Das bedeutet, dass eine Änderung um den Wert 1 eine zehnfache Erhöhung der Säure- oder Basenkonzentration zur Folge hat, eine Änderung um den Wert 2 bereits eine hundertfache. Mit anderen Worten: Wasser mit dem pH-Wert 5 enthält hundertfach mehr Säurebildner (Wasserstoff-Ionen) als ein neutrales Wasser mit pH 7. Sehr saure Gewässer (Schwarzwasser) oder sehr basische (sogenannte Sodaseen) sind deshalb nur für Spezialisten bewohnbar, weil es sich um chemisch extreme Lebensräume handelt. Der pH-Wert selbst gibt keine Auskunft darüber, welche Säure oder Base die jeweilige Wirkung ausmacht.

② Die Wasserhärte, Seite 40
② Wasser als Säure oder Base, Seite 42

▶ QUALZUCHT

Aus der Sicht des Tierschutzes sind es armselige Geschöpfe, die gezielt durch züchterische Eingriffe so verändert wurden, dass sie unter den Folgen dieser erblichen Manipulationen leiden oder Schaden davontragen. In der deutschen Gesetzgebung (Tierschutzgesetz) ist von einem »Schaden« bereits dann auszugehen, wenn »der Zustand eines Tieres dauerhaft auch nur geringfügig zum Negativen verändert ist«. Qualzüchtungen sind in einigen europäischen Ländern verboten, darunter auch Deutschland. Seit in den 1990er-Jahren erstmals stark in der Wirbelsäule, im Kopfbereich und teilweise auch in der Beflossung deformierte »Papageienbuntbarsche« im internationalen Zierfischhandel vermarktet wurden, ist auch in Europa und den USA verstärkt eine Diskussion darüber entstanden, ob diese Fische Qualzuchten sind. Papageienbuntbarsche stammen von den großwüchsigen *Amphilophus cf. citrinellum* ab, kraftvollen und wunderschönen Buntbarschen aus den nicaraguanischen Seen. Die oben genannten Papageienbuntbarsche hingegen ähneln buckligen, mopsähnlichen Fischgnomen, deren Maul, Beflossung und Wirbelsäule kein artgemäßes Ernährungs-, geschweige denn Fortpflanzungsverhalten mehr zulässt. Mehrere Aquaristikverbände haben inzwischen dazu aufgerufen, Papageienbuntbarsche und andere deformierte Zierfische eindeutig als Qualzuchten zu klassifizieren, um deren Handel, Zucht und Ausstellung zu unterbinden.

Zu weiteren diskutierten Zuchtformen gehören sogenannte »Ballonrassen« von Mollys *(Poecilia sp.)*, aber auch »Blasenaugen«, »Himmelsgucker« und andere Zuchtformen des Goldfisches *(Carassius auratus)*. Leider ist die Grenze zwischen Qualzucht und dem, was gerade keine Qualzucht mehr ist, nicht leicht zu ziehen, sodass die Diskussion über viele Zuchtformen sicher weitergehen wird. So werden z. B. etliche Schleierformen mit schlecht ausgeprägtem Schwimmvermögen (manche Guppy- und Kampffisch-Zuchtformen) von vielen Tierschützern als Qualzuchten angesehen, von einschlägigen Liebhabern dieser Zuchten aber nicht.

① Fragen zum Artenschutz, Seite 34
⑥ Zahnkarpfen: Platy, Schwertträger, Seite 208

▶ REDOXPOTENZIAL

Das Redoxpotenzial gibt den elektrochemischen Gesamtzustand des Wassers wieder. Ohne einen Grundkurs in Chemie ist dieser Wert nur schwer zu verstehen und zu interpretieren, denn er gibt den Gleichgewichtszustand zwischen oxidativen und reduktiven Prozessen wieder. Vereinfacht gesagt, geben hohe Redoxwerte an, dass fast alle Zwischenprodukte im Abbau ▷ ORGANISCHER ABFALLPRODUKTE tatsächlich verarbeitet (oxidiert) sind. Niedrige Werte treten bei einem Übergewicht an nicht optimal weiterverarbeiteten (nicht weitgehend oxidierten) organischen Zwischenprodukten auf. Die Absolutwerte, die in Millivolt (mV) angegeben werden, unterscheiden sich mit der Art der elektronischen Messung und geben für sich genommen nur grobe Anhaltspunkte für eine Beurteilung des Wasserzustandes. Im Allgemeinen gelten Werte zwischen 250 und 350 mV als optimal. Interessant ist aber die Veränderung der Redoxwerte, wenn man kontinuierlich misst. Verschieben sich die Werte in Richtung Oxidation bzw. Reduktion, deutet das auf eine bessere bzw. schlechtere Abbauleistung im Wasser hin. Besonders im Meerwasser spielt die Redoxmessung eine immer wichtigere Rolle, vor allem weil bestimmte lästige Algenarten nur unter bestimmten Redoxbedingungen gedeihen bzw. verschwinden. Das Redoxpotenzial erhöht man gezielt durch den Einsatz von Oxydatoren im Süß- und durch Ozonisatoren im Meerwasser.

② Elektronische Wassermessung, Seite 53

▶ SANDDRUCKFILTER

Sanddruckfilter sind spezielle Filter, die vor allem bei Großanlagen eingesetzt werden und durch die feine mechanische Filterung ein hervorragend klares Wasser produzieren. Sie sind normalerweise so ausgestattet, dass sie sich per Rückspülung selbst reinigen – ein Vorgang, der auch automatisiert werden kann. Eingesetzt werden Sanddruckfilter dort, wo durch Aktivitäten großer Tiere, beispielsweise Rochen, viel Bodengrund aufgewirbelt wird oder auch ein besonders hoher Stoffwechseldurchsatz zu erwarten ist.

② **Außenfilter, Seite 69**

▶ SAUERSTOFF

Sauerstoff (chemische Formel: O_2) ist für die meisten Lebewesen – Pflanzen und Tiere – ein wichtiges Gas, das für die Atmung notwendig ist. Es wird aber auch von den Bakterien gebraucht, die ▷ ORGANISCHE ABFALLPRODUKTE abbauen. Pflanzen produzieren zwar Sauerstoff durch Photosynthese – aber nur bei Licht. Nachts veratmen sie Sauerstoff genauso wie die Tiere. Weil Sauerstoff gut mit vielen anderen Stoffen reagiert, ist er ein wichtiger Bestandteil vieler wasserchemischer Reaktionen, die in einem Aquarium ablaufen.

Sauerstoff löst sich gut im Wasser, allerdings ist die Menge, die sich löst, von der Temperatur abhängig: Je höher die Wassertemperatur ist, desto weniger löst sich – der Grund für Sauerstoffprobleme in heißen Sommern. In der Luft sind etwa 21 % Sauerstoff enthalten – ein Anteil, den man zur Sauerstoffzufuhr durch Belüftung nutzt. Alternativ kann Sauerstoff auch über Oxydatoren zugeführt werden.

Grundsätzlich gilt: Je größer die Oberfläche ist, die mit dem Wasser in Berührung kommt, desto mehr Gas löst sich (bis zu einem bestimmten Sättigungsgrad). Deshalb sind flache Aquarien mit großer Fläche leichter ohne Belüftung zu betreiben als hohe und tiefe Aquarien. Als Aquarianer misst man den Sauerstoffgehalt normalerweise nicht, es gibt aber spezielle Geräte oder Verfahren, um das zu tun. Weil Fische und Pflanzen artspezifisch unterschiedliche Ansprüche an den Sauerstoffgehalt haben, kann es kaum einen allgemein richtigen oder falschen Wert geben. Werte zwischen 3 und 8 mg/l werden von vielen Arten gut vertragen. Allerdings sind Arten aus stark strömenden, sauerstoffreichen Gewässern anspruchsvoller und kommen mit niedrigen Werten schlecht zurecht.

② **Sauerstoff und Kohlendioxid, Seite 46**
② **Sauerstoff-/Kohlendioxid-Düngung, Seite 74**

▶ SCHNECKENFRESSER

Schneckenfresser sind Fische, die gern Schnecken fressen. Vielfach werden solche Arten zur Kontrolle von Schneckenmassenvermehrungen empfohlen. Dabei wird selten berücksichtigt, dass diese Arten manchmal spezielle Bedürfnisse haben, die auch nach Eindämmung der Schneckenplage befriedigt werden müssen. Aus diesem Grund ist eher davon abzuraten, Süßwasser-Kugelfische zur Schneckenkontrolle einzusetzen – außer man verfügt über Becken, die immerwährend für Schneckennachwuchs sorgen. Gute Schneckenfresser im Aquarium sind neben vielen Kugelfischen vor allem Prachtschmerlen (*Botia*, *Yasuhikotakia* und *Chromobotia*) – bedenken Sie aber die zum Teil besonderen Ansprüche dieser Arten.

④ **Eine Falle gegen Schnecken, Seite 118**

▶ SUBSTRATLAICHER

Substratlaicher sind Fische, die ihre Eier auf einem Substrat (z. B. Steinen, Pflanzen, Sand) ablaichen. Sie finden sich beispielsweise unter den Harnischwelsen *(Loricariidae)*. Das Gegenstück sind die ▷ FREILAICHER.

① **Das Fortpflanzungsverhalten, Seite 16**
① **Tanganjika- und Malawi-See, Seite 30**
⑤ **Winziger Nachwuchs, Seite 137**
⑥ **Reisfische, Halbschnäbler, Seite 214**
⑥ **Buntbarsche, Seite 228**

▶ VERSTECKBRÜTER

Versteckbrüter sind Fische, die ihre Eier an einer versteckten Stelle, z. B. in einer kleinen Höhle, ablegen. Das Gegenstück sind die ▷ OFFENBRÜTER. Versteckbrüter sind meist Brutpfleger, bei denen Männchen und Weibchen deutlich unterschiedliche Aufgaben übernehmen. Bei Buntbarschen ist das Weibchen meist für den »Innendienst« zuständig, während das Männchen das Revier an seinen Außengrenzen verteidigt.

② Buntbarsche, Seite 229
② Westafrikanische Buntbarsche, Seite 230
② Große Südamerikaner, Seite 234
② Zwergbuntbarsche, Seite 237
② Buntbarsche Mittelamerikas, Seite 238

▶ VERTEIDIGUNGS-MECHANISMEN

Verhaltensweisen oder Organe, die zur Verteidigung eingesetzt werden. Viele Schmerlen tragen z. B. einen Dorn unter den Augen, der bei Gefahr abgeklappt wird und schmerzhaft stechen kann. Alle Rochenarten haben einen giftigen Schwanzstiel-Stachel. Viele Welse verfügen über sehr spitze, oft gezähnte Flossenstacheln, die schmerzhafte und schlecht heilende Wunden bei unsachgemäßem Herausfangen verursachen können. Deswegen stachelige Welse immer mit besonders feinmaschigen Keschern, in denen die Stacheln nicht hängen bleiben, aus dem Aquarium fangen.

⑥ Rochen und Flösselhechte, Seite 160
⑥ Schmerlen, Seite 170
⑥ Welse: Große Schwimmer, Seite 188

▶ WASSERHÄRTE

Die Wasserhärte gibt den Gehalt an härtebildenden Salzen an. Da es aber unterschiedliche Härtebildner gibt, gibt es natürlich auch verschiedene Wasserhärte-Begriffe: die Karbonathärte (▷ KARBONATE), die ▷ NICHTKARBONATHÄRTE und die ▷ Gesamthärte.

② Die Wasserhärte, Seite 40

▶ WASSERWECHSEL

Mit dem Begriff ist meist der Teilwasserwechsel gemeint. Er sollte – je nach Besatz – ein- bis zweimal wöchentlich durchgeführt werden, eventuell auch öfter, um gelöste ▷ ORGANISCHE ABFALLPRODUKTE aus dem Aquarienkreislauf zu entfernen. Damit die Tiere nicht zu stark beansprucht werden, wechselt man jeweils etwa zwischen einem Fünftel und einem Drittel des Wassers. Durch Wasserwechsel mit Leitungswasser werden nicht nur Schadstoffe entfernt, sondern gleichzeitig auch Spurenelemente zugeführt. Bei einem Wasserwechsel mit vollentsalztem Wasser aus der Umkehrosmoseanlage sollten Spurenelemente oder eine spezielle Salzmischung aus dem Zoofachhandel dem Wechselwasser nach Gebrauchsanweisung zugefügt werden.

④ Das Aquarium wird »eingefahren«, Seite 111
④ Teilwasserwechsel, Seite 117
⑤ Meersalz fürs Aquarium, Seite 151
⑥ Buntbarsche, Seite 228

▶ ZUCHTBECKEN

Das Zuchtbecken ist ein separates Becken, das nur der Nachzucht einer Fischart dient. Hier können alle Pflegeparameter optimal und in jeder Phase kontrollierbar auf die Ansprüche der Eltern und der Jungfische abgestimmt werden. Ein solches Becken ist normalerweise nur spartanisch eingerichtet und leicht zu reinigen. Ein Beispiel für ein spezielles Zuchtbecken ist das Keilbecken (▷ Foto, Seite 141).

⑤ Zuchtanleitung für Aquarienfische, Seite 138
⑥ Ährenfischverwandte: Kleinere Art, Seite 210

Regenbogen-Elritzen (*Hydrophlox chrosomus*) gehören zu den buntesten Fischen überhaupt. In Laichstimmung bilden sie schillernde Schwärme, wobei sie sich von rötlich-blauen zu regelrecht pinken Fischen verfärben.

Sachregister

Halbfett gesetzte Seitenzahlen verweisen auf Abbildungen.
U = Umschlagseiten

G

H

I

J

K

L

M

N

O

P

Q

R

S

Register deutscher Artennamen

T

U

W

X

Z

Register lateinischer Artennamen

A

Adressen

Verband Deutscher Vereine für Aquarien- und Terrarienkunde e. V. (VDA)
www.vda-online.de

Der VDA gibt Auskunft über aktuelle Adressen von Aquarienverbänden in Ihrem Wohnbereich und hilft auch weiter bei Problemen.

Bundesverband für fachgerechten Natur-, Tier- und Artenschutz e. V. (BNA)
www.bna-ev.de

Österreichischer Verband für Vivaristik und Ökologie (ÖVVÖ)
www.oevvoe.org

VDA-Arbeitskreis Wasserpflanzen im VDA
www.arbeitskreis-wasserpflanzen.de

VDA-Arbeitskreis Wirbellose in Binnengewässern im VDA
akfs-online.de

VDA-Arbeitskreis Kaltwasserfische und Fische der Subtropen (AKFS)
www.wirbellose.org

Deutsche Cichliden-Gesellschaft e. V. (DCG)
www.dcg-online.de

Deutsche Killifisch Gemeinschaft e. V. (DKG)
www.killi.org

Deutsche Gesellschaft für Lebendgebärende Zahnkarpfen e. V. (DGLZ)
www.dglz.de

Internationale Gemeinschaft Barben, Schmerlen, Salmler, Welse (IG BSSW)
www.ig-bssw.org

Internationale Gemeinschaft für Labyrinthfische e. V. (IGL)
www.igl-home.de

Internationale Gesellschaft für Regenbogenfische e. V. (IRG)
www.irg-online.de

Fragen zur Aquaristik beantworten:

Ihr Zoofachhändler und der Zentralverband Zoologischer Fachbetriebe Deutschlands e. V. (ZZF), www.zzf.de, Online-Portal des ZZF: www.my-pet.org, Tel.: 0611/44755332 (Mo 12–16 Uhr, Do 8–12 Uhr)

Internetadressen

www.my-fish.org Interaktives Internetportal mit vielfältigem Angebot zum Thema Aquaristik

www.wirbellose.de Wichtige Infos zu Garnelen & Co.

www.bfn.de Bundesamt für Naturschutz; aktueller Stand der Artenschutzgesetze

www.cites.org Informationen, welche Arten unter die Artenschutz-Regelung fallen

www.fishbase.de Informationen über alle Fische der Welt

www.flowgrowe.de Informationen und Webforum rund um Wasserpflanzen und ihre Pflege

www.aquariumforum.de Forum für alle Aquaristikthemen

www.drta-archiv.de Sehr übersichtliches Aquaristikportal inklusive Wissensdatenbank

Literatur

Ebert, Klaus: **Die Kugelfische des Süß- und Brackwassers.** Aqualog Verlag, Rodgau

Evers, Hans-Georg & Seidel, Ingo: **Welsatlas.** Band I. Mergus Verlag, Melle

Fossa S. A. & Nilsen A. J.: **Korallenriffaquarium.** Natur und Tier-Verlag, Münster

Hoffmann, Peter & Hoffmann, Martin: **Salmler.** Ulmer Verlag, Stuttgart

Hückstedt, Guido: **Aquarienchemie.** Kosmos Verlag Stuttgart (nur antiquarisch)

Karge, Andreas & Klotz, Werner: **Süßwassergarnelen aus aller Welt.** Dähne Verlag, Ettlingen

Kasselmann, Christel: **Aquarienpflanzen. 450 Arten im Porträt.** Ulmer Verlag, Stuttgart

Knop, Daniel: **Nano-Riffaquarien.** Natur und Tier-Verlag, Münster

Knop, Daniel: **Riffaquaristik für Einsteiger. Preiswerte Technik – Pflegeleichte Tiere.** Dähne Verlag, Ettlingen

Kochsiek, Wolfgang: **Praxishandbuch Lebendgebärende.** Dähne Verlag, Ettlingen

Konings, Ad (Hrsg.): **Cichliden – artgerecht gepflegt.** Cichlid Press

Kunz, Kriton: **Der Zwergkrallenfrosch.** Natur und Tier-Verlag, Münster

Lamboj, Anton: **Die Cichliden des westlichen Afrikas.** Birgit Schmettkamp Verlag, Bornheim

Linke, Horst: **Labyrinthfische.** Tetra Verlag, Berlin

Lukhaup, Chris & Pekny, Reinhard: **Süßwasser-Garnelen.** Gräfe und Unzer Verlag, München

Lukhaup, Chris & Pekny, Reinhard: **Süßwasserkrebse aus aller Welt.** Dähne Verlag, Ettlingen

Mayland, Hans-Joachim: **Blauaugen & Regenbogenfische.** Dähne Verlag, Ettlingen

Niemeier, Dominik: **Schlangenkopffische – Wissenschaft, Aquaristik und Natur.** nature2arts / ATS-Aquashop (Andreas Tanke), Neustadt am Rübenberge

Ott, Gerhard: **Schmerlen.** Tetra Verlag, Berlin

Ross, Richard & Schäfer, Frank: **Süßwasserrochen.** Aqualog Verlag, Rodgau

Schäfer, Frank: **Brackwasserfische – Alles über Arten, Pflege und Zucht.** Aqualog Verlag, Rodgau

Schäfer, Frank: **Süßwasser-Krabben.** Aqualog Verlag, Rodgau

Seegers, Lothar: **Killifishes of the World.** Aqualog Verlag, Rodgau

Seidel, Ingo: **Ingos Harnischwelszucht.** Tetra Verlag

Seidel, Ingo & Tanke, Andreas: **Die Harnischwelse der Gattung Ancistrus.** nature2arts / ATS-Aquashop (Andreas Tanke), Neustadt am Rübenberge

Spreinat, Andreas: **Malawisee-Buntbarsche.** Dähne Verlag, Ettlingen

Stawikowski, Rainer; Werner, Uwe & Koslowski, Ingo: **Die Buntbarsche Amerikas.** Cichliden-Lexikon Band I–III. Ulmer Verlag, Stuttgart

Steinle, Christian-Peter: **Barben und Bärblinge.** Ulmer Verlag, Stuttgart

Walstad, Diana: **Das bepflanzte Aquarium.** Tetra Verlag

Werner, Uwe: **Alles über Garnelen, Krebse und Krabben im Süßwasseraquarium.** Aqualog Verlag, Rodgau

Wiest, Walter & Greff, Stefan: **Lebendfutter selber züchten – Ratgeber zur Zucht von Futtertieren für die Terraristik und Aquaristik.** Natur und Tier Verlag, München

Zeitschriften

Datz. Natur und Tier-Verlag, Münster, www.datz.de

Amazonas. Natur und Tier-Verlag, Münster, www.amazonas-magazin.de

Koralle. Natur und Tier-Verlag, Münster, www.koralle-magazin.de

Caridina. Dähne Verlag, Ettlingen, www.daehne.de

Die Fotografen

Aqua Medic GmbH: 71; **Aquapress/Christian Piednoir:** 41-1, 41-3, 99-1, 102-2, 106-1; **AquaTerra:** 176-7; **Aquatuning GmbH:** 67-2; **Kai Arendt:** 166-10, 166-11, 166-12, 173-1, 173-7, 173-8, 174-1, 175-7, 176-1, 178-2, 178-3, 178-8, 180-10; **biconeo/ Oleg Foht:** 58, 60, 64-1, 64-2, 70-3, 80-2, 81, 133-2; **Biosphoto:** 7, 160-4, 176-12, 180-9; **Blickwinkel:** 119, 150, 154-3; **Dieter Bork:** 21, 169-12, 178-4, 200-4, 203-6, 222-1, 226-5, 226-7, 234-4, 245-8; **Heinz Büscher:** 240-8; **Werner Eigelhofen:** 200-1, 205-3; **Waldemar Fischer:** Cover, 36, 108, 110, 144, 230-3, 256; **Oliver Giel:** Vorsatz, 59-1, 66-1, 66-2, 67-1, 70-2, 73, 77, 79, 80-1, 82, 83-1, 86, 93-1, 93-2, 124-1, 124-3, 126, 133-1, 134, 146; **Andreas Hartl:** 17, 18, 143, 148-3, 161-6, 164-5, 169-11, 171-5, 171-10, 171-11, 175-5, 176-10, 180-7, 182-1, 186-1, 191-1, 191-2, 193-7, 194-5, 194-7, 194-8, 200-3, 210-1, 214-1, 214-2, 218-1, 221-2, 221-3, 221-5, 231-5, 236-7, 239-1, 254, 260; **Karin Heckel-Merz:** 15, 42, 45; **Steffen Hellner:** 203-2, 205-4; **Hippocampus/ Frank Teigler:** 148-2, 154-1, 154-4, 156, 162-4, 207-6, 210-4, 245-2, 245-11, 247-10, 251-4, 258, 259-2, 262, 268, 273, 35-2; **Martin & Peter Hoffmann:** 178-5; **JBL GmbH:** 59-2, 124-2, 131-7; **JJPhoto/Johnny Jensen:** 183-6, 196-9, 203-1, 203-4, 203-8, 205-6, 226-4, 245-12; **Burkard Kahl:** 6, 101-6, 102-3, 102-4, 102-6, 105-9, 112-1, 112-2, 113-1, 113-2, 159, 163-3, 163-5, 166-2, 166-6, 166-7, 173-4, 173-6, 176-2, 176-6, 176-8, 176-9, 178-6, 178-10, 178-11, 180-2, 180-5, 180-6, 182-2, 182-3, 183-8, 185-4, 185-5, 185-6, 188-4, 198-9, 205-8, 207-10, 209-8, 210-2, 211-5, 213-1, 218-9, 218-10, 220-1, 222-4, 225-1, 225-2, 225-3, 225-4, 225-5, 233-2, 233-3, 236-4, 236-12, 240-4, 240-6, 240-12, 245-6, 245-10, 252; **Christel Kasselmann:** 41-2, 94, 99-2, 99-3, 99-4, 101-1, 101-2, 101-3, 101-4, 101-5, 101-7, 101-8, 102-1, 102-5, 102-7, 102-8, 105-1, 105-2, 105-3, 105-4, 105-5, 105-6, 105-7, 105-8, 105-10, 105-11, 105-12, 106-2, 106-3, 106-4; **Daniel Knop:** 152-1, 152-2, 152-3; **Oliver Knott:** 2/3; **Petra Kölle:** 131-4; **Ingo Koslowski:** 34, 131-1, 169-2, 169-8, 169-9, 171-8, 173-2, 173-5, 176-4, 178-7, 178-9, 178-12, 180-3, 185-2, 185-10, 188-2, 194-2, 196-12, 226-2, 226-3, 232-1, 236-2, 236-11, 239-6, 239-7; **Anton Lamboj:** 131-3, 136, 207-5, 218-3, 236-3, 236-8, 239-2, 240-10, 240-11; **Horst Linke:** 10, 180-8, 185-9, 196-8, 209-3, 222-2, 225-6, 226-1, 226-6, 226-8, 236-5, 236-6, 236-10, 225-8; **Oliver Lucanus:** 20, 27, 35-1, 97, 116, 161-2, 162-1, 164-1, 164-3, 166-1, 174-2, 176-3, 176-5, 183-7, 185-3, 185-7, 186-2, 191-5, 191-6, 196-1, 196-5, 198-4, 198-5, 198-6, 198-12, 201-5, 203-5, 205-7, 207-3, 209-6, 213-2, 213-7, 217-4, 218-5, 235-7, 240-1, 240-5, 240-9, 242-3, 245-4, 245-7, 270; **Peter Lucas:** 4, 12, 32, 88, 164-7, 169-1, 169-3, 188-3, 191-10, 192-2, 192-4, 193-8, 194-1, 196-3, 203-3, 205-1, 209-1, 218-7, 220-4, 228-2, 234-3, 235-6, 240-7, 255-1, 261; **Chris Lukhaup:** 5, 38, 50, 51-2, 83-2, 84, 148-1, 166-3, 166-5, 247-1, 247-2, 247-3, 247-4, 247-5, 247-6, 247-7, 247-8, 247-9, 248-1, 248-2, 248-3, 248-4, 248-5, 248-6, 248-7, 251-1, 251-2, 251-3, 251-5, 251-6, 251-7, 251-8, 255-2, 264, 269; **Werner Minde:** 234-5; **Arend van den Nieuwenhuizen:** 163-6, 171-9, 178-1, 196-4, 198-1, 198-2, 198-3, 209-2, 221-6, 236-9, 225-7; **Armin Peither:** 183-5, 191-7, 198-8, 198-10, 209-5, 245-1, 245-3; **Reinhard Pekny:** 70-1; **Edwin Reitz:** 62; **Frank Schäfer:** 19, 169-4, 169-10, 171-7, 173-3, 186-3, 196-7, 203-7, 214-4, 215-5, 218-6, 218-11, 259-1, 267; **Ulrich Schliewen:** 25, 287; **Michael Schlüter:** 205-5; **Gunther Schmida:** 210-3, 213-3, 213-4, 213-5, 213-6; **Heinz Schmidbauer:** 8, 23, 28, 52, 57-1, 57-2, 57-3, 57-4, 114, 131-2, 131-6, 141-1, 141-2, 161-3, 169-7, 218-2, 218-4; **Erwin Schraml:** 47, 171-6, 183-9, 185-1, 186-4, 187-5, 191-8, 192-1, 193-6, 194-4, 196-11, 198-7, 201-6, 217-1, 234-2, 239-8, 245-5; **Science Photo Library:** 128; **Ingo Seidel:** 160-1, 164-2, 164-6, 164-8, 166-4, 169-5, 169-6, 170-1, 170-3, 174-3, 180-4, 180-11, 180-12, 191-3, 191-4, 191-9, 194-3, 194-9, 194-10, 198-11, 207-9, 240-3, 242-2, 245-9; **Andreas Spreinat:** 31, 120, 121, 131-5, 132, 242-4, 242-5, 242-6, 242-7, 242-8, 242-9, 242-10, 242-11, 242-12; **Wolfgang Staeck:** 51-1, 196-2, 205-2, 207-1, 207-2, 228-1, 239-5, 242-1; **Uwe Werner:** 138, 161-5, 164-4, 166-8, 170-2, 170-4, 174-4, 175-6, 180-1, 185-8, 192-3, 193-5, 194-6, 196-6, 196-10, 200-2, 207-4, 207-7, 207-8, 209-4, 209-7, 213-8, 214-3, 218-8, 218-12, 222-3, 230-1, 230-2, 230-4, 234-1, 236-1, 239-3, 239-4, 263; **Ruud Wildekamp:** 217-3; **Andrzej Zabawski:** 92, 240-2; **Zoonar:** 154-2; **Georg Zurlo:** 163-2, 166-9, 176-11, 182-4, 188-1, 217-2.

Wichtige Hinweise

Die in diesem Buch beschriebenen elektrischen Geräte für die Aquarienpflege müssen das gültige TÜV-Zeichen tragen. Beachten Sie unbedingt die Gefahren im Umgang mit elektrischen Geräten und Leitungen in Verbindung mit Wasser. Wasserschäden durch Glasbruch, Überlaufen oder Leckwerden des Beckens können nicht immer vermieden werden. Schließen Sie daher unbedingt eine Versicherung ab.
Fischmedikamente und andere Mittel zur Krankheitsbehandlung sind vor Kindern zu sichern. Ätzende Chemikalien dürfen nicht mit Augen, Haut oder Schleimhäuten in Berührung kommen. Im Fall ansteckender Fischkrankheiten (z. B. Fischtuberkulose) infizierte Fische nicht mit bloßen Händen anfassen oder ins Becken greifen. Man kann sich z. B. am Unteraugenstachel von Schmerlen und an den Flossenstacheln einiger Welsarten verletzen. Da diese Stichverletzungen allergische Reaktionen auslösen können, muss unbedingt sofort ein Arzt aufgesucht werden.

Impressum

produktsicherheit@harpercollins.de
www.gu.de

Aktualisierte Neuauflage von Das große GU Praxishandbuch Aquarium, GRÄFE UND UNZER VERLAG GmbH, 2008, ISBN 978-3-8338-0859-3

ISBN 978-3-8338-6139-0

8. Auflage 2026

Printed in Germany

Projektleitung: Ana Kraljevic, Jens van Rooij
Lektorat: Gabriele Linke-Grün
Bildredaktion: Adriane Andreas, Gabriele Linke-Grün, Petra Ender (Cover)
Umschlaggestaltung und Layout: independent Medien Design, Horst Moser, München
Herstellung: Petra Roth
Satz: Ludger Vorfeld
Reproduktion: Longo AG, Bozen

Der Autor

Dr. Ulrich Schliewen ist seit seiner Kindheit Aquarianer. Nach dem Studium machte er sein Hobby zum Beruf. Seit 2001 arbeitet er als spezialisierter Fischkundler (Ichthyologe) an der Erforschung der Artenvielfalt der Fische an der Zoologischen Staatssammlung in München. In vielen wissenschaftlichen und populären Veröffentlichungen, darunter auch erfolgreiche Aquaristik Ratgeber im Gräfe und Unzer Verlag, teilt er sein aquaristisches Wissen mit den Lesern.

Dank

Mein besonderer Dank gilt Frank Schäfer, Jakob Geck, Oliver Lucanus für viele Informationen und Hilfen. Weiterhin allen Fotografen, die ihre Bilder für diesen Ratgeber zur Verfügung gestellt haben.

Druck und Bindung: Firmengruppe APPL, aprinta druck, Wemding

Syndication
www.imageprofessionals.co

QUALITÄTS GARANTIE

LIEBE LESERINNEN UND LESER,

wir wollen Ihnen mit diesem Buch Informationen und Anregungen geben, um Ihnen das Leben zu erleichtern oder Sie zu inspirieren, Neues auszuprobieren. Wir achten bei der Erstellung unserer Bücher auf Aktualität und stellen höchste Ansprüche an Inhalt und Gestaltung. Alle Anleitungen und Rezepte werden von unseren Autoren, jeweils Experten auf ihren Gebieten, gewissenhaft erstellt und von unseren Redakteur*innen mit größter Sorgfalt ausgewählt und geprüft.

Haben wir Ihre Erwartungen erfüllt? Sind Sie mit diesem Buch und seinen Inhalten zufrieden? Wir freuen uns auf Ihre Rückmeldung. Und wir freuen uns, wenn Sie diesen Titel weiterempfehlen, in Ihrem Freundeskreis oder bei Ihrem Online-Kauf.

Sollten wir Ihre Erwartungen so gar nicht erfüllt haben, tauschen wir Ihnen Ihr Buch jederzeit gegen ein gleichwertiges zum gleichen oder ähnlichen Thema um.

KONTAKT ZUM LESERSERVICE

GRÄFE UND UNZER VERLAG
Grillparzerstraße 8
81675 München
www.gu.de